数据科学理论与实践

——基于Python的实现

何曙光　张　敏／编著

科学出版社

北　京

内 容 简 介

当前我们正处于大数据时代，不同类型的数据正以前所未有的速度累积和存储，数据将成为未来组织运营的重要资源。大数据正改变着企业的运行逻辑和管理问题的解决方式与手段。对于管理学科的研究者和实践者来说，具备处理动辄几十万条甚至更大规模的数据的能力，逐渐成为一项必备技能。本书从这一目的出发，介绍了基于 Python 的数据科学理论和实践相关内容。全书共 8 章，内容包括数据科学概论、Python 基础、Python 常用模块、基于 Python 的最优化、基于 Python 的统计分析、基于 Python 的机器学习、基于 PyTorch 的神经网络、网络文本数据分析与实践。本书以适用为目标，在简要介绍相关理论的基础上重点介绍如何通过 Python 进行数据分析、建模和问题解决。同时，本书还包含了大量的 Python 源代码，可以作为参考资料，具有很强的实用性。

本书既可作为高等院校管理类专业高年级本科生、研究生的教材，也可以作为管理实践相关人员的工具书。

图书在版编目(CIP)数据

数据科学理论与实践：基于 Python 的实现/何曙光，张敏编著. —北京：科学出版社，2024.5

ISBN 978-7-03-078406-3

Ⅰ.①数… Ⅱ.①何… ②张… Ⅲ.①软件工具–程序设计 Ⅳ.①TP311.561

中国国家版本馆 CIP 数据核字(2024)第 078249 号

责任编辑：方小丽／责任校对：杨聪敏
责任印制：赵 博／封面设计：有道设计

科学出版社 出版
北京东黄城根北街 16 号
邮政编码：100717
http://www.sciencep.com
北京厚诚则铭印刷科技有限公司印刷
科学出版社发行 各地新华书店经销
*
2024 年 5 月第 一 版 开本：787×1092 1/16
2025 年 1 月第二次印刷 印张：20 1/4
字数：480 000

定价：68.00 元

(如有印装质量问题，我社负责调换)

前　言

党的二十大报告指出："我们要坚持教育优先发展、科技自立自强、人才引领驱动，加快建设教育强国、科技强国、人才强国，坚持为党育人、为国育才，全面提高人才自主培养质量，着力造就拔尖创新人才，聚天下英才而用之。"①教材是教学内容的主要载体，是教学的重要依据，是培养人才的重要保障。在优秀教材的编写道路上，我们一直在努力。

随着信息通信技术、数据采集技术、数据存储技术的发展，数据正在以前所未有的速度被累积。人类社会已进入大数据时代，大数据正不断改变着企业运营中的决策逻辑。在用户需求洞察、产品设计、生产、销售、售后服务等各个阶段，大数据正发挥着越来越重要的作用。例如，基于文本分析的在线评论分析，是对传统的调查问卷和访谈等手段的重要补充；当我们对来自市场、生产、服务等数据进行集成和分析后，就有可能识别企业运营逻辑中不曾被发现的因果关系，从而为产品设计的优化带来可能；制造过程中的物料数据、加工装配数据、设备状态数据、环境数据、质量等数据的集成分析，同样为揭示复杂因果关系带来了可能。毋庸置疑，大数据正改变着管理者和实践者思考问题的范式。

在大数据时代，对于企业管理的研究和实践者来说，必须不断提升大数据的素养，主要包括两个方面。一方面，能够真正理解大数据的价值及对数据的敏感性。另一方面，具备处理大数据的基本能力。这两者都离不开持续不断的思考和实践。数据分析和建模，本质上是一个不断探索、发现、验证、再探索的过程。绝大多数的数据分析问题，在起始阶段并没有固定的路径，很多时候我们甚至不知道从何入手。于是，需要融入分析人员的思想和知识，不断探索。探索本身也是一个不断试错的过程。因此，具备一定规模数据的处理和分析能力，无论对管理者还是研究者来说，都逐渐成为一种必备的技能。

然而，对于非计算机专业人员来说，学习数据分析并不是一件容易的事情，不但要学习编码相关知识，还要掌握大量的数学知识。幸运的是，Python 为大数据时代的数据分析和建模提供了高效低门槛的解决方案。作为一门计算机语言，Python 至少具备如下几个优势：① 语法简单。相对于 C 或 Java 等计算机语言，Python 的语法要简单很多，非常适合非专业人员学习和使用。② 资源丰富。在网络空间存在极其丰富的 Python 资源，不但有很多优秀的 Python 开源包，而且广大的用户也在不断为社区提供优秀资源。这些资源为使用者解决问题时提供了极有价值的参考。③ 开发环境。Python 是一种解释型语言，配合 Jupyter 开发环境，特别适合交互式编程和探索性数据分析。

本书围绕数据分析和建模相关问题，以 Python 为基础介绍算法的实现过程。考虑到非计算机专业特别是管理类专业研究和实践的需求，从应用的角度勾勒大数据分析的框架，力求简洁实用。全书共 8 章。第 1 章简要介绍了数据科学的基本概念和数据科学工作流程。第 2 章为 Python 基础，主要介绍了 Python 语言的特点、基础语法及 Python 包的结

① 《习近平：高举中国特色社会主义伟大旗帜　为全面建设社会主义现代化国家而团结奋斗——在中国共产党第二十次全国代表大会上的报告》，https://www.gov.cn/xinwen/2022-10/25/content_5721685.htm，2022 年 10 月 25 日。

构。第 3 章介绍了 Python 数据分析的常用模块，包括数据计算、数据操纵与管理、数据可视化模块，考虑到数据建模的需要，还介绍了符号计算模块 sympy 和科学计算模块 scipy。第 4 章主要介绍了 Python 最优化模块，着重介绍了不同的优化问题的建模和求解包，除 scipy 包中的最优化方法外，还介绍了在管理学问题建模中使用极其广泛的凸优化包 cvxpy 和数学规划包 gurobipy。第 5 章介绍了基于 Python 的统计学建模方法，以 scipy.stats 包为主，介绍了多种统计分布、参数估计及假设检验等常用功能，以及 statsmodels 包中的主要统计学模型。第 6 章基于 sklearn 包介绍了机器学习的主要算法和使用场景，重点介绍了机器学模型的性能评价、模型选择和超参数设置方法。第 7 章采用 pytorch 包介绍了神经网络的设计、训练和常用问题求解，详细解构了基于 PyTorch 的神经网络建模步骤和环节，有助于深入理解不同的深度学习算法，为后续学习打下基础。第 8 章介绍了网络文本分析的相关理论、方法和实践。文本分析是近年来兴起的一类主要针对社交媒体数据（如微博、电子商务购物评论等）分析的研究方法，对于分析用户行为、洞察用户习惯、了解用户偏好等有重要作用。本章主要针对这一需求，简要介绍了构建文本分析模型的主要环节和技术。

本书包含了大量的代码，其中很多是笔者多年科研和应用的积累。此外，我们也设计了很多代码帮助读者理解各种算法。例如，在最优化算法部分，将符号计算包 sympy 中的微分函数与最优化问题结合，可以很方便地通过 sympy 获得复杂函数的梯度向量和黑塞矩阵，并将其转变为 Python 函数。此外，也介绍了基于 sympy 实现通过 KKT (Karush-Kuhn-Tucker) 条件求解约束最优化问题的过程，有助于读者理解相关算法。Python 是非常灵活的编程语言，无论具体的代码还是算法都有很多不同的实现机制，我们尽可能选择比较简单的实现方式，当然读者也可以探索其他的实现方式。

本书第 1~7 章由何曙光编写，第 8 章由张敏编写，博士研究生孙琳和李昱卓、硕士研究生黄德悦和高源参与了编写与审校工作，在此对他们的辛勤工作表示衷心的感谢。

本书主要面向管理科学与工程、工商管理等管理类专业高年级本科生和研究生，作为相关课程的教材或教学参考书，同时也可以作为其他非计算机类专业学生及工程技术人员学习数据科学的入门参考书。

本书得到了天津大学研究生创新人才培养项目 (YCX2023024) 和国家自然科学基金项目 (72032005、72171166) 资助。

在编写过程中，我们力求精益求精，也对书中的文字和代码做了反复检查，但由于编写时间紧张，涉及内容广泛，加之笔者水平有限，难免出现疏漏和不足，敬请读者批评指正。

编　者

2024 年 3 月 18 日于天津大学

目　　录

第 1 章　数据科学概论

本章对数据、大数据及数据科学进行简要介绍。

1.1　数据与大数据

1.1.1　数据、信息和知识

数据 (data) 一般指未经加工处理的原始记录，是指对客观事件进行记录并可以鉴别的符号，是对客观事物的性质、状态以及相互关系等进行记载的物理符号或这些物理符号的组合，数据一般可以通过观察或度量得到。它是可识别的、抽象的符号。它不仅指狭义上的数字，还可以是具有一定意义的文字、字母、数字符号的组合、图形、图像、视频、音频等，也是客观事物的属性、数量、位置及其相互关系的抽象表示。

我们日常生活中可以接触到大量的数据，这些数据类型多样，可能是一条新闻、一篇文章、股票的历史交易数据、企业的财务报表、汽车的行驶轨迹，也可能是一段语音、一幅图片、一段视频等。在我们身处的信息化时代，我们每个人都在使用数据同时也在产生数据，如浏览记录、点赞转发评论、购物记录等。

绝大多数情况下，我们收集到的原始数据都是杂乱无章的，数据之间的关系不清晰、对决策的作用有限。在对数据进行整理、加工和挖掘的过程中就产生了信息 (information)。信息由数据加工得来，但最终也往往以数据的形式存在。信息的重要作用在于让我们能够对事情有更多的了解，并形成新的观点或为决策服务。信息是具有相关性和目的性的数据。无论信息以何种形式存在，如果我们无法解读，就不能称其为信息。判断信息和数据的重要标准是看它是否承载了有用的内容。按照信息论的观点，信息可以消除不确定性，信息熵就是对信息不确定性的度量。当然，信息和数据的划分也不是完全绝对的，如企业的一份财务报表，对于专业人士来说是信息，而对于没有财务会计基础知识的人来说就是数据。在实际应用中，有时数据和信息会互换使用。

知识 (knowledge) 是对信息的高度概括和凝练，知识主要是揭示和建立数据与信息、信息与信息之间的联系，它体现了信息的本质、原则和经验。此外，知识基于推理和分析，还可能产生新的知识。

以我们日常生活举例，我们每天都在不知不觉地根据天气预报做日常决策，比如我们早晨要决定穿多少衣服、是否带雨伞、是否洗车等。对于这样的决策，天气预报中的气温、风力、降雨概率等就是信息，因为对我们的决策是有用的。那么什么是数据呢？对气象预报来说，卫星云图就是数据，当然在卫星云图后面还有很多更加复杂的数据。对于绝大多数人来说是没有办法根据卫星云图作出判断的，还需要专业人士对其进行提炼和加工再辅以其他方面的数据和知识，从而形成天气预报。这里天气预报就是信息，气象云图则是数据。

再如，一个企业在日常运营中会产生大量的财务数据，这些数据描述不同业务如采购、销售、工资、财务费用、固定资产等，对于普通人而言，财务数据纷繁复杂、内容分散，很难直接对公司的运营做出分析和评估。

财务人员对财务数据按照既定的规范进行汇总、加工和整理后，就会产生我们比较熟悉的财务报表。财务报表是对财务数据的加工和提炼，可以理解为是财务信息。相对于原始财务数据而言，财务报表结构清晰、内容高度凝练，很容易使用。而且财务报表信息可以有效地反映企业的资产负债、现金流和损益等内容，可以用于指导企业的经营活动，因此是有用的数据。

从应用的角度，财务报表仍然比较专业，非财务专业人员理解起来仍然比较困难。于是，在财务报表的基础上，进一步加工凝练出各种指标，如反映企业偿债能力的速动比率、流动比率等；反映企业运营能力的存货周转率、流动资产周转率等；反映企业盈利能力的销售毛利率、资产净利率等。这些财务指标是对财务信息的进一步加工和凝练，高度概括企业的经营能力，能够很容易地被非专业人员使用。

那么各类财务指标是否就是知识呢？事实上，财务报表和财务指标描述的仍然都是信息。比如，脱离具体的企业和行业特征财务指标的意义并不大，换句话说不同规模、不同行业、不同类型企业之间的财务指标对比意义并不是很大，知识是要建立它们之间的关联。如特定规模、特定类型、特定行业的企业在特定的经济环境下，具有何种财务指标属于优秀、良好、一般等，这就是知识，描述了财务指标之间的关系。有的研究将我国的上市企业按照是否 ST (special treatment，特别处理) 划分为两类，研究财务数据、财务指标与企业是否 ST 的关系，这就是从数据中提取知识的过程。经过这样的研究得到的就是：什么样的数据会预示企业的经营变差。

知识的更高层面是智慧 (wisdom)，是人类所表现出来的一种独有的能力，主要表现为收集、加工、应用、传播知识的能力，特别是对事物发展的前瞻性预测；是在知识的基础之上，通过经验、阅历、见识的累积，形成的对事物的深刻认识及由此形成的判断力和决断力。

数据、信息、知识和智慧之间的关系如图 1.1 所示。

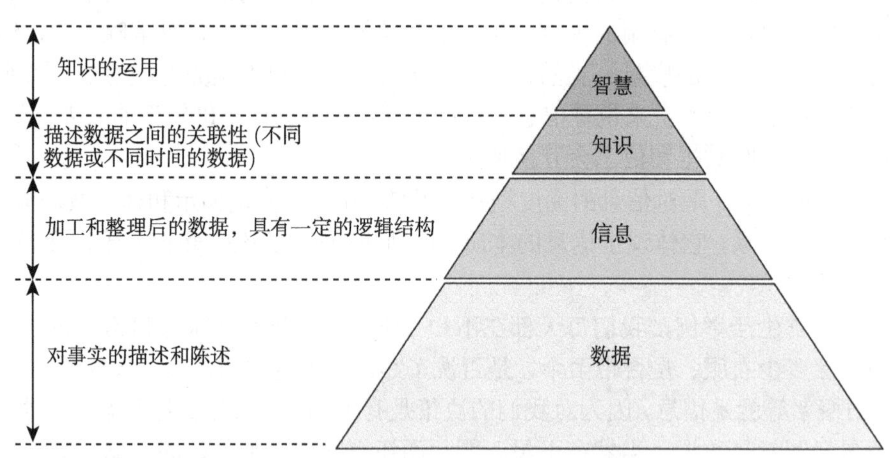

图 1.1　数据、信息、知识和智慧之间的关系

1.1.2　大数据

时至今日，人类已进入大数据 (big data) 时代。在大数据时代，数据正以前所未有的速度被累积、存储和处理。同时，数据在日常生活、企业运营、国家治理等方方面面都发挥着越来越重要的作用，数据作为资源的价值日益凸显。大数据研究机构 Gartner 将大数据定义为：需要新处理模式才能具有更强的决策力、洞察发现力和流程优化能力来适应海量、高增长率和多样化的信息资产。目前被大家接受的关于大数据的描述是 5V。

(1) 容量 (volume)：大数据最重要的特征是采集、存储、管理和分析的数据量巨大。在我们所处的数字化和信息化时代，数据正在以前所未有的速度被累积，IDC (International Data Corporation，国际数据公司) 2017 年发布的《数据时代 2025》指出，全球每年产生的数据将从 2018 年的 33ZB 增长到 2025 年的 175ZB，相当于每天产生 491EB 的数据。这样的数据超出了传统的数据库和分析处理软件工具的能力。

(2) 种类 (variety)：大数据的另一个特征是数据种类和来源多样。可能包括不同类型的数据如文本、图像、音频、视频、位置等非结构化数据以及各种结构化、半结构化数据。种类繁多的大数据给数据预处理、分析方法提出了更高的要求。特别是在很多情况下，我们还需要对这些多源异构数据进行融合，为后续分析奠定基础。

(3) 速度 (velocity)：数据增长速度快也是大数据的重要特征。例如，视频数据每时每刻都在增加，而有的传感器数据的采样频率极高 (采样间隔可能是毫秒级)。快速增长的数据对数据分析和处理的速度提出了很高的要求，很多时候需要对数据进行实时的加工和处理，有时处理完的数据甚至不需要再保存而直接丢弃。例如，视频分析中的危险行为识别、设备状态监控等。这样的情景往往需要高效的分析处理算法，有时需要在线和离线相结合，与传统的离线批处理和数据挖掘有所区别。

(4) 真实 (veracity)：数据的真实性一般指大数据的质量，即大数据应该是与真实事件相关、对真实世界的反映，是通过观察、测量、采集等方式获得的真实数据。当然，在数据的采集过程中也不可避免地会发生数据缺失、数据错误等问题，但不应该是造假的数据。在大数据时代，数据质量已成为一个重要的话题和研究方向。

(5) 价值 (value)：相对于大数据的庞大体量而言，数据中的价值密度相对较低，如何从低价值密度的数据中进行建模、分析和预测，找到有意义的特征，是机器学习和人工智能的重要研究领域和方向。比如，在智能工厂的多路传感器以极高的频率采集数据，但实际上绝大多数的数据都是没有用处的，有时为了存储处理和分析的方便，甚至需要通过采样降低数据量。一些监控视频数据往往也有类似的问题，有价值的数据往往仅占极小的部分。

在大数据时代，还有一个突出的问题，即数据丰富而知识贫乏 (data rich and information poor) 现象，表现为很多企业都有海量数据存储在介质中，但是却没有进行有效的开发和利用。如何从海量数据中挖掘信息和知识，为我们的决策服务，是大数据时代面临的主要挑战，这也正是数据科学的主要任务。

1.2 数据科学及其工作流程概述

1.2.1 数据科学概述

维基百科对数据科学 (data science) 的定义如下：数据科学又称资料科学，是一门利用数据学习知识的学科，其目标是通过从数据中提取有价值的部分来生产数据产品。数据科学结合了诸多领域中的理论和技术，包括应用数学、统计学、模式识别、机器学习、数据可视化、数据仓库以及高性能计算。数据科学通过运用各种相关的数据来帮助非专业人士理解问题。数据科学的知识体系如图 1.2 所示。

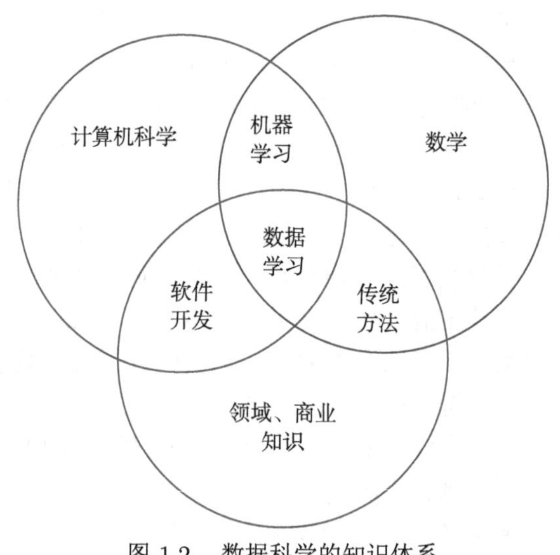

图 1.2 数据科学的知识体系

(1) 数据科学与传统的数据分析的重要区别是所面对的问题和所使用的数据往往差别很大，因此，数据科学经常需要根据数据的特征选择合适的分析方法和算法，在特殊情况下甚至需要设计全新的算法。因此，在数据科学的知识体系中计算机特别是程序开发是一项重要的技能。常用于数据科学的编程语言包括开源 Python、R 以及支持矩阵运算的平台 MATLAB 等。

(2) 数据科学在分析和解决问题的时候，以数据分析为基础，但并不是将数据作为唯一的基础，将领域相关的知识、工程经验以及方法等应用于数据科学中，能够帮助我们更好地理解问题并有针对性地提出解决问题的思路和框架。

(3) 数学和统计学是数据科学的基础，数据科学的常用模型 (包括线性回归、支持向量机、深度神经网络等) 都是以矩阵运算、优化、统计分析为基础的，因此数学中的微积分、线性代数、概率论与数理统计都是我们理解和灵活应用已有模型或开发新的算法的基础。

1.2.2 数据科学工作流程

数据科学的工作流程如图 1.3 所示，主要过程简述如下。

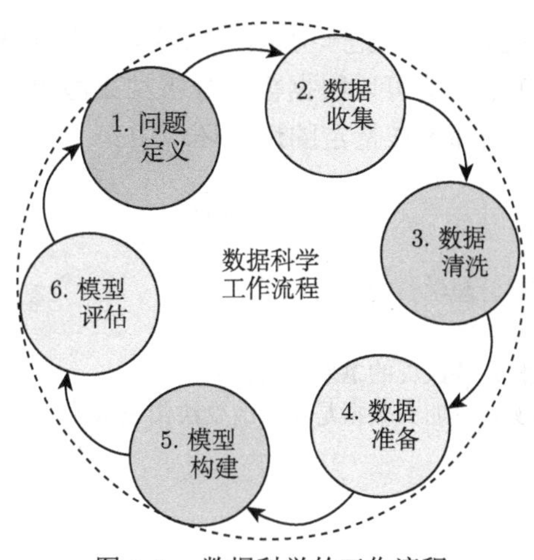

图 1.3　数据科学的工作流程

(1) 问题定义。数据科学工作流程的第一步是从现实世界发现并定义问题，即数据科学家需要在了解专业知识的基础上，提出能够通过数据科学解决的问题，实现数据驱动决策。在数据科学实践中，有时也可以在对已有数据的分析中发现规律，得到新的知识，在这种工作模式下，提出的问题往往更开放。

(2) 数据收集。收集数据并对原始数据进行处理，使之能够用于数据分析或者机器学习模式训练，是一个识别、收集、合并、预处理一个或多个数据集合的处理过程。数据收集的方式有很多种，有的甚至要付出高昂的成本和很长的时间，因此数据收集是一个需要规划和设计的过程，有时也需要在成本和分析精度之间做出妥协与平衡。

(3) 数据清洗。数据清洗是一个非常耗时的工作，主要包括缺失值的处理、错误数据的识别和排除等、离群值的识别和处理等。此外，对于一些非结构化数据还需要完成结构化工作。清洗后的数据可以保存在数据库中或以文件的形式 (常用的如 csv、excel、json 等格式) 保存。

(4) 数据准备。数据准备，又称为数据预处理。数据预处理的主要工作包括数据编码、数据标准化、特征选择等。由于不同的模型对数据预处理方法有特殊要求，因此在很多情况下数据预处理与建模之间往往有反复。

(5) 模型构建。建模阶段根据已有的数据和拟解决的问题构建模型。在建模过程中，一般分为两步：第一步是探索性数据分析 (exploratory data analysis，EDA)，第二步是选择恰当的模型对数据进行分析。探索性数据分析涵盖的数据分析方法种类很多，对于连续数据最常见的分析就是直方图绘制和核密度估计，离散数据常见的是频数统计和分析。在探索性数据分析阶段还有一个常见的工作是对数据进行相关性分析，这有时也是去除明显不相关特征的常用方法。在探索性数据分析的过程中，可能还会发现数据中存在的重复、错误和缺失值，需要根据实际情况进行进一步的数据清洗，甚至有时还需要收集更多的数据。完成探索性数据分析后，数据的质量显著提高，基本可以满足建模的需要，接下来就可以进行数据建模和分析了。在数据科学中，最常用的数据建模方法就是机器学习，根据数据和问题域知识，选择恰当的模型进行数据分析。在建模过程中，数据可视化是最常见的交流工具，特别是在与用户进行交流的过程中，可视化起着不可替代的作用。

(6) 模型评估。完成数据建模后，进一步结合领域知识和预先定义的问题，对模型进行评估。如果模型结果达到期望，就可以根据模型分析结果做出决策。有时候，通过数据科学构建的模型也可能作为产品部署在特定的运行环境中。

习　题

1. 查阅资料，分析大数据对管理学科的影响。
2. 大数据的主要特点有哪些？
3. 简述数据科学的工作流程及各流程的重要目的。
4. 查找一个大数据实践案例，说明大数据是如何改变决策逻辑的。

第 2 章　Python 基础

Python 是一种具有显著特点的计算机语言，近年来在数据科学领域得到了长足的发展并持续受到关注，已连续多年在计算机语言热度排行榜占据榜首位置。本章简要介绍计算机语言及其分类，进而详细介绍 Python 语言的特点及其基本语法结构。

2.1　Python 概述

2.1.1　计算机语言概述

计算机编程语言是用于人与计算机之间进行通信的语法规则的总称，是人与计算机之间传递信息的媒介，因为它是用来进行程序设计的，所以又称为程序设计语言或者编程语言 (programming language)。一个典型的计算机语言需要具备如下两个特征：① 由于人需要通过计算机语言指挥计算机系统完成特定的任务，因此计算机语言必须具有精确、无歧义描述需要执行的任务的能力；② 计算机语言应尽可能易于理解，以方便程序设计人员进行程序设计与开发。

1. 程序设计语言的发展阶段

自 20 世纪 60 年代以来，世界上公布的程序设计语言数不胜数，其中的一小部分在特定的历史时期曾经占据了优势地位但最终被替代，只有少数的几种计算机语言一直沿用至今。从发展历程来看，程序设计语言经历了三个主要的发展阶段。

(1) 机器语言。机器语言是由二进制 0、1 代码指令构成的，不同的 CPU 具有不同的指令系统。机器语言程序需要用户直接对存储空间进行分配和管理，编程效率极低且容易出错，程序代码的可阅读性、可维护性都极差。机器语言只在计算机发展的早期作为编程语言，目前已完全被淘汰。

(2) 汇编语言。汇编语言指令是机器指令的符号化，采用易于理解的符号指代机器指令，两者之间有直接的对应关系。相比于机器语言，尽管汇编语言对编程人员更加友好，但仍然存在着容易出错、维护困难等缺点。汇编语言的主要优点是占用空间少、可直接面向硬件编程以及编译效率高。如今，汇编语言主要应用于面向硬件编程且对空间效率和时间效率要求很高的场合。

(3) 高级语言。高级语言是面向用户的、基本上独立于计算机种类和结构的语言。其最大的优点是：形式上接近于算术语言和自然语言，概念上接近于人们通常使用的概念。高级语言的一个命令可以代替几条、几十条甚至几百条汇编语言的指令。因此，高级语言易学易用，通用性强，应用广泛。高级语言种类繁多，可以从应用特点和对客观系统的描述两个方面对其进一步分类。常见的高级计算机语言包括广泛使用的 C、C++、C# 以及 Java 等。

2. 计算机语言分类

按照计算机语言的执行逻辑，可以分为如下三类 (图 2.1)。

(1) 编译型语言。用高级语言编写的源代码在执行前需要经过编译器编译，将高级语言转换为机器语言并保存为可运行的二进制文件。由于源代码在编译过程中一般会进行优化且编译好的文件可以直接在计算机上运行，因此编译型语言的执行效率一般都比较高，典型的编译型语言如 C、C++ 等。此外，编译型语言的编译环境和可执行文件高度依赖于执行代码的计算机软硬件环境，因此，编译型语言一般不具备可移植性。

(2) 解释型语言。用解释型语言编写的程序不需要经过编译，在执行时由解释器逐句翻译成计算机可以识别的机器语言并执行。由于解释型语言的源代码不经过编译，每次执行时都需要通过解释器进行翻译，因此其效率一般都远低于编译型语言。解释型语言的一个显著优点是其跨平台特性，即源代码经过支持不同平台 (如 Windows、macOS、Linux) 的解释器翻译，就可以在相应的平台上执行。Python、JavaScript、PHP 等都属于典型的解释型语言。

(3) 混合型语言。除解释型语言和编译型语言外，还有一类介于二者之间的混合型语言，其代码执行过程中既包含编译过程也包含解释过程，最典型的是 Java。Java 源代码在执行前首先通过 javac 编译为独立于平台的.class 文件，之后由依托于不同平台的 Java 虚拟机 (JVM) 解释执行。这种独特的机制保证了 Java 源代码具有很好的跨平台可移植性。

由编译型语言的执行过程可知，一个能够执行的程序必须是完整的，也就意味着在编程过程中已经具备了清晰的业务逻辑、数据结构和执行逻辑。而对于数据科学中的绝大多数任务，无论数据还是模型都需要根据实际情况不断进行调整，很多时候都需要良好的交互式编程。因此，大部分用于数据科学的语言都是解释型的，如 MATLAB、R 以及 Python，都具有良好的交互式编程特性。

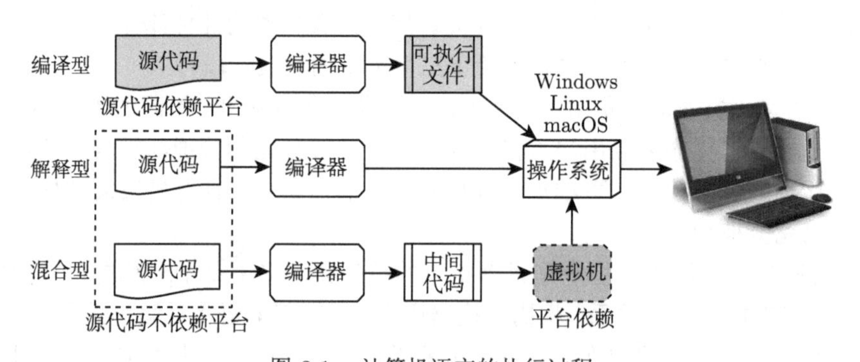

图 2.1　计算机语言的执行过程

2.1.2　Python 语言简介

1. Python 的发展历史

Python 的作者是荷兰人吉多 · 范罗苏姆 (Guido van Rossum)，于 1989 年完成初版，第一个公开发行版在 1991 年发布。自 2004 年起，Python 逐渐流行起来，使用率大幅度增长，已连续几年超越 Java 成为最热门和最受欢迎的编程语言。Python 的版本主要有两个：一个是 Python 2.x，另一个是 Python 3.x。Python 2 于 2000 年 10 月发布，稳定版本是 Python 2.7。Python 3 于 2008 年 12 月发布。Python 3 发布后，Python 2 和 Python 3 两个版本并行维护了十多年，直到 2020 年 1 月 1 日，Python 官方终止了对 Python 2 的最后一个版本 (Python 2.7) 的支持，这意味着 Python 2 正式退出历史舞台。

Python 2 经过长期的使用，积累了大量的源代码和程序，至今仍然可以看到大量的开源代码是基于 Python 2 开发的。由于 Python 3 不向前兼容 Python 2，在使用一些源代码的时候会出错，这给代码迁移造成了一定的困扰。Python 3 在 Python 2 的基础上，对运算符和部分语法规则进行了调整。一个最显著的特点是，输出语句 print 在 Python 2 中是宏命令，而 Python 3 则改为了函数，因为 print 语句在源代码中广泛存在，这成为区分两个版本源代码的最简单的方式。例如，输出字符串 ABC 的语句，在 Python 2 中是:print 'ABC'，在 Python 3 中则改成了 print('ABC')。

2. Python 的主要特点

(1) Python 语法简单。相比于其他高级语言如 C、Java 等，Python 有较为简单的语法，很容易入门与上手操作，这也是 Python 在数据分析领域能够广为流行的主要原因。近年来，Python 不但是计算机专业人员开发软件的主流语言之一，也是很多非计算机专业人员日常工作的工具软件之一。

(2) Python 是一种解释型语言。Python 是一种面向对象的高级编程语言，具有动态的语法结构。同时，Python 采用解释执行的工作机制，可以实现高效的交互式编程和程序调试，特别适合于进行探索式数据分析的情境。

(3) 开源特性。Python 源代码遵循 GPL (general public license) 协议，这是一个开源的协议，也就是我们可以免费使用和传播它，而不用担心版权的问题。与此相对应，MATLAB 属于商业软件，使用前需要预先购买版权。

(4) 可移植性。由于 Python 采用解释执行的机制，除非在程序开发中使用了依赖于系统的特性，否则源代码完全不依赖于编程使用的平台，开发的 Python 程序不需要任何修改就可以在多个平台运行，具有很强的可移植性。

(5) 丰富的资源。在互联网上，Python 具有非常丰富的社区资源。Python 被称为“胶水语言”(glue language)，可以通过接口方便地连接已有软件模块，目前有大量的基于 Python 接口的开源包，借助这些包可以快速高效地完成不同类型的工作。例如被称为数据分析“三剑客”的 Numpy、Pandas 和 Matplotlib，用于科学计算的 Scipy，用于机器学习的 Scikit-learn 以及用于深度学习的 tensorFlow 和 PyTorch 等。这些 Python 包提供了丰富的数据结构、算法及接口，屏蔽了复杂的实现细节，方便用户使用。此外，Python 社区也非常活跃，在程序开发过程中出现的问题大都可以通过搜索引擎得到解答。

Python 的这些特点，保证了开发人员可以以高度交互的方式方便地完成各种数据处理和建模任务，是进行数据分析的首选语言。

2.1.3 Python 解释器及开发环境的安装

1. Python 解释器安装

基础 Python 环境的安装很简单，在 Python 官网 (www.python.org) 根据自己使用的操作系统下载相应的解释器安装程序即可。但是，从基础 Python 环境开始搭建开发环境并安装所需要的包是一个很有挑战性的工作，不建议初学者使用这一安装方式。本书建议通过开源软件 Anaconda 安装和配置 Python 环境。Anaconda 是可以便捷获取第三方包且能够对这些第三方包进行管理，同时对环境可以统一管理的 Python 发行版本，包含了 Python 及功能齐全、数量庞大的标准包和第三方包。同时，Anaconda 也包含了包和环境管理工具 conda，用于安装多个版本的软件及其依赖关系，从而可以在不同的虚拟环境间轻松切换。用户可以从 Anaconda 官网 (www.anaconda.org) 获取安装程序，也可以从清华大学开源软件镜像网站 (https://www.tuna.tsinghua.edu.cn/anaconda/archive/) 下载。对于只使用基础 Python 功能的用户或希望自行管理第三方包的用户，可以安装 Miniconda。Miniconda 是 Anaconda 的一个轻量级替代，默认只包含了 Python 和 conda，之后可以通过 conda 或 pip 安装所需要的第三方包。

2. 交互式开发环境

Python 交互式开发环境的基准是 IPython，是一种基于 Python 的交互式解释器 (Shell)，提供了强大的编辑和交互功能，可以满足简单的程序开发和测试。IPython 的界面如图 2.2 所示。对于开发人员来说更常用的是 Jupyter notebook。Jupyter notebook 以 IPython 为核心，是一个基于浏览器的交互式开发环境。JupyterLab 是 Jupyter notebook 的全面升级，是一个集代码编辑 Notebook、文本编辑、终端以及各种个性化组件于一体的交互式集成开发环境，提供了极其丰富的功能。需要注意的是，Jupyter notebook 在安装 Anaconda 时默认安装，JupyterLab 则需要另行安装，具体的安装方法比较简单，可以从网上获取。在这里，仅以 JupyterLab 为例，介绍其主要的功能和使用方法。JupyterLab 的工作界面如图 2.3 所示。

```
shuguanghe — IPython: Users/shuguanghe — IPython — 74×25
(base) shuguanghe@MacBook-Pro-4 ~ % IPython
Python 3.9.7 (default, Sep 16 2021, 08:50:36)
Type 'copyright', 'credits' or 'license' for more information
IPython 7.29.0 -- An enhanced Interactive Python. Type '?' for help.

In [1]: a,b=10,20

In [2]: print(a+b)
30

In [3]: for i in range(5):
   ...:     print(i**2)
   ...:
0
1
4
9
16

In [4]: import numpy as np

In [5]: np.sin(10)
Out[5]: -0.5440211108893699

In [6]:
```

扫一扫见彩图

图 2.2 IPython 示例

JupyterLab 和 Jupyter notebook 的代码保存为扩展名为.ipython 的文件。JupyterLab

的主要交互接口称为单元格 (cell)，单元格分为四类：代码单元格 (code)、输出单元格、文档单元格 (markdown) 和不可执行代码单元格 (raw)，可以通过工具栏的下拉按钮改变单元格类型。代码单元格主要用于输入可执行的 Python 代码，可以输入单个语句也可以输入代码块，每个代码单元格内的代码一起执行。输出单元格是只读内容，用于输出代码执行结果，如果某一个代码单元格有输出结果，则结果在输出单元格显示，可以是图形、数据或其他类型的输出。文档单元格用于输入和显示符合 Markdown 语法的文档，输入内容可以是文字、公式或图片，这一点在设计算法时非常有用。另外一类单元格用于输入不可执行代码。JupyterLab 中的源代码文件可以导出为 html、pdf、markdown 以及 latex 等格式的文档。

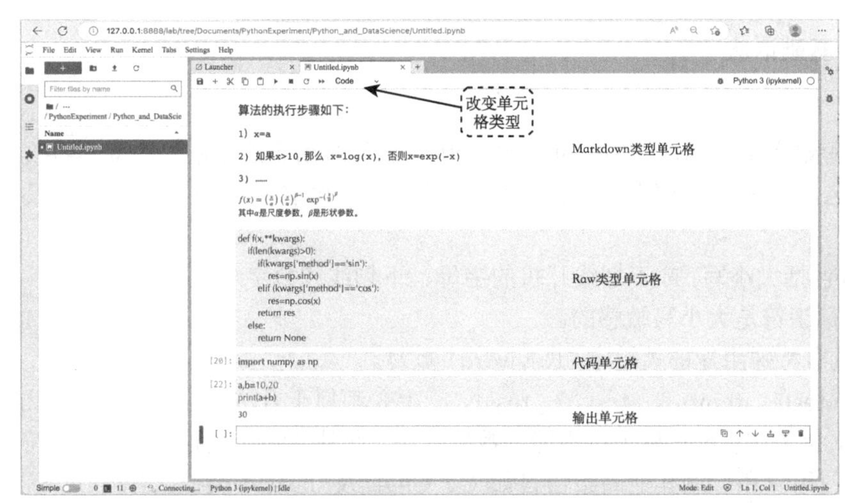

扫一扫见彩图

图 2.3　JupyterLab 工作界面

除此之外，JupyterLab 还可以打开一个独立的 Ipython 工作台 (Console)，用于代码测试或做简单的计算。可以打开一个终端 (Terminal)，一般用来通过 pip 或 conda 命令查看工作空间中已安装的包、版本或安装/升级需要的包。此外，JupyterLab 还可以打开 json、csv、pdf、markdown 及 excel 等文件，用来查看文件结构和内容。

3. 集成开发环境

当算法设计完成后，需要进一步开发完整的软件系统时，开发人员更倾向于使用功能更为丰富的集成开发环境 (IDE) 而不是类似于 JupyterLab 这样的文本编辑器。这种集成开发环境一般都有代码调试、版本管理等功能。用于 Python 软件开发的 IDE 有很多，常用的有如下几种。

(1) Pycharm。由 Jetbrains 公司开发，面向普通用户的社区版 (community edition)，而面向商业用户的专业版 (professional edition) 则需要付费购买。Pycharm 是迄今为止最专业的 Python 集成开发工具之一。

(2) PyDev。基于 Eclipse 平台的 Python 开发插件，是一款免费开发工具。

(3) Visual Studio。微软 Visual Studio 家族中面向 Python 软件开发的工具，与 C、C# 等集成，专业但规模庞大，仅适合于 Windows 用户。

(4) Spyder。Anaconda 集成的一个开源集成开发环境。

除了这些之外，还有很多适合于开发 Python 软件的集成开发环境。对于数据分析人员来说，最常用的是 JupyterLab 或 Jupyter notebook，在特殊情况下 spyder 完全可以胜任。

在本书中，主要使用 JupyterLab 进行编程。

2.2 Python 基础

本节主要介绍 Python 的基本语法规则，主要从源代码阅读和编程的需求并结合数据科学的特点，介绍 Python 语言的重要语法规则和基本用法，更细节的内容读者可以进一步查阅相关资料。

2.2.1 Python 基础语法

1. 标识符

在计算机编程语言中，标识符 (identifier) 是用户编程时用于给变量、常量、函数、语句块、结构等命名，标识符命名规则是计算机语言的最基本语法规则。Python 的标识符命名规则是：

(1) 以字母 (包括大小写) 或下划线开头的字母、下划线和数字组合。

(2) Python 标识符是大小写敏感的。

(3) 不能与具有特殊用途的关键字 (Keyword) 重复。

例如，Test，test1，temp，_ test，_ test1，_ 123 都属于合法的标识符，而 1abc 则不是合法标识符，因为 Python 标识符不能以数字开头。此外，也可以用中文做标识符，但一般不建议这样使用。和一些其他高级语言如 C、C++ 及 Java 等类似，Python 标识符也是大小写敏感的，如 Test 和 test 是两个不同的标识符。这一点是 Python 编程中容易出错的地方，对于刚开始学习编程的人来说，要特别留意。

关键字是 Python 中有特殊语法含义的标识符，不能作为用户自定义标识符使用，如 if、else、for、while、import 等，使用保留字作为用户自定义标识符，解释器会报语法错误 (invalid syntax)。Python 提供了一个 keyword 包，可以查询关键字，使用方法如下：

```
import keyword
kw=keyword.kwlist
print(kw)
```

输出为 Python 的所有关键字列表:

```
False, None, True, and, as, assert, async, await, break, class, continue, def, del,
elif, else, except, finally, for, from, global, if, import, in, is, lambda, nonlocal, not,
or, pass, raise, return, try, while, with, yield
```

在编程时，一种特别容易犯的错误是把 Python 的系统函数或类名用作普通标识符。在这种情况下，往往会产生一些莫名其妙的错误而且很难查找和排除。例如，str() 是 Python 中的一个函数，可以把一个对象如数字转变成字符串。如果在编程时，不小心把 str 当作标识符并进行赋值，则之后再使用 str 函数时系统会报错。例如，下列代码:

```
s=str(15)
str=10
s=str(20)
```

在第二次调用函数 str 时系统提示整数对象不能被调用 (int object is not callable)。这是因为第 2 句执行后，str 变成了值为 10 的整数对象。如果 str 赋值和第二次调用 str 的语句隔得很远，那么这种错误很难被定位和排除。在这里，建议 Python 初学者能够建立一套自己的标识符命名规则，可以有效避免与 Python 函数、类等重名。

2. Python 基本数据类型

Python 定义了 4 种基本数据类型，分别是整数 (int)、浮点数 (float)、布尔型 (bool) 和复数 (complex)。Python 的变量不需要事先定义，直接赋值使用即可。在进行数学运算时，Python 可以实现自动类型转换，布尔型变量 True 转化为数 1，False 转化为数 0。例如：

```
x=10
y=15.2
z=True
print(x+y+z) #输出为浮点类型，值为26.2
```

3. Python 程序注释

Python 提供了两种在程序中加注释的方法：① 单行注释，在需要注释的语句前加 #，可以在一条语句的任意位置；② 多行注释，用一对由三个单引号组成的符号表示其间的语句为注释。例如：

```
#下面定义了一个函数
def f(x,y):
'''
参数列表：
  x表示第一个数，类型为整型
  y表示第二个数，类型为浮点型
'''
  z=x+y
  return z
```

2.2.2　Python 复杂数据类型

Python 中提供了五种复杂数据类型，分别是：列表 (list)、元组 (tuple)、集合 (set)、字典 (dict) 以及字符串。这是 Python 中非常重要的几种数据结构，下面分别进行详细介绍。

1. 列表

列表是一种 Python 序列 (sequence) 结构，是 Python 最基本也是使用最频繁的数据结构，可以实现大多数集合类的数据结构。列表中的每一个元素都有对应的编号，称为索引 (index)，可以使用索引查找元素。列表中元素的类型可以相同也可以不同，可以是数字、字符串、其他复杂结构甚至列表 (列表嵌套)。Python 提供了两种索引方法：① 正向索引。列表中第一个元素的索引是 0，第二个元素的索引是 1，以此类推；② 反向索引。列表最后一个元素的索引为 −1，倒数第二个元素的索引是 −2，以此类推。基于正向和反向索引，Python 提供了灵活多样的数据切片方法。

列表的主要操作包括定义、索引、切片、相加、相乘、成员资格检查等，下面通过图 2.4 所示的实例对这些操作进行详细介绍。

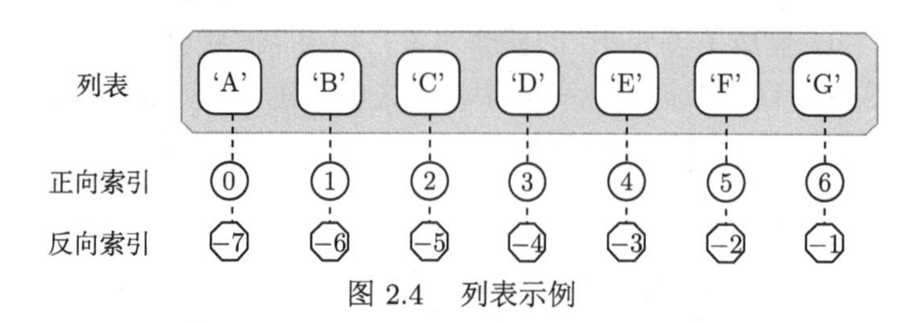

图 2.4　列表示例

1) 定义和索引

列表可以通过 [ ] 及用逗号分隔的元素定义，可以通过函数 len() 得到列表的长度 (列表中元素的个数)。可以通过 [ ] 括起来的索引对单个元素进行操作，索引可以是正数，也可以是负数。如果索引超出范围则会提示索引超范围错误 (list index out of range)。

```
lst=['A','B','C','D','E','F','G']
print(len(lst)) #显示列表长度, 结果为7
print(lst[0]) #显示第一个元素 (索引为0)
print(lst[-2]) #显示倒数第二个元素, 与lst[5]等价
```

2) 切片

索引通常用来访问列表中的单个元素，而当要访问多个元素时，通常采用切片 (slicing) 方法，操作方法是在 [ ] 内加入要截取的元素的范围。切片操作本质上是被冒号间隔的两个索引，形如 i:j，用来截取从索引 i 到索引 j 之间的元素，其中索引为 i 的元素包含在切片内，索引为 j 的元素不包含在切片内 (这一点需要特别注意)，此外索引 i 和 j 既可以是正数也可以是负数。如果省略 i，则表示从第一个元素开始，如果省略 j，则表示从 i 到最后一个元素。例如：

```
lst[1:4] #返回索引为1, 2, 3的元素, 即B、C、D
lst[:3] #返回索引为0, 1, 2的元素, 即A、B、C
lst[3:] #返回索引3到6的元素, 即D、E、F、G
lst[-3:-1] #返回索引为-3到-1的前一个索引 (-2)的元素, 即切片包含的索引为-3和-2
```

此外，在索引 i 和 j 之间可以增加步长 k，形如 i:j:k，表示访问时跳跃的步长，步长为正表示从前到后访问，步长为负表示从后向前访问。特别地，[::−1] 表示将整个列表倒排。例如：

```
lst[1:6:2] #返回索引为1, 3, 5的元素
lst[-1:0:-2] #返回索引为-1, -3, -5的元素
lst[::-1] #结果为G、F、E、D、C、B、A
```

3) 列表的加法和乘法操作

两个列表相加表示将两个列表拼接成一个新的列表，列表乘法的其中一个操作数必须是整数，表示列表拼接的次数。例如：

```
lst1=[1,2,3]
lst2=['A','B','C']
lst1+lst2 #连续列表拼接，返回[1,2,3,'A','B','C']
lst1*3 #列表拼接3次，返回[1,2,3,1,2,3,1,2,3]
```

4) 成员资格检查

通过使用 in 运算符来检查特定的元素是否包含在列表中，如果存在则返回 True，否则返回 False。例如：

```
lst=[1,2,3]
'A' in lst #False
1 in lst #True
```

5) 列表修改

列表属于可修改数据结构，可以对指定索引的数据进行修改，也可以删除指定索引的数据。具体使用方法如下：

```
lst=[1,2,3,4,5]
lst[2]=20 #lst结果为[1,2,20,4,5]
del lst[2] #lst结果为[1,2,4,5]
lst=[1,2,3,4,5]
del lst[2:] #lst结果为[1,2]
lst=[1,2,3,4,5,6]
del lst[0:6:2] #lst结果为[2,4,6]
```

当使用切片修改数据时，可以同时对多个元素进行赋值，甚至可以改变列表的长度或删除列表中的元素。通过切片赋值，相当于用新的列表替换原列表切片中的元素。需要注意的是，如果切片在原列表中不连续，则新列表与切片的长度需要保持一致。例如：

```
lst=[1,2,3,4,5,6]
lst[2:4]=[30,40,50,60] #结果为[1,2,30,40,50,60,5,6]
lst=[1,2,3,4,5,6]
lst[2:2]=[30,40,50,60] #结果为[1,2,30,40,50,60,3,4,5,6]
lst=[1,2,3,4,5,6]
lst[2:4]=[] #结果为[1,2,5,6]
lst=[1,2,3,4,5,6]
lst[0:6:2]=[10,30,50] #结果为[10,2,30,4,50,6]
lst=[1,2,3,4,5,6]
lst[0:6:2]=[10,30] #出错，切片长度为3，新列表长度为2
lst[0:6:2]=[10,30,50,70] #出错，切片长度为3，新列表长度为4
```

6) 列表常用方法

在 Python 中，除少数的简单类型外，变量类型都定义为类 (Class)，类包括成员变量 (Variable) 和成员方法 (Method)。对象 (Object) 是类的实现。例如，列表就是一个类，具体的一个列表就是列表对象，通过对象加句点可以访问成员方法，用来实现某些功能。有关类和对象的详细内容在后面章节介绍。列表的主要方法和功能及示例如表 2.1 所示，在这里假设列表对象 lst=[1,2,3]。

表 2.1　列表的主要方法和功能及示例

函数	功能	示例
lst.append(obj)	将 obj 附加到列表 lst 后	lst.append(4) # 结果为 [1,2,3,4] lst.append([4,5]) # 结果为 [1,2,3,[4,5]]
lst.extend(obj)	将 obj 附加到列表 lst 后，如果 obj 是列表则将其展开	lst.extend([1,2,3])# 结果为 [1,2,3,1,2,3] lst.extend(1)# 报错
lst.clear()	清空列表的所有内容	lst.clear() # 结果为 []
lst.sort(reverse=False)	对 lst 的内容进行排序，默认为从小到大，reverse=True 表示从大到小	lst.sort(reverse=True) # 结果为 [3,2,1]
lst.copy()	复制列表内容，生成一个新的对象	lst1=lst.copy()
lst.insert(idx,obj)	将 obj 插入到列表，索引为 obj	lst.insert(1,[1,2,3]) # 结果为 [1,[1,2,3],2,3]
lst.remove(obj)	删除值为 obj 的第一个元素，如 obj 元素不存在则报错	lst.remove(1) # 结果为 [2,3]
lst.count(obj)	返回列表中 obj 元素的个数	lst.count(1) # 结果为 1
lst.index(obj)	返回列表中值为 obj 的第一个元素的索引，如果 obj 不存在则报错	lst.index(1) # 结果为 0
lst.reverse()	将列表翻转 (从最后一个元素到第一个元素)	lst.reverse() # 结果为 [3,2,1]

特别说明：在 Python 中，列表变量是对象，通过赋值将一个列表对象通过等号赋给另外一个变量时，并不会产生一个新的对象，而是仅仅产生一个引用 (两个变量指向相同的内存空间)。此时，对新变量进行修改时，原变量会同时修改，如果这不是我们期望的结果，则通过 copy() 方法产生一个新的对象。对象变量通过等号赋值极易产生问题，在编程的时候需要特别关注。例如：

```
lst=[1,2,3]
lst1=lst
lst1[0]=5 #此时lst1和lst的结果都是[5,2,3]
lst=[1,2,3]
lst1=lst.copy()
lst1[0]=5 #lst1的结果为[5,2,3]，lst的结果仍为[1,2,3]
```

2. 元组

元组与列表一样，也是序列的一种，区别在于元组的内容是不允许修改的。创建元组的方法是将一些元素用小括号对括起来，元素之间用逗号分隔。如果创建只有一个元素的元组，在元素后也需要加逗号。元组一般用来定义常量。由于元组不能修改，因此其可用的方法很少。元组的索引方法与列表相同，也可以通过 len() 函数返回元组中元素的个数。列表中的加法和乘法在元组中同样适用，结果是产生新的元组对象。元组对象和列表对象可以互相转换。例如：

```
tp=(1,2,3) #定义元组对象，值为(1,2,3)
tp=(1,) #定义只有一个元素的元组，值为(1,)
tp=(1) #注意不加逗号，则定义的是一个简单变量，使用索引会出错
tp=(10,) #该语句生成一个元组，包含一个元素10
lst=[1,2,3]
tp=tuple(lst) #将列表对象转化为元组对象，tp的值为(1,2,3)
lst=list(tp) #将元组对象转换为列表对象，lst的值为[1,2,3]
```

3. 集合

集合用来存储不重复的元素序列，可以通过 {obj,obj,...} 或 set() 创建 (注意，如果大括号内没有内容，则生成一个字典而不是集合对象)。在创建集合对象时，给定初始值中的重复值会自动去掉。与列表类似，可以用 in 判断一个元素是否属于某一个集合。此外，还定义了两个集合之间的基本运算，即差 (−)、并 (|)、交 (&)、补 (^) 以及判断集合之间的包含关系 (>=，>，<，<=)。需要特别说明的是，集合是不可索引对象，即不能通过索引访问集合元素。集合和列表以及元组都可以互相转换。例如：

```
#以下语句创建相同的集合，S的值为\{'A','B','C','D'\}
S={'A','B','C','D','A','B'}
S=set(['A','B','C','D','A','B'])
S=set(('A','B','C','D','A','B'))
len(S) #结果为4
'A' in S #返回True
'E' in S #返回False
S1=set([1,2,3,4,5])
S2=set([2,4,6,7,8])
S1-S2 #S1集合去掉S1和S2交集部分，结果为\{1,3,5\}
S1&S2 #S1和S2的交集，结果为\{2,4\}
S2|S2 #S1和S2的并集，结果为\{1,2,3,4,5,6,7,8\}
S1^S2 #S1和S2的并集减去交集，结果为\{1,3,5,6,7,8\}
(S1|S2)-(S1&S2) #等价于S1^S2，\textbf{注意这里的括号}
```

集合的主要方法见表 2.2，这里假设 S 为一个值为 {‘A’,‘B’,‘C’} 的集合。

表 2.2 集合主要方法

方法	功能	示例
S.add(obj)	如果 obj 属于集合 S，则将其加入集合，否则不做任何操作	S.add(‘D’) # 结果为 {‘A’,‘B’,‘C’,‘D’} S.add(‘A’) # 结果为 {‘A’,‘B’,‘C’}
S.remove(obj)	从集合 S 中去除元素 obj，如果 obj 不存在，则报错	S.remove(‘A’) # 结果为 {‘B’,‘C’} S.remove(‘D’) # 报错
S.discard(obj)	与 remove 功能相同，但如果 obj 不存在则不执行任何操作且不会报错	见 remove 方法
S1.issubsset(S2)	判断 S2 是否是 S1 的子集	

4. 字典

字典定义了一种由键 (Key)-值 (Value) 对构成的复合数据结构。在一个字典对象中，键是唯一的，但值可以重复。值可以是任意数据类型，而一般情况下键为数字或字符串类型，且字符串作为键的情况更加常见。字典对象的构造有两种方法，一种是通过 {key1:value1,key2:value2,...} 定义，另一种是通过 dict(key1:value1,key2:value2,...) 定义。也可以通过 {} 或 dict() 构造空字典对象。使用 len() 函数可以获取字典中键值对的个数。例如：

```
#产生空字典对象
D={}
D=dict()
```

```
#给定初始值构造字典对象
D={'Name':'Wang','Age':30,'Salary':8000.00}
D=dict({'Name':'Wang','Age':30,'Salary':8000.00})
len(D) #结果为3
```

通过键访问字典对象是字典最典型的操作方式，具体方法是用中括号将键括起来。同样可以通过键修改对应的值，通过 del 删除指定键和对应的值。除赋值操作外，当试图访问一个不存在的键时，系统会报错 (KeyError)。对于赋值操作，如果键存在，则修改相应的值，否则增加键值对。例如：

```
D={'Name':'Wang','Age':30,'Salary':8000.00}
D['Salary']=9100.00
#结果为 {'Name':'Wang','Age':30,'Salary':9100.00}
del D['Age'] #结果为 {'Name':'Wang','Salary':8000.00}
D['Age'] #由于'Age'键已被删除，这里报KeyError错误
del D['Age'] #由于'Age'键已被删除，这里报KeyError错误
D['Age']=30 #当前字典不存在键'Age'时，增加该键及对应的值。结果为{'Name':'Wang', 'Age':30,
                                                   'Salary':9100.00}
```

字典对象的主要方法有：clear()，用于清空字典对象；items()，返回 dict_ items 对象，每个元素是由键和对应值组成的元组，为方便访问，可以转化为 list 再使用；keys()，返回字典对象的所有键组成的 dict_ keys 对象，同样可以转化为 list 对象使用；pop(key)，将指定键值对从字典对象删除并返回对应的值对象。例如：

```
D={'Name':'Wang','Age':30,'Salary':8000}
D.items() #返回dict_items([('Name','Wang'),('Age',30),('Salary',8000)])
list(D.items()) #结果为[('Name','Wang'),('Age',30),('Salary',8000)]
D.keys() #返回dict_keys(['Name','Age','Salary'])
list(D.keys()) #结果为['Name','Age','Salary']
```

5. 字符串

字符串在 Python 中是极其常见的一类数据结构，特别是在文本处理方面，字符串的使用频率极高。在 Python 中，字符串在操作方面类似一个只读的列表，列表的索引、切片、加、数乘、len() 等均适用于字符串。字符串的值不能修改，一些导致字符串内容发生改变的方法可以视为产生了一个新的字符串对象。同样，字符串也是类，包含了非常多的方法用于字符串操作。Python 中的字符串是一对单引号或一对双引号之间的各种符号组成的串。下面通过实例对字符串的主要方法进行介绍。

(1) find 方法。find 方法的定义为 S.find(S1,i,j)，其实现的功能是在 S 字符串的索引 i 和索引 j (不包含 j) 之间查找是否存在 S1 字符串，i 和 j 省略则表示在整个字符串查找，如果不存在，返回 -1，如果存在，则返回出现的位置。例如：

```
S1='I am a Student'
S1.find('am') #返回索引值2
S1.find('student') #大小写敏感，返回值为-1
S1.find('m',3,-1) #返回值为3
```

(2) split 方法。split 方法的定义为 S.split(C)，其作用是将字符串 S 按照由 C 制定的分隔符拆分为序列，如果 C 缺省则用空格拆分。split 是一个非常重要的字符串方法，在文本处理中有广泛的应用。例如：

```
'1,2,3,4,5'.split(',') #用逗号拆分字符串, 结果为['1','2','3','4','5']
S='I am a Student'
S.split() #默认用空格拆分, 结果为['I','am','a','Student']
```

(3) join 方法。join 方法的定义为 C.join(lst)，join 方法是 split 方法的逆运算，作用是将列表 lst 中的元素用 C 指定的符号连接成一个字符串。例如：

```
lst=['I','am','a','Student']
' '.join(lst) #结果为'I am a Student'
C='+'
S=C.joint(['1','2','3','4','5']) #结果为'1+2+3+4+5'
eval(S) #表达式求值, 结果为15
```

(4) strip 方法。strip 方法的定义为 S.strip(S1)，作用是去掉字符串 S 开头和末尾的子串 S1，如果 S1 缺省，则代表去掉开头和末尾的空格，一般用于文本数据的预处理。需要注意的是，strip 方法并不会影响字符串中间的内容。例如：

```
S='I am a Student'
S.strip() #去掉了字符串前后的空格, 结果为'I am a Student'
S='******===This is super important!!!'
S1=S.strip('*=') #S1的值为'This is super important!!!'
S2=S1.strip('!') #S2的值为'This is super important'
```

(5) format 方法。format 方法提供了灵活的重构字符串的方法，下面通过示例予以说明。

```
S='Welcome to {},{}'
#按顺序将参数添加到字符串中大括号的位置
S.format('Beijing','China') #结果为'Welcome to Beijing, China'
S.format('Xiamen','Fujian') #结果为'Welcome to Xiamen, Fujian'
#也可以指定用哪个字符串填充
S='Welcome to {1},{0}'
S.format('China','Beijing') #结果为'Welcome to Beijing, China'
S.format('Beijing','China') #结果为'Welcome to China, Beijing'
```

除以上介绍的方法外，其他的主要方法还包括：S.capitalize()，将首字母改为大写；S.upper()/S.lower()，全部字母转换为大写/小写，在比较字符串时经常用到；S.startswith(S1)/S.endswith(S1)，判断 S 是否以 S1 开头/结尾；S.count(S1)，计算 S1 在 S 中出现的次数。在执行类型转换时，还会用到以下方法：S.isnumeric()，判断 S 中是否仅包含数字；S.isalpha()，判断 S 中是否仅包含字母；S.isalnum()，判断 S 中是否仅包含数字和字母。

2.2.3 Python 运算符

Python 中定义了一般计算机语言中的全部运算符，在表达方式上与其他语言略有差异。Python 运算符见表 2.3，为简单起见，用 x 表示第一个操作数，y 表示第二个操作数。

表 2.3 Python 运算符

	运算符	含义	示例
数运算	x+y	数 (整数、浮点数或布尔型变量) 的加法 列表、元组或字符串的连接	10+5 # 结果为 15 [1,2,3]+[4,5,6] # 结果为 [1,2,3,4,5,6]
	x-y	数相减 集合差运算	10-5 # 结果为 5 {1,2,3,4}-{3,4} # 结果为 {1,2}
	x*y	数相乘 如果其中 1 个为列表或元组，另一个为整数，则实现列表或元组的重复连接	10*5 # 结果为 50 (1,2)*2 # 结果为 (1,2,1,2) 2*[1,2] # 结果为 [1,2,1,2]
	x/y	两个数之间相除	10/5 # 结果为 2
	x+=y;x-=y;x*=y,x/=y	等价于:x=x+y;x=x-y;x=x*y;x=x/y	
	x%y	用于 x 和 y 都是整数的情况，整除取余	10%3 # 结果为 1
	x//y	用于 x 和 y 都是整数的情况，整除 (取模运算)	10%3 # 结果为 3
	x**y	乘方运算	3**2 # 结果为 9
比较运算	==; ! =; >=; <=; >; <	比较两个对象的大小关系：等于；不等于； 大于等于；小于等于；大于；小于	
逻辑运算	x and y 或者 x & y	逻辑与，x 与 y 都是逻辑表达式	
	x or y 或者 x | y	逻辑或，x 与 y 都是逻辑表达式	
	not x	逻辑取反，x 为逻辑表达式	
	x is y	判断 x 与 y 是否是同一个对象	x={'A', 'B', 'C'} y=x y is x # 结果为 True

注意：在使用运算符时，需要保证操作数与运算符的匹配，否则会出现错误。当表达式中存在多个运算符时，需要留意运算符之间的优先级 (特别是逻辑运算和集合运算)，如果不确定运算优先级，建议按照表达式计算的需要用括号 () 控制计算顺序。

2.2.4 Python 控制语句

到目前为止，前面介绍的语句都是顺序执行的。为了能够让计算机自动完成指定任务或按照运行过程中的状态改变执行顺序，一般通过分支和循环两种控制语句决定程序的执行顺序和所执行的语句块。这里需要强调的是，在 Python 中，采用对齐方式确定语句块的不同层次 (类似于 C 或 Java 中的大括号对)。

1. 分支语句

根据条件语句结果是 True 还是 False，决定是执行还是跳过特定的语句。通常来说，False、None、各种类型 (包括整数、浮点) 的 0 值、空序列 (列表、元组、字符串)、空集合以及空映射 (如字典) 等都视为 False，其他各种值都视为 True。

Python 中的条件语句用 if 和 else 来控制程序的执行，基本形式为

```
if cond:
  语句块1
else:
  语句块2
```

当判断条件 cond 为 True 时，执行语句块 1，这部分内容可以是多行，以缩进来区分。else 部分为可选语句，语句块 2 为当 cond 为 False 时执行的内容。判断条件 cond 可以是结果为布尔型的任何表达式，如比较大小、各种逻辑运算的组合等。

当有多个条件需要判断时，可以通过 if 语句的嵌套来实现。在 Python 中也提供了 elif 来简化 if 语句的嵌套关系。例如，以下的两段代码的效果相同。

```
if cond1:
  语句块1
else:
  if cond 2:
    语句块2
  else:
    语句块3
```

```
if cond1:
  语句块1
elif cond2:
  语句块2
else:
  语句块3
```

下面通过数字猜谜游戏说明条件语句的使用。

```
num=20
print("数字猜谜游戏")
#接收用户输入，用户输入为字符串，这里做了类型转换
guess=int(input("请输入你猜的数字："))
if guess==num:
  print("恭喜，你猜对了！")
elif guess<num:
  print("猜的数字太小了……")
else:
  print("猜的数字太大了……")
```

2. 循环语句

循环是程序语言中最重要的控制结构，能够极大地简化算法并实现数据的自动处理。Python 的基本循环语句是 for 循环和 while 循环，在此基础上加入跳出循环的语句，可以使整个程序的执行流程更为丰富多样。

1) for 循环

for 循环一般用于已知循环次数的情况，基本形式是：

```
for <variable> in <sequence>:
  语句块1
```

```
else:
  语句块2
```

其中，<sequence> 是序列对象，常用的如列表、元组等，<variable> 用于按顺序读取序列 <sequence> 中的每一个元素并执行语句块 1。else 是可选语句，用于 for 循环结束后的后续处理。例如：

```
#统计字母在字符串中出现的次数，忽略大小写
S='abcDEFacDefghKg'
S=S.lower()
C=dict()
for var in S:
    if(var in C.keys()):
        C[var]+=1
    else:
        C[var]=1
else:
    print('--Counting Finished--')
print(C)
#输出结果
--Counting Finished--
{'a': 2, 'b': 1, 'c': 2, 'd': 2, 'e': 2, 'f': 2, 'g': 2, 'h': 1, 'k': 1}
```

2) while 循环

while 循环可以根据条件判断是否继续执行，因此其循环次数不需要事先确定，比 for 循环更加灵活。while 循环的基本形式是：

```
while cond:
  语句块1
else:
  语句块2
```

其中，条件语句 cond 是值为布尔型的表达式，如果条件成立则循环执行语句块 1。else 是可选语句，用于 while 循环结束后的后续处理。例如：

```
numbers=[12,23,33,45,36,48,89,98]
even=[]
odd=[]
while(len(numbers)>0):
#列表的pop方法：取列表的最后一个元素并将其从列表移除
  num=numbers.pop()
  if(num % 2==0):
    even.append(num)
  else:
    odd.append(num)
else:
  print(even)
  print(odd)
#输出结果
[12,36,48,98]
[23,33,45,89]
```

循环语句可以通过嵌套实现更加复杂的逻辑，随着嵌套层次的增加，会使得程序的可读性变差。程序设计中，一般不建议两层以上的循环嵌套。

3) 改变循环执行逻辑

Python 定义了两个改变循环执行逻辑的语句，分别是：中断执行语句 break、继续循环语句 continue。

break 语句：break 语句用于终止循环，即使循环条件为 True 或循环序列仍然不为空，也会停止循环执行。for 循环和 while 循环都可以使用 break，一般 break 与 if 语句配合使用。在嵌套循环中，break 用于退出当前层次的循环。例如：

```
#以下代码用于顺序查找指定元素在列表中的位置
languages=['C','C++','Perl','Python','Java']
target='Java'
k=-1
for lg in languages:
    k+=1
    if(target==lg):
        print('{}在序列中的索引值是{}'.format(target,str(k)))
        break
else:
    print('没有找到')
#输出结果
Python在序列中的索引值是3
```

continue 语句：相比于 break 跳出整个循环，continue 语句用来跳过本次循环后面的语句并进行下一轮循环。continue 语句同样可以用于 for 循环和 while 循环，continue 语句一般与 if 语句配合使用。

```
#输出序列中除target指定的元素外的其他元素
languages=['C','C++','Perl','Python','Java','Python','PHP']
target='Python'
for lg in languages:
    if(target==lg):
        continue
    else:
        print(lg)
#输出结果
C
C++
Perl
Java
PHP
```

3. 循环中常用的几个内置函数

1) range 函数

Python 内置函数 range 用于生成整数序列，是 for 循环中最常用的形式。range 函数的参数形式为 range(i,j,k)，i 为起始值，j 为结束值的后一个值 (即生成的序列中不包含 j)，k 为步长，k 的默认值为 1。如果只提供参数 i，则表示生成的序列为 0 i−1；如果提供参数 i 和 j，则生成的序列为 i 到 j−1；如果提供参数 i,j,k，则生成的序列为 i 到 j−1 步，步长为 k (j−1 是否在序列中取决于序列长度是否为 k 的整数倍)。例如：

```
for i in range(4):
  print(i)
#输出结果为
0,1,2,3
for i in range(2,5):
  print(i)
#输出结果为
2,3,4
for i in range(1,10,3):
  print(i)
#输出结果为
1,4,7
```

2) enumerate 函数

当循环中处理序列 (如列表、元组或字符串) 时，一般的方法是定义一个整型变量记录当前数据的索引，这种方法比较麻烦。一种简便的方法是使用 enumerate 函数，生成一个包含索引和序列元素的循环算子。例如：

```
#输出序列中的每个元素及其索引
S=['Wang','Zhang','Zhao','Li']
k=0
for c in S:
    print((k,c))
    k+=1
#输出结果
(0, 'Wang')
(1, 'Zhang')
(2, 'Zhao')
(3, 'Li')
#采用enumerate的简化方法
for k,c in enumerate(S):
    print((k,c))
#输出结果
(0, 'Wang')
(1, 'Zhang')
(2, 'Zhao')
(3, 'Li')
```

3) zip 函数

当处理两个等长序列时，可以通过 zip 函数将两个序列对应位置的元素组成元组并形成由所有元组组成的循环算子。下例中的两个序列分别存储姓和名，通过循环组合成完整姓名。

```
firstName=['K','J','S','Z']
lastName=['Wang','Li','Zhang','Zhao']
name=[]
for i in range(len(firstName)):
    name.append(lastName[i]+' '+firstName[i])
print(name)
```

```
#输出结果
['Wang K', 'Li J', 'Zhang S', 'Zhao Z']
#通过zip函数简化上述过程
name=[]
for t in zip(lastName,firstName):
    name.append(t[0]+' '+t[1])
print(name)
#输出结果
['Wang K', 'Li J', 'Zhang S', 'Zhao Z']
```

4) iter 函数

iter 是 Python 内置的生成迭代器的函数，有两种参数形式：一种是 iter (seq)，seq 一般是列表、元组等序列结构；另一种是 iter (callable, sentinel)，其功能是循环调用 callable 函数直到 sentinel 指定的情况出现。iter 产生的迭代器通过 next 函数或调用迭代器的 __next__ () 方法得到下一个元素。生成迭代器时并不会产生真正的序列数据，在调用 next 的时候才生成。迭代器常用的场景包括：① 未知长度数据，典型的像从文件读取数据，在读取前并不知道文件的长度及什么时候结束；② 序列超长，产生这样的序列不但占用很大的内存空间而且需要额外的时间进行内存分配和回收。下面的示例介绍了迭代器函数的使用方法：

```
 #分配内存空间
 itR=np.arange(1000000)
 #不分配内存空间，使用的时候再生成
it=iter(range(1000000))
#如果仅仅用于迭代，后者比前者效率更高
#获取下一个元素的方法
next(it) #或者it.__next__()
#迭代器的使用方法
#用于for循环
for k in it:
  print(k)
#用于while循环，特别是循环次数未知的情况下
#这里通过异常处理结束循环，可参见下一部分
while(True)
  try:
    k=it.__next__()
  except StopIteration as e:
    break
#下面的代码介绍了如何使用两参数 iter，代码实现的功能是：每次产生一个 1～20 的随机数，直到出现 5 停止
def random_int():
    return np.random.randint(1,20)
it=iter(random_int,5)
for k in it:
    print(k)
```

4. 异常处理

在程序设计过程中，很多函数的参数或数值并不能事先确定，在执行一些特定的操作时会出现程序异常，如除数为 0、列表索引超出范围或空列表、试图访问不存在的字典键、

通信程序中的网络中断等。异常处理的目的是捕捉程序异常并在程序退出时先进行适当的处理再退出程序，如保存数据和文件等。

Python 异常处理的基本形式为

```
try:
  语句块1
except 异常类 as e:
  语句块2
finally:
  语句块3
```

其中，语句块 1 为可能引起异常的代码，except 用于捕获异常，语句块 2 为出现异常时执行的代码。finally 为可选项，无论是否出现异常都会执行的代码，一般用于数据保存等操作。也可以用 else 代替 finally，表示在没有异常发生时执行语句块 3。下面通过一个简单的例子进行说明。

```
a=10
b=0
try:
    print(a/b)
except ZeroDivisionError as e:
    print(e.args)
finally:
    print('Do something')
#b=0时，输出结果:
('division by zero',)
Do something
#b不为0时，输出结果:
Do something
```

当预计到可能出现的异常时，用指定的异常类如上例中的 DivisionError 进行异常捕捉，如果不知道异常的类别，可以用 BaseException，该类是所有异常类的基类。有关异常类的详细信息可以参考相关资料。

在异常处理语句中，用 else 替代 finally 时如下例：

```
a=10
b=0
try:
    print(a/b)
except ZeroDivisionError as e:
    print(e.args)
else:
    print('Do something')
#b=0时，输出结果:
('division by zero',)
#b不为0时，输出结果:
5.0
Do something
```

与 finally 不同，当出现异常时，不执行 else 后面的语句。

2.3 函数和类的定义

函数 (Function) 和类 (Class) 是实现代码可重用的主要方式，可以提高代码的可读性、可维护性和健壮性。

2.3.1 Python 函数的定义和调用

函数是组织好的、可重复使用的、用来实现单一或相关联功能的代码段，函数包括 Python 系统函数和自定义函数。本节主要介绍自定义函数。与其他计算机语言相比，Python 的函数定义更加自由，一般不需要预先指定参数的类型，也不需要预先定义返回值的类型，不限定返回值的个数。

1. 自定义函数

定义函数时使用关键字 def，空格后是自定义的函数名。函数名应符合标识符命名规则。函数的参数列表用小括号括起来放在函数名之后，一个函数可以没有参数，也可以有很多参数，右括号后面加冒号表示函数体的开始。在函数完成操作后，通过 return 语句将值传递给调用者。不带 return 则表示返回值为 None。

函数的定义方式如下例所示：

```
#返回两个数中的最大值
def dMax(a,b):
  if (a>b):
    tmp=a
  else:
    tmp=b
  return tmp
```

其中，def 为关键字，dMax 为函数名，该函数有两个参数：a 和 b，返回值为 tmp。当函数定义好后，可以嵌入代码的任何位置使用，甚至可以作为其他函数的参数。函数的调用过程如下例：

```
a,b=10,20
dMax(a,b)
#输出结果
20
#将函数作为参数进行传递
def func(dMax,c,d):
  return dMax(c,d)
#调用函数func，第一个参数是函数名
func(dMax,10,12)
```

2. 参数的类型和参数传递

Python 的函数中一共可以定义四种参数，分别是位置参数、含默认值的位置参数、不定长参数和关键字参数。下面通过定义一个名为 calculate 的函数进行说明：

```
def calculate(x,y,z=1,*args,**kwargs):
    res=x+y+z
```

```
    tmp=0
    if len(args)>0:
        for k in args:
            tmp+=k
    res=res+tmp**2
    if len(kwargs)>0:
        if(kwargs['method']=='power'):
            res=res**2
            M='power'
        elif (kwargs['method']=='exp'):
            res=2**res
            M='exp'
    else:
        M='default'
    S='执行了{}运算，结果是：{}'.format(M,res)
    return res,M,S
```

上例中，定义了全部 4 种参数，其中参数 x 和 y 是位置参数且没有默认值，因此在调用 calculate 函数时必须传递这两个参数。参数 z 指定了默认值，如果调用函数时只给出两个参数，则 z 采用默认值，如果多于两个参数，则第三个参数传递给 z。

注意：在参数列表中，不含默认值的参数必须放在最前面，之后是含默认值的参数。如果在函数调用时传递的参数超过了位置参数个数，则这些参数以元组的形式存储在不定长参数 *args 中，星号表示 args 参数为不定长参数。前面加两个星号的参数 kwargs 称为关键字参数，在调用函数时给定关键字和值，关键字参数同样是不定长参数，结果存入字典结构。如上例，通过关键字参数定义了对数据执行何种运算。

尽管 Python 的函数参数定义有些复杂，但却可以实现很多复杂功能的封装，在后面的章节会介绍很多参数列表非常复杂的函数。

基于上例定义的函数 calculate，可以采用不同的形式调用，如下例：

```
R=calculate(2,3)
#输出结果
(6, 'default', '执行了default运算，结果是：6')
R=calculate(2,3,2)
#输出结果
(7, 'default', '执行了default运算，结果是：7')
R=calculate(2,3,2,-2,3,1) #args参数的值为(-2,3,1)
#输出结果
(11, 'default', '执行了default运算，结果是：11')
R=calculate(3,2,2,-2,3,1,method='power') #kwargs参数的值为{'method':'power'}
#输出结果
(121, 'power', '执行了power运算，结果是：121')
R=calculate(3,2,2,-2,3,1,method='exp') #kwargs参数的值为{'method':'exp'}
#输出结果
(2048, 'exp', '执行了exp运算，结果是：2048')
```

当函数有多个返回值时，可以以多种形式接收返回值，如可以用单个变量接收返回值，结果为元组，也可以用多个变量按顺序分别接收返回值。当某一个返回值不再使用时，用下划线做占位符，表示该值不用接收。例如:

```
R=calculate(3,2,2,-2,3,1) #R的值为：(11, 'default', '执行了default运算，结果是：11')
R1,R2,R3=calculate(3,2,2,-2,3,1) #R1的值为：11；R2的值为：'default'；R3的值为：'执行了
                                        default运算，结果是：11'
#如果某个变量不需要接收，则用下划线做占位符
_,_,R3=calculate(3,2,2,-2,3,1) #R3的值为：'执行了default运算，结果是：11'
```

3. 匿名函数

匿名函数是 Python 中非常有特色的函数定义方式，用于定义函数体比较简单的函数，通常只包含一条语句。匿名函数通过关键字 lambda 定义，它有属于自己的参数空间。匿名函数也可以包含所有的四类参数，但匿名函数的主要目的是简化函数的定义，主要用于简单函数的定义，一般不使用不定长参数和关键字参数。匿名函数的具体定义方式如下：

```
f_sum=lambda arg1,arg2,arg3=2:arg1+arg2+arg3
f_sum(1,2)
#输出结果
3
f_sum(1,2,5)
#输出结果
8
#可以不为函数指定名称，定义的同时使用
(lambda x,y:x+y)(1,2)
```

4. 函数的参数传递

Python 的变量不需要事先定义，函数参数列表中的变量类型取决于参数传递时赋值的类型。同时，根据函数传递的参数是否可以修改，可以将参数分成值参 (不可变类型) 和形参 (可变类型)。值参本质上就是传值，常用的有数字、字符串等。当使用传值参数时，即使在函数内部对这些参数进行修改，它们的变化也不会影响函数外的值。因为当此类参数被传入函数后，相当于生成了另外一个复制的对象，函数内部语句仅在复制对象上进行操作。

形参本质上是传递引用，引用传入的是变量地址，当函数内部得到变量的地址时，再进行修改操作相当于对原变量进行修改，修改后函数外部的变量也会受到影响。例如：

```
def change(a_val,b_ref):
#第一个参数为简单类型，传值；第二个参数为列表，传引用
    a_val+=10
    b_ref[0]=b_ref[0]+2
    print("函数内部修改后：")
    print(a_val)
    print(b_ref)
a=10
b=[0,1,2]
print("函数调用前")
print(a)
print(b)
change(a,b)
print("函数调用后")
print(a)
print(b)
```

```
#输出结果
函数调用前
10
[0, 1, 2]
函数内部修改后:
20
[2, 1, 2]
函数调用后
10
[2, 1, 2]
```

通过上例可以发现，对于简单变量，函数内部的操作并不返回到原参数变量，而对于对象 (这里是列表)，由于传递的是引用，在函数内部对变量的修改会返回到参数。这一特性在设计程序时需要特别注意，由于参数引入的错误往往不太好查找。

2.3.2 Python 与面向对象编程

Python 是一种面向对象 (object oriented) 编程语言。面向对象编程是在面向过程编程基础上发展起来的。面向过程以事件流程为出发点，分析出解决问题所需要的步骤，然后通过函数实现处理步骤，使用的时候依次调用事先定义的函数。面向过程的方法主要有两个问题：① 数据和处理过程分离，可维护性差，不易修改；② 面向过程更符合计算机的执行逻辑而不是人的思考习惯。

与面向过程相对应，面向对象编程是按照现实世界中的逻辑进行建模和问题处理的，分析在具体问题中参与的有哪些实体，这些实体应该有什么属性 (类似于变量) 和方法 (类似于函数)，如何通过调用这些实体的属性和方法去解决问题。面向对象有三个主要特性。① 封装：实现对象状态信息的隐藏，外部通过类提供的方法而不是直接访问类状态信息。② 继承：根据类之间的关系，实现子类向父类 (超类或基类) 继承属性和方法，从而提高代码的可维护性和重用性。③ 多态：在子类内部重写父类方法，以实现同样的方法在父类和子类中实现不同的功能。

从数据科学视角看，一般很少通过定义复杂的类及继承关系进行编程。因此，本书仅简单介绍类和对象的定义，以方便后续章节有关内容的学习。

1. 类的定义

类的定义方法如下例：

```
class People(object):
#属性
    name='' #公共属性
    _age=None #私有属性
    __salary=None #私有属性
    def __init__(self,name,age,salary): #构造方法
        self.name=name
        self._age=age
        self.__salary=salary
    def speak(self): #公共方法
        s='{}说: 我{}岁, 我的工资是: {}元'.format(self.name,self._age,self.__salary)
        print(s)
```

```
    @staticmethod #静态方法
    def country():
        print("中国")
```

class 是定义类的关键字，后面的是类名 (在 Python 中一般约定类名的首字母大写)。后面的括号给出了该类的父类，用于描述继承关系。类可以从他的父类继承属性和方法。Object 是超类，是所有 Python 类的根类。

在类体内定义的变量称为类的属性或成员变量。Python 中类的属性有两种。① 公共属性：以字母开头，该变量可以通过类或对象直接访问，即公共变量没有封装。② 私有属性：标识符以单下划线开头的私有属性可以通过类或对象访问，即可以继承和调用，而标识符以双下划线开头的属性只能通过方法访问，不能继承。

类中的 __init__ 函数称为构造方法，在定义对象的时候自动调用，主要用来初始化对象。参数中的 self 指代当前对象。在 Python 中，类的属性不需要明示定义，在构造函数中初始化即表示定义了属性。

如上类中的 speak 称为方法，代表类的行为，方法名称也可以通过在方法名前加下划线表示其属于私有属性。staticmethod 修饰的方法称为静态方法，此类方法可以直接通过类名访问。需要注意的是：静态方法中如果有 self 参数，则不能通过类名访问。同样，如果公共方法中有 self 参数，则通过类名访问时会报错，因为此时 self 是空的。

2. 对象的定义和使用

对象是类的实例化。对象通过类名和参数定义，通过对象名和点访问成员变量与成员方法。例如：

```
#对象定义和初始化
p=People('Wang',25,5000.00)
p.speak()
#输出结果
Wang说：我25岁，我的工资是：5000.0元
#也可以直接通过类名调用公共属性和静态方法
People.country()
#输出结果
中国
People.name
输出结果
''
#如果用类名直接调用含self参数的方法，则报错
People.speak()
#输出结果
TypeError: speak() missing 1 required positional argument: 'self'
```

2.4　Python 包

2.4.1　Python 包的结构和导入

Python 包 (Package) 也称为模块 (module)，是一个 Python 文件，后缀名是.py，包含了 Python 类和函数的定义，模块本身也可以包含可执行的代码。Python 包含三种模块：

① 内置标准模块 (标准库)，仅包含基本的函数，功能非常有限；② 第三方开源模块，是对 Python 功能的扩展，目前有非常多的第三方开源包供我们使用，本书后面的内容也主要是基于第三方开源包的；③ 自定义模块。Python 内置标准包的功能非常有限，如基于基础 Python 甚至不能进行数组和矩阵的简单运算。Python 之所以有丰富的功能，主要是因为有大量的第三方开源包，这些开源包一般使用高效语言设计，运行效率高。从结构上说，可以把 Python 类比为如图 2.5 所示的结构。如图 2.5 所示，Python 内置标准包可以类比为中间的工作台，有一个基本的工作环境和一些简单的工具，可以完成一些很简单的工作。周边的工具箱类似第三方开源包，借助工作台和工具箱，可以高效地完成很多复杂的工作。显然，这些第三方开源包是针对不同的目的和任务设计的，也可以组合来自不同工具箱的工具完成更加复杂的工作。基于第三方开源包，可以极大地扩展 Python 的功能并提高开发效率，但同时也存在一些问题，在编程的时候需要特别注意。

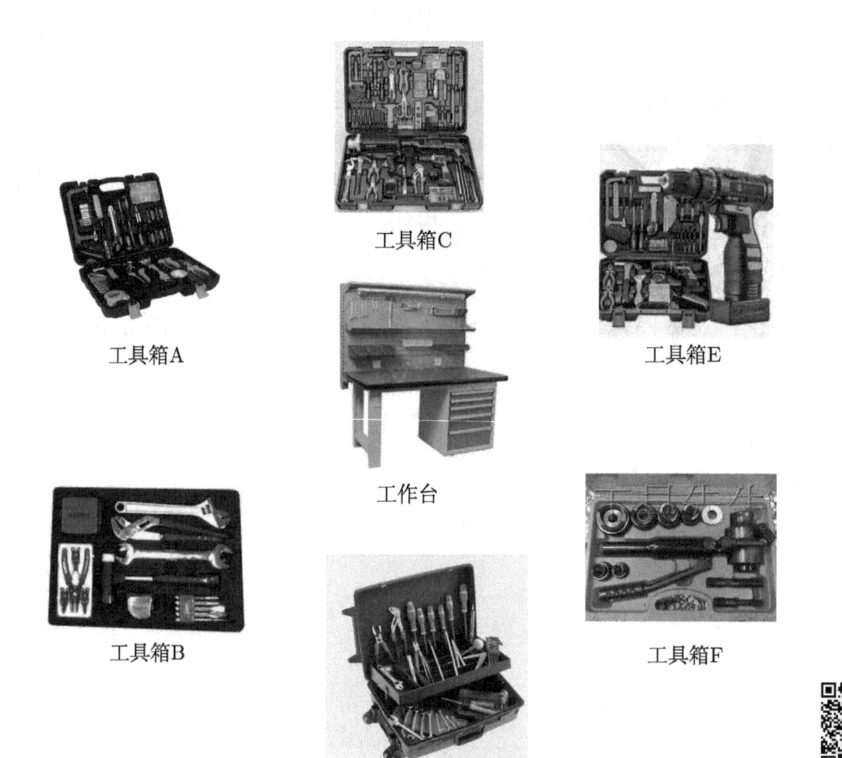

扫一扫见彩图

图 2.5　Python 包结构示意图

(1) 第三方开源包的质量问题。第三方开源包由不同的团队开发和维护，缺乏严格的标准，导致第三方开源包的质量参差不齐，既有非常专业的包如 numpy 和 scipy 等，也有一些缺乏维护、质量比较差的包。使用不太知名或长期没有维护的开源包时要特别谨慎。

(2) 第三方开源包缺乏统一的规划设计。如前所述，第三方开源包往往由不同的团队设计、开发和维护，不同的包之间缺乏必要的功能划分，后果是相同功能的函数有时会在多个包出现，有时完全相同，有时参数、实现等存在一定的差异，给开发时选择包或函数带来挑战。

(3) 第三方开源包之间的依赖性和兼容问题。第三方开源包之间存在依赖关系，很容易出现的一种情况是包的版本不匹配问题，从而给程序开发带来混乱。特别是一些底层的包如 Numpy 的升级，往往会将错误带入依赖于 numpy 的包，从而产生一些莫名其妙的错误，有时不得不安装低版本的包。

Python 导入包的关键字是 import，导入方法有以下四种。

(1) import module：这里 module 是导入的模块名称，通过 m 和点号访问模块内的变量和方法。

(2) import module as md：md 是导入模块时的别名，主要是为了使用简便，别名一般比模块名简单。

(3) from module import f：从模块 module 中导入模块 f。

(4) from module import *：从模块中导入所有的函数和变量。

这里的 module 有时存在嵌套关系，用 module.x 导入包里的下一层包。当程序中使用的模块比较多的时候，不建议使用方法 (4)，这样容易导致导入的函数过多或函数名发生冲突。尽量使用方法 (2)。例如：

```
import numpy as np #np是numpy的别名
x=10
print(np.sin(x)) #调用numpy包内的sin函数
from numpy import sin #导入sin函数
print(sin(x)) #直接调用sin函数
import numpy #不使用别名
print(numpy.sin(x))
#导入包numpy中的线性代数包
import numpy.linalg as LA #LA是numpy中的linalg包的别名
```

2.4.2　Python 常用包简介

在数据科学中，常用的 Python 第三方开源包及其对应的功能如下。

(1) numpy：用于矩阵运算。

(2) pandas：二维数据的操作和预处理。

(3) matplotlib & seaborn：数据的可视化。

(4) scipy：科学计算。

(5) sympy：符号计算。

(6) statsmodels：统计学模型。

(7) sklearn：scikit-learn，Python 机器学习包。

(8) cvxpy：凸优化包。

(9) gurobipy：数学规划软件 gurobi 的 Python 接口包。

这些包的具体使用方法将在后续章节陆续介绍。

习　题

1. 根据本章的学习，总结 Python 成为数据科学的首选语言的原因。

2. 编写一个可以完成 sin、cos、tan 运算的函数。

3. 有一个列表 A = [1, 2, 3, 1, 2, 4, 5, 6, 3, 1, 2, 4, 7, 8, 9, 8, 7, 4]，请写出两种去除列表中重复内容的方法。

4. 构建一个迭代器并通过 next 函数实现循环。

5. 编写一个以列表作为参数的函数，观察在函数内部修改该参数的结果。

第 3 章　Python 常用模块

3.1　numpy 与矩阵运算

numpy 是 Python 中用于科学计算的最基础也是最重要的包，其核心功能是对 n 维数组的处理。numpy 包提供了多维数组对象及其派生对象，同时提供了一系列定义在数组上的快速计算方法，包括代数、逻辑、形状操纵、排序、选择、离散傅里叶变换、基本统计运算和随机仿真等。numpy 不但自身功能丰富，而且为其他大量的开源包提供了计算支撑。需要说明的是，numpy 除用于元素为数值的多维数组外，也可以处理字符串数组。尽管 numpy 可以用于字符串处理，但这不是其主要功能，本节不做介绍。

当安装 anaconda 时，numpy 被默认安装。如果没有安装，可以通过 conda install numpy 或 pip install numpy 完成安装。

约定俗成的 numpy 包导入方法是：import numpy as np。在本书中，如无特别说明，np 默认代表 numpy 的别名。

3.1.1　numpy 多维数组基础

1. numpy 数据类型扩展数据信息和知识

numpy 在 Python 的基础上，对数据类型进行了扩展，定义了 4 种整型数据类型，包括 int8、int16、int32 和 int64；4 种无符号整数，包括 uint8、uint16、uint32 和 uint64；4 种浮点型数据，包括半精度浮点数 float16、单精度浮点数 float32、双精度浮点数 float64 以及 float128。需要说明的是，numpy 中的数据类型都是类，可以通过构造方法定义对象。例如：

```
import numpy as np
#通过构造方法定义对象，参数缺省时默认值为0
x=np.int32(10)
print(x.dtype) #这里dtype是一个公共属性
#输出结果
int32
x=np.float32(50)
print(x.dtype)
#输出结果
float32
x=10
print(x.dtype)
#报错，这里x是Python基础数据类型中的整型变量，不是numpy类型对象，因此没有dtype属性
'int' object has no attribute 'dtype'
```

2. numpy 多维数组

numpy 的基本数据结构是多维数组 (array)，每个维度 (dimension) 称为一个轴 (axis)，如图 3.1 所示。numpy 中的很多函数可以指定操作的轴，如对于一个二维数组的求和运算，可以通过指定 axis=0 对数组进行按列求和。

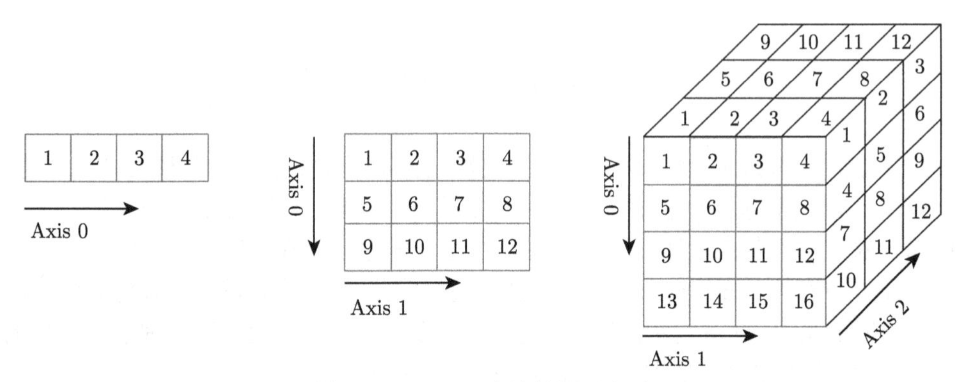

图 3.1　numpy 多维数组示意图

numpy 中的数组以类的形式存在，基于 numpy 定义的数组都是对象，numpy 数组的构造函数如下：

```
np.array(object, dtype=None, copy=True)
#object: 是构建数组的元素，最常用的是序列结构
#dtype: 指定数组的数据类型，可省略
#copy: 默认值为True，表示对object的元素进行复制而不是引用
A=[1,2,3,4,5]
D=np.array(A, dtype=np.float32, copy=True)
```

除此之外，numpy 还定义了以下四个特殊的数组构造函数。

(1) np.ones(dim,dtype)：构造由 dim 指定形状的所有元素都为 1 的 dtype 类型数组，dim 可以为整数或元组。

(2) np.zeros(dim,dtype)：参数与 np.ones 含义相同。

(3) np.eye(m,dtype) 或 np.identity(m,dtype)：m 为整数，构造 $m \times m$ 的单位矩阵。

(4) np.full((m,n),k,dtype)：构造 $m \times n$ 的所有元素全部为 k 的数组。

numpy 还定义了三个通过给定数值范围构造数据的方法，分别是 np.arange、np.linspace 和 np.logspace，下面通过示例进行说明：

```
#np.arange(start,stop,step)
#类似于range函数
#用于生成从start到stop-1步长为step的一维数组，这里这三个参数都为整数，step默认值为1(可省略)
#如果只提供第一个参数，则生成从0~start-1的数组
np.arange(1,6)
#输出结果
array([1, 2, 3, 4])
np.arange(0,6,2)
#输出结果
array([0, 2, 4])
```

```
np.arange(5)
#输出结果
array([0, 1, 2, 3, 4])
#np.linspace(a,b,n)
#将a~b等分为n份, n为整数
#即生产一个a~b之间的n个数值的等差数列, 步长为(b-a)/(n-1)
np.linspace(1,2,5)
#输出结果
array([1., 1.25, 1.5, 1.75, 2.])
#np.logspace(a,b,n)
#将10^a~10^b等分为n份, n为整数
np.logspace(0,1,5)
#输出结果
array([1.,  1.77827941,  3.16227766,  5.62341325, 10.])
```

注意：np.arange 和 Python 内嵌函数 range 功能相似，主要的区别是前者生成一个一维数组，后者生成一个迭代器。

numpy 数组对象有两个重要的属性，分别是 shape 和 size，通过 shape 可以获得数组的每一个维度构成的元组，通过 size 可以获取数组中数据的个数，等于各个维度的乘积。下面通过一些示例说明 numpy 数组的构造方法及其简单用法。

```
#使用列表构造一个一维数组
A=[1,2,3]
D1=np.array(A,dtype=np.float32)
print(D1)
#输出结果
[1. 2. 3.]
#定义一个2*3的二维数组
B=[[1,2,3],[4,5,6]]
D2=np.array(B)
print("数组的形状: {}".format(D2.shape))
#输出结果
数组的形状: (2, 3)
#定义一个2*2*3的三维数据
C=[[[1,2,3],[4,5,6]],[[7,8,9],[10,11,12]]]
D3=np.array(C)
print("数组的形状: {}, 数组的大小: {}".format(D3.shape, D3.size ))
#输出结果
数组的形状: (2, 2, 3), 数组的大小: 12
```

对一个已经定义好的数组，可以通过 reshape 方法改变数组形状。要求改变前后的数据包含的元素个数相同，维数和每一维的长度都可以改变。reshape 有两种调用方法：一种是作为数组对象的方法调用；另一种是通过 np 直接调用 (类似类方法)。无论哪种方法，都会生成一个原有数组的引用 (注意不是新数组对象)。reshape 方法的参数可以直接指定每一个维度的长度，此外还有一个更简便的方法是将指定维度设为 -1 以简化计算，如一个 (4, 6, 8) 的数组改为 (12, 16)，则可以写成 $(-1, 16)$ 或 $(12, -1)$，这里的 -1 就代表了将剩余数据设置为 -1 指示的维度。

下面的示例介绍了 shape 属性和 reshape 方法的使用。

```
A=[[[1,2,3],[4,5,6]],[[7,8,9],[10,11,12]]]
D=np.array(A)
D.shape
#输出结果
(2, 2, 3)
D1=D.reshape((4,3)) #这里需要保证元素相同，即2*2*3=4*3
#或者D1=np.reshape(D,(4,3))
D1.shape
#输出结果
(4, 3)
#注意：这里D1只是数组D的引用，并没有自己的内存空间，如果改变D或D1的值，另一个也同时改变
D.reshape(-1,6)
D.reshape(6,-1)
```

说明：numpy 还有一个改变数组的方法 resize，比 reshape 复杂，但不是很常用。

3. numpy 生成随机数

numpy 中有一个模块 random 用于生成具有不同分布和不同形状的随机数，常用的方法如下。

(1) 均匀分布：rand(*args) 用于生成 0~1 之间均匀分布的随机数，不定长参数由于设定每一个维度的长度，缺省时生成 1 个随机数。

(2) randn(*args) 用于生成标准正态分布 (均值为 0 标准差为 1) 的随机数，不定长参数用于定义每一个维度的长度，缺省时生成 1 个随机数。

(3) randint(low,hight,size=1) 用于生成 low high-1 的整型随机数，size 为整数时生成一维数组，默认值是 1，size 为元组，则生成指定形状的多维数组，如果只提供一个位置参数，相当于 low 为 0 的情形。

通常可以使用 numpy 生成其他分布的随机数，如 gamma 分布、多元正态分布、泊松分布等。在实际使用中，一般使用 scipy.stats 包中的随机分布类，这部分内容将在统计学的章节再进行介绍。

使用 numpy 生成随机数的方法如下例：

```
import numpy .random as ran
#等价于 from numpy import random as ran
ran.rand()
ran.rand(3,2)
ran.randn(3,2)
ran.randint(1,10,size=(3,2))
2*ran.randn()+3 #均值为3、标准差为2的正态分布随机数
```

为保证更好的随机效果，也可以通过 seed 方法设定随机数种子。需要说明的是，在计算机生成随机数时，如果设定相同的种子则生成的随机数相同 (因此计算机生成的随机数称为伪随机数)。在一些资料上设置随机数种子，主要是为了保证程序的演示效果，在实际使用中，随机数种子一般会设置为一个非常大的不重复随机数，以改善生成随机数的效果，如常用系统时间作为随机数种子。

4. numpy 常用函数

numpy 定义了大量的函数可供直接调用，这些函数都是针对数组的每一个元素进行计算的，主要包括 (这里 x 可以是数或多维数组) 以下运算。

(1) 三角函数：np.sin(x)、np.cos(x)、np.tan(x) 等。

(2) 求绝对值：np.abs(x)/np.fabs(x)。

(3) 平方：np.square(x)/np.power(x,2)。

(4) 开方：np.sqrt(x)/np.power(x,0.5)。

(5) 指数：np.exp(x)。

(6) 对数：np.log(x) (以自然常数 e 为底)、np.log2(x)、np.log10(x)、np.log1p(x) (等价于 log(1+x))。

(7) 符号函数：np.sign(x)，计算符号：正 (1)、0 (0)、负 (−1)。

(8) 取整：np.ceil(x)——向上取整、np.floor(x)——向下取整、np.rint(x)——四舍五入取整。

(9) 判断取值范围：np.isnan(x)——判断是否为 NaN、isfinite(x)——判断是否为有限、isinf(x)——判断是否为无限。

更完整的函数列表可访问 numpy.org。

在程序开发中如果需要用到一些 numpy 中没有的特殊函数 (如 gamma 函数、排列组合计算)，可以参考 math 包或者 scipy.special 包。

3.1.2 数组索引

索引是多维数组最基本的操作，numpy 数据有多种索引方法，用于定位数组中的某一个元素或一部分元素。一维数组的索引方法与列表完全相同，这里主要介绍多维数组的索引。numpy 中的数组既可以看作列表也可以看作矩阵，因此数组存在两种访问形式。

对于多维数组的每一个维度，索引方法与列表类似，在这里通过示例说明：

```
A=np.arange(12)
A=A.reshape((3,4))
#可以看作一个长度为3的列表，列表的每个元素是一个长度为4的列表
D=np.array(A) #D是一个3*4的数组，相当于每一行是一个元素
D[0] #第一行，按照列表更容易理解，D是一个长度为3的列表，每一个元素是一个长度为4的列表
D[:2] #前两行
D[2:] #第2行之后的所有行
#这种方法只能按照第一个维度完整截取，主要用于遍历数组。下面通过循环的方式按照行列顺序遍历整
个数组
for d_row in D:
    for d_element in d_row:
        print(d_element)
```

当把多维数组看作矩阵时，可以对每一个维度进行切片，二维数组的索引方法示例如下。

```
A=np.arange(12)
A=A.reshape((3,4))
A[1,2] #第2行第3列元素
A[:2,:3] #前两行前三列
```

```
A[:,:3] #前三列，其中第一个冒号用于占位，表示选取该维度所有元素
A[:,:] #与A等价
```

多维数据的索引方法与二维数组类似，但在矩阵运算中，多维数据不是很常用，这里不再介绍。

此外，numpy 也提供了一些高级索引方法，如通过元组或列表分别指定行列位置以及按条件索引，示例如下：

```
A=np.arange(16)
A=np.reshape((4,4))
A[(0,3),(2,1)] #第一个元组对应第一个维度的位置，第二个元组对应第二个维度的位置，等价于A[0,2
                                            ]和A[3,1]
#指定每一个维度位置的元组还可以嵌套
rows=[[0,2],[1,3]]
cols=[[2,1],[0,2]]
A[row,cols] #等价于A[0,2],A[2,1],A[1,0],A[3,2]
#以下语句实现了按条件索引
A[A>2] #检索A中所有大于2的元素，返回列表
A[A[:,2]>2] #第3列大于2的所有行
A[A[2,:]<10] #第3行小于10的所有列
#也可以在一个维度检索，另一个维度索引
A[A[2,:]<10,:2] #相当于在检索后的结果中继续索引，等价于A[A[2,:]<10][:,:2]
```

注意：numpy 数组切片 (除条件检索外) 不会产生新的数组对象，而是产生数组元素的引用，称为视图 (View)。改变视图或数组的值，两者同时变更。此外，当 numpy 数组作为函数参数时，也是传递数组的引用，在函数内部修改参数值会导致函数外部的数组发生改变。类似这样的数据耦合极易在程序中引入不可预知错误，应该尽可能避免。如果要修改参数值，建议在函数内通过赋值构造变量，修改后作为返回值传给调用程序。

3.1.3 数组运算

在多维数组的基础上，根据操作数的不同，numpy 定义了多种运算。这里仅以一维和二维数组为例进行介绍，更高维度的数组运算一般比较少见。假设 A 和 B 是两个操作数，numpy 定义的主要数组运算如下。

(1) 加法运算：np.add(A,B) 或 A+B。

(2) 减法运算：np.substract(A,B) 或 A-B。

(3) 乘法运算：np.multiply(A,B) 或 A*B。

(4) 除法运算：np.divide(A,B) 或 A/B。

(5) 整除运算：A//B。

(6) 取模运算：np.mod(A,B)。

(7) 乘方：np.power(A,n)，A 对应元素的 n 次方运算。

(8) 开方：np.sqrt(A)，A 对应元素开方运算。

假设 A 为一维数组，则 B 为单一数值和一维数组时，可以在 A 和 B 之间执行加、减、乘、除、整除取余、整除等操作，完成对应元素的运算，当 A 和 B 都是一维数组时，两者长度必须相等。如果 A 是二维数组，则 B 可以是单一数值、二维数组，具体规则如下：如果 A 是 $m \times n$ 数组，B 必须是 $m \times n$、$m \times 1$ 或者 $1 \times n$ 形状的二维数组或者单一数

值。特别地，当 A 和 B 中一个是行向量，另一个是列向量时 (不妨设 A 是一个 $m\times1$ 列向量，B 是 $1\times n$ 行向量)，表示 A 中的每一个元素与 B 中的每一个元素进行运算，结果为 $m\times n$ 二维数组 (这种情况下 A*B 与 A@B 结果相同)，而 B*A 是 $n\times m$ 数组，但 B@A 不能执行。下面仅以加法为例对二维数组的运算进行说明 (其他运算类似)。

```
A=np.arange(12).reshape((3,4))
B1=2
B2=np.arange(3).reshape((3,1))
B3=np.arange(4).reshape((1,4))
B4=np.arange(12).reshape((3,4))
A+B1 #B1为单个数值，A中的每一个元素与B1相加
A+B2 #B2为列向量，A中的每一列与B2相加 (必须保证行数相等)
A+B3 #B3为行向量，A中的每一行与B3相加 (必须保证列数相等)
A+B4 #A和B4中的对应元素相加 (必须保证行列均相等)
B2+B3 #这种运算比较特殊，需要注意
(B2,B3,B2+B3)
#输出结果
(array([[0],
        [1],
        [2]]),
 array([[0, 1, 2, 3]]),
 array([[0, 1, 2, 3],
        [1, 2, 3, 4],
        [2, 3, 4, 5]]))
```

除了上述基本运算，numpy 还定义了两种重要的矩阵运算：转置和矩阵乘法，尽管这两种运算可以用于高维数组，但最常用的仍然是二维数组。设 A 为 $m\times n$ 数组，转置运算表示为 A.T、A.transpose() 或者 np.transpose(A)，转置操作得到一个 $n\times m$ 数组对象，A 的值不变。设 A 为 $m\times n$ 数组，B 为 $j\times k$ 数组，要求满足 n=j，矩阵乘法有两种表示方法，分别是 A@B 和 np.matmul(A,B)。

此外，还可以通过 numpy 定义的方法对两个或多个数组进行拼接。

(1) append 方法：np.append(A,B,axis=)，将 A 和 B 两个数组按照 axis 指定的维度进行合并。axis=0 表示按行合并，要求 A 和 B 有相同的列数；axis=1 表示按列合并，要求 A 和 B 有相同的行数。

(2) concatenate 方法：np.concatenate((A,B,...),axis=)，将多个数组按照 axis 指定的维度合并，与 append 的主要区别在于可以合并多个数组。

(3) 列拼接：np.hstack((A,B,...))、np.column_stack((A,B,...)) 或者 np.c_[A,B,... ,] 用于二维数组的按列拼接。

(4) 行拼接：np.vstack((A,B,...))、np.row_stack((A,B,...)) 或者 np.r_[A,B,...]，用于二维数组的按行拼接。

3.1.4 numpy 简单统计函数

numpy 提供了一些在数组上的简单统计功能，可以在数组的每个维度或整个数组 (不指定维度) 进行运算 (这里假设 A 是一个二维数组)。

(1) 求最小值/最大值:np.amin(A,axis=)、np.min(A,axis=)、A.min(axis=)/np.amax(A,

axis=)、np.max(A,axis=)、A.max(axis=)。

(2) 求最小值/最大值索引：np.argmin(A,axis=)、A.argmin(axis=)/np.argmax(axis=)、A.argmax(axis=)。

(3) 求极差：np.ptp(A,axis=) 或 A.ptp(axis=)。

(4) 分位数：np.percentile(A, p, axis=) 或 A.percentile(p,axis=)。

(5) 中位数：np.median(A,axis=) 或 A.median(axis=)。

(6) 均值：np.mean(A,axis=) 或 A.mean(axis=)。

(7) 方差：np.var(A,axis=) 或 A.var(axis=)。

(8) 标准差：np.std(A,axis=) 或 A.std(axis=)。

(9) 加权平均：np.average(A,axis=,weights=)。

下面通过一个简单的示例进行说明：

```
A=np.random.randn(20,4)
np.amin(A,axis=0) #A.min(axis=0)/np.min(A,axis=0)
np.argmax(A,axis=1) #A.argmax(axis=1)
np.ptp(A,axis=0) #A.ptp(axis=0)
np.mean(A,axis=1) #A.mean(axis=1)
```

此外，numpy 也提供了以下排序和数据筛选功能。

(1) np.sort(A,axis=)：按照指定维度排序。

(2) np.argsort(A,axis=)：返回排序数据的索引值，即排序数据在原数组中的位置。

(3) np.where(cond)：返回满足条件的数据的索引值。

(4) np.extract(cond,A)：按指定条件提取数据。

示例如下：

```
np.random.seed(1121)
A=np.random.randint(10,50,size=(10,5))
A1=np.sort(A,axis=0) #注意，这里完成的是每一列单独排序
A2=np.argsort(A,axis=1) #注意，这里完成的是每一行单独排序
A3=np.where(A>30) #返回符合条件的行和列构成的元组
A4=np.extract(A>30,A) #返回符合条件的值
```

思考：(1) 上面的代码中，A[A3] 和 A4 的关系是什么？

(2) 如果仅按照一列或一行对二维数组进行排序，如何实现？

3.2　基于 pandas 的数据操纵与管理

pandas 是开放源码、BSD 许可的第三方包，提供高性能、易于使用的数据结构和数据分析工具，其名称来源于面板数据 (panel data) 和 Python 数据分析 (Python data analysis)，是一个强大的结构化数据管理、操纵和分析的工具集，由 numpy 提供高性能的矩阵运算支持。

3.2.1 pandas 基础

1. pandas 的基本功能和特征

pandas 主要用于处理具有行列索引的二维矩阵结构数据，事实上可以把 pandas 操纵数据的过程想象成操作一个类似于 excel 或 wps 中的表格，通过 pandas 定义的方法对数据进行各种计算和处理，其主要特点如下。

(1) pandas 可以处理的数据量远高于表格软件 (理论上主要受限于计算机的内存空间)，而且处理速度也远高于表格程序，可以轻松处理几十万条甚至几百万条规模的数据。

(2) 提供了以多种文件格式如 csv, json, excel 等存储和导入数据的方法，同时借助数据库接口，也可以管理保存在 SQL Server, Oracle, My SQL 等数据库中的数据。

(3) 可以对各种数据进行运算操作，如归并、重新组织、索引选择、数据清洗和加工、统计分析等，广泛应用于学术、金融、统计学等各个数据分析领域，现在有很多第三方包都把 pandas 作为数据接口之一。

(4) pandas 与 matplotlib 和 seaborn 集成，实现了丰富、美观且易于使用的数据可视化功能。

2. pandas 对象的构造

使用 pandas 之前需要先导入库，常用的导入方式是 import pandas as pd，在本书中，不加说明地使用 pd 作为 pandas 的别名。

pandas 的基本数据结构是 Series 和 DataFrame。DataFrame 定义了一个包含行索引 (index)、列索引 (columns) 和二维数组 (values) 的数据结构。事实上，由于二维表可以旋转，因此 index 和 columns 在很多时候可以互换，其命名仅仅是遵循用户习惯。DataFrame 的每一列的列名、数据及索引称为系列 (Series)，DataFrame 可以看作由具有相同索引的多个系列构成。

系列的构造方法如图 3.2 所示，其中 data 对应一列数据、index 对应 DataFrame 的行索引，name 对应列名。Series 对象有两个常用方法：head(n) 和 tail(n)，用于显示序列的前 n 个和后 n 个数据，默认值为 5。此外，还有一个常用的方法是 unique，用于选择系列中唯一的元素，返回列表。Series 的构造示例如下：

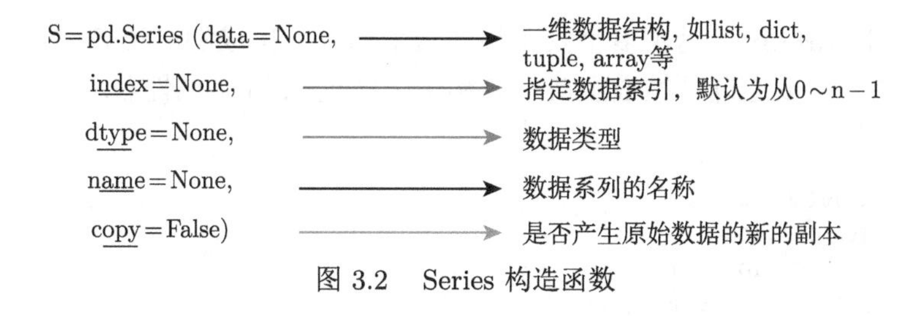

图 3.2 Series 构造函数

```
import pandas as pd
#默认index
score=np.random.randint(60,100,20)
s1=pd.Series(score,name='Math')
s1.head(5)
```

```
#输出结果
0     94
1     61
2     95
3     93
4     92
Name: Math, dtype: int64
s.unique()
#输出结果
array([70, 80, 95, 88, 76, 67, 85, 81, 87, 86, 99, 92, 60, 62])

idx=['name'+str(i) for i in range(20)] #这是Python特有的语法
s2=pd.Series(score,name='Math',index=idx) #指定索引
s2.head(2)
#输出结果
name0     70
name1     80
Name: Math, dtype: int64
```

Series 对象的切片方法与 numpy 数组相同，不同的是 Series 对象除普通的切片方法外，还可以通过索引进行切片，例如：

```
s1[:2] #顺序索引index与序列的位置索引相同
#输出结果
0     94
1     61
Name: Math, dtype: int64
s2[:2] #按照位置索引
#输出结果
name0     94
name1     61
Name: Math, dtype: int64
s2['Name0':'Name2'] #按照序列的索引进行切片
name0     94
name1     61
name2     95
Name: Math, dtype: int64
#注意，按照索引切片是包含后一个索引位置的，与位置切片略有不同
```

pandas 的 DataFrame 是由多个具有相同索引的系列构成的二维表结构，DataFrame 有多种构造方法，可以通过二维数组或字典构造，通过 values 属性获取 DataFrame 的二维数组数据。例如：

```
d1=np.random.randint(60,100,10)
d2=np.random.randint(60,100,10)
d3=np.random.randint(60,100,10)
idx=['Name'+str(i+1) for i in range(10)]
#通过字典构造
df1=pd.DataFrame({'Math':d1,'Chinese':d2,'English':d3},index=idx)
#通过数组和列名构造
df2=pd.DataFrame(np.column_stack((d1,d2,d3)),columns=['Math','Chinese','English'],index=idx)
df1.head() #df2.head()
#输出结果
```

```
         Math  Chinese   English
Name1    70     60        83
Name2    80     94        65
Name3    74     74        63
Name4    64     88        68
Name5    61     82        69
```

DataFrame 有几个常用的属性，包括 index (DataFrame 索引)、columns (DataFrame 列名列表)、values (DataFrame 中的数据)。

3. 数据的读取和存储

pandas 提供了简单、易用和高性能的数据存储接口，用于存储和读取文件数据。pandas 可以读取和存储的数据类型如下。

(1) excel 格式文件：读取文件 pd.read_ excel(file, sheet_ name=)，读取指定 excel 文件的 sheet_ name 表格，如 sheet_ name 省略，则表示读取第一个表格。将 DataFrame 对象 df 以 excel 格式保存到文件，df.to_ excel(file, index=True/False)，其中 index 为 True 表示需要把索引写入文件，否则不写入。

(2) csv 文件：csv(comma separated values) 是一种以文本形式存储数据的格式。读取文件 pd.read_ csv(file,sep=, header, index_label)，sep 表示变量之间的分隔符，默认为逗号。df.to_ csv(file, sep)，以 sep 指定的符号作为分隔符，sep 默认值为逗号。

(3) json 文件：json 文件格式一般用于数据交换的场景，读取和存储文件分别用 pd.read_ json(file) 和 df.to_ json(file)，参数与访问 excel 和 csv 文件类似。

说明：(1) file 一般使用相对路径 (相对于执行的 Python 程序的位置)，如果不包含路径，则为当前路径，其中 “.” 为当前路径，“..” 为当前文件的上级目录，如 “../data/test.csv” 表示上级目录中的 data 文件夹下的 test.csv 文件。

(2) 数据存储和读取文件的参数很多也很复杂，一个简单的处理方法是将文件内容读入后再处理表头和行索引。对于复杂表头和行索引，也可以在读入数据后再重构。

3.2.2 DataFrame 的切片和计算

1. DataFrame 切片

pandas 提供了丰富的数据选择和切片方法，为描述方便，以下假设 df 是一个已定义好的 DataFrame 对象。

(1) 按列选择数据：df[[列名 1, 列名 2, ……]]，可以选择 1 列或多列；df. 列名，这里列名必须符合 Python 标识符命名规范。

(2) loc 方法：df.loc[idx,cols]，idx 表示索引切片，可按照索引选择行，如缺省表示选择所有行；cols 为列名列表，表示要选择的列，如缺省表示选择所有列。loc 也可以根据条件进行数据选择。

(3) iloc 方法：iloc[d1,d2]，与二维数组的索引方法完全相同，即根据数据的位置进行数据检索。d1 表示对维度 1 的筛选，可以是整数、序列或切片对象，d2 表示对维度 d2 的筛选，与 d1 相同。

(4) query 方法：参数为字符串，用类似于 SQL 的语句实现数据的按条件检索。

下面通过一些示例对 DataFrame 对象的数据切片方法进行介绍。为简单起见，假设 df 是一个 DataFrame 对象，保存的是一个成绩单，共有 100 条数据，索引是姓名，形如：Name1,Name2,...,Name100。df 的列名包括 Math、Chinese、English。

```
s1=np.random.randint(50,100,100)
s2=np.random.randint(50,100,100)
s3=np.random.randint(50,100,100)
cols=['Math','Chinese','English']
idx=['Name'+str(i+1) for i in range(100)]
df=pd.DataFrame(np.column_stack((s1,s2,s3)),columns=cols,index=idx)
df.head()
#输出结果
     Math Chinese   English
Name1 89      66          50
Name2 74      64          82
Name3 98      86          92
Name4 84      55          97
Name5 55      87          86
#按列名选择
df.Math #选择数学成绩，等价于df['Math']，返回Series对象
df[['Math','English']] #选择数学和英语成绩，返回DataFrame对象
#loc方法的使用
df.loc['Name1':'Name10'] #前10名同学的各学科成绩，索引连续
df.loc[['Name1','Name5','Name20','Name50']] #选择一部分学生的成绩，给出索引列表
df.loc[:,['Math','English']] #选择数学和英语成绩，冒号：为占位符
df.loc[:,'Math'] # 选择一科成绩
df.loc['Name1':'Name10',['Chinese','Math']] #同时按行和列筛选数据，返回DataFrame对象
df.loc[df.Math>90,:] #按条件筛选，选择数学成绩大于90的成绩列表
df.loc[(df.Math >90) & (df.English<90),:] #数学成绩大于90且英语成绩小于90的成绩列表
df.loc[(df.Math>df.English) &(df.English>80),:] #数学成绩高于英语成绩且英语成绩高于80
#iloc方法的使用
df.iloc[2:8:2,:1] #与numpy二维数组的方法完全相同，返回DataFrame对象
#query方法的使用
df.query('English >90') #选择英语成绩大于90的成绩列表
df.query('English<90 and Math>90') #选择英语成绩小于90而数学成绩大于90的成绩列表
df.query('Math>English and English >80')
```

思考：df.loc[‘Name1’][‘Math’] 与 df.loc[‘Name’,‘Math’] 的执行逻辑有什么不同？

2. 修改数据

1) 删除列/行

pandas 提供了几种删除列的方法：① 使用 del 直接删除列对象；② df=df[[列名的列表]]，生成一个新的 DataFrame 对象，将要删除的列名排除在列表之外。此外，通过 drop 方法可以删除行或者列，df.drop(lst, axis=0/1, inplace=True/False)。axis=0 时，lst 指要删除的行索引，axis=1 时，lst 指要删除的列名或列名列表。inplace=True 表示修改后的结果写回到 df，而 inplace=False 则表示结果不写回 df，返回一个新的 DataFrame 对象。inplace 是 pandas 操作中一个普遍的参数，其含义基本相同，除特殊情况外，后续不再介绍。

```
#删除列
df1=df.copy() #生成一个df的副本，这里df1是一个新对象
```

```
del df1['English']
df1=df.copy()
df1.drop('English',axis=1,inplace=True) #调用drop方法删除列
df1=df.copy()
df1=df1[['Math','Chinese']] #将要删除的列排除在列表内，重新创建对象
#删除行
df1=df.copy()
df1.drop(['Name1','Name2'],axis=0,inplace=True)
df1=df.copy()
idx=df1.loc[df1.Math<60].index #获得符合条件的数据的索引
df1.drop(idx,axis=0,inplace=True) #按条件删除数据
```

思考：如何从 df 中删除数学成绩小于 70 且英语成绩大于 90 的行？

2) 增加列

pandas 可以通过多种方式增加完整列：① df[新列名]=value 或者 df.loc[:, 新列名]=value，其中 value 可以是 Series 对象或序列对象，如果是序列则按顺序索引；② 使用 insert 方法，df.insert(位置，新列名，数据)，其中位置是指要插入的列名位置，第二个参数是要插入的列名，数据可以是 Series 对象或序列；③ 使用 concat 方法，pd.concat([df,s],axis=1)，其中 df 是要插入列的 DataFrame 对象，s 为要插入的 Series 数据对象，axis=1 表示插入列；④ 通过列的计算得到新的列 (表格程序常见操作)。

```
 s=pd.Series(np.random.randint(50,100,100),index=df1.index,name='物理')
 df1=df.copy()
df1['物理']=s # 等价于df1.loc[:,'物理']=s
df1=df.copy()
df1.insert(1,'物理',s) #insert方法
df1.head(2)
#输出结果
      Math     物理     Chinese    English
Name1 82       53       65           51
Name2 78       50       87           65
#concat方法插入列
s1=np.random.randint(50,90,100)
s1=pd.Series(s1,index=df1.index,name='化学')
df1=df.copy()
df1=pd.concat([s1,df1,s],axis=1)
df1.head(2)
       化学   Math  Chinese    English      物理
Name1 85     82      65          51          53
Name2 57     78      87          65          50
#通过计算插入列
df1['总分']=df1['Math']+df1['English']+df1['Chinese'] #计算总分
```

3) 增加行

在一个表中增加行的操作主要有两类：一类是直接赋值，df.loc[' 新索引标签']=data 或 df.at[' 新索引标签']=data，其中 data 为与列数相等的序列数据，限制是每次只能添加一行；另一类是用 append 方法实现表格与 Series 或 DataFrame 对象的连接，如果通过 Series 对象连接，则索引为列名。此外，还可以通过 reindex 方法增加一个空数据行并通过修改数据增加数据行。例如：

```
df1=df.copy()
d=[[78,82,90],[90,77,75]] #待插入的数据
df1.loc['Name101']=d #或者df1.at['Name101']=d
#通过append方法增加行
df1=df.copy()
s1=pd.Series(d[0],index=df1.columns,name='Name101') #注意这里的索引是列名
df1=df1.append(s1)
df1=df.copy()
df_new=pd.DataFrame(d,index=['Name101','Name102'],columns=df1.columns) #生成一个与df结果相
                                                                       同的DataFrame对象
df1=df1.append(df_new) #append方法返回对象而不是直接修改调用该方法的对象
#通过reindex插入行
df1=df.copy()
df1=df1.reindex(index=df1.index.insert(100,'Name101')) #插入一个索引为Name101的空行
df1.loc['Name101']=d[0] #填入空行数据
```

4) 修改列名

在数据分析时，修改列名主要的应用情境包括简化列名或者使列名符合 Python 标识符命名规则，方便后续处理。修改 DataFrame 对象列名的方法有两种：一种是直接创建一个与列名相同的列表并修改列表中对应的列名；另一种是通过 rename 方法调用，其参数是一个字典，键和值分别是旧列名和新列名。例如：

```
#以下代码将英文课程名称改为中文课程名称
df1.copy()
cols=df1.columns
cols=['数学','语文','英语']
df1.columns=cols
df1.copy()
df1.rename(columns={'Math':'数学','Chinese':'语文','English':'英语'})
```

5) 数据排序

数据排序是数据分析和处理中最常见的操作之一。pandas 定义了 sort_ values 方法，可以对 Series 进行排序或者按照指定的列对 DataFrame 对象进行排序。示例如下：

```
df1=df.copy()
#系列排序
s=df1.loc[:,'Math'].copy() #这里不加copy，则s是系列df1.Math的视图，不能进行排序
s.sort_values(ascending=True,inplace=True)
#ascending=True表示从小到大（默认），反之从大到小
#DataFrame排序
df1=df.copy()
df1.sort_values(by='Math',inplace=True) #按照一列排序
df1.sort_values(by=['Math','Chinese'],ascending=False) #按多列排序，不写回df1
```

3.2.3 DataFrame 数据运算

1. 缺失值处理

在数据分析中，无论通过什么方式收集的数据，都或多或少地存在一定的瑕疵，常见的如空值 (空字符串，不能运算)、数据类型错误、np.nan 类型数据 (运算时按 0 处理) 及

None 对象 (运算时按 0 处理)。缺失数据的存在不但会影响数据分析的质量，而且可能给分析和运算过程带来意想不到的问题。对缺失值进行处理，是数据预处理 (preprocessing) 的重要环节，也是后续数据分析的基础。

(1) 缺失值的判断：pandas 提供的 isnull 和 isna 方法用于判断特定位置上的元素是否为空值，作为缺失值处理的依据。

(2) 缺失值的处理：当数据中存在缺失值时，一般有两种方法进行处理，一种是删除缺失值的行或列，另一种是用适当的值进行填充。删除缺失数据使用方法 df.dropna(axis=0/1, inplace=True/False)，axis=0 表示删除包含缺失值的列，axis=1 表示删除行。当数据量比较大、数据之间的依赖性较低或有些行列的空值太多时采用删除方法。填充缺失值是一种更为稳妥的方法，可以最大可能地保留数据，但是当缺失值比例过大时，填充也可能会造成数据扭曲，从而给后续数据分析带来隐患。缺失值填充的方法是 df.fillna(value, method, axis=0/1, inplace=True/False)，value 参数存在时，表示用指定的值 value 填充缺失值。如果 value 为空，则由 method 参数指定填充方法，具体如下。当 axis=0 时，bfill 表示后向填充 (用后一条数据的对应值填充)，ffill 表示前向填充 (用前一条数据的对应值填充)，如果是第一条数据，无法完成 ffill，如果是最后一条数据则无法完成 bfill。当 axis=1 时，backfill 表示后向填充 (用后一列的对应数据填充)，pad 表示前向填充 (用前一列的对应数据填充)。填充方法只有在数据之间存在相关性时才是合理的，axis=0 时的填充常见于时间序列 (特别是类似传感器数据)，axis=1 时的填充常用于列之间存在相关性的情况。

需要特别说明的是，空字符串 (在很多文本类数据中很常见) 在 pandas 里既不是 None 也不是 NaN，需要特别处理。

下面通过示例对缺失值的处理进行简单说明：

```
np.random.seed=1121
df=pd.DataFrame(np.random.randint(50,100,size=(3,3)),columns=['Math','Chinese','English'],
                                                    index=['Name'+str(i+1) for i in range(3)])
df.iloc[0,0]=None
df.iloc[1,1]=np.nan
df.isnull() #等价于df.isna()
df.dropna(axis=0)
df.dropna(axis=1)
df.fillna(60,inplace=True) #将缺失值用60填充
df.iloc[1,1]="" #这是空字符串，与None或NaN不同，需要特殊处理
idx=df.loc[df.iloc[:,1]==""].index
col=df.columns[1]
df.loc[idx,col]=60 #对值为空字符串的位置用60填充
```

2. 数据类型转换

在进行数据分析处理时，数据类型转换也是数据预处理中的一个必要步骤。对于序列数据，可以使用 dtype 属性获取数据类型，对于 DataFrame，可以使用 dtypes 属性获取各列数据类型。常见的需要进行数据类型转换的情况如下。

(1) 在执行数据运算操作时，某些类型并不能自动转换为可计算类型。

(2) 从外部文件读入数据时，某些数据类型做了特殊处理，如常见的日期数据往往以字符串的形式存在，在处理前需要进行格式转换。

(3) 由于数据格式问题，很多数据类型在 pandas 中往往被设置为 object 对象。

(4) 当存在缺失数据时，pandas 也往往会将整列数据当作 object 进行处理。

pandas 提供的数据类型转换方法包括：① pd.to_ numeric()，用于将列或 DataFrame 转化为数字类型；② pd.to_ datetime()，用于将指定列转换为日期类型；③ pd.to_timedelta()，用于将日期间隔数据类型转换为整数。对于单列数据，也可以通过 astype 方法进行类型转换。

对于数据类型转换方法的使用，下面通过一个示例予以说明：

```
df=pd.DataFrame({'A':['123','456',np.nan],'B':[123,456,7.8],'C':['2022-03-05','2022-02-01',
                                               '2023-01-01'],'D':['2022-02-01','2023-02-28',
                                               '2022-12-31']})
df.dtypes #显示数据类型
#输出结果
A      object
B     float64
C      object
D      object
dtype: object
df['A'].sum() #由于类型问题，求和运算出错
df['A']=pd.to_numeric(df['A']) #等价于df['A']=df['A'].astype(np.float32)
df['A'].sum() #类型转换后，可以执行求和操作
df.iloc[1,-1]-df.iloc[2,-1] #用于计算两个日期数据之间相差的天数，但由于是object类型，运算
                                                     出错
df['C']=pd.to_datetime(df['C']) #将日期字符串转换为日期时间类型
df.dtypes
#输出结果
A             object
B            float64
C     datetime64[ns]
dtype: object
df.iloc[1,-1]-df.iloc[2,-1] #转换成日期时间类型后，两个数据可以相减
#输出结果 (Timedelta类型)
Timedelta('-334 days +00:00:00')
```

3. apply *方法*

pandas 提供了一个 apply 方法，可以通过遍历 DataFrame 对象的每一个元素并使用指定的函数进行运算。apply 是 pandas 中非常重要的一个方法，提供了灵活的数据处理方法。下面通过两个例子进行说明。

例 3-1 工资计算。有一个工资表，包括姓名、性别、年龄、基本工资和级别，其中级别分为 H、M 和 L 三级，对应的基本工资分别为 5000、3000 和 2000，要求计算总工资并按照总工资进行排序 (为简单起见，这里随机生成一批数据)。

```
idx=['Name'+str(i+1) for i in range(20)]
s=np.random.randint(0,2,size=20)
S=np.array(['F']*20)
S[s==1]='M'
Age=np.random.randint(20,60,size=20)
```

```
base_Salary=np.round(np.random.randn(20)*50+5000,2)
level=np.random.randint(0,3,size=20)
L=np.array(['L']*20)
L[level==0]='H'
L[level==1]='M'
df=pd.DataFrame(np.column_stack((S,Age,base_Salary,L)),columns=['性别','年龄','基本工资',
                                                '级别'], index=idx)
df['级别工资']=df['级别'].apply(lambda x:5000 if x=='H' else 3000 if x=='M' else 2000) #这
                                                是Python特色的写法
#以上lambda 函数等价于
def levelSalary(x):
    s=0
    if(x=='H'):
        s=5000
    elif (x=='M'):
        s=3000
    else:
        s=2000
    return s
#df['级别工资']=df['级别'].apply(levelSalary)

df['基本工资']=pd.to_numeric(df['基本工资'])
df['总工资']=df['基本工资']+df['级别工资']
df.sort_values(by=['总工资'],ascending=False)
```

例 3-2　日期时间计算。有一个表格，包含员工姓名、入职时间和离职时间，通过 pandas 计算员工平均在职时间。

```
S=np.random.randint(100,300,size=20)
E=np.random.randint(350,600,size=20)
S_date='2020-01-01'
E_date='2021-01-01'
import datetime
S1=[datetime.datetime.strptime(S_date,'%Y-%m-%d')+datetime.timedelta(days=int(S[i])) for i
                                                in range(20)]
S2=[datetime.datetime.strptime(E_date,'%Y-%m-%d')+datetime.timedelta(days=int(E[i])) for i
                                                in range(20)]
#以上代码用于随机生成两个时间，其中datetime是一个用于日期时间格式转换的包。strptime用于将字
                                                符串转换成时间日期，timedelta用于把整数转换成
                                                以天为单位的时间间隔以进行运算
idx=['Name'+str(i+1) for i in range(20)]
df=pd.DataFrame(np.column_stack((S1,S2)),columns=['入职时间','离职时间'],index=idx)
df['在职时间']=df['离职时间']-df['入职时间']
df['在职天数']=df['在职时间'].apply(lambda x:x.days)
df.head(5)
#输出结果
      入职时间     离职时间     在职时间     在职天数
Name1 2020-07-18  2022-08-20  763 days     763
Name2 2020-09-02  2022-03-29  573 days     573
Name3 2020-05-18  2022-02-06  629 days     629
Name4 2020-08-10  2022-04-29  627 days     627
Name5 2020-06-13  2022-06-05  722 days     722
```

4. 分组运算

在数据分析中，经常会遇到对数据进行分组运算的情况，例如，按性别、年龄段等计算平均工资；按日/周/月/季度统计不同产品的销量；按部门统计员工的人数；按部门统计男女员工的比例等。pandas 提供了强大的分组计算函数 groupby 用来进行数据的分组统计分析，常见的计算如统计个数、计算平均值、求总和等，也可以通过聚合同时完成多种计算。下面通过几个例子对 pandas 分组计算进行详细介绍。

例 3-3 按照单列分组示例。

```
#以下代码生产100条数据
N=100
idx=['Name'+str(i+1) for i in range(N)]
s=np.random.randint(0,2,size=N)
S=np.array(['F']*N)
S[s==1]='M'
Age=np.random.randint(20,60,size=N)
base_Salary=np.round(np.random.randn(N)*50+5000,2)
level=np.random.randint(0,3,size=N)
L=np.array(['L']*N)
L[level==0]='H'
L[level==1]='M'
df=pd.DataFrame(np.column_stack((S,Age,base_Salary,L)),columns=['性别','年龄','基本工资',
                                                  '级别'], index=idx)
df['级别工资']=df['级别'].apply(lambda x:5000 if x=='H'else 3000 if x=='M' else 2000)
dp=np.random.randint(0,3,size=N)
Dept=np.array(['Operations']*N)
Dept[dp==1]='Sales'
Dept[dp==2]='HR'
df['部门']=Dept
df['总工资']=pd.to_numeric(df['基本工资'])+df['级别工资']
#按照部门进行分组，计算每个部门的平均工资
g=df.groupby(by=['部门']) #生成分组对象 (DataFrameGroupBy)
g['总工资'].mean() #按部门计算平均工资
df['年龄']=pd.to_numeric(df['年龄'])
g['年龄'].mean() #按部门计算平均年龄
#此外还可以用聚合同时完成多种计算，如同时计算每个部门员工的平均工资和人数
df_dept=g.agg({'部门':'count','总工资':'mean'})
df_dept
#输出结果
                部门  总工资
部门
HR              35    8466.663714
Operations      32    8284.624687
Sales           33    8460.663333
```

例 3-4 多列分组示例。仍以例 3-3 的数据为例，按照多列进行分组。

```
g=df.groupby(by=['部门','性别'])  #按照部门和性别进行分组
df_dept=g.agg({'部门':'count','总工资':'mean'}) #分别计算每个部门的人数和平均工资
df_dept
#输出结果，注意：这里出现了多重索引 (multi-index)
                          部门     总工资
```

```
部门            性别
HR               F        21        8485.230000
                 M        14        8438.814286
Operations       F        16        8148.316250
                 M        16        8420.933125
Sales            F        21        7991.957143
                 M        12        9280.899167
#多重索引数据的访问类似于多维数据的访问
df_dept.loc['HR',:]  #分组结果中HR部门的数据
df_dept.loc['HR','F']  #HR部门性别为F的数据
#增加年龄段列，并按年龄段进行统计分析，这里首先需要对连续数据进行离散化
df['年龄段']=df['年龄'].apply(lambda x:'<30' if x<30 else '30-50' if (x>=30) and (x<=50)
                                                 else '>50')
g=df.groupby(by=['部门','年龄段'])
def_dept=g.agg({'部门':'count','总工资':'mean'})
df_dept['总工资']=df_dept['总工资'].apply(lambda x:np.round(x,2)) #处理小数点后位数

#输出结果
                         部门      总工资
部门            年龄段
HR              30-50    17        8420.51
                <30      9         8137.03
                >50      9         8883.48
Operations      30-50    18        8385.61
                <30      10        8512.97
                >50      4         7259.34
Sales           30-50    18        9006.77
                <30      7         7690.24
                >50      8         7906.05
```

例 3-5　设有一个表格，存储有多个销售人员销售日期、销量、单价和销售额的信息，要按照月度和季度进行销售额的统计。

```
#以下代码随机生成数据
date=pd.date_range('2022-01-02','2022-12-31') #pandas的方法，用于生成给定间隔内的连续日期
Name=['Li','Wang','Zhang','Zhao','Yang'] #5名销售员
N=[100,200,150,180,160] #每人完成的业务量
idx=np.arange(len(date)) #时间列表的索引，通过生成随机数得到每笔业务的日期
tmp=[[Name[i]]*N[i] for i in range(5)] #按照业务量生成人员列表
name_S=[]
for k in tmp:
    name_S.extend(k)
d=[date[np.random.randint(0,364,N[i])] for i in range(5)] #随机生成销售日期
salesDate=[]
for k in d:
    salesDate.extend(k)
num=np.random.randint(10,50,size=sum(N)) #随机生成销量
price=np.random.randn(sum(N))*5+100 #随机生成单价
df=pd.DataFrame(np.column_stack((name_S,salesDate,num,price)),columns=['姓名','日期','数量'
                                                 ,'单价'])
df['销售额']=df['数量']*df['单价']

#以下为数据分析过程
```

```
df.sort_values(by=['日期','姓名'],inplace=True)
df['销售额']=df['销售额'].apply(lambda x:np.round(x,2))
#将日期分解为年月日
df['年']=df['日期'].apply(lambda x:x.year)
df['月']=df['日期'].apply(lambda x:x.month)
df['日']=df['日期'].apply(lambda x:x.day)
#按照月份设定季度
df['季']=df['月'].apply(lambda x:1 if (x>=1) and (x<=3) else 2 if (x>=4) and x<=6 else 3 if
                                        (x>=7) and (x<=9) else 4)
g1=df.groupby(by=['姓名','月']) #按月统计
g1['销售额'].sum()
g2=df.groupby(by=['姓名','季']) #按季统计
g2['销售额'].sum()
```

3.2.4 数据的合并

在数据分析中，有时候需要将来自不同数据源的数据按照特定的规则进行合并，如一个公司的人员详细信息可能分散在不同的部门，对于工资信息，人力资源部门有公司基本人员数据而各个部门则有各自部门人员的绩效和考勤信息。以上两种情况，分别对应按行合并数据和按列合并数据。pandas 有多个方法可以实现上述操作，为简单起见，这里仅介绍两个常用方法：merge 和 concat，分别用于按列和按行合并数据。

1. 按列合并

merge 方法实现两个表格按列 (横向) 合并操作，主要用于不同数据源数据的融合。merge 方法的形式为

```
pd.merge(left, right, how='inner', on=None, left_on=None, right_on=None, left_index=False,
                                        right_index=False)
```

主要参数含义如下。

(1) left 和 right 分别对应要合并的两个数据源，left 为 DataFrame 对象，right 为 Series 或 DataFrame 对象。

(2) how 为合并方式，用于指定当一部分数据仅存在于左表或右表时 (两个表格的索引不完全相同) 的处理方式，分别是：left，仅保留左数据的索引键；right，仅保留右数据的索引键；outer，取两个表格索引的并集；inner，取两个表格索引的交集。

(3) on 用来设置合并时依据的列 (指定两个表格中哪些类用来唯一定位一条数据，相当于键)，如果 on 为 None，则按照两个表的列名的交集合并数据。

(4) left_ on 和 right_ on 分别指定左表和右表合并数据时依据的列，指明如何处理两个表格中重复的列名。

(5) left_ index 和 right_ index 用于非默认索引情况，指定是否使用左表或右表的索引进行数据合并。如果 left_ on 不为空，则 left_ index 必须为 False，当多列在左右表同时出现时，使用索引的情况并不多，这里不再详细说明。

设有两个 DataFrame 对象，分别是 df1 和 df2，df1 包含员工代码、姓名、部门和工资，df2 包含员工代码、姓名、部门及考勤，两个表格按列合并示例如下：

```
import numpy as np
import pandas as pd
df1=pd.DataFrame({'Code':['0001','0002','0003','0004','0005','0006','0007'],
                  'Name':['WM','LK','YG','ZM','ZM','LJ','KJ'],
                  'Dept':['S','S','O','O','A','H','O'],
                  'Salary':[4000,4200,6000,6000,4800,4300,5800]})

df2=pd.DataFrame({'Code':['0001','0002','0003','0004','0005','0006','0008'],
                  'Name':['WM','LK','YG','ZM','ZM','LJ','CW'],
                  'Dept':['S','S','O','O','A','H','H'],
                  'Salary':[20,22,22,18,19,21,20]})
#df1中代码为0007的员工在df2中没有出现（如员工休假没有考勤记录）；df2中代码为0008的员工在df1
                                                  中没有（如实习人员），Code、Name、Dept是两个表
                                                  中的公共列
pd.merge(df1,df2) #on为None则自动按照两个表格中的公共列匹配数据，等价于pd.merge(df1,df2,on
                                                  =['Code','Name','Dept'])
#参数how的使用
pd.merge(df1,df2,how='inner') #合并后的表格有 5 条记录，代码为 0007 和 0008 的记录没有出现在结果中
pd.merge(df1,df2,how='outer') #合并后的表格有8条记录
pd.merge(df1,df2,how='left') #合并后的数据没有代码0008
pd.merge(df1,df2,how='right') #合并后的数据没有代码0007
#参数on的使用
pd.merge(df1,df2,how='outer',on=['Code'])
#输出结果
  Code  Name_x  Dept_x      Salary    Name_y      Dept_y     Salary
0 0001    WM        S         4000.0    WM          S          20.0
1 0002    LK        S         4200.0    LK          S          22.0
2 0003    YG        O         6000.0    YG          O          22.0
3 0004    ZM        O         6000.0    ZM          O          18.0
4 0005    ZM        A         4800.0    ZM          A          19.0
5 0006    LJ        H         4300.0    LJ          H          21.0
6 0007    KJ        O         5800.0    NaN         NaN        NaN
7 0008    NaN       NaN       NaN       CW          H          20.0
#由于仅指定Code为键，另外两个重复的列同时出现在结果中，且加后缀_ x和_ y用于区分某一列来自
                                                  df1还是df2
#当两个表中存在内容相同但列名不同的情况时，分别用left_on和right_on指定两个表中各自的键
#假设代码在df2中的名称是emp_Code
df2.rename(columns={'Code':'empCode'},inplace=True)
pd.merge(df1,df2,left_on=['Code','Name','Dept'],right_on=['empCode','Name','Dept']) #这里表
                                                  示df1中的Code和df2中的empCode对应，这两列同时
                                                  出现在结果中
```

2. 按行合并

按行合并数据是将两个表的数据进行纵向合并，一般使用 concat 方法。通过指定 axis 参数，concat 方法既可以用于按列合并也可以用于按行合并。在实际使用中，建议使用 merge 进行列合并而使用 concat 完成按行合并。concat 方法的形式为

```
pd.concat(objs, axis=0, join='outer', ignore_index=False, keys=None, name=None)
```

主要参数含义如下。

(1) objs 表示要合并的 DataFrame 对象列表，可以同时完成多个表的合并。

(2) axis 指定合并的方向，axis=0 表示按行合并，axis=1 表示按列合并。

(3) join 表示另一个维度的合并方式，outer 表示并集，inner 表示交集。这里的另一个维度是相对于 axis 来说的，axis=0 表示列的合并方式，axis=1 表示行的合并方式。

(4) ignore_ index 指定是否忽略原记录中的索引，True 表示忽略原索引并增加默认索引，反之则保留索引。

(5) keys 对来自不同表的数据建立外层索引，keys 是与 objs 长度相等的列表，用于标识数据来自哪个表格。

(6) name 用于制定 keys 中每个索引的名称，以方便后续使用。

设有两个 DataFrame 对象，df1 是销售部员工数据，除基本工资外有提成，而 df2 是其他员工数据，仅有基本工资，如图 3.3 所示。下面通过示例展示使用 concat 进行数据合并：

		Code	Name	Dept	baseSalary	Commission
Sales	0	0001	WM	Sales	2000	1200.0
	1	0002	LK	Sales	2200	3800.0
	2	0003	YG	Sales	3000	4600.0
	3	0004	ZM	Sales	2900	2900.0
	4	0005	ZM	Sales	2800	7800.0
Others	0	1001	PM	OP	4000	NaN
	1	1002	GK	OP	4200	NaN
	2	2001	YG	Acc	6000	NaN
	3	3001	ZM	HR	6000	NaN

仅提供keys参数

		Code	Name	Dept	baseSalary	Commission
Dept	SeqCode					
Sales	0	0001	WM	Sales	2000	1200.0
	1	0002	LK	Sales	2200	3800.0
	2	0003	YG	Sales	3000	4600.0
	3	0004	ZM	Sales	2900	2900.0
	4	0005	ZM	Sales	2800	7800.0
Others	0	1001	PM	OP	4000	NaN
	1	1002	GK	OP	4200	NaN
	2	2001	YG	Acc	6000	NaN
	3	3001	ZM	HR	6000	NaN

提供keys和names参数

图 3.3　按行合并数据时的外层索引和索引名称

```
import numpy as np
import pandas as pd
df1=pd.DataFrame({'Code':['0001','0002','0003','0004','0005'],
                  'Name':['WM','LK','YG','ZM','ZM'],
                  'Dept':['Sales']*5,
                  'baseSalary':[2000,2200,3000,2900,2800],
                  'Commission':[1200,3800,4600,2900,7800]})
df2=pd.DataFrame({'Code':['1001','1002','2001','3001'],
                  'Name':['PM','GK','YG','ZM'],
                  'Dept':['OP','OP','Acc','HR'],
                  'baseSalary':[4000,4200,6000,6000]})
pd.concat([df1,df2],join='inner') #列取交集，df1中的Commission列没有出现在结果中
pd.concat([df1,df2],join='outer')  #列取并集，df1中的Commission出现在结果中，不存在的数据设
                                   为NaN
pd.concat([df1,df2],ignore_index=True) #ignore_index=True则忽略索引，结果集的索引为0~8
pd.concat([df1,df2],ignore_index=False).index #ignore_index=False，保留两个表各自的索引
#输出结果
Int64Index([0, 1, 2, 3, 4, 0, 1, 2, 3], dtype='int64')
#为结果集指定外层索引
pd.concat([df1,df2],ignore_index=False,keys=['Sales','Others']) #如果ignore_index=True，则
                                   keys参数不起作用
```

```
pd.concat([df1,df2],ignore_index=False,keys=['Sales','Others'],names=['Dept','SeqCode']) #
                                                如果ignore_index=True，则keys参数不起作用
#指定keys和name参数时的结果如图3.3所示。
```

3.3　基于 matplotlib 和 seaborn 的数据可视化

在数据探索性分析过程中，通过数据可视化可以很好地帮助分析人员发现数据的特征并为建模提供指引。在数据分析结果呈现时，数据可视化也可以更好地展示数据分析的结果。在 Python 中，有很多用于数据可视化的包，其中 matplotlib 和 seaborn 是最常用也是功能最丰富的两个。matplotlib 用于数据的直接可视化，而 seaborn 是对 matplotlib 的封装，提供了大量基于数据统计的可视化功能。

3.3.1　matplotlib 数据可视化概述

matplotlib 是一个开源的 Python 绘图包，为用户提供了简单易用的数据可视化方法，可以绘制线图、散点图、等值线图、条形图、柱状图、3D 图形等。matplotlib 在 anaconda 中已经默认安装，如果没有安装，则可以通过 pip install matplotlib 命令进行安装。matplotlib 包的导入方式为 import matplotlib.pyplot as plt。

1. 图形的构成要素

一个 matplotlib 图形如图 3.4 所示，主要由如下元素组成。

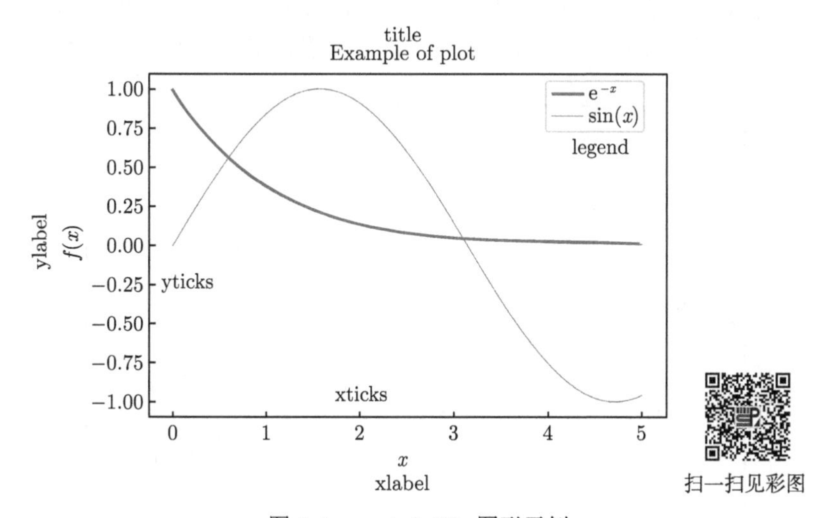

扫一扫见彩图

图 3.4　matplotlib 图形示例

注：本书此类图多为程序生成图，前后文有介绍的不再给出翻译，亦不重复翻译

(1) figure (图形)：整个绘图区称为 figure，可以自定义尺寸以及是否加网格 (grid)。

(2) axis (坐标系)：在图形中增加坐标系后即可以绘制图形。

(3) label (标签)：xlabel 和 ylabel 分别表示 x 坐标和 y 坐标的标签。

(4) ticks (标记)：xticks 和 yticks 分别表示 x 坐标和 y 坐标的标记，包括标记的数值和每一个标记对应的标签，可以自行定义。

(5) title (标题)：用于设置图形的标题。

(6) legend (图例)：绘图时通过 label 设置每一个曲线对应的标签，并通过 legend 显示图例。

2. 主要绘图参数介绍

1) 颜色

matplotlib 中设定颜色的方法有很多种，比较常用的有：① RGB (红绿蓝) 或 RGBA (红绿蓝 Alpha) 方法，用 0~1 之间的数表示每一个维度的值，如 (0.1, 0.2, 0.3) 或 (0.1, 0.2, 0.1, 0.4)；② 十六进制表示法，如 '# 0f0f0f'；③ 灰度表示法，用 0~1 之间的数表示灰度，'0.0' 表示黑色，'1.0' 表示白色；④ 用单个字母表示颜色，这是最常用的一种表示方法，主要包括 b (blue)、g (green)、r (red)、c (cyan)、m (magenta)、y (yellow)、k (black) 及 w (white)。

2) 线型

matplotlib 定义了四种基本的线型，分别是实线 (-或 solid，代码 0)、虚线 (–或 dotted，代码 1)、点划线 (-. 或 dashed，代码 2) 和点虚线 (：或 dashdot，代码 3)。此外，也可以通过一个嵌套元组自定义线型，格式为 (0，(a1，b1，a2，b2，...，ak，bk))，其中 0 表示实线，内嵌的元组用于定义虚线结构，其中 ak 表示连续点数，bk 表示空点数，k 为偶数。

3) 数据点标记

matplotlib 用一个字符代表数据点的标记 (marker)，常用的如圆点 (o)、上三角 (^)、下三角 (v)、十字 (+)、钻石形 (d)、方块 (s) 等。matplotlib 中字符和对应的标记如图 3.5 所示，其中每一个符号左边的是绘图时使用的符号，右边的是标记显示效果。

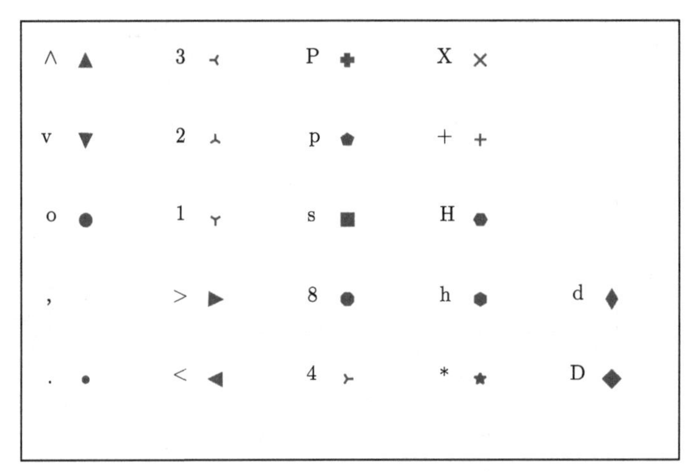

图 3.5　matplotlib 绘图标记示例

3. 简单图形的绘制

matplotlib 有多种绘图形式，方法的调用形式和参数也非常多。本书仅从应用的角度介绍两种绘图方法，一种是直接通过 plot 进行绘制，另一种是分步绘图方式，即首先构建绘图区和坐标系然后再进行图形绘制。

直接绘图的方式如下：

```
from matplotlib.pyplot as plt
plt.plot(x,y, fmt, **kwargs)
```

分步绘图的方式如下：

```
from matplotlib.pyplot as plt
fig=plt.figure(figsize=(w,h),dpi=)
#创建绘图区，通过figsize定义图形大小，w表示宽度，h表示高度，单位是英寸 (inches),dpi为图形分辨率 (dots-per-inch)。
#定义坐标系
ax=fig.add_subplot(m,n,k)  #等价于ax=fig.add_subplot(mnk)
ax.plot(x,y,fmt,**kwargs)
```

如果 x 和 y 是多维数据，则分别将 x 和 y 的每一列作为一组数据绘图。

1) add_ subplot 方法

该方法用于在绘图区 figure 加入坐标系，分别有两种调用方式：add_ subplot(m,n,k) 或者 add_ subplot(mnk) (这里 m、n 和 k 为一位整数)，表示在绘图区增加 m 行 n 列个坐标系，目前是第 k 个 (从上到下、从左到右)，更复杂的组合在后续内容中介绍。如果 x 和 y 是多维数据，则分别将 x 和 y 的每一列作为一组数据绘图。

2) plot 方法参数介绍

(1) 绘图数据 x 和 y：一般情况下 x 表示 x 坐标值，y 表示每个 x 值对应的 y 值，x 和 y 都是序列数据，如果省略 x 则将 y 的顺序索引作为 x 坐标值。x 和 y 也可以是多维数组，x 的每一列和 y 的每一列构成一组数据在图形显示。

(2) 图形格式 fmt：fmt 是一个字符串，可以表示三个信息，分别是颜色 (color)、线型 (linestyle) 和数据点标记 (marker)。例如，'b-s' 表示蓝色、实线，标记是正方形；'k- -d' 表示黑色、虚线及钻石形标记。

(3) 关键字参数：plot 方法定义了十余个关键字参数，用于定义图形的属性，如颜色、线型、数据点标记等。常用的颜色相关属性有：图形颜色 color (c)、标记边缘颜色 markeredgecolor (mec)、标记表面颜色 markerfacecolor (mfc)。线条相关属性有：线型 linestyle、线宽 linewidth、标记边缘线宽 markeredgewidth。图例说明属性使用关键字 label。

4. 图形全局参数设置

matplotlib 的绘图对象有一个属性 rcParams，可以用于设置整个程序中使用的绘图参数的默认值，以简化程序中的数据可视化过程，使用方法是通过 plt.rcParmas[属性关键字] 进行属性赋值，如要将所有图形中的线宽设为 0.5，则可以使用 plt.rcParams['lines.linewidth'] = 0.5，另一种写法是 plt.rc('lines',linewidth=0.5)。常用属性如下。

(1) 线条相关：线条颜色 lines.color、线宽 lines.linewidth、线型 lines.linestyle。

(2) 字体相关：字体 font.family、字号 font.size。

(3) 绘图区相关：大小 figure.figsize、分辨率 figure.dpi。

(4) 文本：是否解析 latex 符号 text.usetex，值为 True/False。

事实上，matplotlib 中无论图形样式还是绘图参数都非常多，无法也没必要全部掌握，本书主要从数据科学应用的角度介绍常用的部分内容，在特殊情况下如果需要使用一些复杂的设定，可以参考相关资料或官方网站。

3.3.2 matplotlib 数据可视化示例

本节将通过一些简单的实例对绘图过程中的主要方法进行简要介绍。

1. 绘图基本参数示例

该示例分别介绍直接绘图和分步绘图的实现方式，为简单起见，后续主要以分步绘图为例介绍，结果如图 3.6 所示。

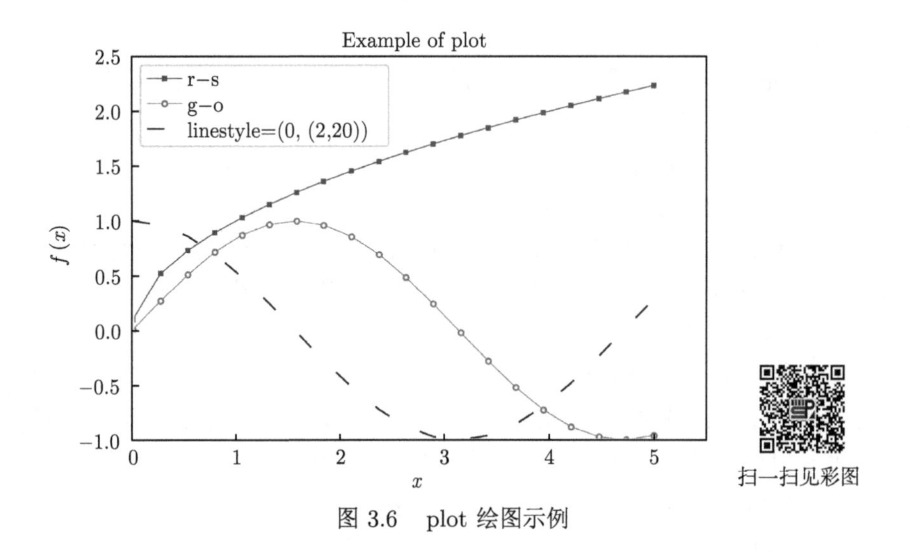

图 3.6 plot 绘图示例

```
import numpy as np
import matplotlib.pyplot as plt
plt.rcParams['figure.dpi']=300 #plt.rc('figure',dpi=300)
plt.rcParams['lines.linewidth']=0.5 #plt.rc('lines',linewidth=0.5)
plt.rcParams['text.usetex']=True #plt.rc('text',usetex=True)
plt.rcParams['font.family']='Times' #plt.rc('font',family='Times')
x=np.linspace(0.01,5,20)
y=np.column_stack((x**0.5,np.sin(x),np.cos(x),np.exp(-x),np.log(x)))
plt.plot(x,y[:,0],'b-s',markersize=2,label='fmt=r-s')
plt.plot(x,y[:,1],'g-o',markersize=3,mfc='w',mec='r',label='fmt=g-o')
plt.plot(x,y[:,2],linestyle=(0,(10,20)),color='k',lw=1.0,label='linestyle=(0,(2,20))')
plt.grid(True) #显示网格，False则不显示
plt.xlim([0,5.5]) #x坐标的范围
plt.ylim([-1.0,2.5]) #y坐标的范围
plt.xlabel('$x$') #x坐标轴标签
plt.ylabel('$f(x)$') #y坐标轴标签
plt.xticks((0.5,1.5,2.5,3.5,4.5),('0.5','1.5','2.5','3.5','4.5'))
plt.title("Example of plot") #图形标题
plt.legend()
#以下代码与上述代码功能相同
```

```
fig=plt.figure(figsize=(4,3))
ax=fig.add_subplot(111)
ax.plot(x,y[:,0],'b-s',markersize=2,label='r-s')
ax.plot(x,y[:,1],'g-o',markersize=3,mfc='w',mec='r',label='g-o')
ax.plot(x,y[:,2],linestyle=(0,(10,20)),color='k',lw=1.0,label='linestyle=(0,(2,20))')
ax.grid(True)
ax.set_xlim([0,5.5])
ax.set_ylim([-1.0,2.5])
ax.set_xlabel('$x$')
ax.set_ylabel('$f(x)$')
ax.set_xticks((0.5,1.5,2.5,3.5,4.5))
ax.set_xticklabels(('0.5','1.5','2.5','3.5','4.5'))
ax.set_title("Example of plot")
```

2. 子图

在一个绘图区显示多个子图 (subplot) 是一种常见的数据可视化方法。在 matplotlib 中，主要通过 add_ subplot(m,n,k) 或 add_subplot(mnk) 两种形式进行子图划分，其含义是将绘图区划分为 m 行 n 列，当前是第 k 个 (顺序为从左到右、从上到下)，最简单的是几个子图等分绘图区，当然也可以通过子图的组合实现不等分子图形式。

等分绘图区代码示例如下，结果如图 3.7 所示。

```
import numpy as np
import matplotlib.pyplot as plt
plt.rcParams['figure.dpi']=300
plt.rcParams['lines.linewidth']=0.5
plt.rcParams['text.usetex']=True
plt.rcParams['font.family']='Times'
plt.rcParams['font.size']=6
x=np.linspace(0.01,5,20)
y=np.column_stack((x**0.5,np.sin(x),np.cos(x),np.exp(-x),np.log(x)))
fig=plt.figure(figsize=(6,6),tight_layout=True)
ax1=fig.add_subplot(2,2,1) #ax1=fig.add_subplot(221)
ax1.plot(x,y[:,0],'b-s',markersize=2)
ax1.set_title('221')
ax2=fig.add_subplot(2,2,2)
ax2.plot(x,y[:,1],linestyle=(0,(8,10)),color='r',marker='+',markersize=4,mfc='b',mec='b')
ax2.set_title('222')
ax3=fig.add_subplot(2,2,3)
ax3.plot(x,y[:,2],'r-^',markersize=2)
ax3.set_title('223')
ax4=fig.add_subplot(2,2,4)
ax4.plot(x,y[:,3],linestyle='-',color='g',marker='o',mfc='w',mec='b',markersize=3)
ax4.set_title('224')
#等价方法
#ax=fig.subplots(2,2)  #同时生成四个子图坐标系，这里ax是一个二维数组
#ax[0,0].plot(x,y[:,0],'b-s',markersize=2) #在第一个坐标系中绘图，其他类似
#ax[0,0].set_title('221')
```

如果希望不对子图进行等分，则需要通过 add_ subplot 对划分好的子图进行合并，如要将绘图区分成上下两部分，上部分再进一步划分成左右两部分，就需要先将绘图区划分为

2×2，再对下面的两个子图进行合并。实现代码如下 (省略导入库及初始化设置部分)，结果如图 3.8 所示。

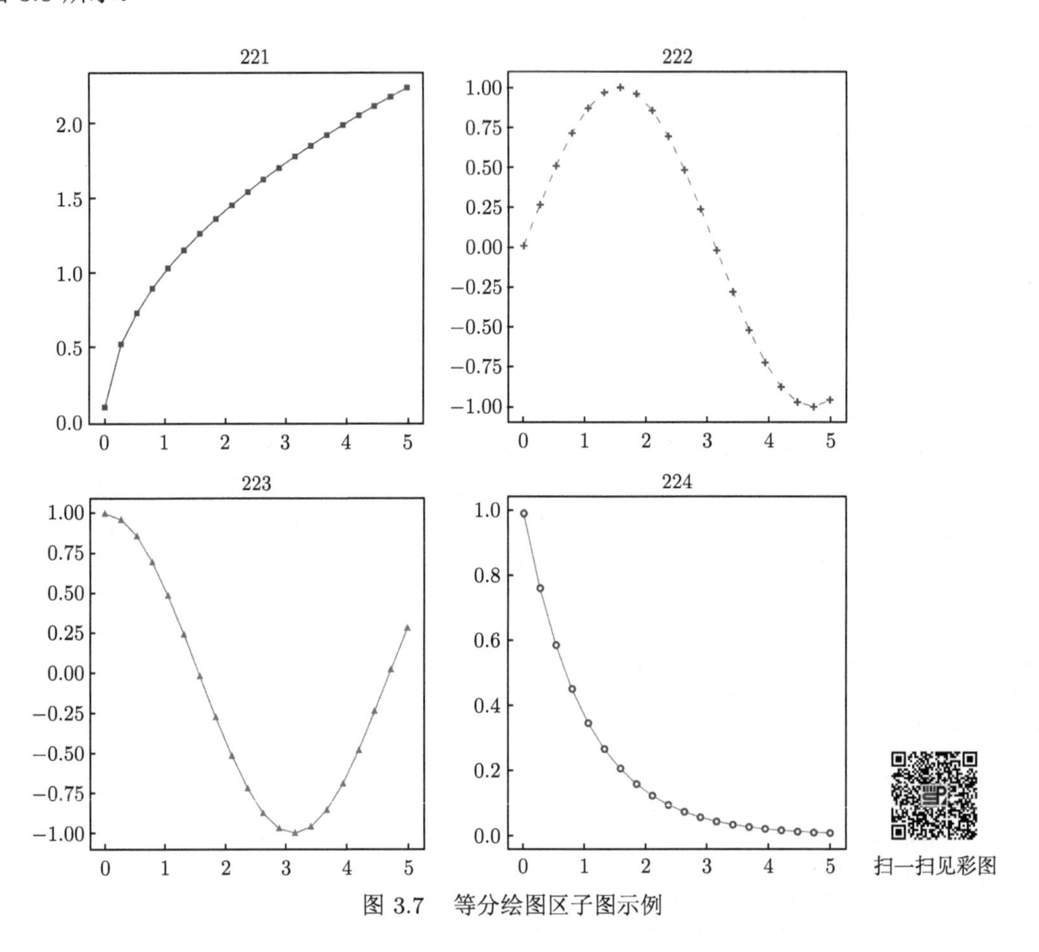

图 3.7　等分绘图区子图示例

```
fig=plt.figure(figsize=(6,6),tight_layout=True)
ax1=fig.add_subplot(2,2,1) #ax1=fig.add_subplot(221)
ax1.plot(x,y[:,0],'b-s',markersize=2)
ax1.set_title('221')
ax2=fig.add_subplot(2,2,2)
ax2.plot(x,y[:,1],linestyle=(0,(8,10)),color='r',marker='+',markersize=4,mfc='b',mec='b')
ax2.set_title('222')
ax3=fig.add_subplot(212) #进一步将绘图区划分为两行一列，将坐标加入第二个子图，实现了线面两部分的合并
ax3.plot(x,y[:,3],linestyle='-',color='g',marker='o',mfc='w',mec='b',markersize=3)
ax3.vlines(2,0.2,0.8,lw=1.5) #画一条平行于y轴的直线
ax3.hlines(0.5,0,1.5,lw=1.5,color='r') #画一条平行于x轴的直线
ax3.set_title('212')
```

提示：将绘图区划分为 2×2 四部分，左边两部分合并，则代码为：ax1=fig.add_subplot(222)，ax2=fig.add_subplot(224)，ax3=fig.add_subplot(121)。

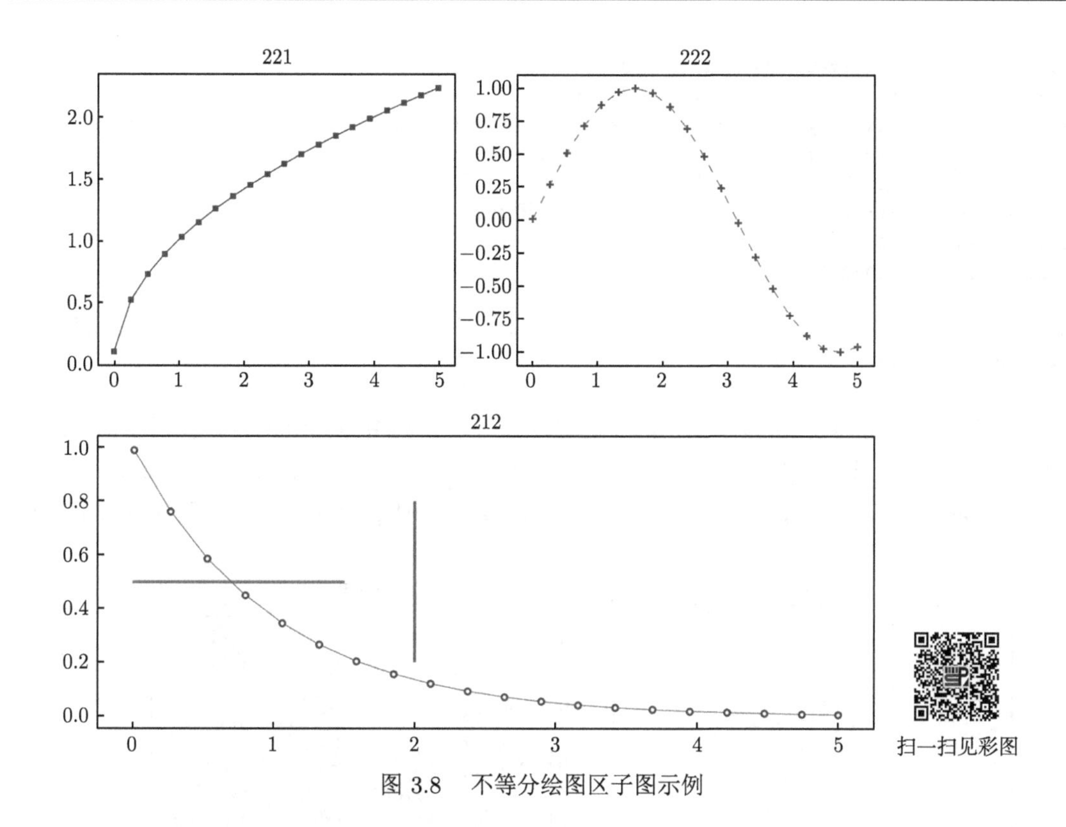

图 3.8 不等分绘图区子图示例

3. 主要图形类型

matplotlib 可以绘制的图形类型很多，除线图之外，常用的图形还包括散点图 (scatter plot)、柱状图 (bar plot)、填充图 (fill_between plot)、阶梯图 (step plot) 等。下面通过一个示例进行说明，结果如图 3.9 所示。

```
import matplotlib.pyplot as plt
import numpy as np
plt.rcParams['figure.dpi']=400
plt.rcParams['font.size']=6
plt.rcParams['lines.linewidth']=0.5
plt.rcParams['text.usetex']=True
fig=plt.figure(figsize=(6,6),tight_layout=True)
ax1=fig.add_subplot(221)
x=np.random.randn(100)
y=np.random.randn(100)*2+5
ax1.scatter(x,y,marker='.',color='b')
ax1.set_title('Scatter plot')
ax2=fig.add_subplot(222)
labels=['A','B','C','D']
count=np.random.randint(5,30,size=4)
ax2.bar(labels,count)
ax2.set_title('Bar plot')
ax3=fig.add_subplot(223)
x=np.linspace(-7,7,100)
y1=np.sin(x)
y2=np.sin(x/2)
```

```
ax3.plot(x,y1,'r-',lw=2,label='$\sin(x)$')
ax3.plot(x,y2,'b--',lw=2,label='$\sin(x/2)$')
ax3.fill_between(x,y1,y2,where=y1>y2,facecolor='g') #填充条件
ax3.fill_between(x,y1,y2,where=y1<y2,facecolor='b')
ax3.set_title('fill_between')
plt.legend(loc='best') #显示图例的方法可以指定图例显示位置
ax4=fig.add_subplot(224)
x=np.linspace(0,10,20)
y=np.sin(x)
ax4.step(x,y)
ax4.set_title('step plot')
```

提示：在调用 legend 显示图例时，可以通过 loc 参数指定图例位置，包括左上 (upper left)、左下 (lower left)、中左 (center left)、中上 (upper center)、中下 (lower center)、中右 (center right)、右上 (upper right)、右下 (lower right)、中心 (center) 以及最佳位置 (best)。

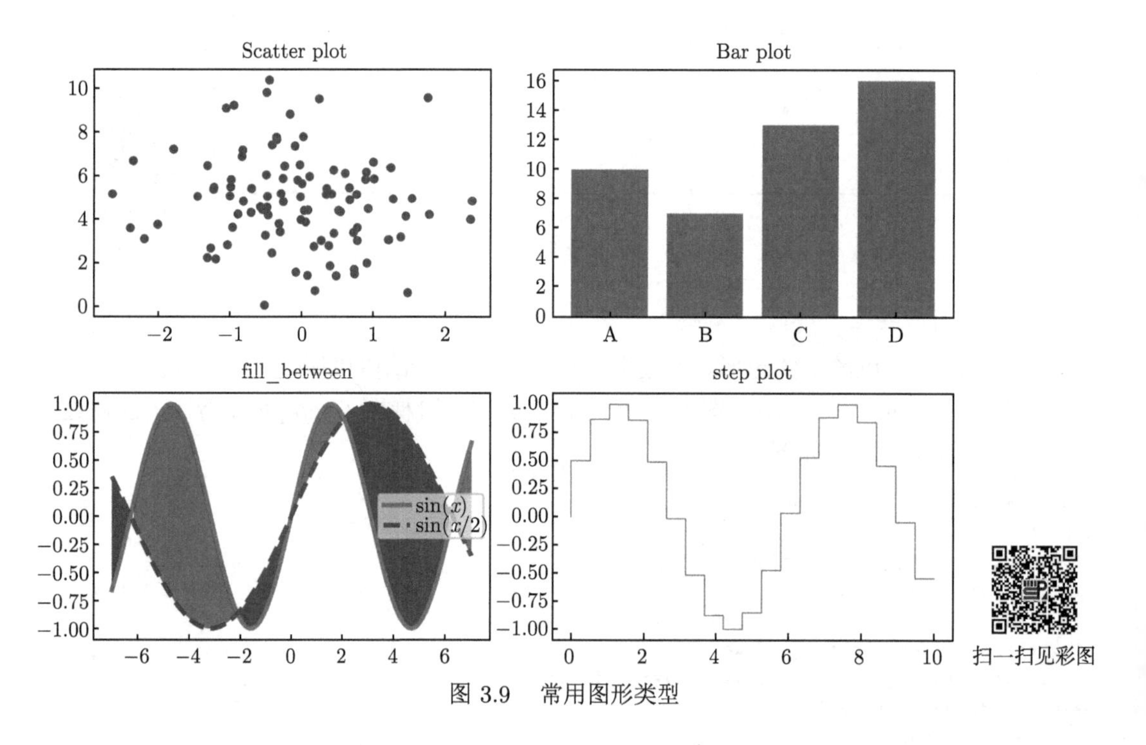

图 3.9　常用图形类型

4. 等值线图和三维图

三维图形是数据可视化的一个重要方向，特别是在研究二元函数形状的时候有着独特的作用。等值线图是二元函数在二维平面上的可视化，在函数展示特别是显示函数形状并判断极值点时非常有用。

1) 等值线图

二元函数等值线的绘制包括三个步骤。① 准备数据：将两个自变量在各自可行域的特定区间分别离散化为两个序列，一般使用 arange 或 linspace 函数进行离散化，之后使用 numpy 的 meshgrid 函数转化为二维网格上的矩阵坐标 (所有元素的组合)，最后计算函数

在所有网格点的值。② 使用 contour 方法绘制等值线图。③ 使用 clabel 方法在等值线上加函数值文本。

等值线的绘制示例如下所示，结果见图 3.10。

```
import matplotlib.pyplot as plt
import numpy as np
plt.rcParams['figure.dpi']=400
plt.rcParams['text.usetex']=True
plt.rcParams['font.size']=6
def f(x,y):
    z1 = np.exp(-x**2 - y**2)
    z2 = np.exp(-(x - 1)**2 - (y - 1)**2)
    z = 2*(z1 - z2)
    return z
fig=plt.figure(figsize=(4,4))
ax=fig.add_subplot(111)
delta = 0.025
x = np.arange(-3.0, 3.0, delta)
y = np.arange(-2.0, 2.0, delta)
x, y = np.meshgrid(x, y)
z=f(x,y)
C=ax.contour(x,y,z,linewidths=0.5)
#可以通过manual参数设置在哪些位置显示等值线
#manual_locations = [(-1, -1.4), (-0.62, -0.7), (-2, 0.5), (1.7, 1.2), (2.0, 1.4), (2.4,
                                                    1.7)]
ax.clabel(C,inline=True,fontsize=5) #,manual=manual_locations)
ax.set_xlabel('$x$')
ax.set_ylabel('$y$')
```

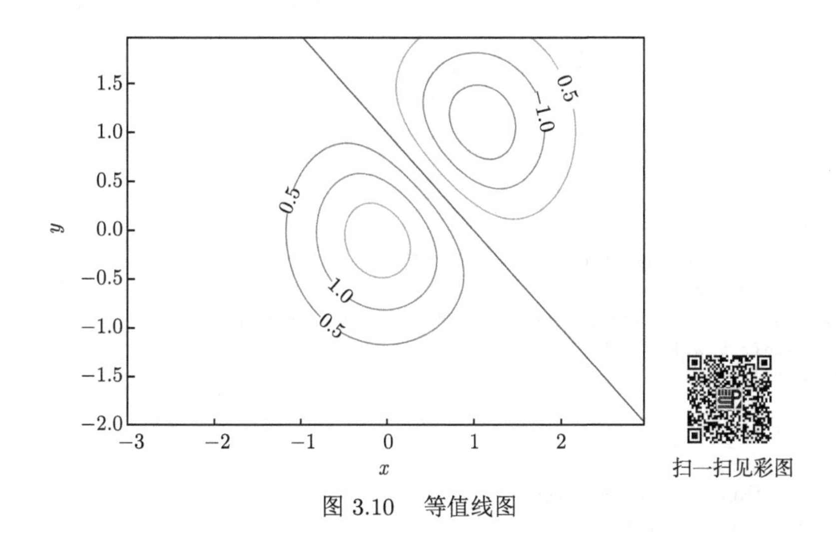

图 3.10　等值线图

除基本的等值线外，还可以根据需要设置线型、线宽和颜色，具体设置方法可查阅相关资料。

2) 三维图形

matplotlib 提供了绘制三维图形的简单接口，同时定义了多种三维图形。从数据科学的视角，常用的主要有两个，即曲面图 (surface) 和线框图 (wireframe)。还有一种有用的图形是在曲面图上将等值线分别投影到三个二维平面上 (surface with contours)。仍以上例中的数据为例，如下代码绘制了不同的三维图形，结果见图 3.11 。与上面的示例采用的数据相同，为简单起见，导入库和初始化设置部分代码忽略。

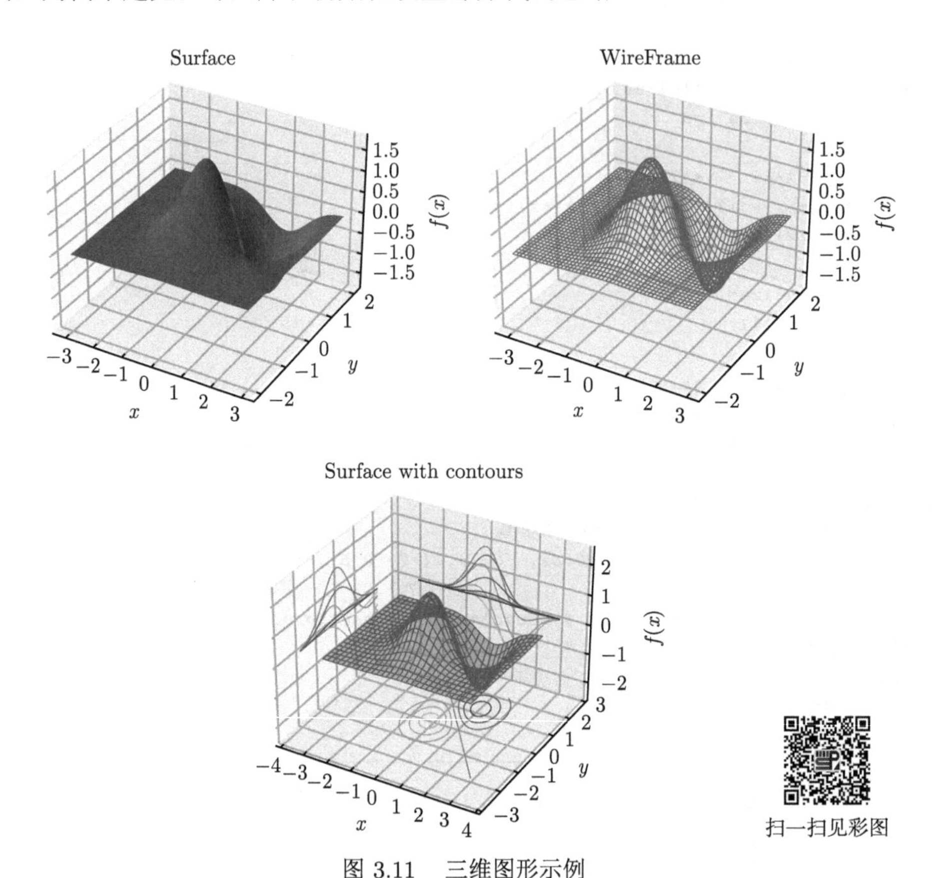

图 3.11　三维图形示例

```
#忽略库导入和初始化设置部分代码，见上例
from mpl_toolkits import mplot3d  #3D图形必须导入的库
fig=plt.figure(figsize=(6,6))
ax1=fig.add_subplot(2,2,1,projection='3d') #增加projection=3d
ax1.plot_surface(x,y,z,lw=0.5)
ax1.set_xlabel('$x$')
ax1.set_ylabel('$y$')
ax1.set_zlabel('$f(x)$')
ax1.set_title('Surface')
ax2=fig.add_subplot(2,2,2,projection='3d')
ax2.plot_wireframe(x,y,z,lw=0.5)
ax2.set_xlabel('$x$')
ax2.set_ylabel('$y$')
ax2.set_zlabel('$f(x)$')
ax2.set_title('WireFrame')
ax3=fig.add_subplot(2,1,2,projection='3d')
ax3.plot_surface(x, y, z, edgecolor='royalblue', lw=0.5, rstride=8, cstride=8,
```

```
                alpha=0.3)
ax3.contour(x, y, z, zdir='z', offset=-2.5, linewidths=0.5)
ax3.contour(x, y, z, zdir='x', offset=-4.0, linewidths=0.5)
ax3.contour(x, y, z, zdir='y', offset=3.0, linewidths=0.5)

ax3.set(xlim=[-4,4],ylim=[-3,3],zlim=[-2.5,2.5],xlabel='$x$', ylabel='$y$', zlabel='$f(x)$'
                                              )
ax3.set_title('Surface with contours')
```

总体看，matplotlib 的三维绘图只能完成初步的图形绘制，如果有更复杂的要求，则需要借助其他工具完成。

3.3.3　seaborn 数据可视化

seaborn 是一个重要的数据可视化 Python 包，底层基于 matplotlib 并且与数据管理模块 pandas 紧密集成。seaborn 的主要特色是能够对数据按照不同的角度、利用不同的方法进行统计分析并给出信息丰富的图形。seaborn 特别适合于研究高维混合类型数据集 (既包含连续数据，也包含类别等离散数据) 中不同变量之间的相关关系。seaborn 的图形主要包括分布图 (displot)、线性图 (lineplot)、关系图 (relplot) 等。seaborn 中的绘图参数基本都是通过 pandas DataFrame 传递的。

为简单起见，以企鹅开源数据集 penguins.csv 为例进行说明，该数据集共包含 344 条数据和 7 个特征，分别是：种类 (species)，离散值，值为 Adelie/Chinstrap/Gentoo 三者之一；栖息地 (island)，离散值，值为 Torgersen/Biscoe/Dream 三者之一；喙的长度 (bill_length_mm)，连续值；喙的宽度 (bill_depth_mm)；脚蹼长度 (flipper_length_mm)，连续值；体重 (body_mass_g)，连续值；性别 (sex)，离散值，值为 Male/Female 两者之一。数据集中有一些缺失值，简单地通过前向填充进行处理。在本节后续部分，如无特别说明，则默认使用该数据集进行分析。数据导入和预处理代码如下：

```
import pandas as pd
D=pd.read_csv('penguins.csv')
#为简单起见，这里将列名做了简化处理
D=D.rename(columns={'bill_length_mm':'billLength','bill_depth_mm':'billDepth','
                                              flipper_length_mm':'flipperLength','
                                              body_mass_g':'bodyMass'})
D.head(2)
#输出结果
    species  island     billLength  billDepth  flipperLength  bodyMass  sex
0   Adelie   Torgersen  39.1        18.7       181.0          3750.0    MALE
1   Adelie   Torgersen  39.5        17.4       186.0          3800.0    FEMALE
D.isna().sum(axis=0) #检查有多少记录存在空值
#输出结果
species          0
island           0
billLength       2
billDepth        2
flipperLength    2
bodyMass         2
sex              11
D=D.fillna(method='ffill') #填充缺失值
```

为简单起见，在本节后面的介绍中，默认将 D 作为数据集的 DataFrame，数据导入过程不再说明。下面通过一些简单的实例进行介绍。

1. 分布图

seaborn 中与数据分布相关的图包括直方图 (displot 或 histplot)、盒图 (boxplot) 和联合概率分布图 (jointplot 或 kdeplot)。

1) 直方图

直方图是观察数据分布的最简单的方法，绘制直方图往往是连续数据分析的第一步。seaborn 可以通过 displot 或 histplot 绘制直方图。

displot 的主要参数包括：data，pandas.DataFrame 对象；x 和 y，data 的列名，如果仅提供 x，则绘制纵向的直方图，如果仅提供 y，则绘制横向直方图；hue，data 的列名，一般为离散数据列，按照该列对数据进行分组后分别绘制直方图，不同的直方图用颜色区分；kind，指定图形类别，分别是直方图 (hist)、密度图 (kde) 和经验累积分布图 (ecdf)；kde，是否在直方图上加核密度估计曲线，值为 True 或 False。

histplot 与 displot 中的 data、x、y、hue 以及 kde 参数含义相同。除此之外还包括：stat，每一个区间的统计量，包括计数 (count)、频数 (frequency)、概率 (probability)、百分比 (percent) 和密度 (density)；bins，区间数；binwidth，区间宽度；cumulative，是否对统计量进行累加，值为 True 或 False，如果为 True，则等价于 displot 中的 ecdf。

直方图的绘制如下例，结果如图 3.12 所示。

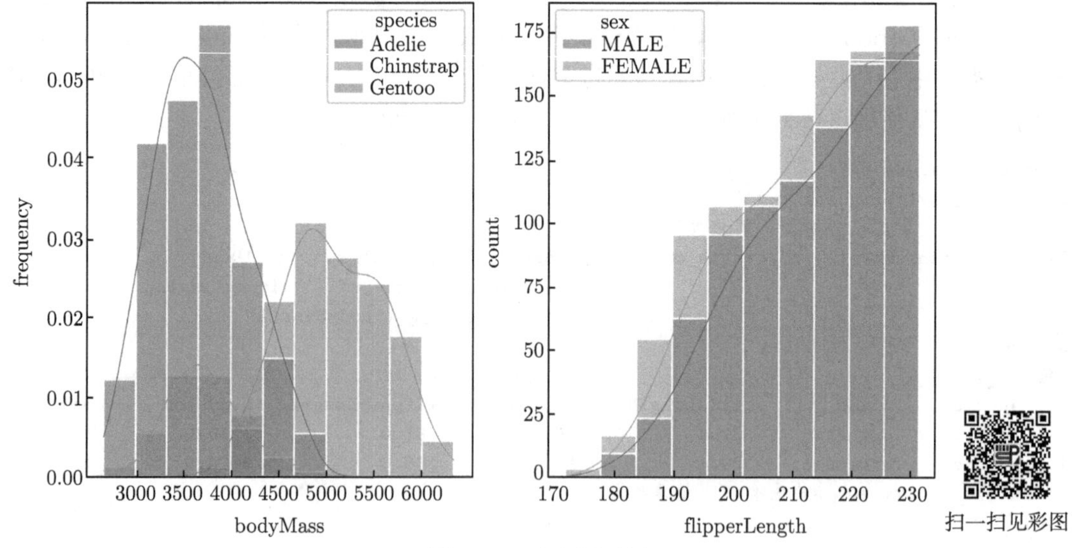

图 3.12　直方图示例

```
import numpy as np
import pandas as pd
import matplotlib.pyplot as plt
import seaborn as sns
sns.set_style('white')
```

```
plt.rcParams['figure.dpi']=400
plt.rcParams['lines.linewidth']=0.5
plt.rcParams['font.size']=8

fig=plt.figure(figsize=(7,4),tight_layout=True)
ax1=fig.add_subplot(121)
sns.histplot(D,x='bodyMass',hue='species',stat='frequency')
ax2=fig.add_subplot(122)
sns.histplot(D,x='flipperLength',hue='sex',kde=True,cumulative=True)
```

2) 盒图

盒图 (boxplot) 是另一种观察数据分布的简单统计图，特别适合于需要比较多列数据分布的情形，用于显示数据的中位数，上下四分位数以及最小值和最大值。提供类似功能的还包括小提琴图 (violinplot)、分布散点图 (stripplot)、分布密度散点图 (swarmplot) 等。

sns.boxplot 方法的主要参数包括：data，pandas.DataFrame 对象，指定待分析数据；x 和 y，data 的列名，如果 y 为数据，则 x 为数据分组列 (一般为离散值)，boxplot 为纵向，反之则为横向；hue，data 列名，用颜色区分分组的另一个依据；linewidth，boxplot 的线宽；ax，可以指定绘图的 matplotlib 坐标系对象。

boxplot 的绘制如下例，结果如图 3.13 所示 (为简单起见，后续代码忽略图形初始化部分)，通过 boxplot，可以很直观地发现哪些因素导致数据之间的差异，为后续的分析提供指引。

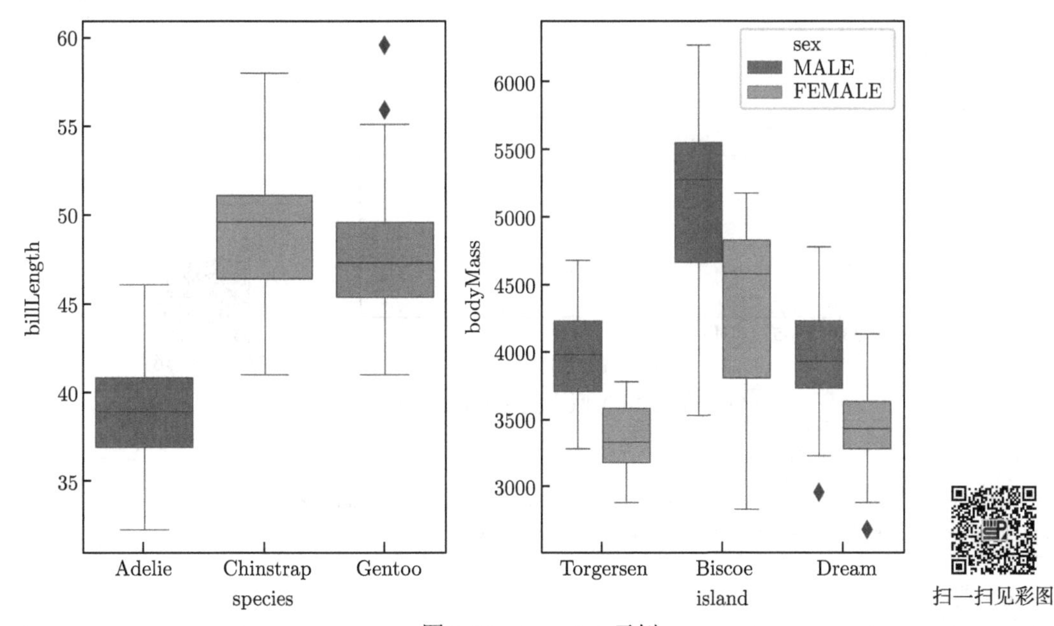

图 3.13　boxplot 示例

```
fig=plt.figure(figsize=(6,4),tight_layout=True)
ax1=fig.add_subplot(121)
sns.boxplot(D,x='species',y='billLength',ax=ax1)
ax2=fig.add_subplot(122)
```

```
sns.boxplot(D,x='island',y='bodyMass',hue='sex',ax=ax2)
```

3) 联合概率分布图

seaborn 中绘制联合概率分布图的方法有两个，分别是 jointplot 和 kdeplot，绘制的二元分布的核密度估计和等值线，用以观察两个变量之间的相关关系。jointplot 和 kdeplot 的参数基本相同，不同的是 jointplot 在 x 轴和 y 轴方向都分别绘制了两个变量的直方图或核密度估计图。这两个方法的主要参数包括：data，pandas.DataFrame 对象；x 和 y 分别是要分析的两个变量的列名，一般为连续变量；hue，data 列名，指定数据分组依据的列，一般为离散变量；kind，图类型，包括 scatter、kde 和 hist。kdeplot 没有 kind 参数。

jointplot 和 kdeplot 的绘制如下例，结果如图 3.14 所示。通过 jointplot 和 kdeplot 可以很容易发现变量之间是否存在相关关系以及相关关系的强度。

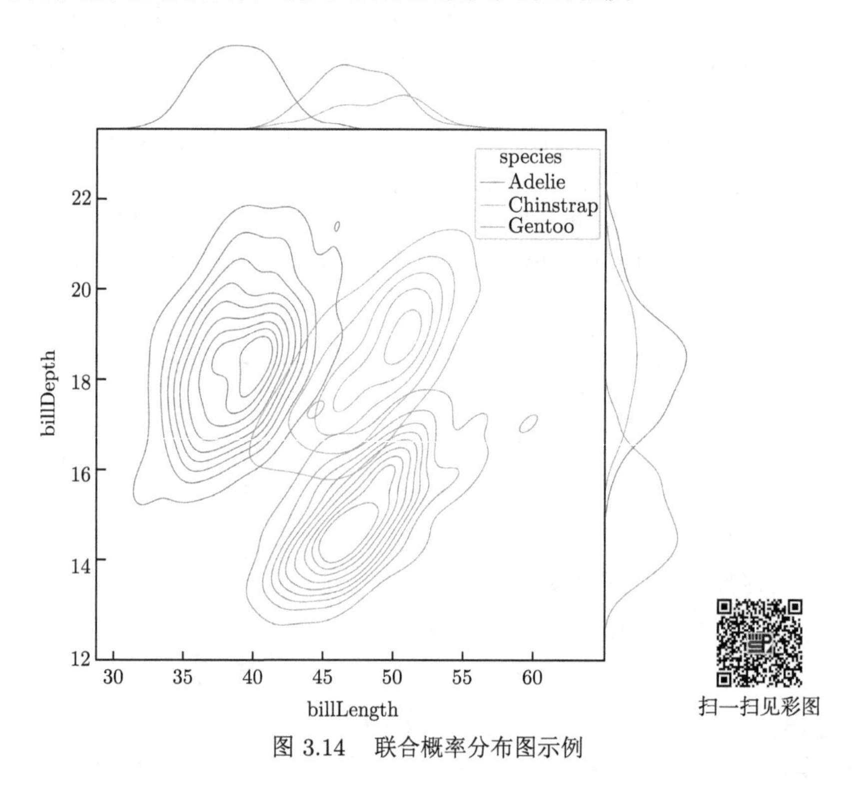

图 3.14　联合概率分布图示例

```
sns.jointplot(D,x='billLength',y='billDepth',hue='species',kind='kde')
#sns.kdeplot(D,x='billLength',y='billDepth',hue='species')
```

4) 成对分析

当连续变量数不止两个时，pairplot 是查看各变量间分布关系的首选。它将变量的任意两两组合分布绘制成一个子图，对角线用直方图而其余子图用相应变量分别作为 x、y 轴绘制散点图。显然，绘制结果中的上三角和下三角部分的子图是对称的。与 pairplot 方法类似，PairGrid 类也可以实现多个变量的成对分析，但 PairGrid 可以自定义对象线、左下部分和右上部分的图形类型。示例代码及结果如图 3.15 所示 (篇幅所限，这里仅给出

PairGrid 的结果)。

```
sns.pairplot(D)
pg=sns.PairGrid(D)
pg.map_diag(plt.hist)
pg.map_lower(plt.scatter)
pg.map_upper(sns.kdeplot)
```

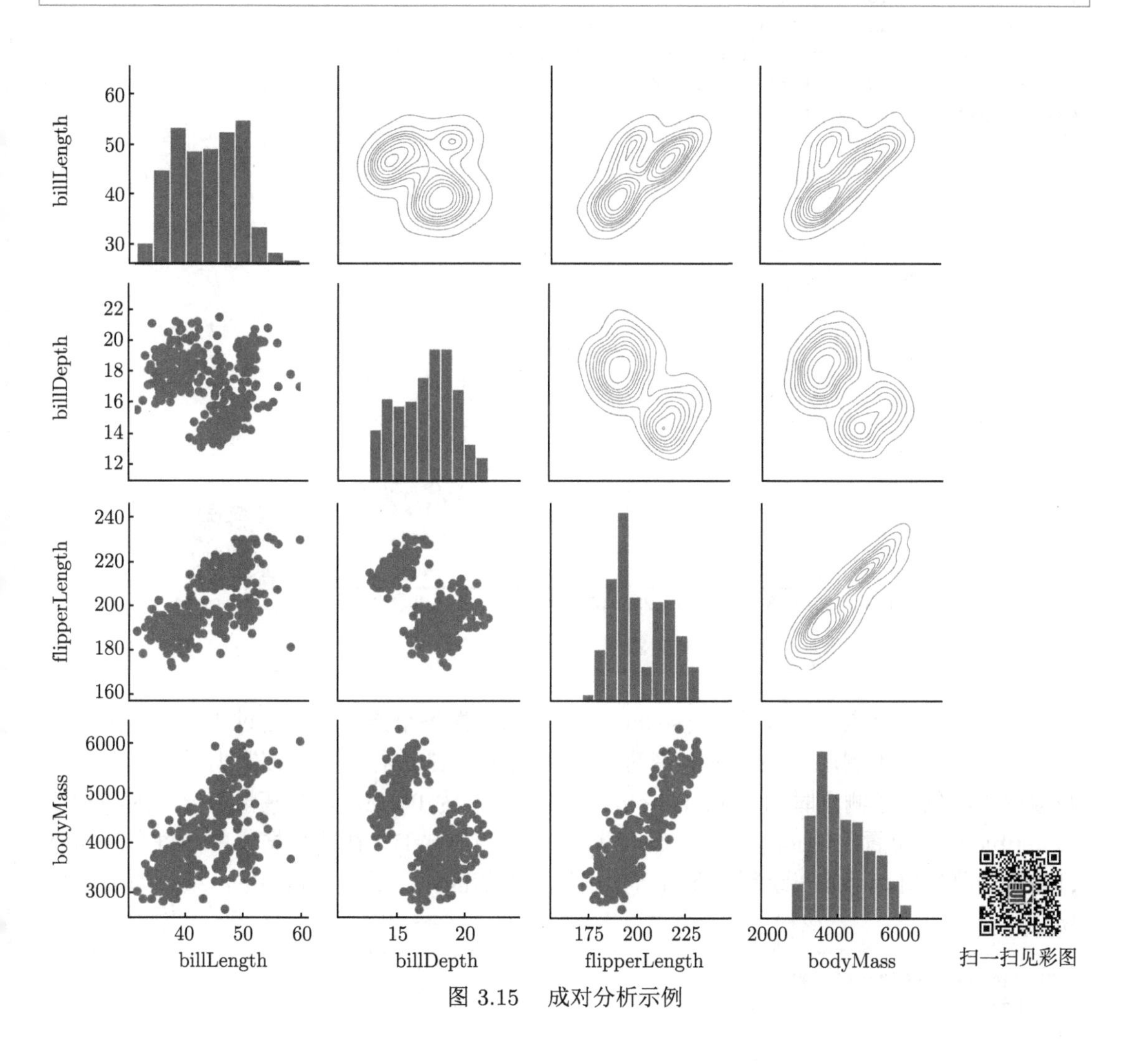

图 3.15　成对分析示例

2. 线图

seaborn 中的线图 (lineplot) 主要用于绘制时间序列数据，与 matplotlib 中的 plot 类似。lineplot 方法的主要参数包括：data，pandas.DataFrame 对象；x 和 y，列名，分别表示 x 坐标和坐标值；hue 和 style，列名，用于对数据进行分组，hue 用色彩区分，style 用线型区分。以下示例通过随机生成的数据演示如何通过 seaborn 绘制线图，结果见图 3.16。

```
import numpy as np
import pandas as pd
import seaborn as sns
sns.set_theme(style="whitegrid")

rs = np.random.RandomState(365)
values = rs.randn(365, 4).cumsum(axis=0)
dates = pd.date_range("1 1 2016", periods=365, freq="D")
data = pd.DataFrame(values, dates, columns=["A", "B", "C", "D"])
data = data.rolling(7).mean() #步长为7的移动平均
sns.lineplot(data=data, palette="tab10", linewidth=2.5)
```

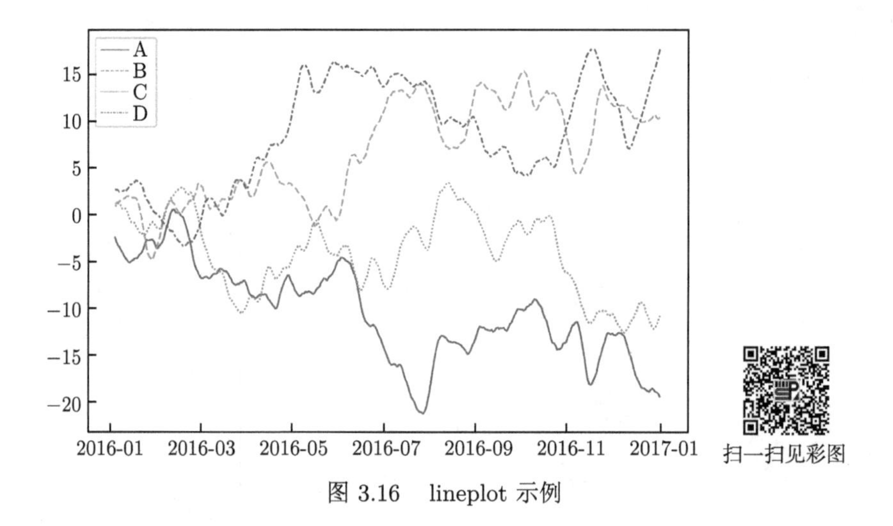

图 3.16　lineplot 示例

如果在每一个点有重复数据，seaborn 还可以根据每个点的数据通过 bootstrap 方法估计置信区间。本例用 seaborn 自带的一个数据集 fmri 进行说明，该数据是一个医学测量数据集，包含了测量时间点 (timepoint)，取值范围为 0~18，四个离散值分别为测量项目 (subject)、位置 (region)、事件 (event) 和信号 (signal)。在此数据集中，每个时间点都有多个测量值，因此在绘制线图时自动增加了置信区间。示例代码如下，结果如图 3.17 所示。

```
fmri=sns.load_dataset('fmri')
fmri.head(5)
#输出结果
    subject timepoint       event   region       signal
0   s13        18           stim    parietal     -0.017552
1   s5         14           stim    parietal     -0.080883
2   s12        18           stim    parietal     -0.081033
3   s11        18           stim    parietal     -0.046134
4   s10        18           stim    parietal     -0.037970

fig=plt.figure(figsize=(8,4),tight_layout=True)
ax1=fig.add_subplot(131)
sns.lineplot(data=fmri,x='timepoint',y='signal',ax=ax1)
```

```
ax2=fig.add_subplot(132)
sns.lineplot(data=fmri,x='timepoint',y='signal',hue='event',ax=ax2)
ax3=fig.add_subplot(133)
sns.lineplot(data=fmri,x='timepoint',y='signal',hue='event',style='region',ax=ax3)
```

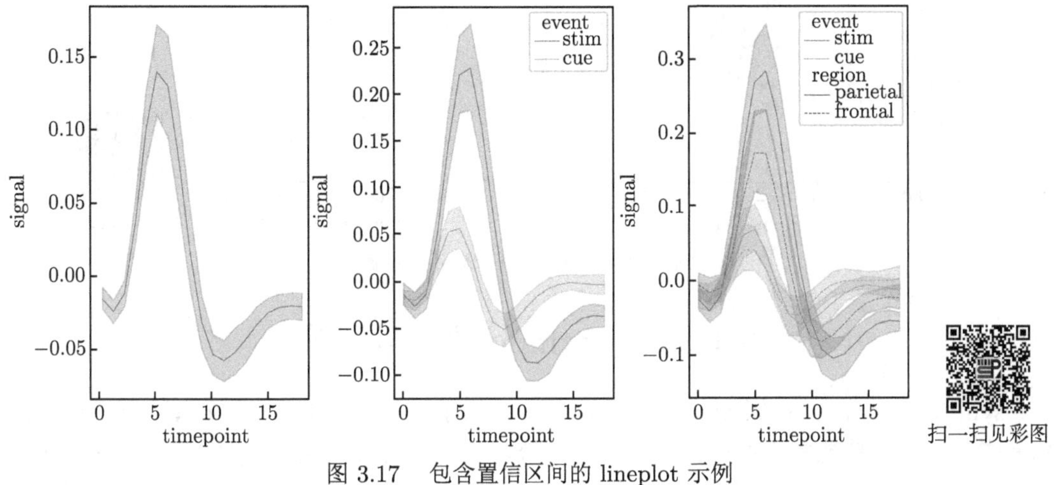

图 3.17 包含置信区间的 lineplot 示例

3. 回归图

seaborn 提供了两个自动建立回归模型并展示拟合结果的图形，一个是 regplot，另一个是 lmplot。regplot 的主要参数包括 data，x 和 y，其中 data 是 pandas.DataFrame 对象，x 和 y 分别是自变量和因变量。lmplot 与 regplot 相比，主要的区别是增加了网格功能，通过 col 和 hue 对数据进行分组，分别进行回归。以下代码分别实现了基于 regplot 和 lmplot 的回归分析，结果见图 3.18。

```
sns.regplot(data=D,x='flipperLength',y='bodyMass')
#按照island和sex分组后分别进行回归
sns.lmplot(D,x='flipperLength',y='bodyMass',col='island',hue='sex')
```

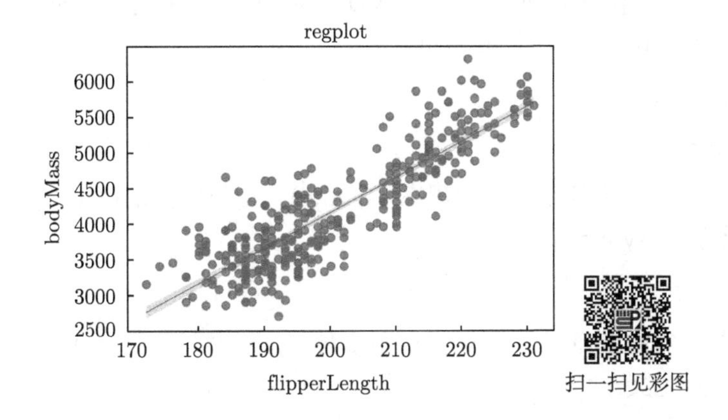

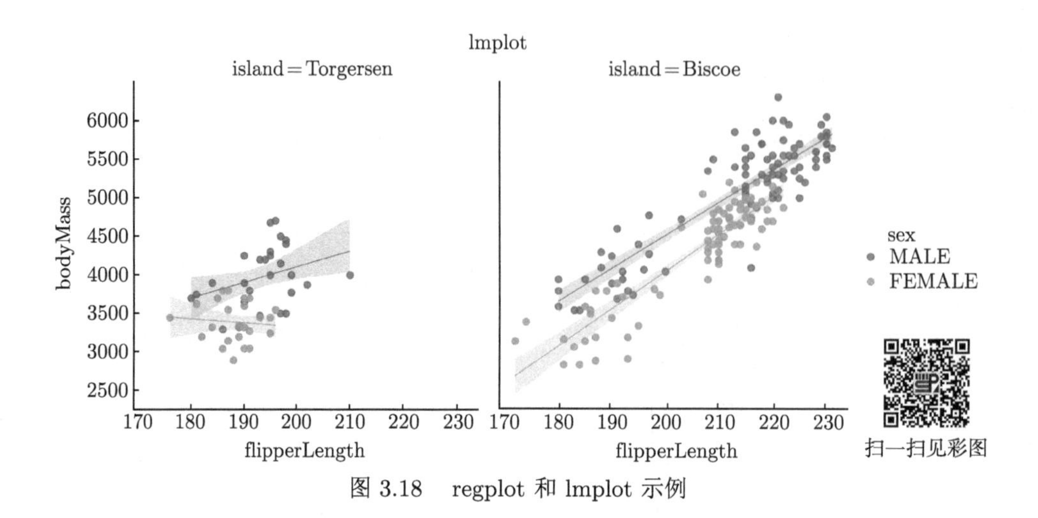

图 3.18 regplot 和 lmplot 示例

3.4 基于 sympy 的符号计算

sympy 的全称为 Symbolic Python，是一个用于符号运算的 Python 库。sympy 的目标是成为一个全功能的 Python 代数计算系统，同时保持代码简洁、易于理解和扩展的特点。sympy 完全由 Python 写成，不依赖于外部库。sympy 支持符号计算、高精度计算、模式匹配、绘图、解方程、微积分、组合数学、离散数学、几何学、概率与统计、物理学等方面的功能。

与其他功能强大的通用代数系统如 mathematica、maple 相比，sympy 无论在求解效率、求解结果还是求解问题的范围方面都仍存在较大差距。但 sympy 有其自身的突出优势，首先，sympy 与 Python 的语法保持一致，简单易用，可以处理 Python 中的基本数据类型。其次，sympy 还有一个极其重要的优势是可以与 Python 完整集成，同时可以非常容易地实现基于符号系统的表达式到 Python 函数之间的转换，这一点可以极大地提高一些特定问题的解决效率，如本书后面要讨论的非线性最优化中的梯度计算。最后，sympy 还可以实现与 latex 的集成，方便表达式的输出。

如上，sympy 适合于表达式复杂度适中，特别是当代数计算仅仅是整个建模过程的中间环节而后续还需要继续处理的情况。sympy 包含在 anaconda 中，或者可以通过 pip install sympy 自行安装。sympy 库一般常用的导入方式是 import sympy as sym，在本节的后续部分默认已导入 sympy 且其别名是 sym。

3.4.1 sympy 基础

1. sympy 常量

sympy 中定义了常用的常量如圆周率 (sym.pi)、自然对数的底 e (sym.E)、复数的虚部 (sym.I)、无穷大 (sym.oo) 等。

2. 符号定义

符号是代数计算的基础，sympy 提供了多种定义符号的方法：① 定义一个变量方法 sympy.Symbo；② 定义一个或多个变量方法 sympy.symbols；③ 定义一个变量数组 sympy.

symarray。sympy 符号定义示例代码如下：

```
from sympy.abc impor x #定义一个变量x
x=sym.Symbol('x',positive=True) #定义单一符号，参数中的字符串表示变量x在表达式中显示的值，
                                  另外指定变量为正数
m=sym.Symbol('mu',positive=True) #变量名和显示不一样，此处在可以解析latex的环境中m显示为希
                                  腊字母μ
x.assumptions0 #可以查看x的所有假设
#输出结果
{'positive': True,    #符号为正
 'nonzero': True,  #非零
 'extended_negative': False,
 'extended_nonzero': True,
 'hermitian': True, #共轭
 'commutative': True, #可交换
 'extended_real': True,
 'nonnegative': True, #非负
 'real': True, #实数
 'extended_positive': True,
 'zero': False,
 'complex': True, #复数
 'imaginary': False, #虚部
 'nonpositive': False, #非正
 'finite': True, #有限
 'extended_nonnegative': True,
 'negative': False,
 'extended_nonpositive': False,
 'infinite': False #无限
 }
y,z=sym.symbols('y z') #同时定义多个符号，等价于sym.symbols('y,z')，同样可以增加假设
y,z=sym.symbols('y z',real=True, positive=True)
#可以通过is_xx查看变量的假设如x.is_positive
#定义变量数组
x=sym.symbols('x:5') #一维变量数组，结果为：(x0, x1, x2, x3, x4)
x=sym.symbols('x:2:5') #二维变量数组，结果为：(x00, x01, x02, x03, x04, x10, x11, x12, x13,
                                  x14)
x=sym.symarray('x', 5) #结果为：array([x_0, x_1, x_2, x_3, x_4], dtype=object)
x=sym.symarray('x',(2,5)) #结果为一个二维变量数据
#输出结果
array([[x_0_0, x_0_1, x_0_2, x_0_3, x_0_4],
       [x_1_0, x_1_1, x_1_2, x_1_3, x_1_4]], dtype=object)
```

3. 函数与运算符

sym 定义了几乎所有的常用函数，如对数 (sym.log)、以 e 为底的指数函数 (sym.exp)、三角函数、gamma 函数 (sym.gamma)、阶乘 (sym.factorial)、等式 (sym.Eq)、绝对值 (sym.Abs) 等。需要注意的是，在进行符号计算时必须使用 sympy 的函数，否则一些函数操作无法执行。

3.4.2 表达式操作

数学表达式是由常数、符号及函数运算经操作符连接的字符串。数学表达式是符号计算的基本单位。例如：

```
import sympy as sym
x,y,z=sym.symbols('x y z')
a,b=sym.symbols('a b')
expr1=x**2+2*x*y+y**2
expr2=sym.exp(x**2+y**2)
expr3=sym.sin(2*x)+sym.cos(y)
```

sympy 中定义了大量针对表达式的操作，下面对主要的操作进行简要介绍。

1. 表达式化简

表达式化简使用方法 sym.simplify(expr, **kwargs)，其中 expr 是 sympy 代数表达式，kwargs 关键字参数用于设定在表达式化简时的选项。以下选项默认设置为 True，包括：log、multinomial、mul、power_ base 以及 power_ exp，需要的时候可以设置为 False。以下三个选项 complex、func 和 trig 则默认为 False，按照需要可以设置为 True。这里 trig 是一个重要的选项，表示是否化简三角函数。当表达式中存在特定形式时，也可以使用特殊的化简方法如三角函数表达式 (sym.trigsimp，等价于 sym.simplify 中 trig=True)、指数表达式 (sym.powsimp，等价于 sym.simplify 中的 power=True)、组合表达式化简 (sym.combsimp)、逻辑表达式化简 (sym.simplify_ logic)。以下示例介绍了表达式化简方法的使用。

```
sym.simplify(sym.sin(x)**2+sym.cos(x)**2)
sym.simplify((x**3 + x**2 - x - 1)/(x**2 + 2*x + 1))
sym.simplify(sym.gamma(x)/sym.gamma(x - 2))
sym.simplify(2*sym.sin(x)*sym.cos(x))
#化简结果与函数的定义域和变量的取值有关
#比较以下代码有何不同
x,y=sym.symbols('x y') #未设定取值范围
sym.simplify(sym.log(x)-sym.log(y))
x,y=sym.symbols('x y',positive=True) #x和y为正值
sym.simplify(sym.log(x)-sym.log(y))
```

对于多项式和有理函数表达式，还有一些特殊的函数，包括展开 (expand)、因子提取 (factor)、公共幂次提取 (collect)、有理函数化简 (cancel)，示例如下：

```
x,y,z=sym.symbols('x y z')
sym.expand((x+1)*(x+3))
sym.factor(x**3 - x**2 + x - 1)
#比较化简与提取公因子的差别
sym.simplify(x**2*z + 4*x*y*z + 4*y**2*z)
sym.factor(x**2*z + 4*x*y*z + 4*y**2*z)
#collect
expr = x*y + x - 3 + 2*x**2 - z*x**2 + x**3
sym.collect(expr,x) #这里x代表将x作为变量进行多项式整理
#通过cancel进行通分及化简
expr = 1/x + (3*x/2 - 2)/(x - 4)
sym.cancel(expr)
```

2. 表达式求值与变量替换

当变量或表达式的结果为数值时，可通过 evalf(n,chop=True/False) 将其转化为浮点数，主要用于在普通 Python 代码中使用 sympy 表达式计算结果。参数 n 用来控制精度，chop 用于控制是否将极小值表示为 0 (计算机中的零往往是一个极小的数)。例如：

```
expr=sym.sqrt(2) #这是一个表达式
expr.evalf() #这是一个浮点数
one = sym.cos(1)**2 + sym.sin(1)**2
(one-1).evalf()
#输出结果
-0.e-124
(one-1).evalf(chop=True)
#输出结果
0
```

变量替换是另一种常用的表达式操作，其功能是用指定变量、表达式或数值替换原表达式中的特定变量。变量替换使用的方法是 expr.subs，其中 expr 是要执行变量替换的表达式。该方法有三种参数形式：expr.subs(v,expr1)，用 expr1 替换 expr 中的变量 v；expr.subs([(v1,expr1),(v2,expr2),...])，通过元组列表传递参数，表示用 expr1, expr2,... 分别替换 v1,v2,...；expr.subs({v1:expr1,v2:expr2})，通过字典传递参数及替换关系。例如：

```
x,y,z=sym.symbols('x y z')
expr=x**3+y**2
expr.subs(x,z)
expr.subs(x,z**2+z)
expr.subs([(x,3),(y,2)])
expr.subs({x:3,y:2})
expr1=sym.sqrt(x)
expr1.subs(x,2).evalf() #表达式求值
expr2=x**4+y**2
expr.subs(x**2,z) #也可以用表达式替换表达式，这种情况适用于表达式比较简单的情形
expr.subs(x**2,z) #不能完成替换
```

3. 表达式转化为 Python 函数

sympy 表达式可以很灵活地处理代数计算过程，但表达式的求值却非常烦琐而低效，如要求一个表达式在大量数据点的值则需要用数值替换相应的变量，过程比较复杂。此时，就需要用到另一个非常强大的方法 sympy.lambdify，其使用方式是：sympy.lambdify((x1,x2, ...), expr)，其中用元组将表达式中的变量转变为函数参数列表，expr 为要转化为函数的表达式。在一些特定情况下 (如函数最优化)，需要将参数表示为一个序列结构，此时要将参数表示为一个列表，即：sympy.lambdify([(x1,x2,...)],expr)。有关表达式转化为函数的示例如下：

```
x,y=sym.symbols('x y')
expr=sym.exp(-x**2-y**2)
f1=sym.lambdify((x,y),expr) #位置参数
f1(3,2)
f2=sym.lambdify([(x,y)],expr) #列表参数
f2([3,2])
#函数f2的定义等价于
```

```
f3=lambda z:f1(z[0],z[1])
f3([3,2])
```

3.4.3　积分与微分

1. 微分

sympy 提供了计算导数的方法 diff，主要有两种调用方法：一种是直接通过包调用函数，形式是 sym.diff(expr,*args)，另一种是作为对象方法调用，形式是 expr.diff(*args)，其中 expr 是表达式，*args 是不定长参数，表示求导的变量。此外，sympy 还提供了一个 sympy.Derivative 方法，可以产生未计算偏导表达式，通过 doit 方法计算。下面通过图 3.19 所示的示例进行说明。

```
x,y,z=sym.symbols('x y z')
expr=sym.exp(x*y*z)
sym.diff(expr,x),expr.diff(x)
#执行结果
#(y*z*exp(x*y*z),y*z*exp(x*y*z))
sym.diff(expr,x,2)
```

$y^2z^2\mathrm{e}^{xyz}$

```
sym.diff(expr,x,x,y,z,y,2)
```

$xz^2(x^3y^3z^3+11x^2y^2z^2+30xyz+18)\mathrm{e}^{xyz}$

```
sym.Derivative(expr,x,y,z,2) #求导但不立即进行计算
```

$$\frac{\partial^4}{\partial z^2\partial y\partial x}\mathrm{e}^{xyz}$$

```
sym.Derivative(expr,x,y,z,2).doit() #执行未计算表达式
```

$xy(x^2y^2z^2+5xyz+4)\mathrm{e}^{xyz}$

图 3.19　导数示例

2. 积分

sympy 的积分通过调用方法 integrate 实现，使用方法是 sympy.integrate(expr, *args)，其中 expr 是积分表达式，对于不定积分，按顺序指定积分变量，对于定积分，则通过元组定义积分上下限，元组的元素分别是积分变量、积分下限和积分上限。与微分类似，sympy.Integral 方法可以产生未计算积分表达式，通过调用 doit 方法计算。sympy 积分示例如图 3.20 所示。

3. 极限

求极限使用的方法是 limit，使用形式是 sympy.limit(f(x), x, x0, dir)，其中 f(x) 是求极限的函数表达式，x 是指定的变量，x0 是求极限的点，dir 是可选参数，'-' 表示左逼近，'+' 表示右逼近。同样，sympy.Limit 方法可以产生未计算极限表达式，通过调用 doit 方法计算。sympy 极限示例如图 3.21 所示。

1. $\int_0^{\infty} \mathrm{e}^{-x}\mathrm{d}x$
2. $\int_{-\infty}^{\infty} \mathrm{e}^{-x^2-y^2}\mathrm{d}x\mathrm{d}y$
3. $\int \log(2x)\mathrm{d}x$

```
sym.integrate(sym.exp(-x),(x,0,sym.oo))
```

1

```
sym.integrate(sym.exp(-x**2-y**2),(x,-sym.oo,sym.oo),(y,-sym.oo,sym.oo))
```

π

```
sym.integrate(sym.log(2*x),x)
```

$x\log(2x) - x$

```
sym.Integral(sym.sin(x**2),x)
```

$\int \sin(x^2)\mathrm{d}x$

```
sym.Integral(sym.sin(x**2),x).doit()
```

$$\frac{3\sqrt{2}\sqrt{\pi}S\left(\frac{\sqrt{2}x}{\sqrt{\pi}}\right)\Gamma\left(\frac{3}{4}\right)}{8\Gamma\left(\frac{7}{4}\right)}$$

图 3.20 积分示例

$\lim_{x\to x_0} f(x)$
sympy 使用：limit(f(x),x,x0)

```
sym.limit(sym.sin(x)/x,x,0)
```

1

```
sym.limit(1/x,x,0,'-')
```

$-\infty$

```
sym.limit(1/x,x,0,'+')
```

∞

```
sym.Limit(x**2/sym.exp(x),x,sym.oo)
```

$\lim_{x\to\infty} (x^2\mathrm{e}^{-x})$

```
sym.Limit(x**2/sym.exp(x),x,sym.oo).doit()
```

0

图 3.21 极限示例

4. 级数展开

函数的渐进级数展开 (asymptotic series expansions) 是在一个特定点对函数进行近似的重要方法。例如，对于函数 $f(x)$，在指定点 x_0 按照泰勒级数可以展开为

$$f(x) = f(x_0) + f^{'}(x_0)(x - x_0) + \frac{f^{''}(x_0)}{2!}(x - x_0)^2 + \cdots + \frac{f^{(n)}(x_0)}{n!}(x - x_0)^n + \ldots$$

sympy 提供的 series 方法可以实现函数的展开，调用方法为 f(x).series(x,x0,n)，其中 f(x) 为待展开的函数表达式，x 是展开时依据的变量，x0 是展开的点 (默认值为 0)，n 是展开的阶数。函数的级数展开示例代码如图 3.22 所示。

```
expr=sym.exp(sym.sin(x))
expr1=expr.series(x,1,4)
expr1.simplify()
```

$$e^{\sin(1)} + (x-1)e^{\sin(1)}\cos(1) + \frac{(x-1)^2(-\sin(1)+\cos^2(1))e^{\sin(1)}}{2} - \frac{(x-1)^3(\sin(1)+3)e^{\sin(1)}\sin(1)\cos(1)}{6} + O((x-1)^4; x \to 1)$$

这里 $O(x^4)$ 表示高阶无穷小，如果不需要，可以通过 removeO() 方法去掉。

```
expr1=expr1.removeO()
expr1.simplify()
```

$$\frac{(-(x-1)^3(\sin(1)+3)\sin(1)\cos(1)+3(x-1)^2(-\sin(1)+\cos^2(1)) + (6x-6)\cos(1)+6)e^{\sin(1)}}{6}$$

图 3.22　级数展开

以下代码实现了函数的级数展开及不同阶展开的近似效果，结果如图 3.23 所示。

```
import numpy as np
import matplotlib.pyplot as plt
import sympy as sym
x=sym.symbols('x')
plt.rcParams['figure.dpi']=400
plt.rcParams['lines.linewidth']=0.5
plt.rcParams['text.usetex']=True
expr=sym.exp(sym.sin(x))
expr1=expr.series(x,1,3).removeO()
expr2=expr.series(x,1,5).removeO()
f=sym.lambdify(x,expr)
f1=sym.lambdify(x,expr1)
f2=sym.lambdify(x,expr2)
xx=np.linspace(-0.5,2.5,100)
plt.plot(xx,f(xx),label='True function')
plt.plot(xx,f1(xx),label='series(n=3)')
plt.plot(xx,f2(xx),label='series(n=5)')
```

```
plt.plot(1,f(1),'k^',markersize=3) #x0
plt.xlabel('$x$')
plt.legend()
```

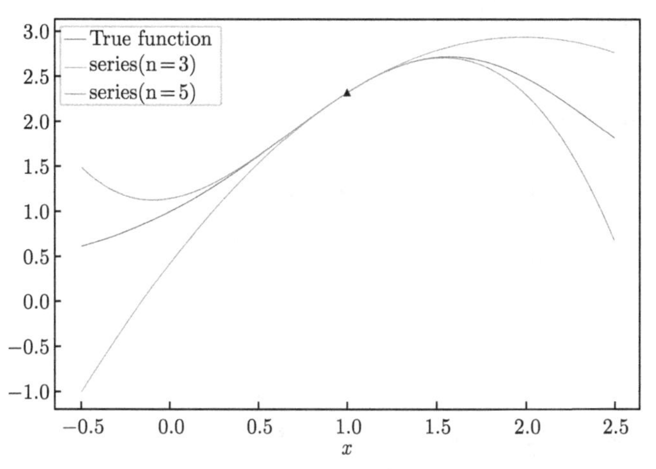

扫一扫见彩图

图 3.23　不同阶数的级数展开效果对比

3.4.4　sympy 方程求解

sympy 可以通过代数方式求解多种有理方程，包括线性方程 (组)、非线性方程组、不等式以及微分方差等。在定义方程时，往往需要用 sympy.Eq，使用形式是 sympy.Eq(expr1, expr2)，即 expr1=expr2。在求解方程时，如果等式右边是 0，直接用等式左边表示方程。求解方程的语法是 sympy.solve(equations, variables=None)，其中 equations 是要求解的方程列表，variables 是要求解的未知数列表，如果忽略，则表示针对方程中的所有未知数进行求解。例如：

```
x=sym.symbols('x')
#以下两个语句等价
sym.solve(sym.Eq(x**2,1),x)
sym.solve(x**2-1,x)
```

sympy.solve 方法还有以下几个常用的关键字参数。

(1) domain，定义解的范围，默认值为 sym.S.Complexes (复数)，还可以设定为 sym.S.Reals (实数)。

(2) dict=True/False，求解结果以字典的形式给出。

(3) set=True/False，求解结果以集合的形式给出。

此外，sympy 还定义了一个求解线性方程组的方法 linsolve，主要目的是方便求解形如 $A(x) = b$ 的线性方程组。

下面通过一个正态分布极大似然估计的实例对 sympy 中有关方程求解的内容及其应用进行综合介绍，代码及结果如图 3.24 所示。

正态分布的密度函数：

$$f(x;\mu,\sigma)=\frac{1}{\sqrt{2\pi}\sigma}\mathrm{e}^{-\frac{(x-\mu)^2}{2\sigma^2}}$$

```
import numpy as np
obs=np.round(np.random.randn(10),4) #观测值，服从标准正态分布
```

```
m=sym.Symbol('mu')
s=sym.Symbol('sigma',positive=True) #只能取正值
```

```
prob=1/(np.sqrt(2*np.pi)*s)*sym.exp(-(x-m)**2/(2*s**2)) #概率密度函数
```

```
Lprob=sym.log(prob) #概率密度函数取对数
```

```
Lprob=Lprob.simplify(log=True) #简化
```

```
#对数似然函数
L=np.sum([Lprob.subs(x,obs[i]) for i in range(len(obs))])
```

```
L=L.simplify()
```

```
L1=L.diff(m) #一阶偏导
L2=L.diff(s) #一阶偏导
```

```
sym.solve([L1,L2],(m,s),domain=sym.S.Reals,dict=True) #一阶偏导为0是最优值的必要条件
```

```
[mu: -0.0688099999999987, sigma: 1.00755573687017]
```

```
[obs.mean(),obs.std()] #观测值的均值和标准差
```

```
[-0.06881, 1.0075557368701744]
```

图 3.24　正态分布的极大似然估计

3.4.5　sympy 与函数可视化

sympy 提供了非常容易使用的函数图形绘制方法，可以很容易地从不同视角观察函数图像，所使用的包是 sympy.plotting，主要绘制的图形包括线性图、三维图、等值线等。sympy.plotting 对绘制图形功能进行了深度包装，因此使用起来非常简单，如假设 f(x) 是一个一元函数，则绘制函数图形的方法是 sym.plotting.plot(f(x), (x, a, b))，其中 a 和 b 分别是 x 的下限和上限。此外在 matplotlib 中设置的全局属性对于 sympy 图形同样有效。以下代码展示了 sympy.plotting 的主要使用方法，结果如图 3.25 所示。

```
import matplotlib.pyplot as plt
import numpy as np
import sympy as sym
plt.rcParams['figure.dpi']=400
plt.rcParams['lines.linewidth']=0.5
plt.rcParams['font.size']=8
```

```
plt.rcParams['text.usetex']=True

x,y=sym.symbols('x y')
expr=sym.exp(-x**3-y**2+x*y)
p1=sym.plotting.plot(expr.subs(y,1),(x,-1,1))
#下面的代码展示了一个图形上显示多个函数
p1=sym.plotting.plot(expr.subs(y,-1),(x,-1,1),show=False,label='y=-1.0') #通过subs方法将二
                                                元函数转化为一元函数
p2=sym.plotting.plot(expr.subs(y,0.5),(x,-1,1),show=False,label='y=0.5')
p3=sym.plotting.plot(expr.subs(y,1),(x,-1,1),show=False,label='y=1.0')
p3.append(p1[0])
p3.append(p2[0])
p3.legend=True
p3.show()
#二元函数的等值线
sym.plotting.plot_contour(expr,(x,-1,1),(y,-1.5,1.5))
#二元函数的三维图
sym.plotting.plot3d(expr,(x,-1,1),(y,-1.5,1.5))
```

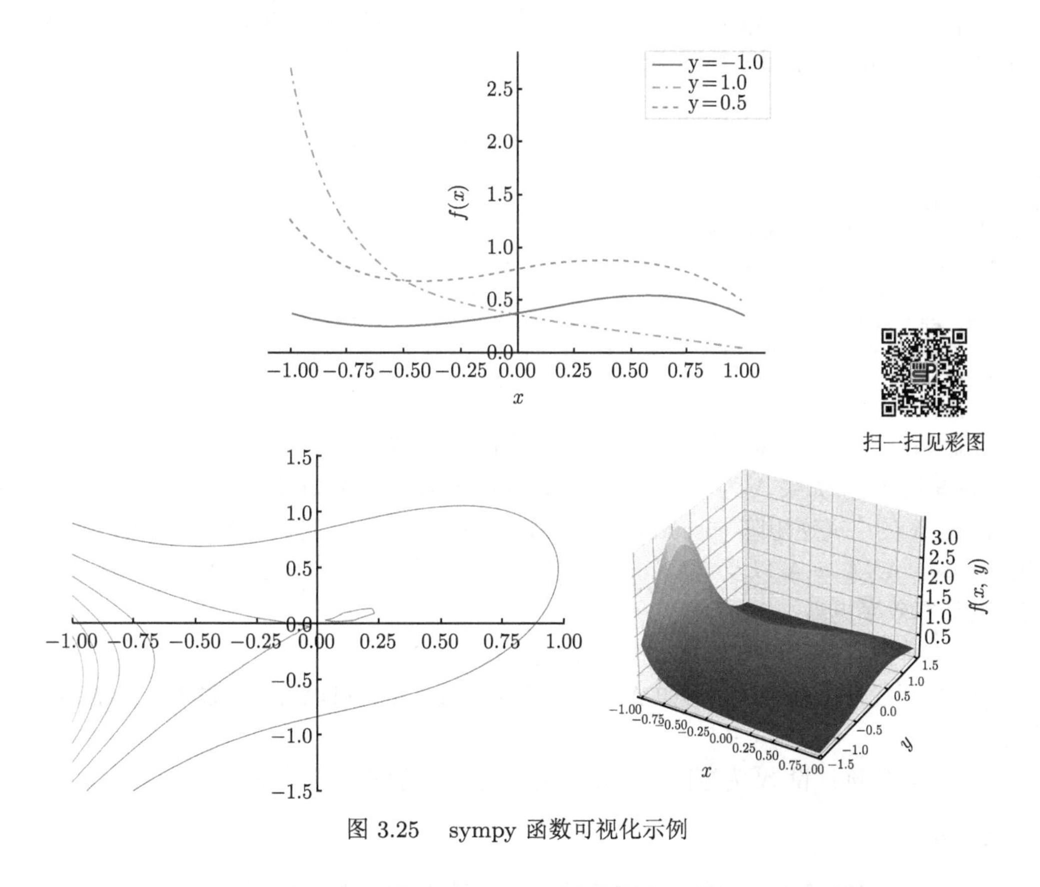

图 3.25 sympy 函数可视化示例

3.5 基于 scipy 的科学计算

scipy 是一个开源的 Python 算法包和数学工具包。scipy 是基于 Numpy 的科学计算包，用于数学、科学、工程学等领域。scipy 包含科学与工程中常用的计算模块。本节主要

介绍基于 scipy 的科学计算部分，包括线性代数、积分、插值、特殊函数及常微分方程部分，最优化部分在第 4 章介绍。需要说明的是，与 sympy 不同，scipy 中的微积分都是数值计算方法。

3.5.1 scipy 线性代数

线性代数中的矩阵运算、矩阵分解、线性方程组求解等是很多工程计算问题的基础。scipy.linalg 是 scipy 的线性代数包，包含了大部分常用的方法。事实上，numpy 也有一个线性代数算法包 numpy.linalg。从功能上说，scipy.linalg 包含了 numpy.linalg 中的所有算法并有所扩展。此外，scipy.linalg 包中的算法的效率也比 numpy.linalg 更快。因此，除非不希望程序依赖 scipy 包，否则 scipy.linalg 是求解线性代数问题的首选。

在本节内容中，线性代数包的加载方法约定为 import scipy.linalg as LA，在后续介绍中，LA 不加说明地作为 scipy.linalg 的别名。

1. scipy 矩阵基本运算

scipy 完全兼容 numpy 中的多维数组和矩阵操作，如矩阵相乘、矩阵类等，下面的示例包含了 numpy 中常用的矩阵操作：

```
import numpy as  np
A=np.mat('[1,2;3,4]') #以类似于MATLAB的语法生成矩阵，A是numpy.matrix对象
#等价于
A=np.matrix(np.array([[1,2],[3,4]])
A.I #矩阵A的逆矩阵，是numpy.matrix类的方法
A.T #矩阵的转置，等价于A.H
b=np.array([5,6]) #b是一个一维数组
A.dot(b) #A为矩阵，b为一维数组，自动执行矩阵相乘运算，等价于A@b
A*b #这里A是矩阵，b是一维数据，不能执行
A*np.matrix(b).H #将一维数组转换为矩阵并进行转置，此时执行矩阵相乘操作
```

在此基础上，接下来介绍 scipy.linalg 中的常用操作。

(1) 矩阵求逆：如果 A 为可逆方阵，则 A_inv=LA.inv(A)；如果 A 不是方阵，LA.pinv(A) 返回的是 A 的广义逆矩阵 (pseudo inverse)，令 X=LA.pinv(A)，则 X 与 A 的转置的形状相同且满足 $AXA = A$ 以及 $XAX = X$。当 A 为可逆方阵时，LA.inv(A)=LA.pinv(A)，但前者的计算效率更高。

(2) 方阵的行列式：方阵 A 的行列式为 LA.det(A)。

(3) 求解线性方程组：对形如 $AX = b$ 的线性方程组，可以直接通过 LA.solve(A,b) 进行求解。

(4) 矩阵的迹：设 A 为矩阵，则矩阵的迹的计算方法为 A.trace()。

2. 范数

向量和矩阵的范数是一类重要的运算，是向量或矩阵到实数空间的映射，表征了高维空间中距离的概念。在 scipy 中，定义了 linalg.norm(x, ord) 方法用来计算向量或矩阵的范数，其中 x 是向量或矩阵，ord 指定范数的类型。对于向量 $\boldsymbol{x}$，参数 ord 的取值范围包括正无穷 (inf)、负无穷 (-inf) 和任意实数，含义如下：

$$
||\boldsymbol{x}|| = \begin{cases} \max_i |x_i|, & \text{ord} = \inf \\ \min_i |x_i|, & \text{ord} = -\inf \\ \left(\sum_i |x_i|^{\text{ord}}\right)^{1/\text{ord}}, & |\text{ord}| < \infty \end{cases} \tag{3.1}
$$

对于矩阵 $\boldsymbol{A}$，ord 的取值为其不同类型的范数定义为

$$
||\boldsymbol{A}|| = \begin{cases} \max_i \sum_j |a_{ij}|, & \text{ord} = \inf \\ \min_i \sum_j |a_{ij}|, & \text{ord} = -\inf \\ \max_j \sum_i |a_{ij}|, & \text{ord} = 1 \\ \min_j \sum_i |a_{ij}|, & \text{ord} = -1 \\ \max \sigma_i, & \text{ord} = 2 \\ \min \sigma_i, & \text{ord} = -2 \\ \sqrt{\text{tr}(\boldsymbol{A}^{\text{T}}\boldsymbol{A})}, & \text{ord} = '\text{fro}' \end{cases} \tag{3.2}
$$

其中，tr 为矩阵的迹，σ_i 为矩阵的特征值。注意，当一维向量表示为矩阵形式时，使用的是矩阵范数，这一点容易出错。

3. 矩阵分解

矩阵分解是最常用的线性代数方法，如矩阵的特征值和特征向量分解就是主成分分析的基础。scipy 中定义的主要的矩阵分解运算包括：设 $\boldsymbol{A}$ 为矩阵，常用的矩阵分解方法如下。

(1) 方阵的特征值 (eigen value) 和特征向量 (eigen vector)。$\boldsymbol{A}\boldsymbol{v} = \lambda\boldsymbol{v}$，其中 $\boldsymbol{v}$ 为特征向量，λ 为特征值。求矩阵特征值和特征向量可以使用 la,v=linalg.eig(A)，返回值 la 为特征值，v 为特征对应的特征向量。需要注意的是，la 是复数形式，一般应用中 la 的虚部是 0，可通过 la.real 获取实部。

(2) 奇异值分解 (singular value decomposition)。奇异值分解可以看作特征值和特征向量分解在非方阵上的扩展。令 $\boldsymbol{A}$ 是 $m \times n$ 矩阵，则可以将 $\boldsymbol{A}$ 分解为 $\boldsymbol{A} = \boldsymbol{U}\boldsymbol{\Sigma}\boldsymbol{V}^{\text{H}}$，其中 $\boldsymbol{U}$ 为 $m \times m$ 方阵，$\boldsymbol{V}$ 为 $n \times n$ 方阵，$\boldsymbol{\Sigma}$ 是由奇异值构成的对角阵 ($\min(m, n)$ 个)。

(3) LU 分解。矩阵奇异值分解的方法是 linalg.svd(A)。$m \times n$ 矩阵 $\boldsymbol{A}$ 可以分解为 $\boldsymbol{A} = \boldsymbol{PLU}$，其中 $\boldsymbol{L}$ 是 $m \times k$ 下三角矩阵或梯形矩阵 ($k = \min(m, n)$) 且对角线元素为 1，$\boldsymbol{U}$ 是上三角矩阵或梯形矩阵。矩阵 LU 分解的方法是 linalg.lu(A)。

(4) Cholesky 分解。Cholesky 分解是 LU 分解对于对称正定矩阵 ($\boldsymbol{A} = \boldsymbol{A}^{\text{T}}$ 且 $\boldsymbol{xAx}^{\text{T}} \geqslant 0$) 的特例。此时，$\boldsymbol{A} = \boldsymbol{U}^{\text{T}}\boldsymbol{U}$ 或 $\boldsymbol{A} = \boldsymbol{LL}^{\text{T}}$，其中 $\boldsymbol{L}$ 是下三角矩阵，$\boldsymbol{U}$ 是上三角矩阵并且有 $\boldsymbol{L} = \boldsymbol{U}^{\text{T}}$。Cholesky 分解的方法是 linalg.cholesky(A)。

(5) QR 分解。对于 $m \times n$ 矩阵 $\boldsymbol{A}$，可以分解为 $\boldsymbol{A} = \boldsymbol{QR}$，其中 $\boldsymbol{Q}$ 为 $m \times m$ 酉矩阵 (逆矩阵等于矩阵本身)，$\boldsymbol{R}$ 为 $m \times n$ 上三角梯形矩阵。QR 分解可以通过调用方法 linalg.qr(A) 完成。

3.5.2 数值积分

在应用中，一般有两种情况需要用到数值积分，一种是函数形式过于复杂而无法得到解析解的情况，另一种是没有函数表达式而仅仅有在函数定义域内的一些不连续的点处的函数值。

scipy 中有关数值积分的包是 scipy.integrate，对于存在函数形式的积分，主要方法有一元积分 quad、双重积分 dblquad、三重积分 tplquad、n 重积分 nquad、n 阶高斯积分 fixed_quad、给定容差的高斯积分 quadrature 和 romberg。对于仅有样本点的情况，主要的积分方法包括 trapezoid、cumulative_trapezoid、simpson、romb。这些方法的参数类似，主要是积分函数表达式和积分上下限。例如，对于 $\int_0^5 \mathrm{e}^{-\sin(x)}\mathrm{d}x$，代码如下：

```
import scipy.integrate as sit
import numpy as n p
import sympy as sym
x=sym.symbols('x')
f=sym.exp(-sym.sin(x))
sit.quad(sym.lambdify((x),f),0,5)
#等价于f=lambda x:np.exp(-np.sin(x))
#sit.quad(f,0,5)
#输出结果是一个元组，第一个元素是积分值，第二个元素是估计的误差
(5.621752411153507, 1.989239509274932e-13)
#也可以使用以下方法
sit.fixed_quad(f,0,1/2,n=5) #(0.39521673982420336, None)
sit.quadrature(f,0,1/2) #(0.39521673982420336, 1.5419970855745646e-10)
sit.romberg(f,0,1/2) #0.39521673982415595
```

如果函数本身带有参数，则可以通过 args 传递参数，传递规则是第一个为积分变量，后面的参数按顺序传入，例如 $\int_0^5 \mathrm{e}^{-a\sin(x)+b}$，其中 a 和 b 是参数，代码如下：

```
#此处忽略导入库代码
f=lambda x,a,b:np.exp(-a*np.sin(x)+b)
sit.quad(f,0,5,args=(2,1)) #这里a=2,b=1
```

对于二重积分，重要的是如何表示积分顺序。在 scipy.integrate 中，需要通过 lambda 函数定义积分上下限，积分顺序通过函数的参数进行识别，例如：

$$\int_0^{1/2}\int_0^{\sqrt{1-4y^2}} 19xy\mathrm{d}x\mathrm{d}y$$

其中，积分变量 y 的积分上下限是常数，而 x 的积分上下限则是 y 的函数，在积分时通过 lambda 函数进行定义，参数是 y。这样的函数定义也说明了积分顺序是先 x 后 y。上式的积分代码为：

```
f=lambda x,y:19*x*y
sit.dblquad(f,0,1/2,lambda y:0,lambda y:np.sqrt(1-4*y**2)) #这里的lambda函数说明了积分的先
                                                              后顺序
#输出结果
(0.59375, 2.029716563995638e-14)
```

类似地，对于三重积分 $\int_0^{0.5}\int_x^{x^2}\int_y^{x+y} xyz\mathrm{d}z\mathrm{d}y\mathrm{d}x$，其代码为：

```
f=lambda x,y,z:x*y*z
#积分顺序是z, y, x, 因此z的积分上下限是x和y的函数, y的积分限是x的函数, x的积分限是常数
sit.tplquad(f,0,0.5,lambda x:x,lambda x:x**2,lambda x,y:y,lambda x,y:x+y)
#以上问题可以通过nquad求解
def bound_z(x,y):
    return [y,x+y]
def bound_y(x):
    return [x,x**2]
def bound_x():
    return [0,0.5]
sit.nquad(lambda x,y,z:x*y*z,[bound_z,bound_y,bound_x])
#也可以简化为
sit.nquad(lambda x,y,z:x*y*z,[lambda x,y:[y,x+y],lambda x:[x,x**2],lambda :[0,0.5]]) #这里
                                                              用列表表示积分限
```

对于仅有不连续的点处的函数值 (x,y) 的情况，可以使用 scipy.integrate.romb、scipy.integrate.trapz 和 scipy.integrate.simps 方法，如果样本点在区间均匀分布，则可以使用 romb 方法。如果样本点是任意分布的点，则 trapz 和 simps 方法更适用。例如：

```
#仅有函数在一些特定点上的值
x=np.linspace(0,2,5)
y=np.exp(-np.sin(x))
sit.simps(y,x) #1.0361205715027784
sit.trapz(y,x) #1.0602103070539228
dx=x[1]-x[0] #样本点间隔
sit.romb(y,dx) #参数是y值和样本点间隔, 结果为: 1.0357039222983881
f=lambda x:np.exp(-np.sin(x))
sit.quad(f,0,5)
#以下是用函数表达式进行积分的结果
f=lambda x:np.exp(-np.sin(x))
sit.quad(f,0,2) #(1.0359167267722134, 1.1500986016568386e-14)
```

3.5.3 插值

当有一条曲线上的一些离散点的函数值时，可以通过插值 (interpolation) 得到一条曲线，从而能够估计非插值点上的函数值。scipy 提供了一元、二元以及 n 元问题的插值方法。在所有的插值算法中，B 样条 (spline) 插值是最常用的一种，这里仅介绍一元和二元函数的样条插值方法。

1. 一元函数的样条插值

一元函数样条插值算法的主要参数是函数的样本点 (x,y) 以及样条函数的次数 k，主要算法包括插值算法 splrep、插值函数积分 splint、未知点函数值计算算法 splev、插值函数的一阶导数 splder 以及插值函数的原函数 splantider。下面以函数 $e^{-\sin(x)}$ 为例，介绍一元函数的 B 样条插值算法。代码运行结果如图 3.26 所示。

```
import matplotlib.pyplot as plt
plt.rcParams['figure.dpi']=400
plt.rcParams['text.usetex']=True
plt.rcParams['lines.linewidth']=0.5
import numpy as np
import sympy as sym
import scipy.interpolate as sip #导入插值算法库，别名为sip
x=sym.symbols('x')
f=sym.exp(-x**2) #插值函数，为进行比较，假设函数已知
F=sym.integrate(f) #原函数，这里少一个常数项
f1=f.diff(x) #一阶导函数

xs=np.linspace(-2,2,8) #插值点
ys=sym.lambdify((x),f)(xs) #插值点
xx=np.linspace(-2,2,100) #待求函数值的点
yy=sym.lambdify((x),f)(xx) #函数真值

rep=sip.splrep(xs,ys,k=3) #插值算法，这里k=3是阶数
yy_est=sip.splev(xx,rep) #基于插值算法计算函数在xx点的估计值
dev_est=sip.splev(xx,sip.splder(rep)) #这里实际上是对导函数在观测点上的值进行了插值运算
anti_est=sip.splev(xx,sip.splantider(rep))

fig=plt.figure(figsize=(4,6),tight_layout=True)
ax1=fig.add_subplot(311)
ax1.plot(xs,ys,'o',markersize=2)
ax1.plot(xx,yy_est,'b-',label='Interplation function')
ax1.plot(xx,sym.lambdify((x),f)(xx),'r--',label='Real function')
ax1.set_xlabel('$x$')
ax1.set_ylabel('$f(x)$')
plt.legend(loc='best')
ax2=fig.add_subplot(312)
ax2.plot(xx,sip.splev(xx,sip.splder(rep)),label='Interplation function deveriative')
ax2.plot(xx,sym.lambdify((x),f1)(xx),'b--',label='Real')
ax2.set_xlabel('$x$')
ax2.set_ylabel("$f\'(x)$")
plt.legend(loc='best')
ax3=fig.add_subplot(313)
ax3.plot(xx,sip.splev(xx,sip.splantider(rep)),label='Anti-function of Interplation')
ax3.plot(xx,sym.lambdify((x),F)(xx),'b--',label='True anti-function')
ax3.set_xlabel('$x$')
ax3.set_ylabel('$F(x)$')
plt.legend(loc='best')

#积分
sip.  splint(0,2,rep) #0.8299444678581681 估计值
(F.subs(x,2)-F.subs(x,0)).evalf() #0.882081390762422 真值
```

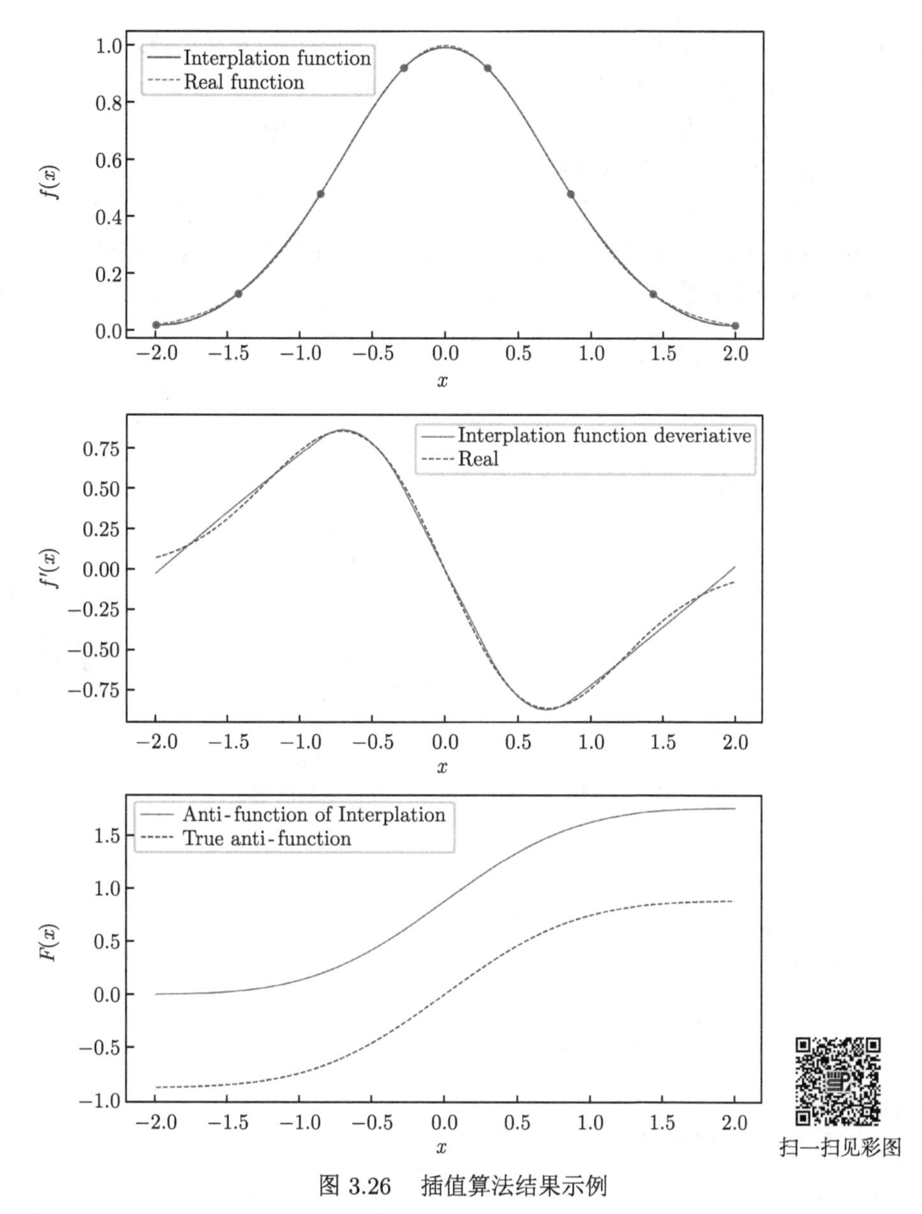

图 3.26　插值算法结果示例

注：interplation 为插值，function 为函数，real 为真值，deveriative 为导数，anti 为反，true 为真

2. 二元函数的样条插值

二元函数的样条插值的目的是在仅有二元曲面上的一些离散点的情况下，构造光滑插值曲面。二元曲面的平滑样条插值使用函数 bisplrep，函数形式如下：

bisplrep(x, y, z, w=None, xb=None, xe=None, yb=None, ye=None, kx=3, ky=3, task=0, tx=None, ty=None)

主要参数含义如下。

(1) x, y ,z：一维数组，代表 $z = f(x, y)$ 上的点。

(2) xb, xe：x 的起始点和结束点，默认分别是 x 的最小值和最大值。

(3) yb, ye：y 的起始点和结束点，默认分别是 y 的最小值和最大值。

(4) kx, ky：x 和 y 插值函数的阶数，默认值是 3。

函数的主要输出为 tck，列表结构 [tx, ty , c, kx, ky]，分别是插值函数的节点和相应的系数，kx 和 ky 分别是插值函数的阶数。

构造完插值函数后，可以通过 bisplev 计算函数在非插值点上的值，参数分别是数组 x 和 y 以及插值结果 tck。二元曲面插值与一元函数插值的使用方法基本相同，下面通过示例说明，原函数和插值函数的等值线如图 3.27 所示，其中 (a) 为原函数，(b) 为插值函数。

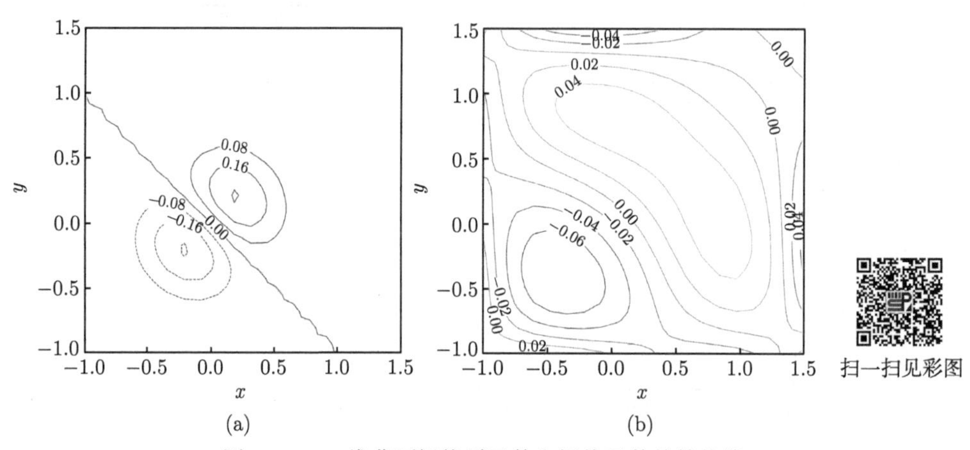

图 3.27　二维曲面插值原函数和插值函数的等值线

```
import matplotlib.pyplot as plt
plt.rc('lines',linewidth=0.5)
plt.rc('text',usetex=True)
plt.rc('figure',dpi=500)
import numpy as np
import scipy.interpolate as sip
x,y=np.linspace(-2,2,20),np.linspace(0,4,40)
#曲面函数
def f(x,y):
    return (x+y)*np.exp(-2.0*(x*x+y*y))
#构建网格
xx,yy=np.meshgrid(x,y)
zz=f(xx,yy) #实际值
tck=sip.bisplrep(xx,yy,zz) #二元样条插值
#验证点
xnew,ynew=np.linspace(-2,2,60),np.linspace(0,4,80)
#通过插值函数计算新的点的函数估计值
znew_est=sip.bisplev(xnew,ynew,tck)
xxnew,yynew=np.meshgrid(xnew,ynew)
znew=f(xxnew,yynew)
#绘制原函数和插值函数的等值线
fig=plt.figure(figsize=(8,4),tight_layout=True)
ax1=fig.add_subplot(121)
C=plt.contour(xx,yy,zz,colors='b')
plt.clabel(C)
ax1.set_xlabel('$x$\n(a)')
```

```
ax1.set_ylabel('$y$')
ax2=fig.add_subplot(122)
C1=plt.contour(xxnew,yynew,znew_est.T)
plt.clabel(C1)
ax2.set_xlabel('$x$\n(b)')
ax2.set_ylabel('$y$')
```

习　题

1. 练习：① 通过 numpy 随机数生成器生成均值为 3，标准差为 2 的 10×3 正态分布随机数；② 按照第 1 列排序；③ 构造 DataFrame，列名设置为 A、B 和 C，按照列 C 排序。

2. 练习：① 生成 3.2.2 节的成绩表；② 生成一个代表班级的 1-3 整数序列，作为班级列加入到 DataFrame；③ 按班级分组，计算各科平均成绩。

3. 总结 numpy 和 pandas 的数据索引方法。

4. 按照 3.2.4 节的代码生成数据，分析 merge 和 concat 函数中各个参数的作用。

5. 随机生成数据并绘制帕累托图。

6. 以 penguins 数据为例，练习 seaborn 中的各种统计图形的绘制方法。

7. 使用 sympy 建立函数 $f(x) = \mathrm{e}^{-x_1^2-x_2^2+x_1x_2}$ 表达式，求函数的一阶和二阶偏导数。

第 4 章　基于 Python 的最优化

最优化 (optimization) 是一类广泛存在于管理学科研究与应用中的问题，如统计学中的极大似然估计问题，数据分析中的数据拟合和模型参数估计问题，运筹学中的线性规划、路径优化、背包问题等，金融工程中的资产配置，制造企业中的下料、生产调度等。此外，机器学习中的很多模型也都是以最优化为基础的，如回归分析中的线性回归及相关的正则化方法、聚类模型、支持向量机回归等。可以说，优化是管理科学的基础。

本章将基于 Python 语言，介绍相关的最优化问题建模和求解方法，包括基于 scipy 的最优化方法、基于 cvxpy 的凸优化和基于 gurobipy (线性规划求解器 gurobi 的 Python 接口) 的线性规划方法。

4.1　最优化问题的形式化定义与分类

最优化问题是指在特定的约束条件下，寻找使目标函数取最小 (或最大) 的决策变量，最优化问题的一般形式表示为

$$\min f(\boldsymbol{x}), \text{s.t. } \boldsymbol{x} \in \mathcal{C}$$

其中，$\boldsymbol{x} = (x_1, x_2, \cdots, x_n)^{\mathrm{T}} \in \mathbb{R}^n$ 称为决策变量，$f: \mathbb{R}^n \to \mathbb{R}$ 是目标函数，集合 $\mathcal{C} \subseteq \mathbb{R}^n$ 是可行域，可行域中的点称为可行解。当 $\mathcal{C} = \mathbb{R}^n$ 时，问题称为无约束最优化问题。

在实际的优化问题中，$\mathcal{C}$ 往往是由若干约束函数 $s_i(\boldsymbol{x})(i = 1, 2, \cdots, m)$ 确定的集合。其中，约束函数又可以进一步划分为等式约束和不等式约束，即

$$\mathcal{C} = \{\boldsymbol{x} \in \mathbb{R}^n | s_i(\boldsymbol{x}) = 0, \text{ for } i = 1, 2, \cdots, k; s_i(\boldsymbol{x}) \leqslant 0, \text{ for } i = k+1, k+2, \cdots, m\}$$

按照不同的分类标准，最优化问题可以划分为以下几类。

(1) 约束最优化和无约束最优化：无约束最优化是指决策变量在整个 n 维空间 $\mathbb{R}^n$ 上，即可行域 $\mathcal{C} = \mathbb{R}^n$。约束最优化问题是指可行域是 $\mathbb{R}^n$ 的子集。

(2) 连续优化和离散优化问题：连续优化问题是指决策变量的可行域是连续的，如区间、平面、超多面体等。离散优化问题是指某一个或全部决策变量只能在离散集合上取值，如离散点集、整数集等。在连续优化问题中，由于决策变量可行域和目标函数的连续性，可以从一个可行解的目标函数值来估计该点的可行邻域内的取值情况，从而可以判断该点是否最优及目标改进的方向。因此，离散优化问题的求解难度要远大于连续优化问题，当问题的维度比较高时会出现维度灾难问题。

(3) 线性规划和非线性规划：当目标函数和约束函数均为线性函数时，对应的问题称为线性规划。在计算机算法的支持下，目前即使变量和约束非常多的线性规划也可以高效求解。相对地，当目标函数和约束函数中至少有一个为非线性函数时，相应的问题称为非线性规划。

(4) 凸优化和非凸优化：凸优化是最优化领域的一个重要分支，研究定义于凸集中的凸函数的最优化问题。凸优化问题的一个良好特征是任何局部最优解都是全局最优解，其相应的算法设计以及理论分析相对非凸优化问题简单很多。如果目标函数其中有一个或者两者都不是凸的，那么相应的最优化问题就是非凸优化问题。非凸优化问题的可行域集合可能存在无数个局部最优点，通常求解全局最优的算法复杂度是指数级的 NP 难。

4.2　基于 scipy 的函数优化

scipy 的最优化方法在 scipy.optimize 库中，一般的导入方式是 import scipy.optimize as spo。scipy.optimize 中的优化问题按照问题的特征可分为无约束最优化、约束最优化和其他类型的优化问题。

4.2.1　无约束最优化

scipy.optimize 中的无约束最优化问题的求解方法有很多，按照求解过程的不同可以划分为不同的类型，如图 4.1 所示。

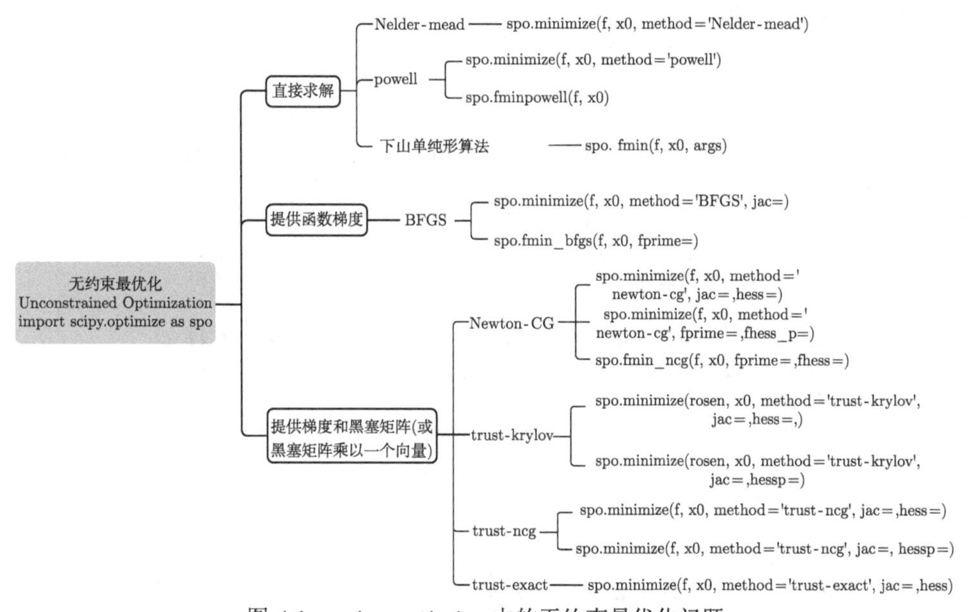

图 4.1　scipy.optimize 中的无约束最优化问题

按照问题求解时需要提供的目标函数相关信息，无约束最优化方法可以进一步分成三类：直接求解方法 (只需要函数和初始值即可)；提供函数梯度的算法 (除函数和初始值外，还需要提供目标函数的梯度函数)；提供梯度和黑塞矩阵的算法 (需要额外提供黑塞矩阵或黑塞矩阵乘以一个向量)。对于大型问题，存储完整的黑塞矩阵需要较大的空间，而仅存储黑塞矩阵与一个向量的乘积可以减少空间占用。

下面通过一个复杂函数介绍无约束最优化问题，这里将联合使用 scipy.optimize 与 sympy，通过 sympy 来计算复杂函数的梯度和黑塞矩阵以提高效率。

包含 N 个变量的 Rosenbrock 函数定义为

$$f(\boldsymbol{x}) = \sum_{i}^{N-1} 100(x_{i+1} - x_i^2)^2 + (1 - x_i)^2$$

当 $x_i = 0$ 时，函数达到最小值 0。

```
import scipy.optimize as spo
import sympy as sym
import numpy as np
import matplotlib.pyplot as plt
import seaborn as sns
plt.rcParams['figure.dpi']=400
plt.rcParams['font.size']=6
sns.set_style('darkgrid')
plt.rcParams['text.usetex']=True
n=5
p=np.array([1.3,0.7,0.8,1.9,1.2]) #任意向量
x=sym.symarray('x',n) #变量数组
f=sum(100*(x[1:]-x[:-1]**2)**2+(1-x[:-1])**2)
f
```

$$(1 - x_0)^2 + (1 - x_1)^2 + (1 - x_2)^2 + (1 - x_3)^2 + 100\left(-x_0^2 + x_1\right)^2 + 100\left(-x_1^2 + x_2\right)^2 + 100\left(-x_2^2 + x_3\right)^2 + 100\left(-x_3^2 + x_4\right)^2$$

```
rosen=sym.lambdify([(x)],f) #转换为Python函数，注意这里的参数是向量形式
#等价于以下代码
#rosen1=sym.lambdify((x),f) #位置向量形式，调用方式是rosen1(x0,x1,x2,x3,x4)
#rosen1=lambda x:rosen1(x[0],x[1],x[2],x[3],x[4]) #将位置参数改为向量形式
#基于sympy计算函数梯度
grad=[f.diff(x_) for x_ in x] #生成每个变量的偏导函数向量
sym.Matrix(grad)
```

$$\begin{bmatrix} -400x_0\left(-x_0^2 + x_1\right) + 2x_0 - 2 \\ -200x_0^2 - 400x_1\left(-x_1^2 + x_2\right) + 202x_1 - 2 \\ -200x_1^2 - 400x_2\left(-x_2^2 + x_3\right) + 202x_2 - 2 \\ -200x_2^2 - 400x_3\left(-x_3^2 + x_4\right) + 202x_3 - 2 \\ -200x_3^2 + 200x_4 \end{bmatrix}$$

```
#基于sympy计算黑塞矩阵
hess=[[f.diff(x_,y_) for x_ in x]for y_ in x] #黑塞矩阵，所有变量的二阶偏导函数矩阵
sym.Matrix(hess)
```

$$\left[\begin{array}{ccc} 2\left(600x_0^2-200x_1+1\right) & -400x_0 & 0 \\ -400x_0 & 2\left(600x_1^2-200x_2+101\right) & -400x_1 \\ 0 & -400x_1 & 2\left(600x_2^2-200x_3+101\right) \\ 0 & 0 & -400x_2 \\ 0 & 0 & 0 \end{array}\right.$$

$$\left.\begin{array}{cc} 0 & 0 \\ 0 & 0 \\ -400x_2 & 0 \\ 2\left(600x_3^2-200x_4+101\right) & -400x_3 \\ -400x_3 & 200 \end{array}\right]$$

```
#梯度函数转变为Python函数，返回结果为梯度向量
rosen_grad=sym.lambdify([(x)],grad)
sym.Matrix(rosen_grad(p))
```

$$\left[\begin{array}{c} 515.4 \\ -285.4 \\ -341.6 \\ 2085.4 \\ -482.0 \end{array}\right]$$

```
#黑塞函数矩阵转变为Python函数，返回结果为黑塞矩阵
rosen_hess=sym.lambdify([(x)],hess)
sym.Matrix(rosen_hess(p))
```

$$\left[\begin{array}{ccccc} 1750.0 & -520.0 & 0 & 0 & 0 \\ -520.0 & 470.0 & -280.0 & 0 & 0 \\ 0 & -280.0 & 210.0 & -320.0 & 0 \\ 0 & 0 & -320.0 & 4054.0 & -760.0 \\ 0 & 0 & 0 & -760.0 & 200 \end{array}\right]$$

```
p=sym.symarray('p',n)
hess_p=sym.Matrix(hess@p) #黑塞矩阵与一个向量的乘积
rosen_hess_p1=sym.lambdify([x,p],hess_p) #转换成Python函数，返回值为一个向量
rosen_hess_p=lambda x,p:rosen_hess_p1(x,p).reshape(len(x),) #将矩阵转化为向量，与后面的最优
                                                              化有关
```

$$\left[\begin{array}{c} 2p_0\cdot\left(600x_0^2-200x_1+1\right)-400p_1x_0 \\ -400p_0x_0+2p_1\cdot\left(600x_1^2-200x_2+101\right)-400p_2x_1 \\ -400p_1x_1+2p_2\cdot\left(600x_2^2-200x_3+101\right)-400p_3x_2 \\ -400p_2x_2+2p_3\cdot\left(600x_3^2-200x_4+101\right)-400p_4x_3 \\ -400p_3x_3+200p_4 \end{array}\right]$$

1. 直接求解方法

直接求解方法只需要提供函数和初始值，主要有三种方法：Nelder-mead 方法、powell 方法和下山单纯形算法 (downhill simplex algorithm)。Nelder-mead 方法通过如下方法的调用 spo.minimize(f,x0,method='Nelder-mead') 实现。powell 方法的调用方法有两种：spo.minimize(f,x0,method='powell') 和 spo.fmin_powell(f,x0)。下山单纯形算法的调用方法为 spo.fmin(f,x0)。

```
x0=np.array([1.3,0.7,0.8,1.9,1.2])
res=spo.minimize(rosen,x0,method='Nelder-Mead',options={'xatol':1e-8,'disp':True})
res
#输出结果
 message: Optimization terminated successfully。
 success: True
 status: 0
 fun: 4.861153433422115e-17
 x: [ 1.000e+00  1.000e+00  1.000e+00  1.000e+00  1.000e+00]
 nit: 339
 nfev: 571
```

求解结果以字典的形式给出，message 为返回消息，主要是当求解不成功时给出提示；success 表示求解过程是否成功结束；status 为解的状态，不同求解器定义不同，一般 0 和 1 表示得到了最优解；fun 是最优的函数值；x 为得到的最优解；nit 代表优化器循环的次数；nfev 表示目标函数计算次数。可以通过关键字或点号访问值，如 r['x'] 或 r.x。此外，minimize 函数还有一些控制求解过程的参数，参数 tol 表示求解过程中 x 的变化量的阈值，如果变化量小于 tol 则结束，options 是一个字典参数，其中的 maxiter 用于控制求解过程中循环次数的上限，disp 表示是否在求解过程中显示结果。

```
#powell方法
res=spo.minimize(rosen,x0,method='powell')
 #输出结果
  message: Optimization terminated successfully.
  success: True
  status: 0
  fun: 1.6829538781158629e-22
  x: [ 1.000e+00  1.000e+00  1.000e+00  1.000e+00  1.000e+00]
  nit: 18
  nfev: 989
#也可以通过以下方法求解
 res=spo.fmin_powell(rosen,x0)
 #fmin_powell算法直接返回最优值，res的结果是
 array([1., 1., 1., 1., 1.])
```

思考：从上面的结果可以看出 Nelder-mead 方法的循环次数要多于 powell 方法，是否说明前者比后者的效率高？为什么？

此外，针对直接求解的问题，也可以通过下山单纯形算法进行求解，代码如下：

```
res=spo.fmin(rosen,x0)
#fmin直接给出最优值，如res的结果为：
array([1.00000036, 1.00000052, 1.00000128, 1.00000302, 1.00000559])
```

2. 提供函数梯度的算法

直接求解方法实际上是一种搜索算法，由于搜索过程没有方向性，一般来说效率比较低，而且很容易陷入局部最优解。BFGS (全称是 Broyden-Fletcher-Goldfarb-Shanno) 是一种需要提供函数梯度的最优化求解算法，由于梯度可以指示搜索方向，因此 BFGS 的效率比直接搜索的方法效率更高。在使用 BFGS 方法时，可以通过参数 jac 传递梯度函数，如果没有提供 jac，则算法会通过一阶差分估计梯度函数。BFGS 算法代码示例如下：

```
res=spo.minimize(rosen,x0,method='BFGS',jac=rosen_grad) #rosen_grad为梯度函数
res
#输出结果
message: Optimization terminated successfully.
success: True
status: 0
fun: 4.013088147173427e-13
x: [ 1.000e+00  1.000e+00  1.000e+00  1.000e+00  1.000e+00]
nit: 25
jac: [-5.690e-06 -2.733e-06 -2.545e-06 -7.735e-06  5.781e-06]
nfev: 30
njev: 30
#也可以通过以下方法求解
res1=fmin_bfgs(rosen,x0,fprime=rosen_grad) #这里梯度函数的参数名为fprime
#同样，这里的res1直接给出最优点
```

返回值中的 jac 表示最优点处的梯度，从结果可以看出梯度趋近于 0，njev 表示梯度函数的计算次数，其他结果与前面相同。

3. 提供梯度和黑塞矩阵 (或黑塞矩阵与一个向量的乘积) 的算法

对于连续函数 $f(x)$，可以通过如下二次型进行近似：

$$f(\boldsymbol{x}) \approx f(\boldsymbol{x}_0) + \nabla f(\boldsymbol{x}_0)(\boldsymbol{x}-\boldsymbol{x}_0) + \frac{1}{2}(\boldsymbol{x}-\boldsymbol{x}_0)^{\mathrm{T}}\boldsymbol{H}(\boldsymbol{x}_0)(\boldsymbol{x}-\boldsymbol{x}_0)$$

其中，$\nabla f(\boldsymbol{x}_0)$ 是 $f(\boldsymbol{x})$ 在 $\boldsymbol{x}_0$ 处的梯度，$\boldsymbol{H}(x_0)$ 是 $f(\boldsymbol{x})$ 在 $\boldsymbol{x}_0$ 处的黑塞矩阵函数值。

在函数最优值求解过程中，同时提供梯度和黑塞矩阵可以进一步提高求解的效率，避免陷入局部极值点，牛顿共轭梯度算法 (Newton-conjugate-gradient algorithm，method='Newton-CG')、信赖域牛顿共轭梯度算法 (trust-region Newton-conjugate-gradient algorithm，method='trust-ncg')、信赖域截断广义 Lanczos/共轭梯度算法 (trust-region truncated generalized Lanczos/conjugate gradient algorithm, method='trust-krylov') 以及信赖域近似精确算法 (trust-region nearly exact algorithm, method='trust-exact') 多属于此类方法。其中前三种方法适合于变量数达到数千个的大型问题 (对于这样规模的问题来说，用黑塞矩阵与一个变量的乘积替换黑塞矩阵是有价值的)，后者适用于中等规模的问题且仅接收黑塞矩阵作为参数。

以上这些最优化求解的使用方法类似，下面通过代码示例进行介绍：

```
#newton-cg方法
#提供黑塞矩阵
res=spo.minimize(rosen,x0,method='Newton-CG', jac=rosen_grad,hess=rosen_hess)
```

```
#提供黑塞矩阵与一个向量乘积的方法
res=spo.minimize(rosen,x0,method='Newton-CG', jac=rosen_grad,hessp=rosen_hess_p)
#直接调用fmin_ncg方法
res=spo.fmin_ncg(rosen,x0,fprime=rosen_grad,fhess=rosen_hess) #该方法直接返回结果
res=spo.fmin_ncg(rosen,x0,fprime=rosen_grad,fhessp=rosen_hess_p) #该方法直接返回结果

#trust-ncg方法
#提供黑塞矩阵
res=spo.minimize(rosen,x0,method='trust-ncg', jac=rosen_grad,hess=rosen_hess)
#提供黑塞矩阵与一个向量的乘积
res=spo.minimize(rosen,x0,method='trust-ncg',jac=rosen_grad,hessp=rosen_hess_p)
#trust-krylov方法
res=spo.minimize(rosen,x0,method='trust-krylov', jac=rosen_grad,hess=rosen_hess)
res=spo.minimize(rosen,x0,method='trust-krylov', jac=rosen_grad,hessp=rosen_hess_p)
#trust-exact方法
res=spo.minimize(rosen,x0,method='trust-exact', jac=rosen_grad,hess=rosen_hess)  #trust-
                                             exact方法不接受hessp参数
```

4.2.2 约束最优化

scipy.optimize.minimize 支持三种约束最优化算法，分别是 trust-constr、SLSQP 和 COBYLA。这三种算法定义约束条件的方式略有不同，其中 trust-constr 算法通过 LinearConstraint 和 NonlinearConstraint 对象序列定义约束条件，SLSQP 算法则通过字典定义约束条件，字典的键分别是：type、fun 和 jac。COBYLA 算法则通过列表定义约束条件。本节主要介绍 trust-constr 和 SLSQP 算法的使用方法。

下面以一个典型的约束非线性最优化问题为例进行说明，模型如下：

$$
\begin{aligned}
&\min_{x_0,x_1} 100(x_1-x_0^2)^2+(1-x_0)^2\\
&\text{s.t. } x_0+2x_1\leqslant 1\\
&\qquad x_0^2+x_1\leqslant 1\\
&\qquad x_0^2-x_1\leqslant 1\\
&\qquad 2x_0+x_1=1\\
&\qquad 0\leqslant x_0\leqslant 1\\
&\qquad -0.5\leqslant x_1\leqslant 2
\end{aligned}
\tag{4.1}
$$

该模型是一个典型的约束最优化问题，目标函数是非线性的，包含了线性不等式约束、线性等式约束以及非线性不等式约束，此外还有变量的取值范围约束。模型在约束条件下有唯一最优解 $[x_0,x_1]=[0.4149,0.1701]$。

1. trust-constr 算法

trust-constr 算法处理的模型可以标准化为

$$
\begin{aligned}
&\min_{x} f(x)\\
&\text{s.t. } c^l\leqslant c(x)\leqslant c^u\\
&\qquad x^l\leqslant x\leqslant x^u
\end{aligned}
\tag{4.2}
$$

当 $c_j^l = c_j^u$ 时，表示第 j 个约束为等式约束。单边约束可以认为下界是 $-\infty$ 或上界是 ∞。

变量范围约束表示为 scipy.optimize.Bound 对象，构造方法的参数分别是对应变量的下界向量和上界向量。对于线性约束，LinearConstraint 构造方法的参数分别是设计矩阵、下界向量和上界向量。如模型 (4.1) 的等式约束变量范围和线性约束分别表示为

```
import scipy.optimize as spo
bounds=spo.Bounds([0,-0.5],[1,2]) #变量范围约束
linear_constraint=spo.LinearConstraint([[1,2],[2,1]],[-np.inf,1],[1,1]) #线性约束
```

对于非线性约束，则用 NonlinearConstraint 对象表示，需要同时提供非线性约束函数、函数的梯度及黑塞矩阵与向量的线性组合。为简化过程，同样使用 sympy 辅助进行非线性约束序列的构建，以模型 (4.1) 为例，其非线性约束序列构建的 Python 代码如下：

```
import scipy.optimize as spo
import sympy as sym
#目标函数
x=sym.symarray('x',2) #定义包含两个变量的变量数组
obj=100*(x[1]-x[0]**2)**2+(1-x[0])**2 #目标函数的表达式
f_obj=sym.lambdify([(x)],obj) #目标函数
obj_der=[sym.diff(obj,x_) for x_ in x]
f_obj_der=sym.lambdify([(x)],obj_der) #梯度函数
obj_hess=[[sym.diff(obj,x_,y_) for x_ in x] for y_ in x]
f_obj_hess=sym.lambdify([(x)],obj_hess) #黑塞矩阵

f=sym.Matrix([x[0]**2-x[1],x[0]**2+x[1]]) #非线性约束函数向量
cons_f1=sym.lambdify([(x)],f) #转化为函数
cons_f=lambda x:cons_f1(x).reshape((len(x),)).astype(np.float32) #类型转换

J=sym.Matrix([[f[i].diff(x_1) for x_1 in x] for i in range(2)]) #每个约束函数的梯度向量构成
                                                    的矩阵
cons_J1=sym.lambdify([(x)],J) #梯度矩阵函数
cons_J=lambda x:cons_J1(x).astype(np.float32) #类型转换

H=[sym.Matrix([[f[i].diff(x_,y_) for x_ in x] for y_ in x]) for i in range(len(f))] #没给约
                                                    束的梯度构成的列表
def cons_H(xx,v):
    tmp=sym.lambdify([(x)],H[0])(xx)*v[0]
    for i in range(1,len(H)):
        tmp=tmp+H[i]*v[i]
    return np.array(tmp).astype(np.float32)
nonlinear_constraint=spo.NonlinearConstraint(cons_f,-np.inf,1,jac=cons_J,hess=cons_H)

#目标函数求解
x0 = np.array([0.5, 0])
res = spo.minimize(rosen, x0, method='trust-constr', jac=f_obj_der, hess=f_obj_hess,
               constraints=[linear_constraint, nonlinear_constraint],
               options={'verbose': 1}, bounds=bounds
              )
```

2. SLSQP 算法

SLSQP 算法用于求解如下的最优化问题：

$$
\begin{aligned}
&\min_{\boldsymbol{x}} f(\boldsymbol{x}) \\
&\text{s.t. } c_j(\boldsymbol{x}) = 0, j \in \mathbb{A} \\
&\quad\ \ c_j(\boldsymbol{x}) \geqslant 0, j \in \mathbb{I} \\
&\quad\ \ \text{lb}_k \leqslant x_k \leqslant \text{ub}_k, k = 1, 2, \ldots, N
\end{aligned} \tag{4.3}
$$

其中，$\mathbb{A}$ 是所有等式约束的下标集合，$\mathbb{I}$ 是所有不等式约束的下标集合。注意：模型的不等式约束默认是 $\geqslant$，与一般的标准型有所不同。

SLSQP 算法中的约束条件通过字典定义，关键字 type 表示约束的类型，分别是等式 (eq) 和不等式 (ineq)，fun 表示相应的约束函数，jac 表示约束函数的梯度向量构成的矩阵。此外，目标函数也需要提供梯度向量。仍以模型 (4.1) 为例介绍 SLSQP 算法的使用。为简单起见，这里仍然使用 sympy 定义目标函数和约束条件。

```
import sympy as sym
import scipy.optimize as spo
x=sym.symarray('x',2)
#目标函数及其梯度向量函数
obj=100*(x[1]-x[0]**2)**2+(1-x[0])**2
f_obj=sym.lambdify([(x)],obj)
obj_der=[sym.diff(obj,x_) for x_ in x]
f_obj_der=sym.lambdify([(x)],obj_der)

#变量范围约束
bounds=spo.Bounds([0,-0.5],[1,2])
#不等式约束
ineq=sym.Matrix([-x[0]-2*x[1]+1,-x[0]**2-x[1]+1,-x[0]**2+x[1]+1])
ineq_der=sym.Matrix([[ineq[i].diff(x_) for x_ in x] for i in range(len(ineq))])
f_ineq=sym.lambdify([(x)],ineq)
f_ineq_der1=sym.lambdify([(x)],ineq_der)

#等式约束
eq=sym.Matrix([[2*x[0]+x[1]-1]])
eq_der=sym.Matrix([[eq[i].diff(x_) for x_ in x] for i in range(len(eq))])
f_eq=sym.lambdify([(x)],eq)
f_eq_der=sym.lambdify([(x)],eq_der)

ineq_cons={'type':'ineq',
           'fun':f_ineq,
           'jac':f_ineq_der}

eq_cons={'type':'eq',
         'fun':f_eq,
         'jac':f_eq_der}
x0=np.array([0.5,0])
res=spo.minimize(f_obj,x0,method='SLSQP',jac=f_obj_der,
                 constraints=[ineq_cons,eq_cons],
                 bounds=bounds
                )
res
```

4.2.3　其他最优化算法

1. 全局最优化算法

当函数在值域范围内有多个局部极小点的时候，基于梯度的算法很容易陷入局部极小值而无法得到全局最优值。全局最优化算法的目标在于在整个可行域内高效地搜索最优值。scipy.optimize 中有多个全局最优化算法，常用的有 shgo 算法、dual_ annealing 算法以及 differential_ evolution 算法。全局最优化算法的使用很简单，下面通过一个示例简要介绍相关使用方法。eggholder 函数三维图见图 4.2。

```
import matplotlib.pyplot as plt
plt.rcParams['figure.dpi']=400
plt.rcParams['font.size']=6
plt.rcParams['text.usetex']=True
import sympy as sym
import scipy.optimize as spo
#eggholder函数
x=sym.symarray('x',2)
eggholder=(-(x[1] + 47) * sym.sin(sym.sqrt(sym.Abs(x[0]/2 + (x[1]  + 47))))-x[0] * sym.sin(
                                              sym.sqrt(sym.Abs(x[0] - (x[1]  + 47)))))
eggholder
```

$$-x_0\sin\left(\sqrt{|-x_0+x_1+47|}\right)+(-x_1-47)\sin\left(\sqrt{\left|\frac{x_0}{2}+x_1+47\right|}\right)$$

```
sym.plotting.plot3d(eggholder,(x[0],-512,512),(x[1],-512,512))
```

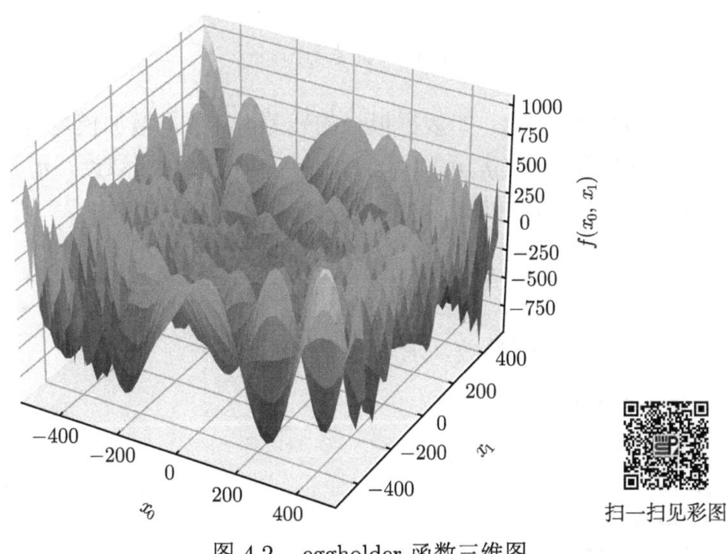

扫一扫见彩图

图 4.2　eggholder 函数三维图

```
f_eggholder=sym.lambdify([(x)],eggholder)
bounds=[[-512,512],[-512,512]]
res_shgo=spo.shgo(f_eggholder,bounds=bounds)
```

```
res_DA=spo.dual_annealing(f_eggholder,bounds=bounds)
res_DE=spo.differential_evolution(f_eggholder,bounds=bounds)
```

以上几种全局最优化算法都是基于搜索的思想，有时候得到的解不是很稳定，使用的时候要谨慎。图 4.3 是三种算法对函数进行 50 次求解得到的值。

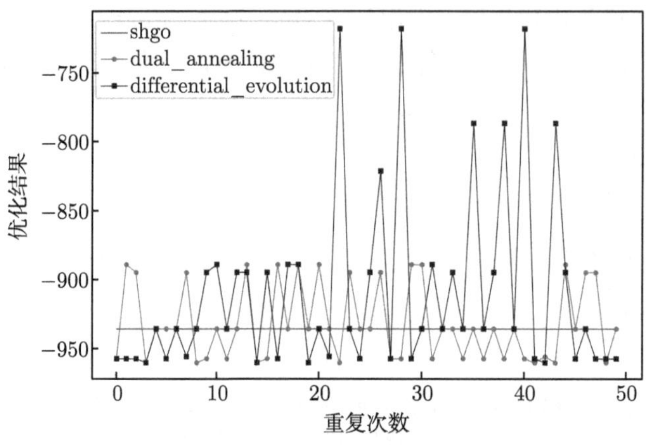

扫一扫见彩图

图 4.3　全局最优化算法解的比较

2. 最小平方和问题

scipy 可以求解如下形式的带约束的鲁棒非线性最小平方和问题：

$$\min_{\boldsymbol{x}} \frac{1}{2}\sum_{i=1}^{m}\rho(f_i(x)^2)$$

$$\text{s.t.lb} \leqslant x \leqslant \text{ub}$$

其中，$f_i(x):\mathbb{R}^n \to \mathbb{R}$ 为光滑函数，如数据拟合的残差。$\rho(\cdot)$ 是增加模型鲁棒性的函数，用来减小异常值对模型的影响。设 (y_i,u_i) $(i=1,2,\cdots,10)$ 为观测数据，u_i 为独立变量，y_i 为测量值。考虑如下的数据拟合问题：

$$f_i(x)=\frac{x_0(u_i^2+u_ix_1)}{u_i^2+u_ix_2+x_3}$$

其中，$x=(x_0,x_1,x_2,x_3)$ 为模型参数，求解过程代码如下：

```
import scipy.optimize as spo
import sympy as sym
import numpy as np
x=sym.symarray('x',4)
us,ys=sym.symbols('us ys')
f=x[0]*(us**2+x[1]*us)/(us**2+x[2]*us+x[3]) #函数
loss=f-ys #损失函数

J=[[sym.diff(loss,x_)] for x_ in x] #雅可比矩阵
u = np.array([4.0, 2.0, 1.0, 5.0e-1, 2.5e-1, 1.67e-1, 1.25e-1, 1.0e-1,8.33e-2, 7.14e-2, 6.
                                                    25e-2]) #观测值
```

```
y = np.array([1.957e-1, 1.947e-1, 1.735e-1, 1.6e-1, 8.44e-2, 6.27e-2,4.56e-2, 3.42e-2, 3.
                                               23e-2, 2.35e-2, 2.46e-2])
x0 = np.array([2.5, 3.9, 4.15, 3.9]) #初始值
F_loss=sym.lambdify((x,us,ys),loss) #转化为Python函数
jac=sym.lambdify((x,us,ys),J) #转化为Python函数
res=spo.least_squares(F_loss,x0,bounds=(0,100),args=(u,y),verbose=1)
print(res.x,res.optimality)
```

3. *方程求根*

求方程或方程组的根是常见的问题形式，scipy 提供了 fsolve 方法和 root 方法进行此类问题的求解，其中 fsolve 用于求解方程，而 root 可以用于求解方程或方程组。下面通过两个简单的例子进行说明。

求方程 $x + 2\cos(x) = 0$ 的根，代码如下：

```
import numpy as np
import sympy as sym
import scipy.optimize as spo

x=sym.symbols('x')
f=x+2*sym.cos(x)
func=sym.lambdify((x),f)
sol=spo.root(func,0.1)
print(sol.x,sol.fun)
```

求方程组 $x_0\cos(x_1) = 4, x_0x_1 - x_1 = 5$ 的解，代码如下：

```
import numpy as np
import scipy.optimize as spo
import sympy as sym

x=sym.symarray('x',2)
f1=x[0]*sym.cos(x[1])-4
f2=x[0]*x[1]-x[1]-5
f1_dev=[f1.diff(x_) for x_ in x] #梯度
f2_dev=[f2.diff(x_) for x_ in x] #梯度
J=[f1_dev,f2_dev] #雅可比矩阵
func=sym.lambdify(([x]),[[f1,f2],J])
sol=spo.root(func,[1,1],jac=True,method='lm')
print(sol.x,sol.fun)
```

除以上介绍的之外，scipy 的优化模块还包括了求解线性规划的方法 (linprog)，可以用于求解简单的线性规划问题以及指派问题和混合整数规划问题，这里不再进行介绍。

4.3　基于 cvxpy 的凸优化建模与求解

凸优化 (convex optimization) 是一类特殊的最优化问题，其中最小二乘法和线性规划都属于特殊的凸优化问题。凸优化的一个重要特点是能够高效且可靠地得到全局最优解，这一点在要求反应时间极短的在线控制应用中极其重要。除此之外，近年来凸优化在数据

分析和建模、金融、信号处理等很多领域中得到了应用。本节首先简单介绍一些有关凸优化的基本概念，之后介绍 cvxpy 的应用以及一些示例问题。

4.3.1 凸优化的基本概念

1. 凸函数的基本概念

(1) 凸函数 (convex function)：一个函数 $f:\mathbf{R}^n\to R$ 满足两个条件：① 函数的定义域 dom$f$ 为凸集；② 对 $\forall x,y\in\text{dom}\ f$ 以及 $\forall\theta\in[0,1]$ 有 $f(\theta x+(1-\theta)y)\leqslant\theta f(x)+(1-\theta)f(y)$，则称 $f(x)$ 为凸函数。凸函数示意图见图 4.4。

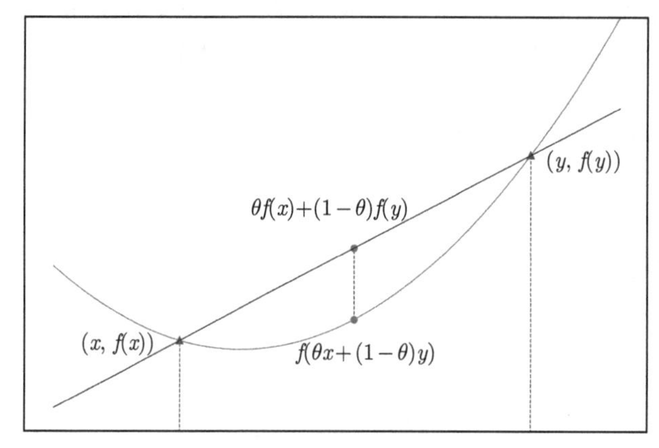

扫一扫见彩图

图 4.4 凸函数示意图

(2) 严格凸函数：对于一个凸函数 $f:\mathbf{R}^n\to R$，且对于 $\forall x\neq y\in\text{dom}f$，$\forall\theta\in(0,1)$ 有 $f(\theta x+(1-\theta)y)<\theta f(x)+(1-\theta)f(y)$，则称 $f(x)$ 为严格凸函数。

(3) 凹函数 (concave function)：如果 $-f$ 是凸函数，则 f 是凹函数。

(4) 严格凹函数：如果 $-f$ 是严格凸函数，则 f 是严格凹函数。

2. 凸函数的一阶条件

设函数 $f:\mathbf{R}^n\to R$ 可微，即梯度 ∇f 在定义域存在，则 f 是凸函数等价于：f 的定义域为凸集，对 $\forall x,y\in\text{dom}\ f$ 有 $f(y)\geqslant f(x)+\nabla^{\mathrm{T}}f(x)(y-x)$。凸函数的一阶条件示意图见图 4.5。

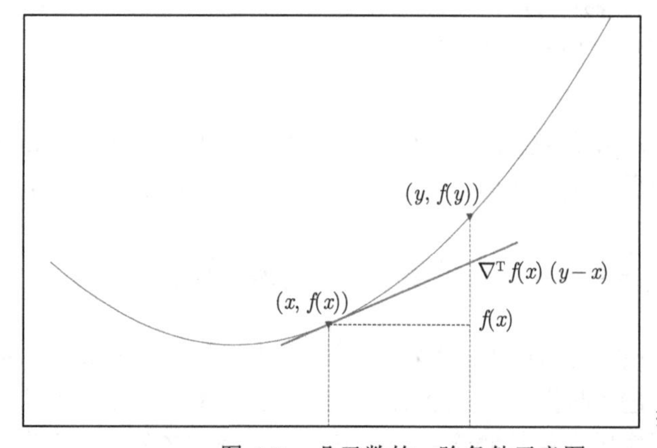

扫一扫见彩图

图 4.5 凸函数的一阶条件示意图

凸函数具有如下重要性质：若 $f:(\mathbf{R})^n \to R$ 是凸函数，$\exists \boldsymbol{x}_0 \in \mathrm{dom}\ f$ 使得 $\nabla f(\boldsymbol{x}_0)=0$，则对 $\forall \boldsymbol{y} \in \mathrm{dom}\ f$，$f(\boldsymbol{y}) \geqslant f(\boldsymbol{x}_0)+\nabla^{\mathrm{T}} f(\boldsymbol{x}_0)(\boldsymbol{y}-\boldsymbol{x}_0)=f(\boldsymbol{x}_0)$。

3. 凸函数的二阶条件

设 $f:\mathbf{R}^n \to R$ 二阶可微，则 $f(\boldsymbol{x})$ 的黑塞矩阵：

$$\nabla^2 f(\boldsymbol{x})=\begin{bmatrix} \dfrac{\partial^2 f}{\partial x_1^2} & \dfrac{\partial^2 f}{\partial x_1 \partial x_2} & \cdots & \dfrac{\partial^2 f}{\partial x_1 \partial x_n} \\ \dfrac{\partial^2 f}{\partial x_2 \partial x_1} & \dfrac{\partial^2 f}{\partial x_2^2} & \cdots & \dfrac{\partial^2 f}{\partial x_2 \partial x_n} \\ \vdots & \vdots & \ddots & \vdots \\ \dfrac{\partial^2 f}{\partial x_n \partial x_1} & \dfrac{\partial^2 f}{\partial x_n \partial x_2} & \cdots & \dfrac{\partial^2 f}{\partial x_n^2} \end{bmatrix}$$

其中 $\boldsymbol{x}=(x_1,x_2,\cdots,x_n)$，则 $f(\boldsymbol{x})$ 等价于 dom f 是凸集，且对 $\forall \boldsymbol{x} \in \mathrm{dom}\ f$，有 $\nabla^2 f(\boldsymbol{x})$ 半正定。特别地，当 $n=1$ 时，要求函数的二阶偏导 $f''(x) \geqslant 0$。

4. 常见的凸函数

(1) 指数函数 $f(x)=\mathrm{e}^{ax}, x \in R$。

(2) 幂函数 $f(x)=x^a, x \in R_{++}$。

(3) 绝对值的幂函数 $f(x)=|x|^p, x \in R, p \geqslant 0$。

(4) 对数函数 $\log(x), x \in R_{++}$。

(5) 负熵 $f(x)=x\log(x), x \in R_{++}$。

(6) 所有在 $\mathbf{R}^n$ 上定义的范数。

(7) 极大值函数 $f(\boldsymbol{x})=\max\{x_1,x_2,\cdots,x_n\}, \boldsymbol{x} \in \mathbf{R}^n$。

(8) log-sum-exp 函数 $f(\boldsymbol{x})=\log(\mathrm{e}^{x_1}+\mathrm{e}^{x_2}+\cdots+\mathrm{e}^{x_n}), \boldsymbol{x} \in \mathbf{R}^n$。

(9) 负几何平均 $f(\boldsymbol{x})=-(x_1x_2\cdots x_n)^{\frac{1}{n}}, \boldsymbol{x} \in \mathbf{R}^n_{++}$。

(10) 二次除以线性函数 $f(x,y)=x^2/y, \mathrm{dom}\ f=R \times R_{++}=\{(x,y) \in R^2 | y>0\}$。

(11) 负矩阵行列式的对数 $f(\boldsymbol{X})=-\log\det(\boldsymbol{X}), \boldsymbol{X} \in \mathbf{S}^n_{++}$ ($\mathbf{S}^n_{++}$ 表示正定矩阵)。

(12) 二次函数 $f(\boldsymbol{x})=\dfrac{1}{2}\boldsymbol{x}^{\mathrm{T}}\boldsymbol{P}\boldsymbol{x}+\boldsymbol{q}^{\mathrm{T}}\boldsymbol{x}+r(\boldsymbol{x} \in \mathbf{R}^n \boldsymbol{P} \in \mathbf{S}^n, \boldsymbol{q} \in \mathbf{R}^n, r \in R)$。

保持函数凸性的操作有以下几类。

(1) 非负加权和：如果 $f_1,f_2,\cdots,f_m$ 是凸函数，则 $f(x)=\omega_1 f_1+\omega_2 f_2+\cdots+\omega_m f_m$ 是凸函数。这一性质还可以扩展到无限多个函数的求和以及积分上。例如，对于所有 $y \in \mathbb{A}$，$f(x,y)$ 对于 x 是凸函数且 $\omega(y) \geqslant 0$，则函数 $g(x)=\displaystyle\int_{y\in\mathbb{A}} \omega(y) f(x,y)\mathrm{d}y$ 是凸函数。

(2) 仿射映射的复合：假设 $f:\mathbf{R}^n \to R$，$A \in R^{n\times m}$，且 $b \in R^n$，定义函数 $g:R^m \to R$ 为 $g(x)=f(Ax+b), \mathrm{dom}\ g=\{x | Ax+b \in \mathrm{dom}\ f\}$。如果 f 是凸函数，则 g 是凸函数；如果 f 是凹函数，则 g 是凹函数。

(3) 多个凸函数的逐点取最大值或上确界：如果 $f_i(x), i=1,2,\cdots,m$ 是凸函数，则 $f(x)=\max\{f_1(x), f_2(x),\cdots,f_m(x)\}$ 是凸函数。这一操作也可以扩展到无穷多个函数的最大值。如果对于所有的 $y\in\mathbb{A}$，$f(x,y)$ 对于 x 是凸函数，则 $g(x)=\sup\limits_{y\in\mathbb{A}} f(x,y)$ 是凸函数。

(4) 函数复合：设函数 $h:\mathbf{R}^k\to\mathbf{R}$ 和函数 $g:\mathbf{R}^n\to\mathbf{R}^k$，定义符合函数 $f(x)=h(g(x)), \mathrm{dom}\ g=\{x\in\mathrm{dom}\ g|g(x)\in\mathrm{dom}\ h\}$，则以下结论成立。

① 如果 g 为凸函数，h 为非减凸函数，则 f 为凸函数。

② 如果 g 是凹函数，h 是非增凸函数，则 f 为凸函数。

③ 如果 g 是凹函数，h 是非减凹函数，则 f 是凹函数。

④ 如果 g 是凸函数，h 是非增凹函数，则 f 是凹函数。

(5) 函数的透视：设函数 $f:\mathbf{R}^n\to\mathbf{R}$，则函数 f 的透视是函数 $g:\mathbf{R}^{n+1}\to\mathbf{R}$，定义为 $g(x,t)=tf(x/t), \mathrm{dom}\ g=\{(x,t)|x/t\in\mathrm{dom}\ f, t>0\}$。透视操作保持函数的凸性。

5. 凸优化

一个标准的凸优化问题 (convex optimization problem) 定义为

$$\begin{aligned} &\min f_0(\boldsymbol{x}) \\ &\text{s.t. } f_i(\boldsymbol{x})\leqslant 0, \quad i=1,2,\cdots,m \\ &\qquad \boldsymbol{A}_j^{\mathrm{T}}\boldsymbol{x}=\boldsymbol{b}_j, \quad j=1,2,\cdots,p \end{aligned} \tag{4.4}$$

且满足如下条件：① 目标函数 $f_0(\boldsymbol{x})$ 是凸函数；② 所有的不等式约束 $f_k(\boldsymbol{x}), k=1,2,\cdots,m$ 为凸函数；③ 所有的等式约束 $\boldsymbol{A}_k^{\mathrm{T}}\boldsymbol{x}=b_k, k=1,2,\cdots,p$ 都是仿射函数。

凸优化问题有一个重要性质：局部最优解就是全局最优解。

常见的凸优化问题有：线性规划 (linear programming，LP)、二次规划 (quadratic programming，QP)、二次约束二次规划 (quadratically constrained quadratic programming，QCQP)、半定规划 (semi-definite programming，SDP)。

4.3.2 cvxpy 及凸优化问题求解

cvxpy 是一个用于凸优化问题建模和求解的开源 Python 库，以内嵌的 python 作为建模语言。cvxpy 允许用户以自然的方式表达数学问题，并能够自动将模型转换为计算机求解器要求的程序化标准形式，并将结果转化为标准形式，因此 cvxpy 是一种接口非常友好的凸优化建模库。

在 Python 环境下，安装 cvxpy 的最简单的方式是通过 pip install cvxpy 安装，使用时建议采用别名导入方式，常见的导入方式是 import cvxpy as cp。本节不加说明地以 cp 指代导入 cvxpy 后的别名。基于 cvxpy 的凸优化问题求解主要有以下几个步骤：① 定义决策变量和参数；② 定义目标函数；③ 定义约束条件；④ 定义问题；⑤ 问题求解及结果分析。一个简单的实例如下：

```
import cvxpy as cp
#创建两个变量
x,y= cp.Variable(),cp.Variable()
```

```
#定义两个约束条件
constraints = [x + y == 1,
               x - y >= 1]
#定义目标函数
obj = cp.Minimize((x - y)**2)
#定义和求解问题
prob = cp.Problem(obj, constraints)
prob.solve()  # Returns the optimal value.
print("求解状态:",prob.status)
print("最优值: ", prob.value)
print("最优解: ", x.value, y.value)
#输出结果
求解状态: optimal
最优值:  1.0
最优解:  1.0 1.570086213240983e-22
```

由以上的代码可以发现，cvxpy 的建模语言非常符合自然语言的特征而且步骤清晰，使用起来很方便。下面针对以上几个步骤进行详细介绍。

1. 定义决策变量和参数变量

定义决策变量采用 cp.Variable 类，构造方法为 vp.Variable(shape,name=,**kwargs)，常用的调用形式有如下几种：① x=cp.Variable()，构造一个一元变量，shape 的默认值为标量，变量的 shape 属性为空；② x=cp.Variable(name='x')，构造一个一元变量，通过字符串指定名字，如果省略 size，则 name 需要使用关键字变量，等价于 cp.Variable(1,'x')；③ x=cp.Variable((m,n),'x')，构造一个 m 行 n 列的变量。参数变量指在建模过程中可以由用户指定的变量，比较有代表性的是模型中的超参数。定义参数使用的类是 cp.Parameter，构造方法的参数与 cp.Variable 类的构造方法相同。决策变量和参数变量最常用的属性是 value，决策变量的 value 属性主要用于读取结果而参数变量的 value 属性主要用于赋值。

这里需要特别说明的是，shape 参数缺省的时候，定义的变量为标量，shape 为 m 时是一维数组，shape 为 (m,n) 时是二维数组。例如，shape 缺省和 shape 参数为 1 是两种不同的情况，同样 shape 为 5 和 shape 为 (1,5) 或 (5,1) 也不同，在使用的时候要特别注意。

构造决策变量或参数变量的时候，还可以通过关键字参数限定取值范围，主要的关键字如下。

(1) nonneg (bool)，是否为非负变量 $\geqslant 0$，如果是向量或矩阵，则限定每一个元素是否非负。

(2) nonpos (bool)，是否为非正 $\leqslant 0$。

(3) complex (bool)，是否为复数。

(4) symmetric (bool)，是否为对称矩阵，变量必须是方阵。

(5) diag (bool)，是否为对角矩阵，变量必须是方阵。

(6) PSD (bool)，是否为对称正定矩阵。

(7) NSD (bool)，是否为对称负定矩阵。

(8) boolean (bool or list of tuple)，是否为布尔型变量 (0-1 变量)。

(9) integer (bool or list of tuple)，是否为整型变量。

(10) pos (bool)，变量是否为正 (> 0)。

(11) neg (bool)，变量是否为负 (< 0)。

下面通过示例进行说明：

```
x=cp.Variable() #定义了一个标量
x=cp.Variable(name='x') #定义了一个标量，制定显示名称
x=cp.Variable(1,nonneg=True) #定义了一个长度为1的一维数组，元素非负
x=cp.Variable((3,3),PSD=True) #定义了一个矩阵，限定为对称半正定矩阵
p=cp.Parameter(nonneg=True) #定义了一个非负标量
p.value=1 #赋值操作正确
p=cp.Parameter(1,nonneg=True) #定义了一个长度为1的一维数组，元素非负
p.value=1 #该赋值操作报错，应为p.value=np.array([1])
p.value=np.array([-1]) #报错，违反了非负约束
p=cp.Parameter((3,1),integer=True) #按位置指定变量类型
p.value=np.array([1,2,3]) #出错，值与变量的形状不同，应为p.value=np.array([1,2,3]).reshape
                                          ((3,1))
p=cp.Parameter((1,3),boolean=True)
p.value=np.array([True,1,2]).reshape((1,3)) #出错，布尔变量可以接收的值为True或1以及
                                          False或0。
p.value=np.array([True,1,0]).reshape((1,3))
```

2. 定义目标函数

目标函数的定义形式是 cp.Minimize(expr) (最小化问题) 或 cp.Maximize(expr) (最大化问题)，expr 为目标函数的表达式，由于是凸优化问题，这里 expr 需要是凸函数。表达式遵循 Python 的语法书写，同时在 cvxpy 中定义了原子函数 (atomic functions)，这些函数在系统中明确了凹凸性和升降性，通过原子函数组合的表达式也可以很容易判断凹凸性。在实际应用中，函数表达式往往需要转换成原子函数的形式，否则在特定情形下由于系统无法判断表达式的凹凸性而不能求解。在这里仅简要列出常用的函数，详细信息可参阅 cvxpy 官方文档。

1) 标量函数 (scalar functions)

标量函数指结果为标量的函数，常用的标量函数如表 4.1 所示。

表 4.1　标量函数

函数名	意义	定义域	凹凸性	单调性
geo_mean(x) geo_mean(x, p) $p \in \mathbf{R}_+^n$	$x_1^{1/n} \cdots x_n^{1/n}$ $(x_1^{p_1} \cdots x_n^{p_n})^{\frac{1}{1^T p}}$	$x \in \mathbf{R}^{m \times n}$	concave	升
harmonic_mean(x)	$\dfrac{n}{\dfrac{1}{x_1} + \cdots + \dfrac{1}{x_n}}$	$x \in \mathbf{R}_+^n$	concave	升
inv_prod(x)	$(x_1 x_2 \cdots x_n)^{-1}$	$x \in \mathbf{R}_+^n$	convex	降
lambda_max(X)	$\lambda_{\max}(X)$	$X \in \mathbf{S}^n$	convex	无
lambda_min(X)	$\lambda_{\min}(X)$	$X \in \mathbf{S}^n$	concave	无
lambda_sum_largest(X,k) $k = 1, 2, \cdots, n$	X 的最大 k 个特征值和	$X \in \mathbf{S}^n$	convex	无

续表

函数名	意义	定义域	凹凸性	单调性
lambda_sum_smallest(X,k) $k=1,2,\cdots,n$	X 的最小 k 个特征值和	$X\in\mathbf{S}^n$	concave	无
log_det(X)	$\log(\det(X))$	$X\in\mathbf{S}_+^n$	concave	无
log_sum_exp(X)	$\log\left(\sum\limits_{ij}\mathrm{e}^{X_{ij}}\right)$	$X\in\mathbf{R}^{m\times n}$	convex	升
matrix_frac(x, P)	$x^{\mathrm{T}}P^{-1}x$	$x\in\mathbf{R}^n$ $P\in\mathbf{S}_{++}^n$	convex	无
max(X)	$\max_{ij}\{X_{ij}\}$	$X\in\mathbf{R}^{m\times n}$	convex	升
min(X)	$\min_{ij}\{X_{ij}\}$	$X\in\mathbf{R}^{m\times n}$	concave	升
mixed_norm(X, p, q)	$\left(\sum\limits_{k}\left(\sum\limits_{l}\|x_{k,l}\|^p\right)^{q/p}\right)^{1/q}$	$X\in\mathbf{R}^{n\times n}$	convex	无
norm(x) norm(x, 2)	$\sqrt{\sum\limits_{i}\|x_i\|^2}$	$X\in\mathbf{R}^n$	convex	$x_i\geqslant 0$ 升 否则降
norm(x, 1)	$\sum\limits_{i}\|x_i\|$	$x\in\mathbf{R}^n$	convex	$x_i\geqslant 0$ 升 否则降
norm(x, “inf”)	$\max_i\{\|x_i\|\}$	$x\in\mathbf{R}^n$	convex	$x_i\geqslant 0$ 升 否则降
norm(X, “fro”)	$\sqrt{\sum\limits_{ij}X_{ij}^2}$	$X\in\mathbf{R}^{m\times n}$	convex	$x_i\geqslant 0$ 升 否则降
norm(X, 1)	$\max_j\\|X_{:,j}\\|_1$	$X\in\mathbf{R}^{m\times n}$	convex	$x_i\geqslant 0$ 升 否则降
norm(X, “inf”)	$\max_i\\|X_{i,:}\\|_1$	$X\in\mathbf{R}^{m\times n}$	convex	$x_i\geqslant 0$ 升 否则降
norm(X, “nuc”)	$\mathrm{tr}\left((X^{\mathrm{T}}X)^{1/2}\right)$	$X\in\mathbf{R}^{m\times n}$	convex	无
norm(X) norm(X, 2)	$\sqrt{\lambda_{\max}(X^{\mathrm{T}}X)}$	$X\in\mathbf{R}^{m\times n}$	convex	无
perspective(f(x),s)	$sf(x/s)$	$x\in\mathbf{dom}\,f s>0$	同 f	无
pnorm(X, p) $p\geqslant 1$ or p = 'inf'	$\\|X\\|_p=\left(\sum\limits_{ij}\|X_{ij}\|^p\right)^{1/p}$	$X\in\mathbf{R}^{m\times n}$	convex	$X_{ij}\geqslant 0$ 升 否则降
pnorm(X, p) $p<1,p\neq 0$	$\\|X\\|_p=\left(\sum\limits_{ij}X_{ij}^p\right)^{1/p}$	$X\in\mathbf{R}_+^{m\times n}$	concave	升
quad_form(x, P) 常数 $P\in\mathbf{S}_+^n$	$x^{\mathrm{T}}Px$	$x\in\mathbf{R}^n$	convex	$x_i\geqslant 0$ 升 否则降
quad_form(x, P) 常数 $P\in\mathbf{S}_-^n$	$x^{\mathrm{T}}Px$	$x\in\mathbf{R}^n$	concave	$x_i\geqslant 0$ 升 否则降
quad_form(c, X) 常数 $c\in\mathbf{R}^n$	$c^{\mathrm{T}}Xc$	$X\in\mathbf{R}^{n\times n}$	affine	依赖于 c

续表

函数名	意义	定义域	凹凸性	单调性
quad_over_lin(X, y)	$\left(\sum_{ij} X_{ij}^2\right) / y$	$x \in \mathbf{R}^n$ $y > 0$	convex	$X_{ij} \geqslant 0$ 升 否则降 随 y 降
sum(X)	$\sum_{ij} X_{ij}$	$X \in \mathbf{R}^{m \times n}$	affine	升
sum_largest(X, k) $k = 1, 2, \ldots$	sum of k largest X_{ij}	$X \in \mathbf{R}^{m \times n}$	convex	升
sum_smallest(X, k) $k = 1, 2, \ldots$	sum of k smallest X_{ij}	$X \in \mathbf{R}^{m \times n}$	concave	升
sum_squares(X)	$\sum_{ij} X_{ij}^2$	$X \in \mathbf{R}^{m \times n}$	convex	$X_{ij} \geqslant 0$ 升 否则降
trace(X)	$\operatorname{tr}(X)$	$X \in \mathbf{R}^{n \times n}$	affine	升
tr_inv(X)	$\operatorname{tr}\left(X^{-1}\right)$	$X \in \mathbf{S}_{++}^n$	convex	无

2) 元素函数 (elementwise functions)

这类函数对参数 (标量、向量、矩阵) 中的每个元素逐一计算，返回值的形状与参数的形状相同。常用的元素函数如表 4.2 所示。

表 4.2　元素函数

函数	意义	定义域	凹凸性	单调性
abs(x)	$\lvert x\rvert$	$x \in \mathbf{C}$	convex	$x \geqslant 0$ 升 否则降
entr(x)	$-x \log(x)$	$x > 0$	concave	无
exp(x)	e^x	$x \in \mathbf{R}$	convex	升
huber(x, M=1) $M \geqslant 0$	$\begin{cases} x^2, & \lvert x\rvert \leqslant M \\ 2M\lvert x\rvert - M^2, & \lvert x\rvert > M \end{cases}$	$x \in \mathbf{R}$	convex	$x \geqslant 0$ 升 否则降
inv_pos(x)	$1/x$	$x > 0$	convex	降
kl_div(x, y)	$x \log(x/y) - x + y$	$x > 0$ $y > 0$	convex	无
log(x)	$\log(x)$	$x > 0$	concave	升
log1p(x)	$\log(x+1)$	$x > -1$	concave	升
loggamma(x)	Gamma 函数对数的近似	$x > 0$	convex	无
logistic(x)	$\log(1+\mathrm{e}^x)$	$x \in \mathbf{R}$	convex	升
maximum(x, y)	$\max\{x, y\}$	$x, y \in \mathbf{R}$	convex	升
minimum(x, y)	$\min\{x, y\}$	$x, y \in \mathbf{R}$	concave	升
multiply(c, x) $c \in \mathbf{R}$	$c^* x$	$x \in \mathbf{R}$	affine	依赖于 c
neg(x)	$\max\{-x, 0\}$	$x \in \mathbf{R}$	convex	降
pos(x)	$\max\{x, 0\}$	$x \in \mathbf{R}$	convex	升

续表

函数	意义	定义域	凹凸性	单调性
power(x, 0)	1	$x \in \mathbf{R}$	常数	
power(x, 1)	x	$x \in \mathbf{R}$	affine	升
power(x, p) $p = 2, 4, 8, \ldots$	x^p	$x \in \mathbf{R}$	convex	$x \geqslant 0$ 升 否则降
power(x, p) $p < 0$	x^p	$x > 0$	convex	降
power(x, p) $0 < p < 1$	x^p	$x \geqslant 0$	concave	升
power(x, p) $p > 1,\ p \neq 2, 4, 8, \ldots$	x^p	$x \geqslant 0$	convex	升
rel_entr(x, y)	$x \log(x/y)$	$x > 0$ $y > 0$	convex	随 x 无 随 y 下降
scalene(x, alpha, beta) alpha $\geqslant 0$ beta $\geqslant 0$	$\alpha\mathrm{pos}(x) + \beta\mathrm{neg}(x)$	$x \in \mathbf{R}$	convex	$x \geqslant 0$ 升 否则降
sqrt(x)	$\sqrt{x}$	$x \geqslant 0$	concave	升
square(x)	x^2	$x \in \mathbf{R}$	convex	$x \geqslant 0$ 升 否则降
xexp(x)	$x\mathrm{e}^x$	$x \geqslant 0$	convex	升

3) 向量或矩阵函数 (vector/matrix functions)

向量或矩阵函数以标量、向量或矩阵为参数，返回向量或矩阵。常用的向量/矩阵函数如表 4.3 所示。

表 4.3　向量/矩阵函数

函数	意义	定义域	凹凸性	单调性
conv(**c**, **x**) $\mathbf{c} \in \mathbf{R}^m$	$\boldsymbol{c} * \boldsymbol{x}$	$\boldsymbol{x} \in \mathbf{R}^n$	affine	依赖于 c
cumsum(**X**, axis=0)	对指定维度求累积和	$\boldsymbol{X} \in \mathbf{R}^{m \times n}$	affine	升
diag(**x**)	$\begin{bmatrix} x_1 & & \\ & \ddots & \\ & & x_n \end{bmatrix}$	$\boldsymbol{x} \in \mathbf{R}^n$	affine	升
diag(**X**)	$\begin{bmatrix} X_{11} \\ \vdots \\ X_{nn} \end{bmatrix}$	$\boldsymbol{X} \in \mathbf{R}^{n \times n}$	affine	升
diff(**X**, k = 1, axis = 0) $k \in 0, 1, 2, \ldots$	沿指定轴的 k 阶差分	$\boldsymbol{X} \in \mathbf{R}^{m \times n}$	affine	升
hstack([**X**$_1$, ..., **X**$_k$])	$\begin{bmatrix} X^{(1)} \cdots X^{(k)} \end{bmatrix}$	$\boldsymbol{X}^{(i)} \in \mathbf{R}^{m \times n_i}$	affine	升

续表

函数	意义	定义域	凹凸性	单调性
kron(**X**, **Y**) constant $\mathbf{X} \in \mathbf{R}^{p\times q}$	$\begin{bmatrix} X_{11}Y & \cdots & X_{1q}Y \\ \vdots & & \vdots \\ X_{p1}Y & \cdots & X_{pq}Y \end{bmatrix}$	$\boldsymbol{Y} \in \mathbf{R}^{m\times n}$	affine	依赖于 X
kron(**X**, **Y**) constant $\mathbf{Y} \in \mathbf{R}^{m\times n}$	$\begin{bmatrix} X_{11}Y & \cdots & X_{1q}Y \\ \vdots & & \vdots \\ X_{p1}Y & \cdots & X_{pq}Y \end{bmatrix}$	$\boldsymbol{X} \in \mathbf{R}^{p\times q}$	affine	依赖于 Y
partial_trace(**X**, dims, axis=0)	部分迹	$\boldsymbol{X} \in \mathbf{R}^{n\times n}$	affine	升
partial_transpose(**X**, dims, axis=0)	部分转置	$\boldsymbol{X} \in \mathbf{R}^{n\times n}$	affine	升
reshape(**X**, (m’ , n’), order=’ F’)	$\boldsymbol{X}' \in \mathbf{R}^{m'\times n'}$	$\boldsymbol{X} \in \mathbf{R}^{m\times n}$ $m'n' = mn$	affine	升
upper_tri(**X**)	将 X 的上三角部分转成向量	$\boldsymbol{X} \in \mathbf{R}^{n\times n}$	affine	升
vec(**X**)	$x' \in \mathbf{R}^{mn}$	$\boldsymbol{X} \in \mathbf{R}^{m\times n}$	affine	升
vstack([$\mathrm{X}_1, \cdots, \mathrm{X}_k$])	$\begin{bmatrix} X^{(1)} \\ \vdots \\ X^{(k)} \end{bmatrix}$	$\boldsymbol{X}^{(i)} \in \mathbf{R}^{m_i\times n}$	affine	升

cvxpy 中的表达式是由变量、参数、常量、基本数学操作 (+、-、*、/、@deng) 以及原子函数构成的。表达式可以是标量、向量或矩阵。与表达式对象相关的属性有：形状 (shape)、容量 (size) 和维数 (ndim)。例如：

```
X = cp.Variable((5, 4))
A = np.ones((3, 5))
print("形状:", X.shape)
print("容量:", X.size)
print("维数:", X.ndim)
print("X的和的形状:", cp.sum(X).shape)
print("A和X的乘积的形状:", (A @ X).shape)
#输出结果
形状: (5, 4)
容量: 20
维数: 2
X的和的形状: ()
A和X的乘积的形状: (3, 4)
```

目标函数是由表达式构成的函数。cvxpy 变量或表达式有两个重要的属性：符号 (sign) 和凹凸性 (curvature)。这两个属性也可以通过 expr.is_XXX 方法获取，如 expr.is_nonneg ()、expr.is_nonpos()、expr.is_affine()、expr.is_convex() 以及 expr.is_concave() 等。例如：

```
import numpy as np
import  cvxpy as cp
A=np.random.randn(10,3)
b=np.random.randn(10)
x=cp.Variable(3)
```

```
expr=A@x-b
expr1=cp.norm(expr,2)
print("expr:",expr.sign,expr.curvature) #等价于expr.is_nonneg(),expr.is_nonpos(),expr.
                                        is_convex(),expr.is_concave()
print("expr1:",expr1.sign,expr1.curvature)
#输出结果
expr: UNKNOWN AFFINE
expr1: NONNEGATIVE CONVEX
```

对于凸优化问题，目标函数的数学表达式必须满足 DCP (DiscIPlined Convex Programming) 规则以确保问题满足凸优化问题的规则。DCP 规则的主要依据是前面讨论的基本操作和复合函数凹凸性。在实际使用中，可以使用 expr.is_dcp() 判断所构造的表达式或目标函数是否满足 DCP 规则。例如：

```
A=np.random.randn(10,3)
b=np.random.randn(10)
x=cp.Variable(3)
expr=A@x-b
expr1=cp.norm(expr,2)
obj1=cp.Minimize(expr1)
obj2=cp.Maximize(expr1)
expr.is_dcp(),expr1.is_dcp(),obj1.is_dcp(),obj2.is_dcp()
#输出结果
(True, True, True, False)
```

3. 定义约束条件

cvxpy 中的约束条件用列表保存，所有的约束条件的列表就构成了最优化问题的所有约束条件，多个约束条件可以通过列表的 append 方法逐步添加。对于元素操作，约束条件是由表达式加上 ==、>= 以及 <= 构成的，比较符号的一边是表达式，另一边可以是表达式或常量。这里，是基于表达式的每一个元素的比较，例如，对于表达式 $\mathbf{x} >= 0$，如果 x 是标量，则表示 x 必须大于等于 0，如果 $\mathbf{x}$ 是向量或矩阵，则表示 $\mathbf{x}$ 中的每个元素都必须大于等于 0。

此外，还有一些凸优化问题包括限定表达式或变量是半正定半负定矩阵这样的约束。对于矩阵变量，最简单的方式是在定义变量时施加约束。对于矩阵表达式 expr，expr $\gg 0$ 表示半正定约束，expr $\ll 0$ 表示半负定约束。对于两个 $n \times n$ 矩阵 $\mathbf{X}$ 和 $\mathbf{Y}$，$\mathbf{X} \gg \mathbf{Y}$ 表示 $\mathbf{X}-\mathbf{Y}$ 为半正定矩阵约束。例如：

```
X=cp.Variable((5,5),PSD=True)
Y=cp.Variable((5,5),PSD=True)
x=cp.Variable(5)
y=cp.Variable(5)
cons=[]
cons.append(x>=0) #x为正
cons.append(x+y>=0)
cons.append(cp.norm(x)+cp.norm(y)<=5)
cons.append(cp.norm(x)>=10) #is_dcp()为False
cons.append(X>>Y)
for itm in cons:
```

```
    print(itm.is_dcp())
#输出结果:
True
True
True
False
True
```

4. 定义问题

cvxpy 中定义问题的方法比较简单，基本语法是 prob=cp.Problem(obj,cons)，其中 obj 是指定优化方向的表达式，即 obj=cp.Minimize(expr) 或 obj=cp.Maximize(expr)，cons 是所有的约束条件构成的列表。对于定义好的问题，同样可以用 is_dcp 方法判断优化问题是否满足 DCP 规则。例如：

```
x=cp.Variable(5)
objFun=cp.norm(x)
obj=cp.Minimize(objFun)
cons=[cp.sum(x)>=10]
cons.append(x>=0)
cons.append(cp.norm(x[2:])<=2)
prob=cp.Problem(obj,cons)
print(prob.is_dcp())
#输出结果
True
cons[-1]=cp.norm(x[2:])>=2 #修改最后一个约束条件，该约束条件不符合DCP规则
prob=cp.Problem(obj,cons)
prob.is_dcp() #重新定义问题后，模型不再符合DCP规则
#输出结果
False
```

5. 问题求解及结果分析

定义好凸优化问题后，判断问题符合 DCP 规则后，就可以调用 prob.solve() 方法对问题进行求解。solve 常用的参数包括：solver (指定使用的求解器)、verbose (如果为 True，则显示求解过程)、gp (如果为 True，则使用 DGP 代替 DCP 规则)。

问题求解后，可以通过 prob.status 观察求解结果。可能的求解状态包括 OPTIMAL (得到最优解)、INFEASIBLE (空可行解集)、UNBOUNDED (无界)、OPTIMAL_ INACCURATE (得到结果但不能保证精确性)、INFEASIBLE_ INACCURATE (不可行不精确)、UNBOUNDED_ INACCURATE (无界且不精确)、INFEASIBLE_ OR_ UNBOUNDED (不可行或者无界)。如果问题求解成功，则可以通过 prob.value 访问目标函数的最优值。还可以通过 solver_ stats 属性访问求解过程中的各种统计数据，如使用的求解器、求解时间、循环次数等。

此外，模型求解成功后，还可以通过某一个约束的 dual_ value 属性访问约束条件的对偶值。仍以上例为例，介绍求解结果的解析：

```
prob.solve()
print("状态: ",prob.status)
```

```
print("目标函数最优值：",prob.value)
print("最优解：",x.value)
print("约束条件的对偶值：")
for c in cons:
    print(c.dual_value)
#求解器统计量 (solver_stats)
print("求解时间：",prob.solver_stats.solve_time)
print("求解器名称：",prob.solver_stats.solver_name)
print("循环次数：",prob.solver_stats.num_iters)
print("设置时间：",prob.solver_stats.setup_time)
运行结果：
状态： optimal
目标函数最优值： 5.035770431993738
最优解： [3.26794919 3.26794919 1.15470054 1.15470054 1.15470054]
约束条件的对偶值：
0.6489478396112651
[6.45342407e-10 6.45342407e-10 2.60365136e-09 2.60365136e-09 2.60365024e-09]
0.7268539828403117
求解时间： 6.0026e-05
求解器名称： ECOS
循环次数： 7
设置时间： 5.0564e-05
```

cvxpy 发行包中自带了三个开源求解器，分别是 ECOS、OSQP 和 SCS。除此之外，用户还可以自行安装其他求解器 (包括免费和商业求解器)。通过 cp.installed_solvers() 可以获取当前系统已安装的求解器列表。不同求解器的安装方法有差异，如需要可以查阅相关文档。cvxpy 支持的求解器及其适用范围如表 4.4 所示。需要注意的是，对于符合 DCP 规则的问题，即使同样适用该问题的求解器，也会出现有些可以得到最优值而有些不能得到的情况，有时候尝试一下其他求解器也是解决问题比较简单有效的一步。

作为一个第三方开源包，cvxpy 本身也在不断发展完善过程中，能够求解的问题种类也在不断增加。其中 DGP (disciplined geometric programming) 和 DQCP (disciplined quasiconvex programming) 就是最新的可求解问题类型。

DGP 针对 log-log convex 问题，DGP 模拟 DCP 规则进行问题求解，此类问题的主要特征是正数的函数是相对于几何平均而不是算术平均的凸函数。在建立优化问题后，可以使用 is_dgp() 方法判断问题是否符合 DGP 规则，可以通过 log_log_curvature 判断表达式的凹凸性。如果判断问题符合 DGP 规则，则可以在求解时设定参数 gp=True。例如：

```
x=cp.Variable(pos=True)
y=cp.Variable(pos=True)
z=cp.Variable(pos=True)
objective_fn= x*y*z
cons1=4*x*y*z+2*x*z<=10
cons2=x<=2*y
cons3=y<=2*x
cons4=z>=1
constraints=[cons1,x-2*y<=0,cons3,cons4]
prob=cp.Problem(cp.Maximize(objective_fn),constraints)
prob.is_dgp() #判断问题是否符合DGP规则，结果为True
```

```
prob.solve(gp=True)
print(prob.value)
print(x.value,y.value,z.value)
```

表 4.4　cvxpy 支持的求解器及适用问题

	LP	QP	SOCP	SDP	EXP	POW	MIP
CBC	X						X
CLARABEL	X	X	X		X	X	
COPT	X	X	X	X			X*
GLOP	X						
GLPK	X						
GLPK_MI	X						X
OSQP	X	X					
PROXQP	X	X					
PDLP	X						
CPLEX	X	X	X				X
NAG	X	X	X				
ECOS	X	X	X		X		
GUROBI	X	X	X				X
MOSEK	X	X	X	X	X	X	X**
CVXOPT	X	X	X	X			
SDPA	X			X			
SCS	X	X	X	X	X	X	
SCIP	X	X	X				X
XPRESS	X	X	X				X
SCIPY	X						X*

DQCP 是 DCP 针对拟凸函数 (quasiconvex function) 的拓展，事实上凸函数是拟凸函数的子集。函数 f 是一个拟凸函数需要满足两个条件：一个是函数的定义域是凸集，另一个是函数的任意下水平集 (sublevel set) (即对所有的 t 集合 $\{x : f(x) \leqslant t\}$) 是凸集。可以通过 curvature 属性判断一个表达式是否是拟凸的，也可以通过 is_quasiconvex() 和 is_quasiconcave() 方法确定。例如：

```
x = cp.Variable()
y = cp.Variable(pos=True)
objective_fn = -cp.sqrt(x) / y
prob = cp.Problem(cp.Minimize(objective_fn), [cp.exp(x) <= y])
print(objective_fn.curvature) #结果为QUSICONVEX
print(prob.is_dqcp()) #True
prob.solve(qcp=True)
```

4.3.3　凸优化问题实例

本节将通过一些示例介绍凸优化问题的建模与求解。

1. 非凸优化问题求解

本例通过一个简单的例子展示了采用多种方法求解非凸优化问题的方法，模型如下：

$$
\begin{aligned}
&\min\ 10 - x_1^2 - x_2^2 \\
&\text{s.t.}\ x_1^2 \leqslant x_2 \\
&x_1 + x_2 = 0
\end{aligned}
\tag{4.5}
$$

首先，通过目标函数和约束条件函数的等值线观察目标函数和约束条件的关系，绘制等值线的代码如下，结果如图 4.6 所示，根据等值线可以发现，该优化问题不是一个凸优化问题，下面会进一步验证。

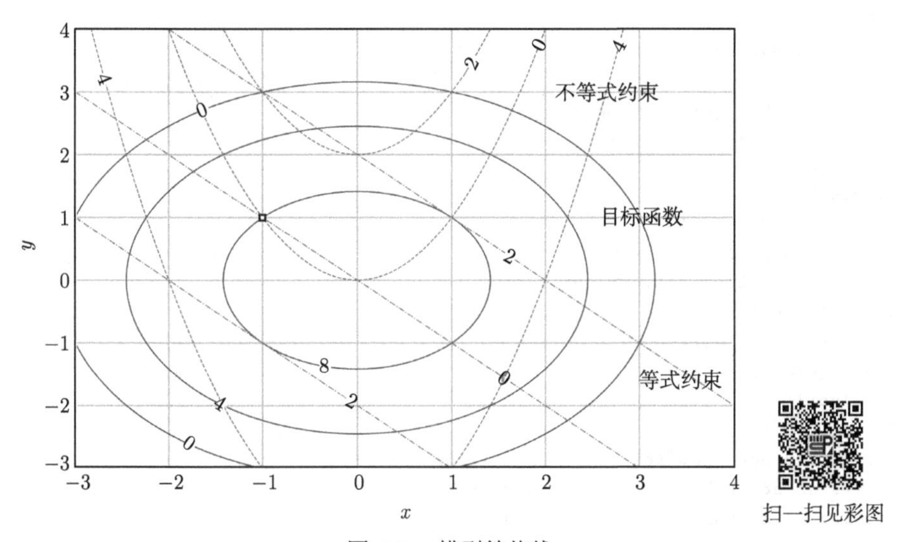

图 4.6　模型等值线

```
x_arange=np.linspace(-3.0,4.0,256)
y_arange=np.linspace(-3.0,4.0,256)
X,Y=np.meshgrid(x_arange,y_arange)
Z1=10-X**2-Y**2
Z2=X**2-Y
Z3=X+Y
plt.xlabel('$x$')
plt.ylabel('$y$')
C1=plt.contour(X,Y,Z1,colors=['b','b','b'],levels=[0,4,8],linestyles='--')
C2=plt.contour(X,Y,Z2,colors=['r','r','r'],levels=[-2,0,4],linestyles='-.')
C3=plt.contour(X,Y,Z3,colors=['g','g','g'],levels=[-2,0,2])
plt.clabel(C1,inline=1,fontsize=8)
plt.clabel(C2,inline=1,fontsize=8)
plt.clabel(C3,inline=1,fontsize=8)
plt.plot(xx[0],xx[1],'ks',markersize=3,markerfacecolor='w') #最优解
```

基于 scipy 的优化代码如下：

```
#目标函数
def func(args):
    fun = lambda x: 10 - x[0] ** 2 - x[1] ** 2
    return fun
def con(args):
    cons = ({'type': 'ineq', 'fun': lambda x: x[1] - x[0] ** 2},
            {'type': 'eq', 'fun': lambda x: x[0] + x[1]})
    return cons
 x0 = np.array((1.0, 2.0))  # 设置初始值
 res = spo.minimize(func(()), x0, method='SLSQP', constraints=con(()))
 print(res.success)
 print(np.round(res.fun,8))
 print(np.round(res.x,8))
 #结果
 True
 7.99999991
 [-1.00000002  1.00000002]
```

接着考虑采用 cvxpy 进行求解，代码如下：

```
import cvxpy as cp
x=cp.Variable(2)
obj_f=10-cp.sum_squares(x)
obj=cp.Minimize(obj_f)
cons=[cp.power(x[0],2)<=x[1],cvx.sum(x)==0]
prob=cvx.Problem(obj,cons)
print(obj_f.is_dcp()) #True
print(prob.is_dcp()) #False
res=prob.solve()
#求解出错
DCPError: Problem does not follow DCP rules. Specifically:
The objective is not DCP, even though each sub-expression is.
You are trying to minimize a function that is concave.
```

由以上分析可知，该问题本身不符合 DCP 规则，不能通过 cvxpy 求解。接下来考虑基于 sympy 采用 KKT 条件进行求解，代码如下：

```
import sympy as sym
import numpy as np
x=sym.symarray('x',2)
alpha=sym.symbols('alpha',pos=True)
beta=sym.symbols('beta')
f=10-np.sum(x**2)
L=f+alpha*(x[0]**2-x[1])+beta*(x[0]+x[1])
Lx=sym.diff(L,x[0])
Ly=sym.diff(L,x[1])
Lalpha=alpha*(x[0]**2-x[1])
Lbeta=x[0]+x[1]

res=sym.solve([Lx,Ly,Lalpha,Lbeta],(x[0],x[1],alpha,beta))
print("优化结果:",res)
xx,yy=res[0][0],res[0][1]
print("最优目标函数:",f.subs({x[0]:xx,x[1]:yy}))
```

```
#结果
优化结果: [(-1, 1, 4, 6), (0, 0, 0, 0)]
最优目标函数: 8
```

通过例子可以发现，尽管这个优化问题本身不是凸优化，但仍然可以采用 KKT 条件进行求解，此外采用 scipy 中的优化方法也可以得到问题的最优解。

下面是一个简单的 QCQP 问题，代码如下：

```
P=np.array([[1,-1],[-1,2]])
p=[1,1]
Q=np.array([[2,0.6],[0.6,1]])
q=[0.3,0.1]
b=cvx.Parameter()
b_val=[1.0,2.0,3.0] #约束条件参数
x=cvx.Variable(2)
obj=cvx.quad_form(x,P)+p@x #目标函数是二次型
cons=[cvx.quad_form(x,Q)+q@x<=b] #一个二次型约束, b为模型参数
prob=cvx.Problem(cvx.Minimize(obj),cons)
res_Obj=[]
res_X=[]
for bv in b_val:
    b.value=bv
    prob.solve()
    res_Obj.append(obj.value)
    res_X.append(x.value)
print(res_Obj)
print(res_X)
```

该 QCQP 最优化问题的等值线如图 4.7 所示。对比图 4.6 和图 4.7，可以明显看出凸优化问题和非凸优化问题等值线的差异。

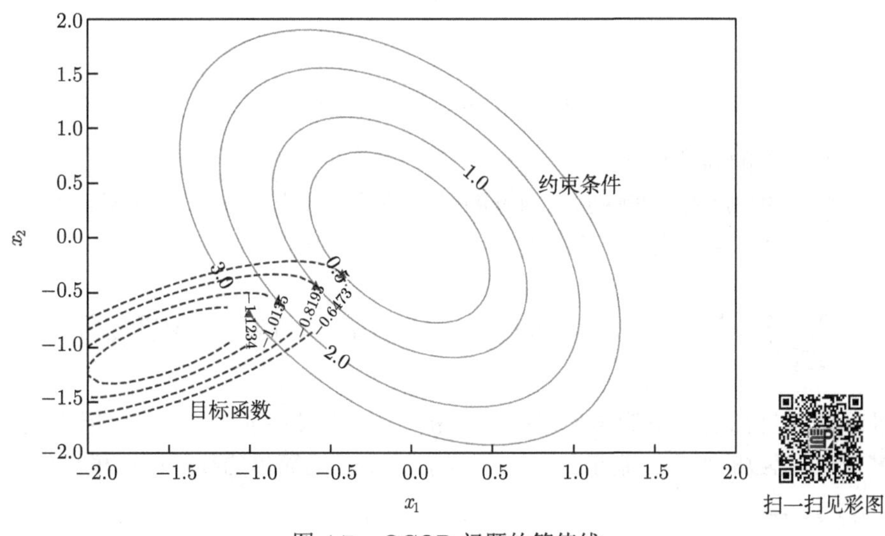

图 4.7　QCQP 问题的等值线

2. 线性回归及其正则化

线性回归 (linear regression) 是一类最基本的建模问题，在不同的领域都有深入的研究和应用，基本的线性回归从本质上看就是一个无约束最优化问题。从数据拟合的角度，线性回归是在假设因变量和自变量之间函数关系的前提下，寻找一个最好的模型，即优化模型参数使残差平方和最小；从统计学的角度，线性回归是在假设残差分布的前提下，估计模型参数，即极大似然估计，最终也会转化为一个最优化问题；从机器学习的角度看，线性回归是一种最基本的监督学习模型，其目的是通过模型训练，使损失最小。本节将从数据拟合的角度介绍线性回归及其正则化，统计和机器学习视角的线性回归将在后续章节介绍。

1) 线性回归基本问题

给定一个容量为 n 的随机观测样本 $(Y_i, X_{i1}, X_{i2}, \cdots, X_{ip}), i=1,2,\cdots,n$，其中 $\boldsymbol{Y}$ 称为因变量，$\boldsymbol{X}$ 称为自变量。一个线性回归模型假设因变量 Y_i 除了受自变量 $\boldsymbol{X_i}=(X_{i1}, X_{i2}, \cdots, X_{ip})$ 的影响外，还有其他的因素存在导致模型拟合存在误差，用 ϵ_i 表示。因此，一个线性回归模型可以表示为

$$Y_i = w_0 + w_1X_{i1} + w_2X_{i2} + \cdots + w_nX_{in} + \epsilon_i,\ i=1,2,\cdots,n$$

需要说明的一点是，线性回归模型并不表示模型必须是线性函数。线性在这里表示 Y_i 的条件均值在模型参数里是线性的。例如，$Y_i = w_1X_i + w_2X_i^2$，$Y_i = \mathrm{e}^{w_1X_{i1}+w_2X_{i2}}$ 在 w_1 和 w_2 里是线性的，但 Y 和 X 的关系本身并不是线性的，因为模型存在二次项。设有 $p+1$ 个参数 $\boldsymbol{w}=(w_0, w_1, \cdots, w_p)$，其中 w_0 一般对应常数项。一般线性回归模型采用矩阵形式表示为

$$\boldsymbol{Y} = \boldsymbol{X}\boldsymbol{w} + \epsilon$$

其中，$\boldsymbol{Y}=(y_1, y_2, \cdots, y_n)^{\mathrm{T}}$，$\epsilon=(\epsilon_1, \epsilon_2, \cdots, \epsilon_n)^{\mathrm{T}}$，回归量的观测值矩阵 $\boldsymbol{X}$ 为

$$\begin{bmatrix} 1 & x_{11} & \cdots & x_{1p} \\ 1 & x_{21} & \cdots & x_{2p} \\ \vdots & \vdots & \ddots & \vdots \\ 1 & x_{n1} & \cdots & x_{np} \end{bmatrix}$$

其中，第 1 列对应的为常数项。

从数据拟合的角度看，线性回归问题的目标是寻找最优的参数 w 使拟合误差最小，一般采用残差平方度量误差大小，表示为

$$C = \sum_{i=1}^{n} \epsilon_i^2 = \sum_{i=1}^{n}(y_i - w_0 - w_1x_{i1} - \cdots - w_px_{ip}) = (\boldsymbol{X}\boldsymbol{w}-\boldsymbol{Y})^{\mathrm{T}}(\boldsymbol{X}\boldsymbol{w}-\boldsymbol{Y})$$

线性回归的目标是寻找能够使误差平方和 C 达到最小的 $\boldsymbol{w}^*$，而目标函数实际上是 $\boldsymbol{X}\boldsymbol{w}-\boldsymbol{Y}$ 的 2-范数的平方。基于此，一个基于 cvxpy 的简单的线性回归模型如下：

```
import numpy as np
import cvxpy as cp
```

```
A=np.random.randn(10,3) #回归量的观测值矩阵
b=np.random.randn(10,1) #因变量的观测值
A=np.column_stack((np.ones(10),A)) #增加常数项
w=cp.Variable((4,1))
obj=cp.norm2(A@w-b)**2 #2范数的平方, 等价于cp.norm(A@w-b)**2或cp.norm(A@w-b,2)**2
prob=cp.Problem(cp.Minimize(obj))
prob.solve()
```

2) 过拟合与线性回归模型的正则化

在实际应用中，往往并不知道回归方程的具体形式，如对于一元回归的情形，事先并不知道 $y=f(x)$ 中的函数 f 的具体形式。如果 y 与 x 两者之间存在非线性关系，则很难知道 x 的幂次设多少为最佳。如果幂次设置过高，则会出现过拟合 (overfitting) 的情况，具体表现为模型在观测值上的误差很小 (这类误差称为拟合误差 (fitting error))，但当使用模型去预测非观测点对应的值时，误差会变大 (这类误差称为泛化误差 (generalization error))。下面通过示例进行说明：

```
import numpy as np
import cvxpy as cp
x=np.linspace(0,1.4,30).reshape(-1,1)
y_true=np.sin(2*np.pi*x)
y_obs=y_true+np.random.randn(30,1) #生成用于拟合的随机数, 非线性关系+白噪声
X=np.column_stack((np.ones(30),x,x**2,x**3,x**4,x**5,x**6)) #幂次分别为1~6
w=cp.Variable((7,1))
obj=cp.norm(X@w-y_obs,2)**2
n=[2,3,4,5,6]
w_res=[]
for i in range(2,7):
    if(i<6):
        cons=[w[i:]==0] #通过约束条件限制回归的最高次幂
        prob=cp.Problem(cp.Minimize(obj),cons)
    else:
        prob=cp.Problem(cp.Minimize(obj))
    prob.solve(solver='CVXOPT')
    w_res.append(w.value)
print(np.array(w_res).reshape(5,-1))
```

结果如表 4.5 所示，由回归拟合结果可以发现，随着模型次数的增加，拟合参数的绝对值变得越来越大。这实际上是因为因变量之间存在相关性，即多重共线性 (multicollinearity)。图 4.8 给出了基于拟合模型的预测值和实际值的比较，当回归模型的幂次变得很高时，模型的预测结果出现了波动，即过分追求对观测数据的拟合而导致了模型的过拟合。

表 4.5　不同幂次多项式的拟合参数

w_0	w_1	w_2	w_3	w_4	w_5	w_6
0.7114	−0.4574	0	0	0	0	0
1.6126	−4.4573	2.8571	0	0	0	0
0.9974	1.3093	−7.6169	4.9876	0	0	0
0.4705	10.194	−37.3134	38.3451	−11.9134	0	0
1.0878	−10.6304	97.7918	−300.9558	384.8433	−217.7235	45.3373

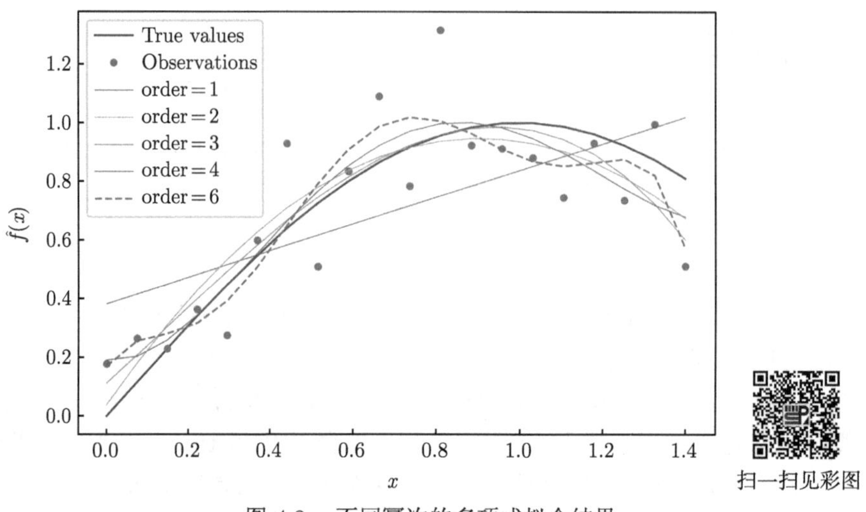

图 4.8　不同幂次的多项式拟合结果

注：True values 为真值，Observations 为观察值，order 为幂次

线性回归模型的正则化 (regulization) 是防止模型出现过拟合情形的方法之一，即通过对损失函数增加惩罚项 (penalty) 对模型施加制约，以提高模型的泛化能力。由图 4.8 可知，过拟合的原因之一是自变量之间存在相关性而使得估计参数值变得越来越大。

3) 岭回归

一种正则化方法就是在模型的损失函数上增加待估参数的 2-范数惩罚，这就是岭回归 (ridge regression)，模型为

$$\min_{\boldsymbol{w}} ||\boldsymbol{X}\boldsymbol{w}-\boldsymbol{Y}||_2^2+\alpha||\boldsymbol{w}||_2^2$$

其中，$\alpha \geqslant 0$ 为惩罚项系数，是一个超参数 (hyper parameter)。

该模型等价于：

$$\begin{aligned}\min_{\boldsymbol{w}} \ & ||\boldsymbol{X}\boldsymbol{w}-\boldsymbol{Y}||_2^2 \\ \text{s.t.} \ & ||\boldsymbol{w}||_2^2 \leqslant b\end{aligned}$$

仍以上面的数据为例，岭回归模型代码如下，结果如图 4.9 所示。比较图 4.9 和图 4.8 的结果可以发现，增加惩罚项后，尽管模型的幂次仍然是 6，但并没有出现预测结果的波动。其次，不同的超参数会显著影响模型的拟合效果，过大的惩罚系数会导致模型欠拟合 (如 a=10)。有关超参数选择的问题，在本书的机器学习部分有专门的内容进行讨论。

```
w=cp.Variable((7,1))
a=cp.Parameter(pos=True) #定义一个参数
obj=cp.norm2(X@w-y_obs)**2+a*cp.norm2(w)**2
prob=cp.Problem(cp.Minimize(obj))
a_vals=[0.1,0.5,1.0,10]
w_res=[]
for val in a_vals:
    a.value=val #每次给定不同的惩罚系数，对模型进行求解
    prob.solve(solver='CVXOPT')
    w_res.append(w.value)
```

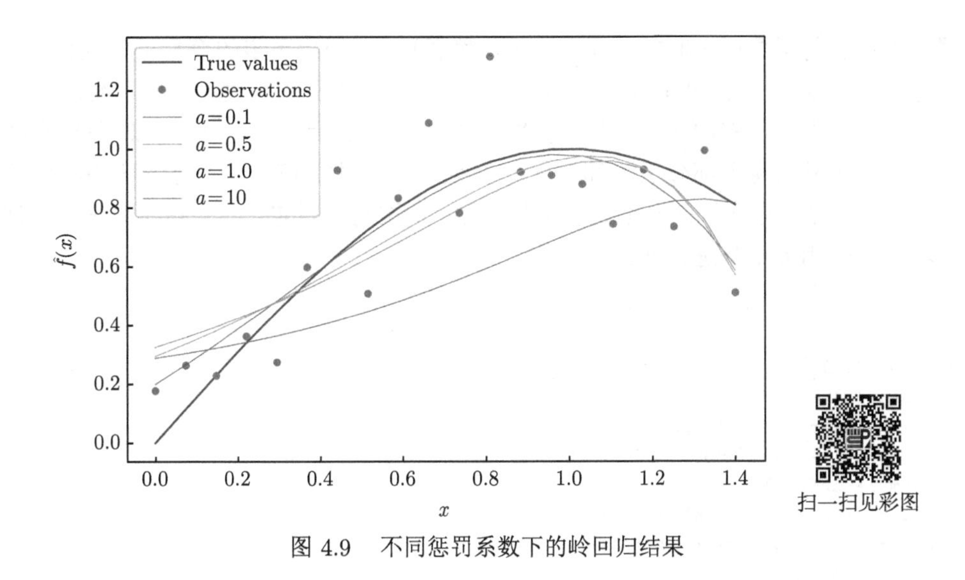

图 4.9　不同惩罚系数下的岭回归结果

4) LASSO

岭回归主要解决的是模型的多重共线性问题，在实际应用中往往还会碰到另一种情形，由于无法简单判断因变量和自变量之间是否存在相关关系而在模型中引入了部分不相关变量从而影响了模型的拟合效果和泛化能力。LASSO (least absolute shrinkage and selection operator) 是在线性回归模型上对系数增加 1-范数约束，模型表示为

$$\min_{\boldsymbol{w}} ||\boldsymbol{X}\boldsymbol{w} - \boldsymbol{Y}||_2^2 + \alpha ||\boldsymbol{w}||_1$$

同样，α 为惩罚系数，是一个超参数。

LASSO 和岭回归的不同之处如图 4.10 所示，由于 LASSO 的惩罚项是 1-范数，其最优值更容易收缩到某一个系数为零 (坐标轴上)，从而使得 LASSO 具备了选择变量的能力。LASSO 有这样的优点，因此是探索性数据分析中一种非常重要的方法。

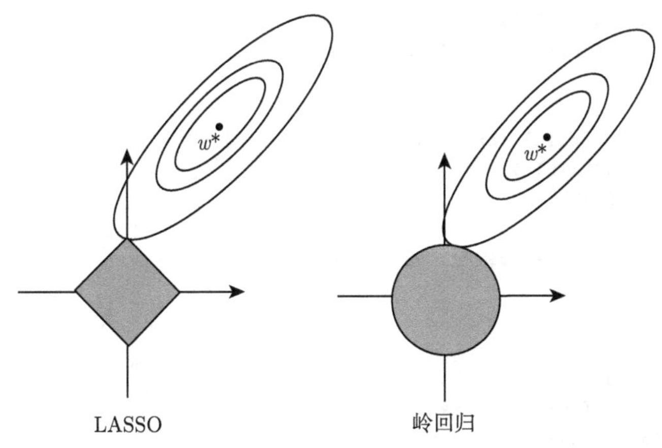

图 4.10　LASSO 和岭回归的不同

下面通过一个示例说明 LASSO 的应用，结果如图 4.11 所示。其中图 4.11(a) 展示了

模型误差平方和与惩罚项之间的关系，显然随着惩罚项变大 (更多的变量被引入模型，γ 变小)，模型拟合误差变小。图 4.11(b) 展示了随着惩罚系数 γ 的增大，模型系数逐渐变小并趋近于 0，这也是 LASSO 的工作原理。图 4.11(c) 给出的是当 $\gamma=12.74$ 时得到的模型系数，从中可以明显发现大部分系数都趋于 0 且前 5 个系数的绝对值显著大于 0，与模型设定完全相同。同样，模型中的 γ 也是一个超参数，需要特别设定，有关超参数选择方法，在本书机器学习的相关章节进行介绍。

```
n=30
m=20
np.random.seed(1)
idx=np.arange(m)
w_true=(-1)**idx*np.exp(-idx/5)
w_true[5:]=0 #真实的模型系数，前5个非零
A=np.random.randn(n,m)
b=A@w_true+np.random.randn(n)*0.1 #增加噪声
gamma=cp.Parameter(nonneg=True) #惩罚系数
w=cp.Variable(m)
error=cp.norm(A@w-b)**2 #误差项
obj=cp.Minimize(error+gamma*cvx.norm(w,1)) #LASSO目标函数
prob=cp.Problem(obj)
sq_penalty=[]
l1_penalty=[]
w_values=[]
gamma_vals=np.logspace(-1,3,20) #选择的参数值
for val in gamma_vals:
    gamma.value=val
    prob.solve()
    sq_penalty.append(error.value)
    l1_penalty.append(cp.norm(w,1).value)
    w_values.append(w.value)
fig=plt.figure(figsize=(8,4),tight_layout=True)
ax1=fig.add_subplot(131)
ax1.plot(l1_penalty,sq_penalty,lw=0.5)
ax1.set_xlabel("$\|w\|_1$\n (a)")
ax1.set_ylabel("$\|Aw-b\|_2^2$")
ax1.set_title('Trade-off Curve for LASSO')
ax2=fig.add_subplot(132)
for i in range(m):
    ax2.plot(gamma_vals,[wi[i] for wi in w_values],lw=0.5)
ax2.set_xlabel("$\gamma$\n(b)")
ax2.set_ylabel("$w_{i}$")
ax2.set_xscale('log')
ax2.set_title(r'Entries of '+"$w$" +' vs. '+"$\gamma$")
ax3=fig.add_subplot(133)
idx=np.arange(m)
tmp=w_values[10].copy()
tmp[np.abs(tmp)<1e-8]=0
ax3.stem(idx[tmp!=0],tmp[tmp!=0],markerfmt='rx')
ax3.set_xlabel('index\n (c)')
ax3.set_ylabel('$\hat w$')
ax3.set_title('$\hat w $'+' with '+'$\gamma=$'+str(np.round(gamma_vals[10],2)))
```

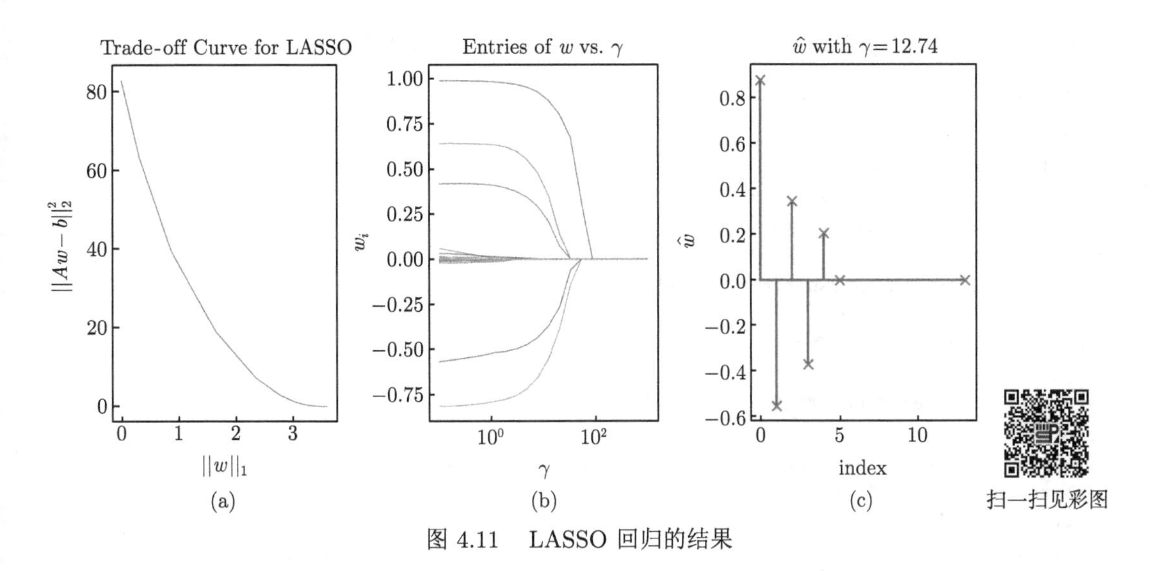

图 4.11 LASSO 回归的结果

5) 弹性网

LASSO 和岭回归有各自的优势，LASSO 可以进行变量筛选而岭回归可以有效避免多重共线性，于是一种直观的思想就是将 LASSO 和岭回归各自的优势结合起来，从而产生了另一种线性回归正则化方法，称为弹性网 (elastic net)，模型定义为

$$\min_{\boldsymbol{w}}||\boldsymbol{X}\boldsymbol{w}-\boldsymbol{Y}||_2^2+(1-\rho)||\boldsymbol{w}||_1+\frac{\rho}{2}||\boldsymbol{w}||_2^2$$

其中，ρ 是超参数。需要指出的是上式只是弹性网模型的一种，还有两个超参数的形式，但本质上是相同的。显然，从凸优化的角度看，弹性网的建模和求解过程都非常简单，这里不再介绍。

6) 鲁棒回归

在实际应用中，经常遇到的情况是我们收集到的数据中存在一些离群值 (outlier)，如果可以准确判断这些数据点是异常数据，则可以直接删除。但更常见的情况是，尽管我们发现部分数据点属于离群点，但却没有十足的把握或充足的理由可以将这些点删除。

由最小二乘法的基本原理可以发现，在求残差平方和的时候，所有的点的权重相同。由平方运算的特点可知，若某一个点的残差很大则会对整个模型的目标函数产生足够大的影响，从而使得到模型朝向离群点显著偏离。为了避免部分离群点对整个模型产生过大的影响，开发了鲁棒回归 (robust regression) 模型，其基本原理是降低离群点残差平方对目标函数的影响，其中 huber 函数是最常用的一种方法 (参见原子函数中的 huber 函数)，其基本原理是设置残差阈值 M，对于残差 x，如果 $|x|<=M$ ($M\geqslant 0$)，则仍然采用残差平方 x^2 作为误差项，反之如果 $|x|>M$ 则令误差项为 $2M|x|-M^2$，即由平方误差项改为线性误差项，从而降低离群值对整个模型的影响。

下面通过一个简单的示例进行说明，结果如图 4.12 所示。图 4.12(a) 是 huber 函数与最小二乘法的比较，显然 M 越小，huber 函数和最小二乘法的差别越大，事实上，可以把 huber 函数的参数 M 视为识别是否是离群值的阈值。显然，M 越小，就会有更多的点归为离群点，从而改变误差度量指标。图 4.12(b) 给出了不同 M 值下的鲁棒回归结果和最小二乘法的比较，可以发现，当 $M=1$ 时，鲁棒回归和真值非常接近。当然，M 作为模型的超参数也需要特殊的设计。

```
n=20
x=np.linspace(-10,8,n)
x=np.column_stack((np.ones(n),x))
w_true=np.array([5.0,1.0]) #真实系数
y_true=x@w_true
y_obs=y_true+np.random.randn(n)*0.2 #增加噪声
y_obs[3]=y_obs[3]+10 #离群点
y_obs[-3]=y_obs[-3]-10 #离群点
w=cp.Variable(2)
M=cp.Parameter(pos=True) #huber函数的参数M
M_vals=[1,5]
obj=cp.sum(cp.huber(x@w-y_obs,M)) #通过huber函数设置目标函数
prob=cp.Problem(cp.Minimize(obj))
w_est_robust=[]
for v in M_vals:
    M.value=v
    prob.solve(solver='CVXOPT')
    w_est_robust.append(w.value)
prob_ord=cp.Problem(cp.Minimize(cp.norm(x@w-y_obs)**2)) #普通最小二乘法
prob_ord.solve(solver='CVXOPT')
w_est_ord=w.value
```

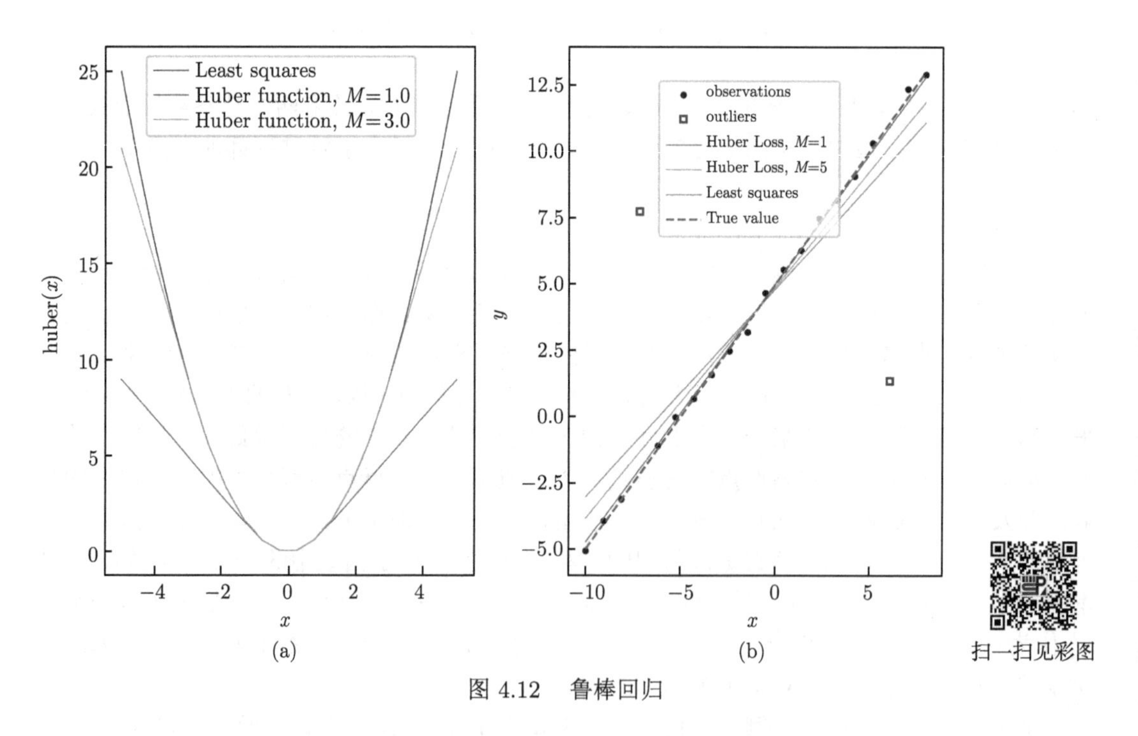

图 4.12　鲁棒回归

3. 逻辑回归

逻辑回归 (logistic regression) 是一种以广义线性回归为基础的分类算法，逻辑回归作为一种可解释的分类算法，在小样本数据分析中具有重要应用。对于二分类问题，逻辑回归

的形式如下。假设有观测值 $(\boldsymbol{x}_i, y_i), i = 1, 2, \cdots, n$，其中 $\boldsymbol{x}_i = (x_{i1}, x_{i2}, \cdots, x_{ip}), y_i \in \{0, 1\}$。对于二分类问题，逻辑回归通过一个称为 sigmoid 的连接函数将 $\boldsymbol{x}$ 到 $\boldsymbol{y}$ 的映射转换为概率。

sigmoid 函数定义为

$$h_w(\boldsymbol{x}) = \frac{1}{1 + \mathrm{e}^{-\boldsymbol{x}@\boldsymbol{w}}}$$

则观测数据 $\boldsymbol{x}$ 归为类别 1 和 0 的概率分别为

$$p(y = 1|\boldsymbol{x}, \boldsymbol{w}) = h_w(\boldsymbol{x}) = \frac{1}{1 + \mathrm{e}^{-\boldsymbol{x}\boldsymbol{w}}}$$

$$p(y = 0|\boldsymbol{x}, \boldsymbol{w}) = 1 - h_w(\boldsymbol{x}) = \frac{\mathrm{e}^{-\boldsymbol{x}\boldsymbol{w}}}{1 + \mathrm{e}^{-\boldsymbol{x}\boldsymbol{w}}}$$

基于以上的概率，可以很容易得到逻辑回归的似然 (likelihood) 函数：

$$L(\boldsymbol{w}) = \prod_{i=1}^{n} h_w(\boldsymbol{x}_i)^{y_i}(1 - h_w(\boldsymbol{x}_i))^{1-y_i}$$

对上式求对数，就得到逻辑回归的损失函数，也称为交叉熵 (cross-entropy)：

$$\begin{aligned} J(\boldsymbol{w}) &= \frac{1}{n}\sum_{i=1}^{n}[y_i \log(h_w(\boldsymbol{x}_i)) + (1 - y_i)\log(1 - h_w(\boldsymbol{x}_i))] \\ &= \sum_{i=1}^{n}\left[y_i \boldsymbol{w}^{\mathrm{T}}\boldsymbol{x}_i - \log(1 + \mathrm{e}^{\boldsymbol{w}^{\mathrm{T}}\boldsymbol{x}_i})\right] \end{aligned}$$

于是，逻辑回归转化为了如下的无约束凸优化问题：

$$\boldsymbol{w}^* = \min_{\boldsymbol{w}} \ -J(\boldsymbol{w})$$

其中，$J(\boldsymbol{w})$ 中的第二项参考 cvxpy 原子函数中的 logistic 函数。

于是，用 cvxpy 表达的目标函数为：obj=-cp.sum(cp.multiply(y,X@w)-cp.logistic(X@w))。

一个逻辑回归的实例如下：

```
import matplotlib.pyplot as plt
plt.rc('text',usetex=True)
plt.rc('figure',dpi=400)
plt.rc('font',size=8)
plt.rc('lines',linewidth=0.5)
import cvxpy as cp
import numpy as np
import pandas as pd
#以下为生成示例数据的过程
mu1=[1,1] #0类的均值向量
mu2=[3,3] #1类的均值向量
S=[[1,0.5],[0.5,1]] #协方差矩阵
```

```
np.random.seed(1895)
x1=np.random.multivariate_normal(mu1,S,50) #二元正态分布
x2=np.random.multivariate_normal(mu2,S,50)
X=np.row_stack((x1,x2)).reshape(100,-1)
X=np.column_stack((np.ones((100,1)),X))
y=np.row_stack((np.zeros((50,1)),np.ones((50,1)))) #观测值标签
sigmoid=lambda z:1/(1+np.exp(-z))  #sigmoid函数
w=cp.Variable((3,1)) #决策变量
obj=-cp.sum(cp.multiply(y,X@w)-cp.logistic(X@w)) #负对数likelihood函数
prob=cp.Problem(cp.Minimize(obj))
prob.solve()
w.value
#结果
array([[-4.81583796],
       [ 0.87088057],
       [ 1.52675963]])
y_pred=sigmoid(X@w.value)
y_pred[y_pred<0.5]=0 #将概率转化为类别
y_pred[y_pred>=0.5]=1 #将概率转化为类别
np.sum(y_pred==y) #正确分类的个数
```

分类数据及结果如图 4.13 所示，其中图 4.13(a) 为标准的 sigmoid 函数曲线，图 4.13(b) 为预测的数据点按概率排序后的结果 (estimated probability)，图 4.13(c) 为原始数据。

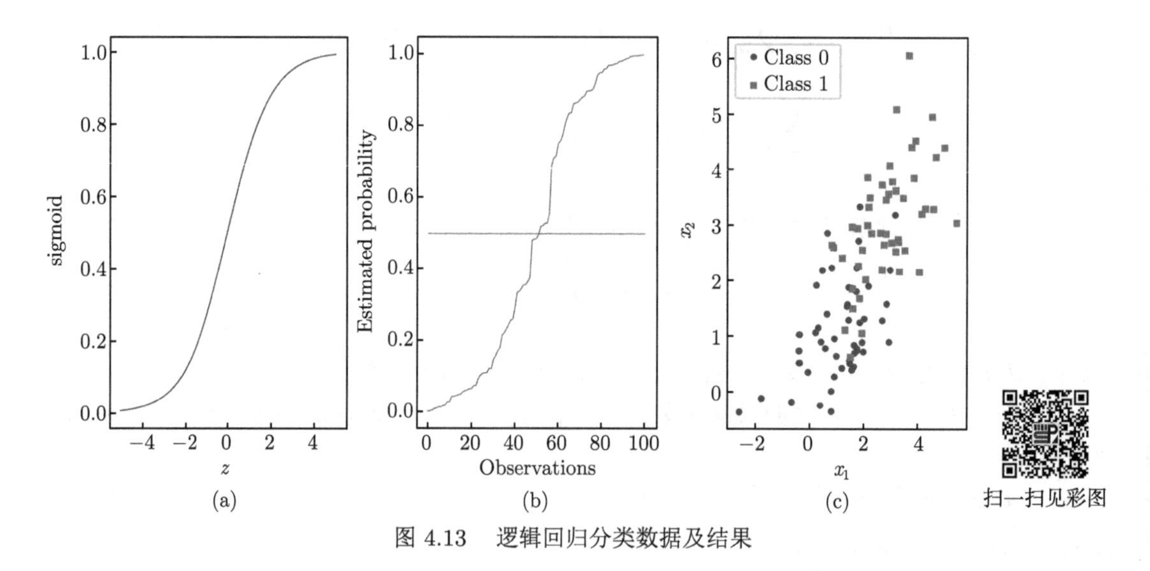

(a)　(b)　(c)

图 4.13　逻辑回归分类数据及结果

除此之外，逻辑回归的目标函数也可以增加正则化项 (类似于岭回归、LASSO、弹性网)，实现与一般线性回归相同的变量筛选、防止过拟合等目的。

如果是多分类问题，则将 sigmoid 函数更换为 softmax 函数。设观测数据总共有 K 个类别，则 softmax 函数的定义为

$$p(y_i = k|\boldsymbol{x}_i, \boldsymbol{w}) = \frac{\mathrm{e}^{\boldsymbol{x}_i \boldsymbol{w}_k}}{\sum\limits_{j=1}^{K} \mathrm{e}^{\boldsymbol{x}_i \boldsymbol{w}_j}}, \quad k = 1, 2, \cdots, K$$

在得到每一个类别的概率表达式后，其余推导过程类似。

4. 曲线拟合

曲线拟合 (curve fitting) 是数据分析中一类常见的问题，其目的是把平面上的若干离散点用一条曲线连接起来，拟合的曲线一般可以用函数表示。曲线拟合根据需要的不同，有非常多的方法，这里仅从凸优化的角度介绍几种简单的方法。

1) 基于单点估值方法

这是一类比较简单的曲线拟合方法，主要用于一些对精度要求不是太高的情形。假设在平面上有 n 个离散点 $\{y_i\}, i=1,2,\cdots,n$，目的是寻找一条平滑的曲线，这条曲线由每个点 y_i 的估计值 $\hat{y}_i$ 连接而成。显然，如果以拟合误差 $y_i-\hat{y}_i$ 最小化来确定估计值，结果就是 $\hat{y}_i=y_i$，此时误差为零，但曲线的光滑性无法保证。一种直观的方法就是增加曲线的平滑性约束或在目标中增加对不平滑的惩罚。

其中一种方法是定义一个矩阵：

$$\boldsymbol{D}=\begin{bmatrix} 1 & -2 & 1 & 0 & 0 & \cdots & 0 \\ 0 & 1 & -2 & 1 & 0 & \cdots & 0 \\ \vdots & \vdots & \vdots & \vdots & \vdots & & \vdots \\ 0 & 0 & 0 & \cdots & 1 & -2 & 1 \end{bmatrix}$$

并用 $\boldsymbol{DY}=\boldsymbol{D}[\hat{y}_1,\hat{y}_2,\cdots,\hat{y}_n]^{\mathrm{T}}$，该向量表示相邻估计值之间的差，显然差越小，平滑性越好。基于单点估值方法的曲线拟合示例如下，拟合结果如图 4.14 所示。

```
import cvxpy as cvx
import numpy as np
import matplotlib.pyplot as plt
plt.rcParams['figure.dpi']=400
plt.rcParams['font.size']=6
plt.rc('lines',linewidth=0.5)
plt.rc('text',usetex=True)
N=20
xx=np.linspace(0,5,N)
yy=np.sin(xx)+0.3*np.random.randn(N) #产生随机观测数据
D=[1,-2,1]+[0]*(20-3)
for i in range(17):
    D=np.row_stack((D,[0]*(i+1)+[1,-2,1]+[0]*(17-(i+1))))

D=np.array(D)
x=cvx.Variable(N)
Error=cvx.sum_squares(yy-x)
smooth=cvx.norm(D@x,2)
a=cvx.Parameter(pos=True)
obj=cvx.Minimize(Error+a*smooth)
prob=cvx.Problem(obj)
res_obj=[]
res_x=[]
a_vals=[0,2,5,8]
for a_val in a_vals:
```

```
    a.value=a_val
    prob.solve()
    res_obj.append(obj.value)
    res_x.append(x.value)
ax=plt.figure(figsize=(3,2)).add_subplot(111)
plt.plot(xx,yy,'ro',markersize=1)
plt.plot(xx,np.sin(xx),'b-',lw=0.5,label='True value')
for x_val,a_val in zip(res_x,a_vals):
    plt.plot(xx,x_val,lw=0.5,label=str(round(a_val,2)))
plt.legend()
```

由图 4.14 可知，随着 a 的增大，曲线变得越来越平滑，同时误差也在增大。当 $a=0$ 时，退化为直接以观测值作为估计值。

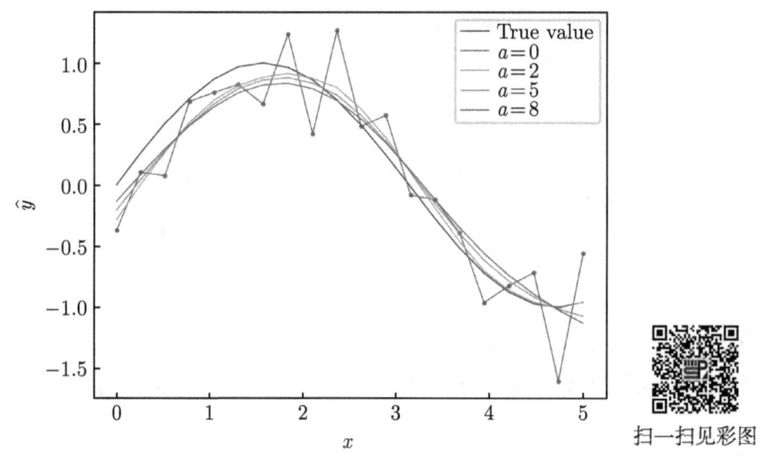

扫一扫见彩图

图 4.14　单点估值加平滑性惩罚曲线拟合

2) 多项式拟合和分段多项式拟合

多项式拟合是数据拟合中最重要也是使用最广泛的一类方法，设有一组观测值 (y_i,x_i)，$i=1,2,\cdots,n$ 及未知的函数关系 $y=f(x)$。多项式数据拟合是用一个 r 次多项式近似该未知函数，即 $\hat{f}(x)=w_0+w_1x+w_2x^2+\cdots+w_rx^r$，$e_i=\hat{f}(x_i)-y_i$ 称为残差。于是，多项式拟合问题转化为在给定最高幂次 r 的条件下，求最优的参数 $\boldsymbol{w}^*=(w_0^*,w_1^*,\cdots,w_r^*)$ 使模型的拟合残差最小，其中 r 是一个超参数，既会影响拟合模型的残差也会影响模型的泛化误差。当然，多项式拟合的算法很多，本节仅从凸优化的角度进行介绍。

图 4.15 是一个多项式拟合的例子，展示了存在未知函数关系的数据，可以发现数据存在较复杂的非线性关系：

$$y=f(x)$$

```
#因变量是y, 自变量是t
m=len(t)
n=3 #幂次
A=np.column_stack([t**k for k in range(n)])
w=cp.Variable(n)
obj=cp.Minimize(cvx.norm(A@w-y,2)) #2-范数 (误差平方和)
```

```
prob=cp.Problem(obj)
prob.solve()
yhat_3=A@w.value #预测值

n=5 #幂次
A=np.column_stack([t**k for k in range(n)])
w=cp.Variable(n)
obj=cp.Minimize(cvx.norm(A@w-y,2))
prob=cp.Problem(obj)
prob.solve()
yhat_5=A@w.value

n=7
A=np.column_stack([t**k for k in range(n)])
w=cp.Variable(n)
obj=cp.Minimize(cvx.norm(A@w-y,2))
prob=cp.Problem(obj)
prob.solve()
yhat_7=A@w.value
fig=plt.figure(figsize=(4,3))
ax=fig.add_subplot(111)
ax.plot(t,y,'ks',markersize=1.)
ax.plot(t,yhat_3,'b-',lw=0.5,label='Order=2')
ax.plot(t,yhat_5,'r-',lw=0.5,label='Order=4')
ax.plot(t,yhat_7,'g-',lw=0.5,label='Order=6')
plt.legend()
```

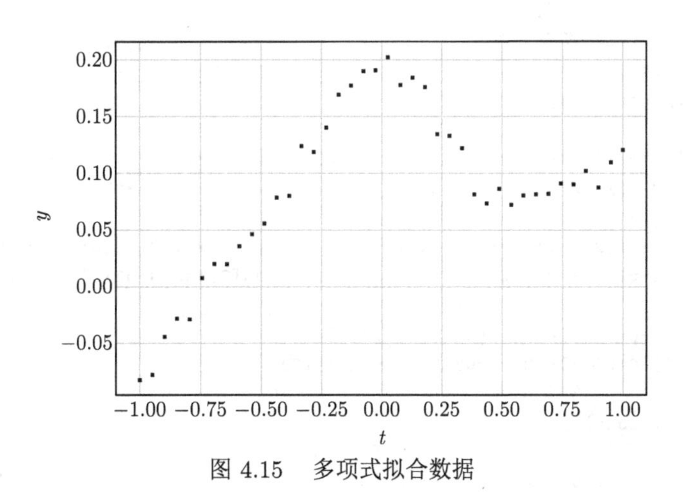

图 4.15　多项式拟合数据

数据的多项式拟合结果如图 4.16 所示，显然二次多项式模型存在欠拟合，而 6 次多项式模型则存在过拟合。

观察图 4.16 的数据可以发现，该数据并不是由单一模式数据构成的，于是可以考虑用分段函数进行数据拟合，如将数据按照 t 划分为 $[-1,-1/3)$、$[-1/3,1/3)$ 以及 $[1/3,1]$ 三段，每一段用不同的多项式拟合。为保证函数的连续性，需要增加以下约束条件：① 在不同分段区间的端点函数值相等；② 在区间端点的一阶导数相等；③ 在区间端点的二阶导数相等。基于以上考虑，就将曲线拟合转换成一个约束最优化问题。

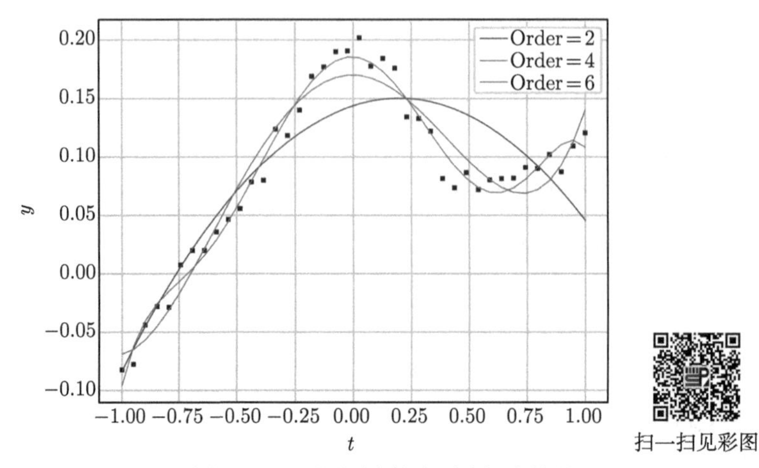

图 4.16　不同幂次的多项式拟合结果

```
t1=-1/3
t2=1/3
A1=np.column_stack([t**n for n in range(4)])
A2=np.column_stack([t**n for n in range(4)])
A3=np.column_stack([t**n for n in range(4)])
A1[A1[:,1]>=t1,:]=0
A2[(A2[:,1]<t1)|(A2[:,1]>=t2),:]=0
A3[A3[:,1]<t2,:]=0
w1=cp.Variable(4) #第一段多项式参数
w2=cp.Variable(4) #第二段多项式参数
w3=cp.Variable(4) #第三段多项式参数
expr=A1@w1+A2@w2+A3@w3-y
obj=cp.Minimize(cp.norm2(expr)) #目标函数
#函数在分段点连续
cons=[w1[0]+w1[1]*t1+w1[2]*t1**2+w1[3]*t1**3==w2[0]+w2[1]*t1+w2[2]*t1**2+w2[3]*t1**3]
cons.append(w2[0]+w2[1]*t2+w2[2]*t2**2+w2[3]*t2**3==w3[0]+w3[1]*t2+w3[2]*t2**2+w3[3]*t2**3)
#一阶导数连续
cons.append(w1[1]+2*w1[2]*t1+3*w1[3]*t1**2==w2[1]+2*w2[2]*t1+3*w2[3]*t1**2)
cons.append(w2[1]+2*w2[2]*t2+3*w2[3]*t2**2==w3[1]+2*w3[2]*t2+3*w3[3]*t2**2)
#二阶导数连续
cons.append(2*w1[2]+6*w1[3]*t1==2*w2[2]+6*w2[3]*t1)
cons.append(2*w2[2]+6*w2[3]*t2==2*w3[2]+6*w3[3]*t2)

prob=cp.Problem(obj,cons)
prob.solve()
y_pred=A1@w1.value+A2@w2.value+A3@w3.value
```

不同约束条件下的分段函数拟合结果如图 4.17 所示。当没有约束条件时，结果在分段点存在断点，而增加约束则会增加曲线的平滑程度。

3) 特殊约束的曲线拟合示例

在曲线拟合的过程中，可以根据数据的特点增加一些特殊的约束条件来改进拟合效果。下面的示例通过在数据拟合中增加函数凸性约束，从而改进拟合效果。

```
#自变量是x，因变量是y
m=len(x)
```

```
yhat=cp.Variable(m)  #每一个观测值y的预测值
g=cp.Variable(m)  #函数在每个观测点对应的一阶导数
obj=cp.Minimize(cp.norm2(yhat-y)) #2-范数目标函数

cons=[]
for i in range(m):
    for j in range(m):
        cons.append(yhat[j]>=yhat[i]+g[i]*(x[j]-x[i])) #凸性约束

prob=cp.Problem(obj,cons)
prob.solve()
```

以上代码中，定义了每一个观测点的预测值和一阶导数，关键是根据凸函数的一阶条件增加了约束。曲线拟合结果如图 4.18 所示，其中图 4.18(a) 为曲线拟合结果，图 4.18(b) 为

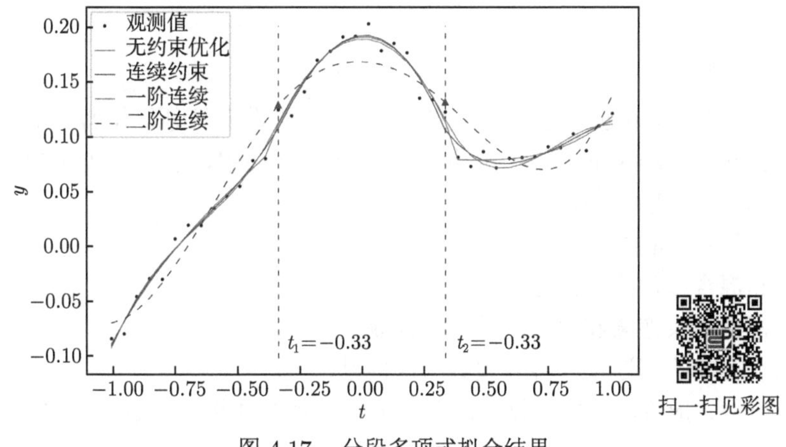

图 4.17　分段多项式拟合结果

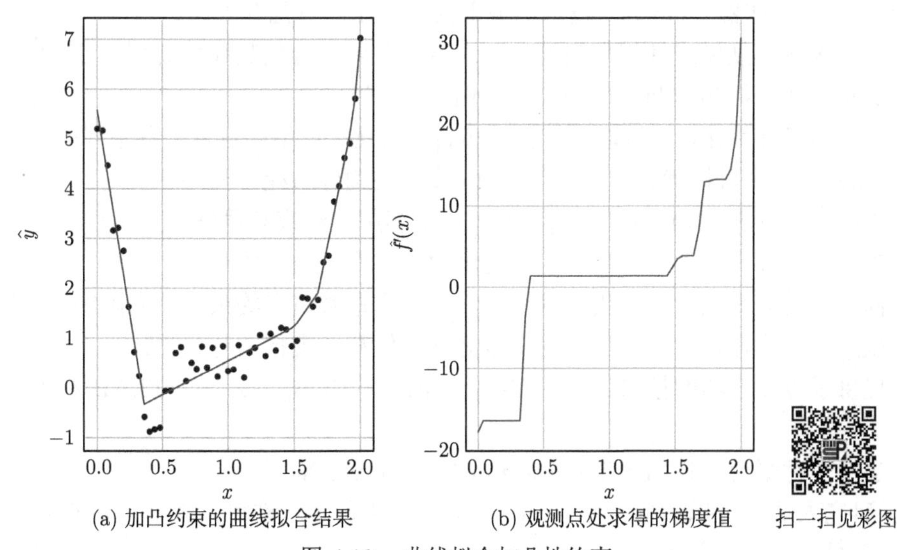

(a) 加凸约束的曲线拟合结果　　(b) 观测点处求得的梯度值

图 4.18　曲线拟合加凸性约束

得到的一阶导数 (代码中的变量 g)。

4.4　基于 gurobipy 的数学规划建模与求解

数学规划是实际生产中最常见的优化方法之一，在物流、生产制造、金融、交通运输、资源管理、集成电路设计、环境保护、电力管理等领域，几乎无所不在。在世界一流的企业资源管理 (ERP)、供应链管理 (SCM)、运输管理等企业决策工具中，都有数学规划优化器的存在。

如前所述，使用 scipy 可以求解包含约束的数学规划问题，但在处理大规模问题的效率方面存在一定的局限性。此外，通过 cvxpy 也可以求解很多不同种类的数学规划问题，但其求解效率无法满足大规模问题的需求。实际工作中，经常碰到超大规模的数学规划问题。对于这类问题，求解的速度和效率是首要考虑的问题，数学规划优化器就是针对这一需求提出的。

4.4.1　Gurobi 简介

Gurobi 是由美国 Gurobi 公司开发的新一代大规模数学规划优化器，在 Decision Tree for Optimization Software 网站举行的第三方优化器评估中，展示出更快的优化速度和精度，成为实践中广泛应用的求解器之一。

Gurobi 是全局优化器，支持的模型类型包括：

(1) 连续和混合整数线性问题；

(2) 凸目标或约束连续和混合整数二次问题；

(3) 非凸目标或约束连续和混合整数二次问题；

(4) 含有对数、指数、三角函数、高阶多项式目标或约束，以及任何形式的分段约束的非线性问题；

(5) 含有绝对值、最大值、最小值、逻辑与或非目标或约束的非线性问题。

相比于其他求解器，Gurobi 技术优势主要体现在以下几个方面：

(1) 可以求解大规模线性规划问题、二次型问题和混合整数线性规划问题；

(2) 支持非凸目标和非凸约束的二次优化；

(3) 支持多目标优化，既可以支持分层多目标优化，让不同目标具备不同的优先级，也可以支持加权组合多目标优化，让不同目标通过权重组合成单一目标；

(4) 支持包括 SUM, MAX, MIN, AND, OR 等广义约束和逻辑约束；

(5) 支持包括高阶多项式、指数、三角函数等的广义函数约束；

(6) 问题尺度只受限于计算机内存容量，不对变量数量和约束数量有限制；

(7) 采用最新优化技术，充分利用多核处理器优势，支持并行计算；

(8) 提供了方便轻巧的接口，支持 C++, Java, Python, .Net, MATLAB 和 R，内存消耗少；

(9) 支持多种平台，包括 Windows, Linux, Mac OS X。

对于研究人员，可以访问网站 gurobi.cn 申请免费学术许可，该许可没有功能方面的限制，但不得用于商业用途。

Gurobi 通过 gurobipy 包提供了 Python 接口，在安装完成求解器后，通过 pip install gurobipy 安装 gurobipy。之后就可以像其他 Python 第三方包一样使用 gurobipy。

4.4.2　基于 gurobipy 求解数学规划的步骤

基于 gurobipy 求解数学规划包括以下步骤：① 导入库；② 创建模型；③ 创建变量；④ 设置目标函数；⑤ 添加约束条件；⑥ 求解及结果分析。下面通过一个简单的数学规划问题，介绍求解步骤。该规划问题如下：

$$
\begin{aligned}
\text{maximize}\ & x+y+2z \\
\text{s.t.}\ & x+2y+3z \leqslant 4 \\
& x+y \geqslant 1 \\
& x,y,z \in \{0,1\}
\end{aligned}
\tag{4.6}
$$

问题的建模和求解代码如下：

```
import numpy as np
import gurobipy as gp
mod=gp.Model() #gurobi模型
#定义三个变量：变量类型和变量名
x=mod.addVar(vtype='B',name='x')
y=mod.addVar(vtype='B',name='y')
z=mod.addVar(vtype='B',name='z')
#设置目标函数：函数表达式和优化方向
mod.setObjective(x+y+2*z,gp.GRB.MAXIMIZE)
#设置约束条件
mod.addConstr(x+2*y+3*z<=4)
mod.addConstr(x+y>=1)
mod.optimize() #模型求解
print("求解状态：{}".format(mod.Status))
print("最优目标值：{}".format(mod.objVal))
print("最优解：x={},y={},z={}".format(x.X,y.X,z.X))

#结果
求解状态：2
最优目标值：3.0
最优解：x=1.0,y=0.0,z=1.0
```

gurobipy 建模遵循 Python 语法，模型结构清晰，比较容易理解。gurobipy 定义的变量类型为 tupledict，不能直接进行运算操作。下面针对 gurobipy 建模的各个步骤进行详细说明。

1. 定义变量

gurobipy 提供了两种定义变量的方法：addVar 和 addVars。定义如下：

addVar(lb=0.0, ub=1e+100, obj=0.0, vtype='C', name='')

addVars(*indexes, lb=0.0, ub=GRB.INFINITY, obj=0.0, vtype=GRB.CONTINUOUS, name="")

其中，ub 和 lb 分别是变量的上下限，vtype 指定数据类型，包括 gp.GRB.CONTINUOUS (连续变量)、gp.GRB.BINARY (0-1 变量), gp.GRB.INTEGER (整型变量), gp.GRB.SEMICONT (半连续变量) 和 gp.GRB.SEMIINT (半整型变量)，addVar 中的 obj 表示变量在目标函数中的系数，一般不用。addVars 定义的多维数组由不定长参数 indexes 确定。多维数据可以通过 select 方法进行元素选取，如对于一个三维数组 X_{ijk}，可以通过形如 X.select(0,1,'*') 的形式进行元素筛选，类似于线性规划中的 $X_{ij\cdot}$。

对于定义好的变量,可以访问变量属性,如上下限 ub 和 lb、变量值 X、变量名 VarName、变量类型 VType 等。

gurobi 定义变量示例如下：

$x \geqslant 0$

```
mod=gp.Model()
x=mod.addVar(lb=0.0,ub=gp.GRB.INFINITY,vtype=gp.GRB.CONTINUOUS,name="")
```

半连续变量

$x = 0 \vee 40 \leqslant x \leqslant 100$

```
x=mod.addVar(vtype=gp.GRB.SEMICONT,lb=40,ub=100,name='x')
```

半整型变量

```
x=mod.addVar(vtype=gp.GRB.SEMIINT,lb=40,ub=100,name='x')
```

$$\pi = \sum_{i=1}^{3}\sum_{j=1}^{4} c_{ij}x_{ij}$$

```
c=ss.norm(0,1).rvs(size=(3,4))
x=mod.addVars(3,4,vtype=gp.GRB.CONTINUOUS)
Pi=gp.quicksum(c[i,j]*x[i,j] for i in range(3) for j in range(4))
```

定义 $3 \times 5 \times 6$ 的大于等于 0 的连续变量，通过 $x[i,j,k]$ 访问

```
x=mod.addVars(3,5,6,vtype=gp.GRB.CONTINUOUS,lb=0.0,name='x')
mod.update()
x[0,1,2]
[x.select(0,1,'*') for j in range(5)]
```

为提高代码的可读性，还可以将序列结果作为多维变量的索引

```
Machine=['M1','M2','M3']
Load=['H','M','L']
x=mod.addVars(Machine,Load,vtype=gp.GRB.CONTINUOUS)
mod.update()
x
#输出结果
{('M1', 'H'): <gurobi.Var C106>,
 ('M1', 'M'): <gurobi.Var C107>,
 ('M1', 'L'): <gurobi.Var C108>,
 ('M2', 'H'): <gurobi.Var C109>,
 ('M2', 'M'): <gurobi.Var C110>,
 ('M2', 'L'): <gurobi.Var C111>,
```

```
('M3', 'H'): <gurobi.Var C112>,
('M3', 'M'): <gurobi.Var C113>,
('M3', 'L'): <gurobi.Var C114>}
```

在完成变量添加后需要使用 update 方法更新变量空间。

2. 设置目标函数

gurobipy 支持单目标和多目标优化问题，单目标优化问题的定义方法为

setObjective(expr, sense=None)

其中，expr 为目标函数，可以是线性表达式 (LinExpr) 或二次表达式 (QuadExpr)。sense 指定目标函数的优化方向，可以是 GRB.MAXIMIZE 或 GRB.MINIMIZE，可以通过 ModelSense 访问该属性，-1 表示 MAXIMIZE，1 表示 MINIMIZE。

多目标优化设置目标函数的方法是

setObjectiveN(expr, index, priority=0, weight=1.0, abstol=1e-06, reltol=0.0, name='')

其中，expr 为目标函数，可以是线性表达式 (LinExpr)、一个变量或者常数；index 为目标函数的索引；priority 为分层序列法多目标决策的优先级，默认值为 0；weight 为线性加权多目标权重，当优先级相同时发挥作用；abstol 为分层序列法多目标决策时允许的目标函数值的最大降低量；reltol 为分层序列法多目标决策时允许的目标函数值的最大降低比率。

多目标优化问题的求解方法主要有以下三种。

(1) 合成优化：对多目标问题设置不同的权重并对多个目标进行加权求和，从而将多目标问题转化为单目标问题，这里需要将优先级 priority 设置为相同或使用默认值。

(2) 分层优化：根据优先级的高低依次优化各目标函数，在求解完第一个目标函数后，将该目标函数加入约束条件中以确保第一个目标函数的值不会下降，以此类推直到所有的目标函数都得到了求解。这里需要保证各目标函数的优先级不同。

(3) 混合优化：按照优先级优化各目标函数后再将各目标值相加，此时权重相等。

示例代码如下：

```
import gurobipy as gp
mod=gp.Model()
x=mod.addVar(vtype=gp.GRB.CONTINUOUS)
y=mod.addVar(vtype=gp.GRB.CONTINUOUS)
mod.setObjective(x+y,gp.GRB.MINIMIZE) #单目标

mod.setObjectiveN(x+y,index=0,weight=1,name='obj1') #多目标 (两个)
mod.setObjectiveN(x-5*y, index=1, weight=-2, name='obj2')
mod.update()

#当需要获取某一个目标函数的值时
i=0
mod.setParam(gp.GRB.Param.ObjNumber, i) # 第 i 个目标
print(mod.ObjNVal)
```

gurobi 除可以求解目标函数为线性的最优化问题外，还可以求解目标函数是二次型的问题。构造二次型目标函数需要使用二次表达式构造类 QuadExpr 并通过 addTerms 添加

二次项。对于形如 $x^2+yz+3y^2+1.5xz$ 的二次型，通过 QuadExpr 构造该表达式的代码如下：

```
qExpr=gp.QuadExpr() #构造空表达式
qExpr.addTerms(1,x,x) #x*x
qExpr.addTerms(1,y,z) #y*z
qExpr.addTerms(3,y,y) #3*y*y
qExpr.addTerms(1.5,x,z) #1.5*x*z
```

3. 添加约束条件

如前所述，gurobi 除可以求解一般的线性规划问题外，还可以通过变量转换后求解一些特殊的非线性规划问题。此类约束需要通过 gurobipy.addGenConstrXXX 添加。gurobi 可以处理的非线性约束如表 4.6 所示 (为简单起见，假设已导入了需要的包并执行了以下代码)。

```
import gurobipy as gp
M=gp.Model()
x=M.addVars(5,vtype=gp.GRB.CONTINUOUS,name='x')
y=M.addVar(name='y')
c=10
```

表 4.6　gurobi 非线性约束示例

方法名称	添加约束	示例
addGenConstrMax	$y=\max\{x_1,x_2,\cdots,c\}$	M.addGenConstrMax(y,[x[0],x[1],x[2]],c)
addGenConstrMin	$y=\min\{x_1,x_2,\cdots,c\}$	M.addGenConstrMin(y,[x[0],x[1],x[2]],c)
addGenConstrAbs	$y=\|x\|$	M.addGenConstrAbs(y,x[0])
addGenConstrAnd	$y=x_1\bigwedge x_2\bigwedge\cdots$	M.addGenConstrAnd(y,[x[0],x[1],x[2]])
addGenConstrOr	$y=x_1\bigvee x_2\bigvee\cdots$	M.addGenConstrOr(y,[x[0],x[1],x[2]])
addGenConstrIndicator	$y=1\rightarrow ax\leqslant b$	M.addGenConstrIndicator(y,True,a*x[1], gp.GRB.LESS_EQUAL,b)
addGenConstrPWL	分段函数约束	M.addGenConstrPWL(x[0],y,[0,2,5],[0,2,3])
addGenConstrPoly	$y=p_0x^d+p_1x^{d-1}+\cdots+p_{d-1}x+p_d$	M.addGenConstrPoly(x[0],y,[2,1.5,0,1])
addGenConstrExp	$y=\mathrm{e}^x$	M.addGenConstrExp(x[0],y)
addGenConstrExpA	$y=a^x$	M.addGenConstrExpA(x[0],y,3.0)
addGenConstrLog	$y=\log_e x$	M.addGenConstrLog(x[0],y)
addGenConstrLogA	$y=\log_a x$	M.addGenConstrLogA(x[0],y,3.0)
addGenConstrPow	$y=x^a$	M.addGenConstrPow(x[0],y,2.0)

4.4.3 gurobipy 建模与求解实例

本节将通过几个示例介绍 gurobipy 的使用。

例 4-1 供水问题。A、B 和 C 三座水库分别向甲、乙、丙、丁四个地区供水。三座水库的供水能力分别是 50、60 和 50，四个地区的基本需求量分别为 30、70、10 和 10，额外需求量分别为 50、70、20 和 40。基本需求量必须得到满足，基本需求量加额外需求量是需求的上限。每单位供水可获得收入 450，单位供水成本如下：

	甲	乙	丙	丁
A	160	130	220	170
B	140	130	190	150
C	190	200	230	/

求达到利润最大的供水方案。

```
import gurobipy as gp
import numpy as np
MODEL=gp.Model('Water Supply')
x=MODEL.addVars(3,4,vtype=gp.GRB.CONTINUOUS,name='supply')
MODEL.update()

C=np.array([[160,130,220,170], #成本矩阵，其中相对很大的数表示选项不可行
            [140,130,190,150],
            [190,200,230,100000]])

S=np.array([50,60,50]) #供给能力
D_base=np.array([30,70,10,10]) #基本需求
D_plus=np.array([50,70,20,40]) #额外需求

obj1=450*gp.quicksum(x[i,j] for i in range(3) for j in range(4)) #表达式1：收入
obj2=gp.quicksum(x[i,j]*C[i,j] for i in range(3) for j in range(4)) #表达式2：成本

MODEL.setObjective(obj1-obj2,gp.GRB.MAXIMIZE) #利润最大化

for i in range(3):
    MODEL.addConstr(gp.quicksum(x[i,j] for j in range(4))<=S[i],name='Supply'+str(i+1)) #供
                                                   水量约束

for j in range(4):
    MODEL.addConstr(gp.quicksum(x[i,j] for i in range(3))>=D_base[j],name='baseDemand'+str(
                                                   j+1)) #基本需求量约束
    MODEL.addConstr(gp.quicksum(x[i,j] for i in range(3))<=D_base[j]+D_plus[j],name='
                                                   surplusDemand'+str(j+1)) #总需求量约束

MODEL.addConstr(x[2,3]==0) #C-丁不可行
for i in range(3):
    for j in range(4):
        MODEL.addConstr(x[i,j]>=0)

MODEL.optimize()
print(MODEL.Status==gp.GRB.OPTIMAL) #求解是否成功
print("总利润：{}".format(MODEL.ObjVal)) #目标值
import pandas as pd
pd.DataFrame([[x[i,j].X,x[i,j].RC] for i in range(3) for j in range(4)],columns=['Value','
                                              Reduced Cost'],index=[x[i,j].varName for i in
                                               range(3) for j in range(4)])
              Value    Reduced_Cost
supply[0,0]   0.0      -30.0
supply[0,1]   50.0     0.0
supply[0,2]   0.0      -50.0
supply[0,3]   0.0      -20.0
```

```
supply[1,0]    0.0       -10.0
supply[1,1]    50.0      0.0
supply[1,2]    0.0       -20.0
supply[1,3]    10.0      0.0
supply[2,0]    40.0      0.0
supply[2,1]    0.0       -10.0
supply[2,2]    10.0      0.0
supply[2,3]    0.0       -99790.
```

例 4-2　货机装载问题。一架货机有前、中、后三个舱位，最大容积分别为 6800m^3、8700m^3 和 5300m^3，最大载重量分别是：10t、16t 和 8t。为了保证货机的平衡，三个货仓货物的重量比要保持在 10:16:8。现有四种货物可供选择，货物重量、单位重量货物的体积以及单位重量货物的利润如下所示，求使得航班利润最大的方案。

	重量/t	体积/(m^3/t)	利润/(元/t)
C1	18	480	3100
C2	15	650	3800
C3	23	580	3500
C4	12	390	2850

建模及求解代码如下：

```
import gurobipy as gp
import pandas as pd
import numpy as np
Cargo_weight=np.array([18,15,23,12]) #货物重量
Cargo_capacity=np.array([480,650,580,390]) #单位重量货物体积
Cargo_profit=np.array([3100,3800,3500,2850]) #单位重量货物利润

Plane_weight=np.array([10,16,8]) #飞机载重量限制
Plane_capacity=np.array([6800,8700,5300]) #飞机容积限制
MODEL=gp.Model('Cargo Loading') #建立模型
x=MODEL.addVars(4,3,vtype=gp.GRB.CONTINUOUS,name='Cargo')
#决策变量，对应每种货物在每一个舱位的载货量
MODEL.update() #更新模型变量空间

Profit=gp.quicksum(gp.quicksum(x.select(i,'*'))*Cargo_profit[i] for i in range(4))
#目标函数，这里用到了quicksum方法
MODEL.setObjective(Profit,gp.GRB.MAXIMIZE)

#约束条件
#重量约束
for j in range(3):
    MODEL.addConstr(gp.quicksum(x.select('*',j))<=Plane_weight[j],name='Plane_weight')
#容积约束
for j in range(3):
    MODEL.addConstr(gp.quicksum(x[i,j]*Cargo_capacity[i] for i in range(4))<=Plane_capacity
                                                    [j],name='Plane_capacity')
#每一种货物总重量约束
for i in range(4):
    MODEL.addConstr(gp.quicksum(x.select(i,'*'))<=Cargo_weight[i],name='Cargo')
```

```
#平衡约束
MODEL.addConstr(gp.quicksum(x.select('*',0))/10==gp.quicksum(x.select('*',1))/16,name='
                                              Balance_1')
MODEL.addConstr(gp.quicksum(x.select('*',2))/8==gp.quicksum(x.select('*',1))/16,name='
                                              Balance_2')

#变量约束，可以在定义变量时通过lb=0限定
for i in range(4):
    for j in range(3):
        MODEL.addConstr(x[i,j]>=0)
#模型求解
MODEL.optimize()
 #构建DataFrame显示求解结果
 pd.DataFrame([[x[i,j].X,x[i,j].RC] for i in range(4) for j in range(3)],columns=['Variable
                                              ','Reduced Cost'],index=[x[i,j].varName for
                                              i in range(4) for j in range(3)])

#每一个约束的松弛或剩余以及影子价格
pd.DataFrame([[Constr.Slack, Constr.pi] for Constr in MODEL.getConstrs()], index=[Constr.
                                              constrName for Constr in MODEL.getConstrs()],
                                              columns=["Slack or Surplus", "Dual Price"])
```

例 4-3　订单装配计划。以下是一个生产线装配计划优化问题，4 个订单分别通过 3 道工序，加工时间各不相同，在每道工序还会用到一种资源和一种模具，有的资源和模具专用，有的可以互换。示例代码如下：

```
import gurobipy as gp
import numpy as np
import pandas as pd

ORDERS=['01','02','03','04'] #订单
STEPS=[1,2,3] #工序
RESOURCES=['R1','R2'] #设备
MOULDS=['M1','M2'] #模具
#加工时间
STEP_TIME={('01',1):10, ('01',2):20, ('01',3):30, ('02',1):40, ('02',2):30, ('02',3):20,
    ('03',1):20, ('03',2):20, ('03',3):30, ('04',1):40, ('04',2):40, ('04',3):30}
#可选设备：1为可选，0为不可选
STEP_RESOURCES={('01',1,'R1'):1, ('01',1,'R2'):1, ('01',2,'R1'):1, ('01',2,'R2'):0,
    ('01',3,'R1'):0, ('01',3,'R2'):1, ('02',1,'R1'):1, ('02',1,'R2'):0, ('02',2,'R1'):1,
    ('02',2,'R2'):0, ('02',3,'R1'):0, ('02',3,'R2'):1, ('03',1,'R1'):0, ('03',1,'R2'):1,
    ('03',2,'R1'):0, ('03',2,'R2'):1, ('03',3,'R1'):1, ('03',3,'R2'):0, ('04',1,'R1'):1,
    ('04',1,'R2'):1, ('04',2,'R1'):0, ('04',2,'R2'):1, ('04',3,'R1'):0, ('04',3,'R2'):1}
#可选模具：1为可选，0为不可选
STEP_MOULDS={('01',1,'M1'):1, ('01',1,'M2'):0, ('01',2,'M1'):1, ('01',2,'M2'):0,
    ('01',3,'M1'):1, ('01',3,'M2'):0, ('02',1,'M1'):0, ('02',1,'M2'):1, ('02',2,'M1'):0,
    ('02',2,'M2'):1, ('02',3,'M1'):0, ('02',3,'M2'):1, ('03',1,'M1'):0, ('03',1,'M2'):1,
    ('03',2,'M1'):0, ('03',2,'M2'):1, ('03',3,'M1'):1, ('03',3,'M2'):0, ('04',1,'M1'):1,
    ('04',1,'M2'):0, ('04',2,'M1'):0, ('04',2,'M2'):1, ('04',3,'M1'):0, ('04',3,'M2'):1}

#各种统计数据
nORDERS=len(ORDERS)
nSTEPS=len(STEPS)
```

```
nRESOURCES=len(RESOURCES)
nMOULDS=len(MOULDS)
M=10000 #大M
SLOTS=range(nORDERS*nSTEPS) #时间槽

model=gp.Model('AssemblyAPS')
#变量：每个订单在每个工序的起始时间和终止时间
start=model.addVars(ORDERS,STEPS,vtype=gp.GRB.INTEGER,name='start')
end=model.addVars(ORDERS,STEPS,vtype=gp.GRB.INTEGER,name='end')
#变量：每个设备/模具 每个时段上对应的每个产品每道工序起始时间和终止时间
startR=model.addVars(RESOURCES,SLOTS,ORDERS,STEPS,vtype=gp.GRB.INTEGER,name='startR')
endR=model.addVars(RESOURCES,SLOTS,ORDERS,STEPS,vtype=gp.GRB.INTEGER,name='endR')
startM=model.addVars(MOULDS,SLOTS,ORDERS,STEPS,vtype=gp.GRB.INTEGER,name='startM')
endM=model.addVars(MOULDS,SLOTS,ORDERS,STEPS,vtype=gp.GRB.INTEGER,name='endM')
#变量：每个订单每道工序使用的设备
useResource=model.addVars(RESOURCES,SLOTS,ORDERS,STEPS,vtype=gp.GRB.BINARY,name='
                                              useResource')
#变量：每个订单每道工序使用的模具
useMould=model.addVars(MOULDS,SLOTS,ORDERS,STEPS,vtype=gp.GRB.BINARY,name='useMould')
#变量：每个设备/模具在每个时段的起始时间和终止时间
rSlotStartTime=model.addVars(RESOURCES,SLOTS,name='rSlotStartTime')
rSlotEndTime=model.addVars(RESOURCES,SLOTS,name='rSlotEndTime')
mSlotStartTime=model.addVars(MOULDS,SLOTS,name='mSlotStartTime')
mSlotEndTime=model.addVars(MOULDS,SLOTS,name='mSlotEndTime')

#总时长
timeSpan=model.addVar(vtype=gp.GRB.INTEGER,name='timeSpan')
model.update()
#约束条件
#1. 订单每道工序起始时间不能早于前道工序的终止时间
for step in STEPS:
    for order in ORDERS:
        model.addConstr(end[order,step]==start[order,step]+STEP_TIME[order,step])
for step in STEPS[1:]:
    for order in ORDERS:
        model.addConstr(start[order,step]>=end[order,step-1])
#2. 满足设备需求
for order in ORDERS:
    for step in STEPS:
        model.addConstr(sum(useResource[resource,slot,order,step] for resource in RESOURCES
                                                      for slot in SLOTS)==1)
        model.addConstrs(sum(useResource[resource,slot,order,step] for slot in SLOTS)<=
                                                     STEP_RESOURCES[order,step,resource]
                                                     for resource in RESOURCES)
#3. 满足模具需求
for order in ORDERS:
    for step in STEPS:
        model.addConstr(sum(useMould[mould,slot,order,step] for mould in MOULDS for slot in
                                                      SLOTS)==1)
        model.addConstrs(sum(useMould[mould,slot,order,step] for slot in SLOTS)<=
                                                     STEP_MOULDS[order,step,mould] for
                                                     mould in MOULDS)
```

```
#4.每个设备/模具每个时段中只能被一个产品的一道工序占用
model.addConstrs(sum(useResource[resource,slot,order,step] for order in ORDERS for step in
                                                            STEPS)<=1 for resource in RESOURCES for slot
                                                            in SLOTS)

model.addConstrs(sum(useMould[mould,slot,order,step] for order in ORDERS for step in STEPS)
                                                            <=1 for mould in MOULDS for slot in SLOTS)

#5. 每个设备每个时段在每个产品和工序的起始时间和终止时间
for resource in RESOURCES:
    for slot in SLOTS:
        for step in STEPS:
            model.addConstr(startR[resource,slot, order,step]<=start[order,step]+(1-
                                                            useResource[resource,slot,order,
                                                            step])*M)
            model.addConstr(startR[resource,slot,order,step]>=start[order,step]-(1-
                                                            useResource[resource,slot,order,
                                                            step])*M)
            model.addConstr(startR[resource,slot,order,step]<=useResource[resource,slot,
                                                            order,step]*M)
            model.addConstr(endR[resource,slot,order,step]<=start[order,step]+STEP_TIME[
                                                            order,step]+(1-useResource[
                                                            resource,slot,order,step])*M)
            model.addConstr(endR[resource,slot,order,step]>=start[order,step]+STEP_TIME[
                                                            order,step]-(1-useResource[
                                                            resource,slot,order,step])*M)
            model.addConstr(endR[resource,slot,order,step]<=useResource[resource,slot,order
                                                            ,step]*M)
#6. 每个设备每个时段的起始时间和终止时间
for resource in RESOURCES:
    for slot in SLOTS:
        model.addConstr(rSlotStartTime[resource,slot]==sum(startR[resource,slot,order,step]
                                                            for order in ORDERS for step in
                                                            STEPS))
        model.addConstr(rSlotEndTime[resource,slot]==sum(endR[resource,slot,order,step] for
                                                            order in ORDERS for step in STEPS))
#7. 每个模具每个时段在每个产品和工序的起始时间和终止时间
for mould in MOULDS:
    for slot in SLOTS:
        for order in ORDERS:
            for step in STEPS:
                model.addConstr(startM[mould,slot,order,step]<=start[order,step]+(1-
                                                            useMould[mould,slot,order,
                                                            step])*M)
                model.addConstr(startM[mould,slot,order,step]>=start[order,step]-(1-
                                                            useMould[mould,slot,order,
                                                            step])*M)
                model.addConstr(startM[mould,slot,order,step]<=useMould[mould,slot,order,
                                                            step]*M)
                model.addConstr(endM[mould,slot,order,step]<=start[order,step]+STEP_TIME[
                                                            order,step]+(1-useMould[mould
                                                            ,slot,order,step])*M)
                model.addConstr(endM[mould,slot,order,step]>=start[order,step]+STEP_TIME[
```

```
                                                                order,step]-(1-useMould[mould
                                                                ,slot,order,step])*M)
                model.addConstr(endM[mould,slot,order,step]<=useMould[mould,slot,order,step
                                                                ]*M)
#8. 每个模具每个时段的起始时间和终止时间
for mould in MOULDS:
    for slot in SLOTS:
        model.addConstr(mSlotStartTime[mould,slot]==sum(startM[mould,slot,order,step] for
                                                        order in ORDERS for step in STEPS))
        model.addConstr(mSlotEndTime[mould,slot]==sum(endM[mould,slot,order,step] for order
                                                        in ORDERS for step in STEPS))
#9. 起始时间为0
for resource in RESOURCES:
    model.addConstr(rSlotStartTime[resource,0]==0)
for mould in MOULDS:
    model.addConstr(mSlotStartTime[mould,0]==0)
#10. 设备和模具的每个时段的起始时间不早于前个时段的终止时间
for resource in RESOURCES:
    for slot in SLOTS[1:]:
        model.addConstr(rSlotEndTime[resource,slot-1]<=rSlotStartTime[resource,slot])

for mould in MOULDS:
    for slot in SLOTS[1:]:
        model.addConstr(mSlotEndTime[mould,slot-1]<=mSlotStartTime[mould,slot])

#11.定义timespan为最晚完成订单的终止时间
model.addConstr(timeSpan==gp.max_([end[order,step] for order in ORDERS for step in STEPS]))
model.setObjective(timeSpan,gp.GRB.MINIMIZE)
model.write('MTOAPS.lp')
model.optimize()
```

思考：求解完成后结果的显示和分析请自行完成。

例 4-4　数独求解。数独是一种数字类游戏，将 9×9 的网格填充数字 $1\sim 9$，同时保证每行、每列和每一个 3×3 方格中只出现一次。在开始前，一些位置上有数字，问题是需要填充剩余的数字。一个数独问题如下：

			1					
				2	7			
4		6				1		9
						9	2	5
6								
3			8	1				
7				4		3		
		4						7
	8	5		9				4

针对这个问题，可以定义 $9\times 9\times 9$ 数组，如果位置 (i, j, k) 为 1 表示在 $i+1$ 行 $j+1$

列的数字是 $k+1$。由于本问题的目的是寻找可行解，所以目标函数设为常数。数独求解代码如下：

```
#数独问题存放在excel表格中，非数字位置是空字符串
matrix=pd.read_excel('shudu.xlsx', index_col=False, header=None, na_filter=False)
MODEL=gp.Model('solve Shudu')
x=MODEL.addVars(9,9,9,vtype=gp.GRB.BINARY) #9*9*9的0-1变量
MODEL.update()
MODEL.setObjective(1,gp.GRB.MINIMIZE) #目标函数为常数
#初始值为约束条件
for i in range(9):
    for j in range(9):
        if(matrix.at[i,j]!=''):
            k=int(matrix.at[i,j])
            MODEL.addConstr(x[i,j,k-1]==1)
MODEL.addConstrs(sum(x.select(i, j, '*')) == 1 for i in range(9) for j in range(9)) #每个数
                                                字出现1次
MODEL.addConstrs(sum(x.select(i, '*', j)) == 1 for i in range(9) for j in range(9)) #每行出
                                                现1次
MODEL.addConstrs(sum(x.select('*', i, j)) == 1 for i in range(9) for j in range(9)) #每列出
                                                现1次
#每个3*3格中不能有重复数字
MODEL.addConstrs(sum(x[i + 3 * I, j + 3 * J, k] for i in range(3) for j in range(3)) == 1
                                                for k in range(9) for I in range(3) for J in
                                                range(3))
MODEL.write('Shudu.lp')
MODEL.optimize()
#显示结果
Result=pd.DataFrame()
for i in range(9):
    for j in range(9):
        for k in range(9):
            if(x[i,j,k].X==1):
                Result.at[i,j]=k+1
Result.astype(int)
```

有兴趣的读者可根据上述思路，自行实现基于 cvxpy 的数独问题求解。

4.4.4 gurobipy 中的常用问题转换技巧

1. 分段目标函数

分段目标函数的设置有如下几种情况。

1) 分段线性目标函数

对于线性目标函数 $\max f(x)=\begin{cases}x, & 0\leqslant x\leqslant 2\\ 1/3x+4/3, & 2\leqslant x\leqslant 5\end{cases}$

可以通过如下代码实现：

```
M=gp.Model()
x=M.addVar()
M.setPWLObj(x,[0,2,5],[0,2,3])
M.setAttr(gp.GRB.Attr.ModelSense,gp.GRB.MAXIMIZE)
```

2) 非线性目标函数的线性逼近

对于一些特殊的非线性函数，可以通过一些固定点用折线逼近非线性函数，如对于目标 $\min f(x)=(x-1)^2+2$，可以转变为如下的分段函数：

```
M.setPWLObj(x,[-4,-1.5,1,3.5,6],[27,8.25,2,8.25,27])
M.setAttr(gp.GRB.Attr.ModelSense,gp.GRB.MINIMIZE)
```

2. 含绝对值符号的问题

当数学规划问题中存在绝对值运算时，可以通过引入变量去掉绝对值。例如：

$$\min||X||_1=\sum_{i=1}^{n}|x_i|$$

$$\text{s.t. } AX\leqslant b$$

可以通过引入变量 $u_i\geqslant 0$ 和 $v_i\geqslant 0$ 并令 $|x_i|=u_i+v_i$ 以及 $x_i=u_i-v_i$，从而将以上问题转化为

$$\min\sum_{i=1}^{n}(u_i+v_i)$$

$$\text{s.t. } A(\boldsymbol{u}-\boldsymbol{v})\leqslant b$$

$$u\geqslant 0, v\geqslant 0$$

3. 含最大 (最小) 运算的建模

$$\min_{\boldsymbol{X}}\max_{\boldsymbol{Y}}(a\boldsymbol{X}+b\boldsymbol{Y})$$

为了将其转化为线性规划问题，引入新的变量 u，满足以下条件：

$$u=\max_{\boldsymbol{Y}}(a\boldsymbol{X}+b\boldsymbol{Y}) \iff a\boldsymbol{X}+b\boldsymbol{Y}\leqslant u$$

据此可以将上述数学规划问题转化为如下的线性规划问题：

$$\min u$$

$$\text{s.t. } a\boldsymbol{X}+b\boldsymbol{Y}\leqslant u$$

4. 二选一约束建模

假设有如下建模：

$$2x+3y\leqslant 100 \text{ 或 } x+y\leqslant 50$$

这实际上是一个二选一约束，为将其转化为线性约束，引入一个 0-1 变量和一个充分大的数 M：

$$\begin{cases} 2x+3y\leqslant 100+zM \\ x+y\leqslant 50+(1-z)M \\ z\in\{0,1\} \end{cases}$$

习　题

1. 以 Rosenbrock 函数为例，令 $n = 3$，通过不同的方法求解该函数的最小值。
2. 分析 scipy 约束最优化中定义约束条件的方法。
3. 通过 cvxpy 实现 4.3 节的各原函数，查阅相关资料了解各函数凹凸性和单调性的证明方法。
4. 构建一个凸优化问题，分别用 cvxpy 和 KKT 条件进行求解，并说明求解过程。
5. 讨论各线性回归问题的凹凸性，说明带正则项的目标函数仍然是凸函数的原因。
6. 阅读曲线拟合中加入凸函数约束的代码，将数据取反后写出增加凹函数的代码。

第 5 章　基于 Python 的统计分析

本章主要介绍基于 Python 的统计学基本内容，主要包括 scipy.stats 中的统计分布、参数估计和假设检验以及 statsmodels 中的统计模型。

5.1　scipy 与统计分布

scipy.stats 是一个重要的统计学包，主要包含了各种各样的统计分布相关的类和方法。scipy.stats 包导入时一般采用 import scipy.stats as ss，本节同样不加说明地使用 ss 作为 scipy.stats 的别名。

5.1.1　基于 scipy 的基本统计分布

scipy.stats 中的统计分布全部通过类进行了封装，主要的方法如下。

(1) rvs(size)：生成随机变量 (random variables)。

(2) pdf：概率密度函数 (probability density function)(连续随机变量)。

(3) pmf：概率质量函数 (probability mass function)(离散随机变量)。

(4) cdf：累积分布函数 (cumulative distribution function)。

(5) ppf：分位点函数 (percent point function)，是累积分布函数的逆函数，也称为逆累积分布函数。

(6) sf：生存函数 (survival function)，等于 1−cdf。

(7) stats：基础统计量均值、方法。

(8) fit：参数估计。

scipy.stats 支持两种使用统计分布类的方法，一种是构造分布对象时将分布参数放在构造方法中，之后再通过该对象访问方法，方法中不需要再设置参数；另一种是通过随机分布类名称直接使用方法，这时在方法中需要给定分布参数。以正态分布为例，两种调用方式如下：

```
import scipy.stats as ss
#方法一
rv=ss.norm(3,1) #构造均值为3，标准差为1的正态分布对象
rv.rvs((20,1)) #生成20行1列均值为3标准差为1的随机变量
#也可以直接使用ss.norm(3,1).rvs((20,1))
rv.cdf(3) #计算累积概率分布
rv.pdf(3) #计算概率密度函数
#方法二
ss.norm.rvs(3,1,(20,1)) #参数放在rvs方法中
ss.norm.pdf(3, 3,1) #第一个参数是待求密度函数的点，第二个和第三个参数分别是均值和标准差
ss.norm.cdf(3,3,1) #第一个参数是待求累积分布函数的点，第二个和第三个参数分别是均值和标准差
```

scipy.stats 中的常用分布及参数如图 5.1 所示。scipy.stats 中的统计分布的参数名称、位置及表达方式和一般的软件 (如 R 或 MATLAB) 有所不同，在使用的时候要特别注意，如 loc 几乎出现在 scipy.stats 的所有分布中，但其含义却不完全相同。

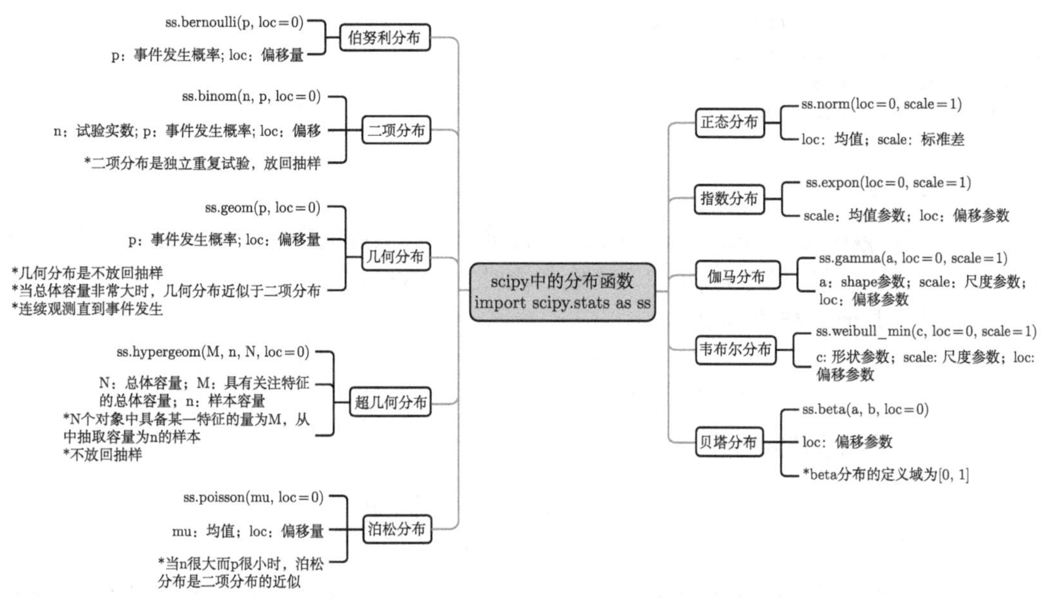

图 5.1　scipy.stats 中的常用分布及参数

5.1.2　主要离散分布简介

1. 伯努利分布

伯努利分布 (Bernoulli distribution) 是一种离散分布，描述的是一个事件有两种可能的结果，1 表示成功，出现的概率是 $p(0<p<1)$，0 表示失败，出现的概率为 $q=1-p$。伯努利分布是最简单、最基本的离散分布，在机器学习里有很多的用途。scipy.stats 中的伯努利分布的构造方法为 ss.bernoulli(p,loc=0)，其中 p 为事件发生概率，loc 为偏移量 (很少使用)。伯努利分布示例代码如下：

```
import scipy.stats as ss
rv=ss.bernoulli(0.2) #p=0.2的伯努利分布
x=rv.rvs(10) #生成10个随机数
#array([0, 0, 0, 0, 0, 0, 0, 0, 1, 0])
rv.pmf(0) #0.8
rv.pmf(1) #0.2
rv.cdf(0) #0.8
rv.cdf(1) # 1.0
```

2. 二项分布

二项分布 (binomial distribution) 描述的是在 n 个独立伯努利试验 (成功概率为 p) 中，成功的数量为 X，则 X 服从参数为 n 和 p 的二项分布。二项分布的 pmf 表示为：

$P(X=k)=\left(\dfrac{n!}{k!(n-k)!}\right)p^k(1-p)^{n-k}$，数学期望 $E(X)=np$，方差 $D(X)=np(1-p)$。二项分布示例代码如下：

```
rv=ss.binom(10,0.3)
rv.rvs((1,5)) #ss.binom(10,0.3,size=(1,5))
rv.ppf(0.8) #ss.binom(0.8,10,0.3)
rv.pmf(3) #ss.binom(3,10,0.3)
rv.cdf(5) #ss.binom(5,10,0.3)
```

3. 几何分布

几何分布 (geometric distribution) 是一种重要的离散型概率分布，定义为在连续进行独立伯努利试验 (成功概率为 p) 中，试验 k 次时首次成功的概率，即前 $k-1$ 次都是失败，第 k 次成功。几何分布的 pmf 为

$$P(X=k)=(1-p)^{k-1}p,\ k=1,2,\cdots$$

几何分布的期望值和方差分别为

$$E(X)=\frac{1}{p}\text{和}D(X)=\frac{1-p}{p^2}$$

几何分布描述首次出现概率的情况，如在生产线上连续检测直到发现不合格品的概率、统计控制图中 ARL (average run length，平均运行链长) 的估计等。几何分布示例如下：

```
rv=ss.geom(0.05)
rv.rvs(10) #ss.geom.rvs(0.05,size=10)
rv.pmf(10) #ss.geom.pmf(10,0.05)
rv.cdf(20) #ss.geom.cdf(20,0.05)
rv.ppf(0.8) #ss.geom.ppf(0.8,0.05)
```

几何分布的概率质量函数如图 5.2 所示。

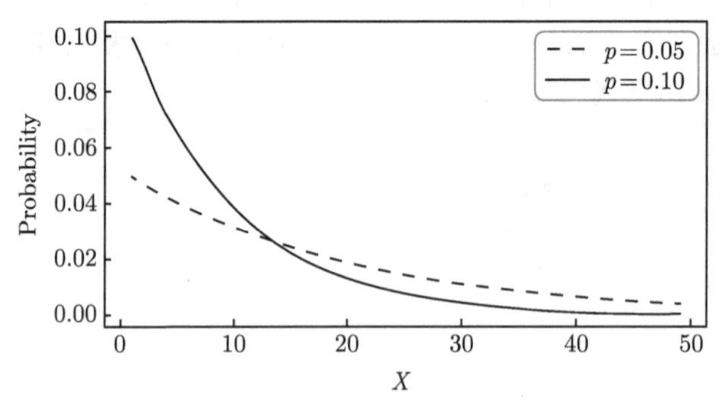

图 5.2　几何分布的概率质量函数

4. 超几何分布

超几何分布 (hypergeometric distribution) 是一种重要的离散概率分布，它描述了从有限的 M 个个体 (其中包含某一特征的个体数为 n) 中随机抽取 N 个个体，则抽到具有特

定特征的个体数服从超几何分布，其中 M、n 和 N 是超几何分布的参数。超几何分布的概率质量函数表示为

$$P(X=k)=\frac{C_n^k C_{M-n}^{N-k}}{C_M^N},\ k\in[\max(0,N-M+n),\min(n,N)]$$

根据超几何分布的定义，具有某一特征的个体的比率为 $p=n/M$。超几何分布在抽样检验方面有重要用途，一般应用场景是一批产品的数量为 M，通过抽样判定这批产品的不合格率是否高于或低于事先约定的水平 (如约定的不合格率为 p，则不合格品数 $n=Mp$)。超几何分布的期望和方差分别是

$$E(X)=\frac{nN}{M},\ D(X)=\frac{nN}{M}\left(1-\frac{n}{M}\right)\frac{M-N}{M-1}$$

超几何分布的示例代码如下:

```
M=1000
n=50
N=20
rv=ss.hypergeom(M,n,N)
rv.pmf(10) #ss.hypergeom.pmf(10,M,n,N)
rv.cdf(10) #ss.hypergeom.cdf(10,M,n,N)
```

特别提示：scipy.stats 中的超几何分布参数与其他软件及资料都有所不同，需要特别注意。超几何分布的概率质量函数如图 5.3 所示。

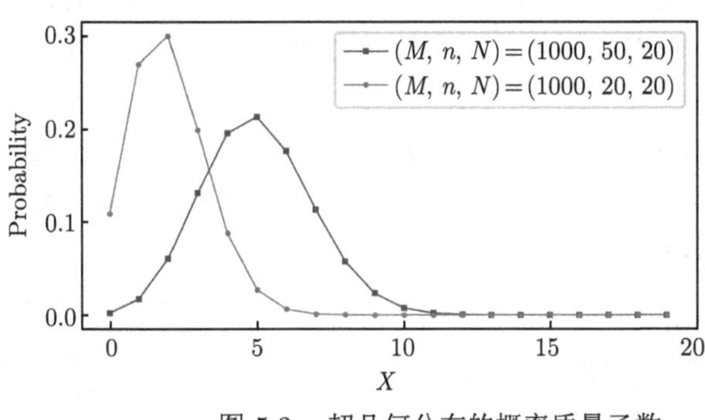

扫一扫见彩图

图 5.3　超几何分布的概率质量函数

5. 泊松分布

泊松分布 (Poisson distribution) 是最重要的一个离散分布，描述的是单位时间内随机事件发生的概率，其概率质量函数是

$$P(X=k)=\frac{\lambda^k}{k!}\mathrm{e}^{-\lambda}$$

其中，λ 为单位时间内的事件发生速率。泊松分布的期望和方差均为 λ。

泊松分布的参数 λ 的物理含义是事件发生的平均速率。泊松分布的应用非常广泛，如呼叫中心的电话呼入次数、某地区火灾发生的次数、银行的顾客到达数等都可以近似用泊

松分布描述，当然这里有一个基本条件，即事件的发生是完全独立的。泊松分布的示例代码如下：

```
rv=ss.poisson(2)
rv.pmf(5) #ss.poisson.pmf(5,2)
rv.cdf(5) #ss.poisson.cdf(5,2)
rv.ppf(0.3) # ss.poisson.ppf(0.3,2)
```

泊松分布的概率质量函数如图 5.4 所示。

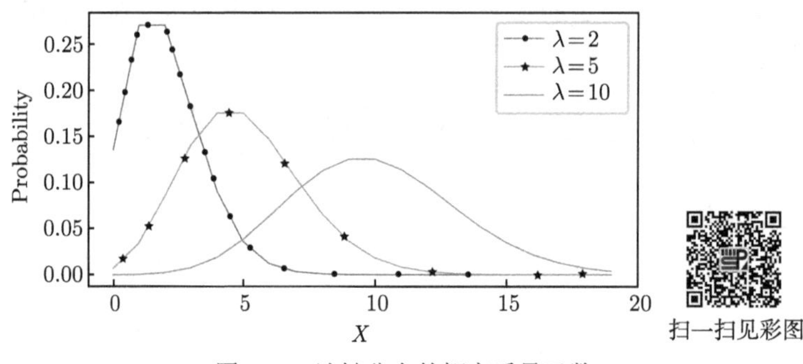

图 5.4　泊松分布的概率质量函数

主要的离散分布之间有如下的关系。

(1) 当总体中的对象数 M 很大时，超几何分布逼近二项分布，即当超几何分布中的参数 n/M 等于二项分布中的参数 p 且 M 足够大时，二者接近。实际上，二项分布是参数为 p 的 n 重伯努利试验，但超几何分布是不放回抽样。当 M 足够大时，不放回抽样的概率和放回抽样的概率接近，此时可以将超几何分布看作一件一件进行抽取，因此超几何分布会逼近二项分布。

(2) 当二项分布的 n 很大而 p 很小时，泊松分布可以看作二项分布的近似，其中 $\lambda = np$。通常，$n \geqslant 20$ 且 $p \leqslant 0.05$ 时，就可以用泊松分布近似二项分布。二项分布、超几何分布和泊松分布的近似关系如图 5.5 所示。

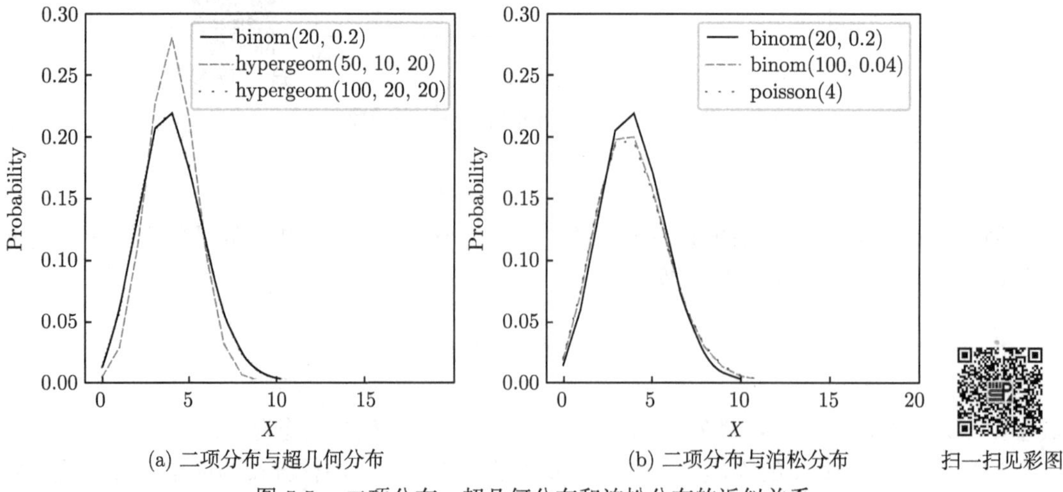

图 5.5　二项分布、超几何分布和泊松分布的近似关系

5.1.3　主要连续分布简介

1. 正态分布

正态分布 (normal distribution) 也称常态分布或高斯分布 (Gaussian distribution)，是最重要的一类连续分布。正态分布是很多统计推断和估计的基础。若随机变量 X 服从数学期望为 μ、方差为 σ^2 的正态分布，记为 $X \sim N(\mu,\sigma^2)$，当 $\mu=0$、$\sigma=1$ 时的正态分布称为标准正态分布 (standard normal distribution)。

服从均值为 μ、方差为 σ^2 的正态分布可以转化为标准正态分布：若 $X \sim N(\mu,\sigma^2)$，则 $Y=\dfrac{X-\mu}{\sigma} \sim N(0,1)$。

如果随机变量 X 服从均值为 μ、标准差为 σ 的正态分布，则其概率密度函数为：$f(x)=\dfrac{1}{\sqrt{2\pi}\sigma}\mathrm{e}^{-\frac{(x-\mu)^2}{2\sigma^2}}$。

正态分布有如下重要性质。

(1) 如果 $X \sim N(\mu,\sigma^2)$ 且 a 和 b 为实数，则 $aX+b \sim N(a\mu+b,(a\sigma)^2)$。

(2) 如果 $X \sim N(\mu_X,\sigma_X^2)$ 与 $Y \sim N(\mu_Y,\sigma_Y^2)$ 且 X 和 Y 是统计独立的，则有

$$U=X+Y \sim N(\mu_X+\mu_Y,\sigma_X^2+\sigma_Y^2),$$
$$V=X-Y \sim N(\mu_X-\mu_Y,\sigma_X^2+\sigma_Y^2)$$

scipy.stats 中的正态分布示例代码如下：

```
rv=ss.norm(loc=3,scale=1)  #等价于rv=ss.norm(3,1)
#scipy.stats中的正态分布，参数loc对应均值(默认值为0)，scale对应标准差(默认值为1)
rv.rvs(10) #ss.norm.rvs(3,1,size=10)
rv.cdf(5) #ss.norm.cdf(5,3,1)
rv.pdf(5) #ss.norm.pdf(5,3,1)
rv.ppf(0.5) #ss.norm.ppf(0.5,3,1)
x=rv.rvs(10)
ss.norm.fit(x) #参数估计
```

提示：scipy.stats 中的正态分布的参数是均值和标准差，而有的软件是均值和方差，使用时需要注意。不同参数下的正态分布密度函数如图 5.6 所示。

2. 指数分布

指数分布 (exponential distribution) 是最简单的连续分布之一，在可靠性工程中的非老化原件寿命描述、排队论中的顾客到达建模等方面有重要的应用。指数分布和泊松分布有直接联系：泊松事件流的等待时间 (相继发生的两个事件之间的时间间隔) 服从指数分布。若随机变量 X 服从参数为 λ 的指数分布，则其概率密度函数为

$$f(x;\lambda)=1/\lambda\mathrm{e}^{-\frac{x}{\lambda}},x \geqslant 0$$

累积分布函数为

$$F(x;\lambda)=1-\mathrm{e}^{-\frac{x}{\lambda}},x \geqslant 0$$

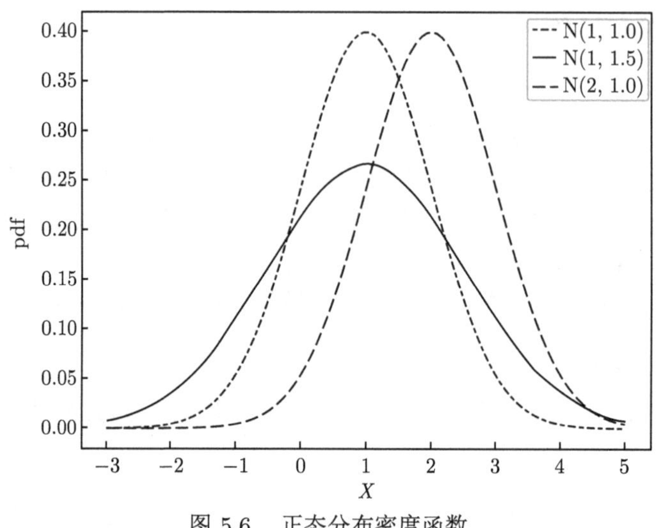

图 5.6　正态分布密度函数

指数分布的期望和方差分别为

$$E(X) = \lambda,$$

$$D(X) = \lambda^2$$

指数分布最重要的性质是无记忆性 (memoryless property)，其含义是如果随机变量 T 服从指数分布，则它的条件概率遵循：

$$P(T > t + s|T > t) = T(T > s), \quad s, t \geqslant 0$$

scipy.stats 中的指数分布示例如下：

```
rv=ss.expon(scale=3)
#注意：scipy.stata中的指数分布的速率参数是scale，loc指随机变量的偏移参数，一般不用
rv.pdf(3) #ss.expon.pdf(3,scale=3)
rv.cdf(3) #ss.expon.cdf(3,scale=3)
rv.ppf(0.5) #ss.expon.ppf(0.5,scale=3)
#以下代码演示了指数分布的无记忆性
t=3
s=2
P1=(1-rv.cdf(t+s))/(1-rv.cdf(t)) #P(T>t+s|T>t)=P(T>t+s)/P(T>t)
P2=1-rv.cdf(s) #P(T>s)
print(P1,P2)
```

提示：使用 scipy.stats 中的指数分布时有两点需要注意：一是必须通过关键字 scale 传递参数，否则结果参数会传递给 loc；二是 scale 参数的物理意义是时间间隔，与很多软件采用率参数 (rate parameter) 不同，两者互为倒数。

不同参数下的指数分布密度函数如图 5.7 所示。

3. 伽马分布

伽马分布是一种连续概率分布，指数分布和卡方分布都是伽马分布的特例。伽马分布中的两个主要参数分别是形状参数 α 和尺度参数 β。如果 α 是整数，则伽马分布可以看作

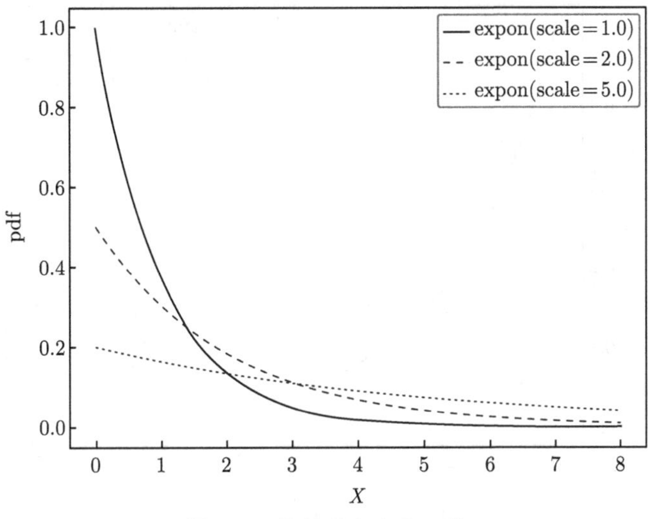

图 5.7　指数分布密度函数

α 个参数为 β 的指数分布的和的分布，显然当 $\alpha=1$ 时伽马分布等价于指数分布。由于指数分布用于描述相继两个事件之间的时间间隔，所以伽马分布用来描述相连的 α 时间的总时间间隔。伽马分布的密度函数为

$$f(x;\beta,\alpha)=\frac{(1/\beta)^{\alpha}}{\Gamma(\alpha)}x^{\alpha-1}\mathrm{e}^{-\beta x},\quad x>0$$

其中 $\Gamma(\alpha)$ 是伽马函数，伽马分布的期望值和方差分别为

$$E(X)=\frac{\alpha}{\beta},\quad D(X)=\frac{\alpha}{\beta^2}$$

scipy.stats 中的伽马分布示例如下：

```
rv_gamma=ss.gamma(1.5,scale=3) #第一个参数为形状参数，第二个参数必须用关键字scale指定
rv_gamma.pdf(3) #ss.gamma.pdf(3,1.5,scale=3)
rv_gamma.cdf(3) #ss.gamma.cdf(3,1.5,scale=3)
print(ss.gamma.pdf(2,1,scale=3)-ss.expon(scale=3).pdf(2)) #当形状参数等于1时，伽马分布等价于指数分布
```

重要提示：使用伽马分布时，第一个参数为形状参数，第二个参数必须通过 scale 给出，否则会传递给 loc 参数而导致结果错误。

不同参数的伽马分布密度函数如图 5.8 所示。

4. 韦布尔分布

韦布尔分布 (Weibull distribution) 是可靠性分析和寿命分析的理论基础，在可靠性工程中被广泛应用，尤其适用于描述磨损产品的失效时间的分布。根据寿命分布的特性，韦布尔分布是一种典型的右偏分布。

韦布尔分布主要有两个参数，分别是形状参数 (β) 和尺度参数 (α)。韦布尔分布的密度函数为

$$f(x;\alpha,\beta)=\frac{\beta}{\alpha}\left(\frac{x}{\alpha}\right)^{\beta-1}\mathrm{e}^{-\left(\frac{x}{\alpha}\right)^{\beta}}$$

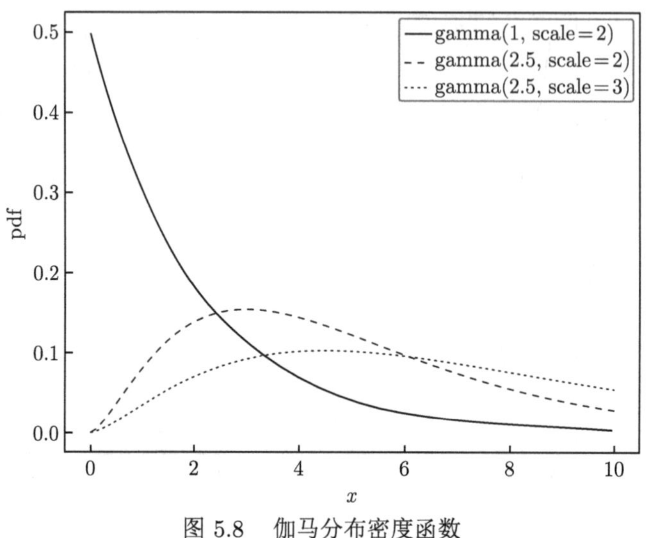

图 5.8　伽马分布密度函数

累积分布函数为

$$F(x;\beta,\alpha)=1-\mathrm{e}^{-\left(\frac{x}{\alpha}\right)^{\beta}}$$

韦布尔分布的期望值和方差分别为

$$E(X)=\alpha*\Gamma\left(1+\frac{1}{\beta}\right),\quad D(X)=\alpha^2\left[\Gamma\left(1+\frac{2}{\beta}\right)-\Gamma^2\left(1+\frac{1}{\beta}\right)\right]$$

韦布尔分布代码示例如下：

```
rv=ss.weibull_min(1.6,scale=10) #尺度参数必须通过scale关键字给出
rv.cdf(10) #ss.weibull_min.cdf(10,1.6,scale=10)
rv.pdf(10) #ss.weibull_min.pdf(10,1.6,scale=10)
```

韦布尔分布密度函数如图 5.9 所示。

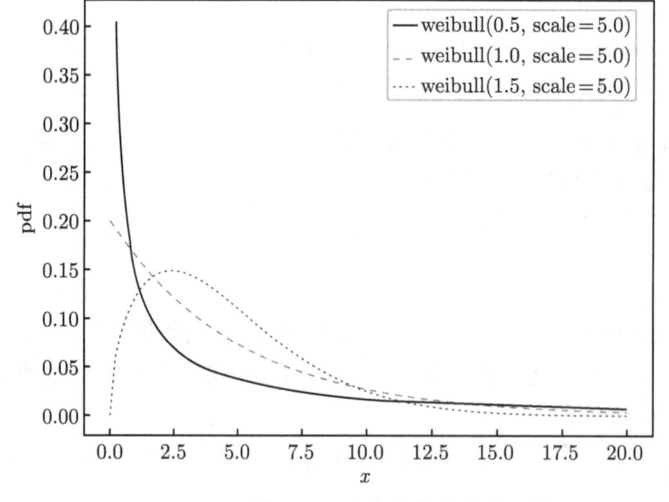

扫一扫见彩图

图 5.9　韦布尔分布密度函数

在可靠性分析中，还有一个常用的函数称为危险率函数 (hazard function)，定义为

$$h(x) = \frac{\mathrm{pdf}(x)}{1 - \mathrm{cdf}(x)} = \frac{\mathrm{pdf}(x)}{\mathrm{sf}(x)}$$

危险率函数描述的是当个体在 x 之前没有发生失效 (而在 x 后的很小一段时间内发生失效的条件概率。韦布尔分布的形状参数 β 会影响危险率函数的形状，当 $\beta < 1$ 时危险函数单调下降，一般用于描述产品的早期阶段，特别是机械产品的磨合阶段的失效规律，当 $\beta = 1$ 时危险率函数是一个常数，用于描述产品的偶发故障期，当 $\beta > 1$ 时，危险率函数单调上升，一般用于产品生命周期后期的加速磨损阶段。不同参数下的韦布尔分布危险率函数如图 5.10 所示。

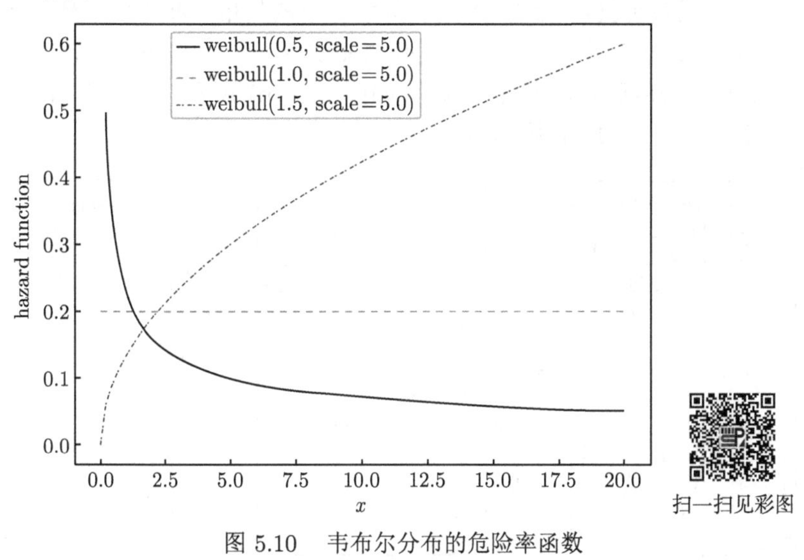

图 5.10　韦布尔分布的危险率函数

如果随机变量 T 服从形状参数为 β、尺度参数为 α 的韦布尔分布，则对 $\log(T)$ 服从参数为 $\mu = \log(\alpha)$ 和 $\sigma = 1/\beta$ 的极小值分布。令 $z = \dfrac{x - \mu}{\sigma}$，则极小值分布的概率密度函数和累积分布函数分别为

$$f(x;\mu,\sigma) = \mathrm{e}^{\frac{z-\mathrm{e}^z}{\sigma}},$$
$$F(x;\mu,\sigma) = 1 - \mathrm{e}^{-\mathrm{e}^z}$$

5. 贝塔分布

贝塔分布作为伯努利分布、二项分布和几何分布的共轭先验分布，在机器学习和数理统计学中有重要应用。贝塔分布有两个参数 $\alpha, \beta > 0$。贝塔分布的概率密度函数为

$$f(x;\alpha,\beta) = \frac{1}{\mathrm{B}(\alpha,\beta)} x^{\alpha-1}(1-x)^{\beta-1}$$

其中 $\mathrm{B}(\alpha,\beta) = \dfrac{\Gamma(\alpha)\Gamma(\beta)}{\Gamma(\alpha+\beta)}$。由于贝塔分布是一个定义在区间 $(0,1)$ 的概率分布，因此也被称为概率的概率分布。回顾二项分布的密度函数 $P(X=k;n,p) = \dfrac{n!}{k!(n-k)!} p^k (1-p)^{n-k}$，

其含义是在 n 次独立伯努利试验中有 k 次成功。伽马函数是阶乘在实数领域的拓展，所以当 α 和 β 为整数时，贝塔分布和二项分布的形式非常相似，主要的不同之处在于二项分布是对试验的成功次数建模，而贝塔分布是对成功的概率建模。

贝塔分布的示例代码如下：

```
rv=ss.beta(3,2) #scipy.stats中贝塔分布原型函数中的loc和scale保留默认值即可
rv.pdf(0.2) #ss.beta.pdf(0.2,3,2)
rv.ppf(0.2) #ss.beta.ppf(0.2,3,2)
rv.cdf(0.9) #ss.beta.cdf(0.9,3,2)
```

贝塔分布非常灵活，当改变参数 α 和 β 时，其密度函数可以是 U 形、钟形、左偏或右偏以及严格增加/或减小甚至直线。不同参数组合下的贝塔分布密度函数如图 5.11 所示。其中当 $\alpha \geqslant 2, \beta \geqslant 2$ 时，贝塔分布的密度函数曲线为钟形，如图 5.11(a) 所示；当参数 $\alpha = 1$ 或 $\beta = 1$ 时，密度函数单调递增/减，如图 5.11(b) 所示；当参数 $\alpha < 1, \beta < 1$ 时，密度函数是 U 形，如图 5.11(c) 所示。

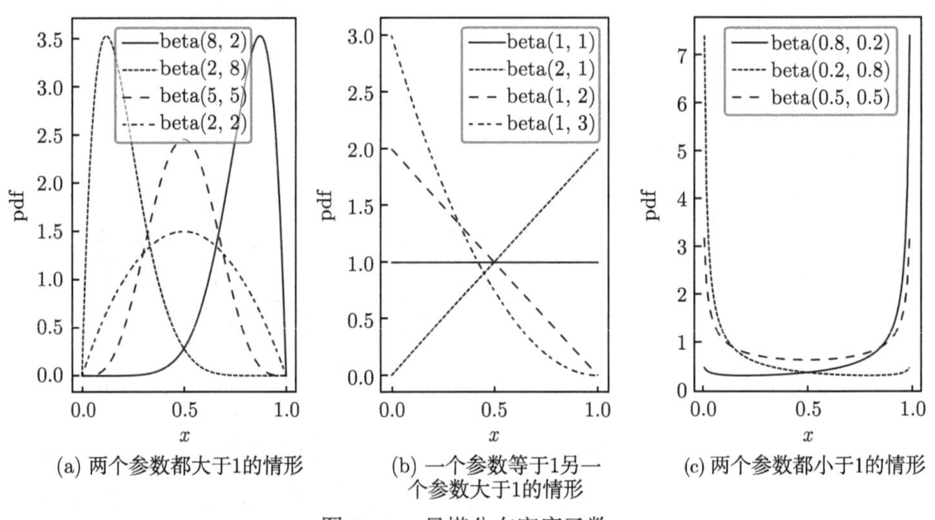

(a) 两个参数都大于1的情形　(b) 一个参数等于1另一个参数大于1的情形　(c) 两个参数都小于1的情形

图 5.11　贝塔分布密度函数

5.1.4　抽样分布

1. 卡方分布

若 n 个相互独立的随机变量 $X_1, X_2 \cdots, X_n$ 均服从标准正态分布 (也称独立同分布于标准正态分布)，则这 n 个随机变量的平方和服从自由度为 n 的卡方分布，记为 $\chi^2(n)$。卡方分布是研究方差的重要分布。卡方分布在 scipy 中使用 scipy.stats.chi2。卡方分布的密度函数如图 5.12 所示。

2. t 分布

t 分布 (t-distribution) 用于根据小样本来估计方差未知的正态总体的均值。当总体方差已知时，可以用正态分布描述样本均值的分布。当正态总体的方差未知时，需要用样本方差估计总体方差，这样会引入误差。t 分布主要解决这一估计误差问题。随着样本量的

增加，样本方差越来越接近总体方差，t 分布趋近于标准正态分布。t 分布在 scipy 中使用 scipy.stats.t。t 分布的密度函数与标准正态分布相似，如图 5.13 所示。

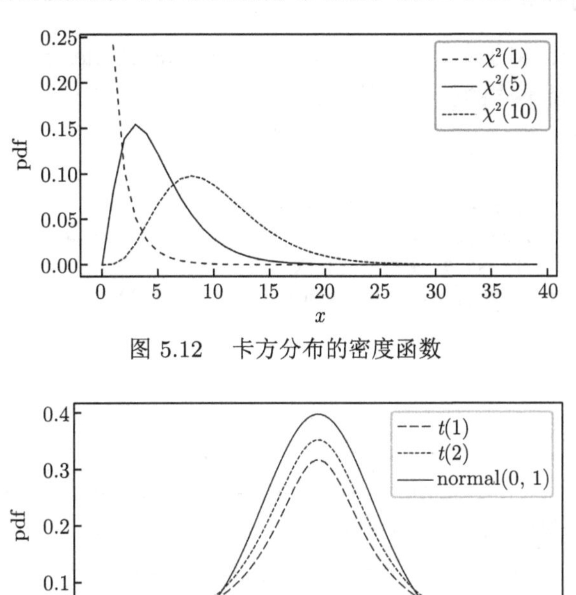

图 5.12 卡方分布的密度函数

图 5.13 t 分布的密度函数

3. F 分布

F 分布描述的是两个独立卡方分布随机变量除以各自自由度后的比值，是统计学中进行方差分析的重要分布。F 分布在 scipy 中使用 scipy.stats.f。F 分布的参数分别是两个卡方分布的自由度。F 分布的密度函数如图 5.14 所示。

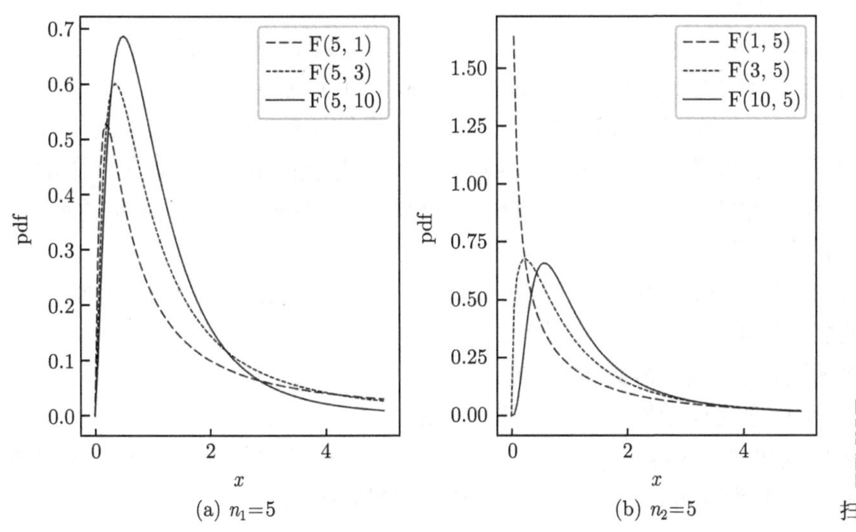

(a) n_1=5 (b) n_2=5

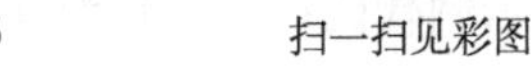

扫一扫见彩图

图 5.14 F 分布的密度函数

5.1.5　基本统计分析

1. 基本统计量的计算

数据基本统计量计算的最简单的方法是通过 pandas 的 describe 方法进行计算，可以得到均值、中位数以及不同的分位数等，代码如下：

```
import numpy as np
import pandas as pd
A=np.random.normal(2.5,1,size=100) #正态分布随机数
B=np.random.uniform(0,5,size=100) #均匀分布随机数
C=np.random.randint(0,2,size=100) #整型随机数
D=pd.DataFrame(np.column_stack((A,B,C)),columns=list('ABC'))
D.describe()
```

输出结果:

	A	B	C
count	100.000000	100.000000	100.000000
mean	2.575888	2.261132	0.500000
std	0.984642	1.447242	0.502519
min	0.639389	0.004556	0.000000
25%	1.880298	1.117299	0.000000
50%	2.536258	2.182451	0.500000
75%	3.379977	3.508105	1.000000
max	5.664073	4.839001	1.000000

pandas 的 describe 方法仅对连续变量计算，如上面的代码中如果将列 C 改为布尔型变量 (D.C=D.C.astype(bool))，则不会再计算列 C 的统计量。

2. bootstrap 方法

在很多应用环境中，并不仅限于通过一个样本得到随机变量的特定统计量 (点估计)，而是希望有关于统计量的更多信息，典型的如置信区间。bootstrap 是从一个容量为 n 的样本中进行重抽样而产生 d 个样本并针对每一个样本计算统计量，最后根据得到的 d 个样本统计量估计样本统计量的置信区间等。bootstrap 采用的是放回抽样，即在新产生的样本中有数据是多次重复出现的。此外，bootstrap 也是机器学习中解决样本量不足的重要方法。

bootstrap 的基本步骤如下：

(1) 采用重抽样技术从原始样本中抽取一定数量的样本，此过程允许重复抽样；

(2) 根据抽取的样本计算给定的统计量；

(3) 重复上述过程 N 次，得到 N 个统计量；

(4) 计算 N 个样本统计量的方差、置信区间等。

scipy.stats 中提供了 bootstrap 算法，支持通过重采样计算统计量的置信区间和标准差，示例代码如下，绘制 bootstrap 样本均值的直方图如图 5.15 所示。

```
import seaborn as sns
import numpy as np
import scipy.stats as ss
x1=np.random.normal(3,1,size=100) #一维样本
x2=np.random.normal(3,1,size=(100,10)) #多维样本
#bootstrap方法要求数据以序列形式存在，所以要将样本数据转换成序列
res1=ss.bootstrap((x1,),np.mean,n_resamples=100)
res2=ss.bootstrap((x2,),np.mean,n_resamples=100, axis=0) #对axis指定的每一个维度进行
                                        bootstrap
print(res1.confidence_interval,res1.standard_error)
print(res2.confidence_interval,res2.standard_error)
#bootstrap也可以通过以下代码自行编程实现
N=100 #重采样次数
res=[] #保存样本量计算结果
for i in range(N):
    tmp=np.random.choice(x1,100) #调用np.random.choice方法从样本中随机选择100个样本(放回抽
                                        样)
    res.append(np.mean(tmp)) #计算统计量，这里以均值为例
res=np.array(res)
res.sort() #排序用于寻找分位点
(res[int(N*0.025)],res[int(N*0.975)],res.mean(),res.std()) #95\%置信区间、均值、标准差
sns.histplot(res,kde=True) #绘制bootstrap样本均值的直方图
```

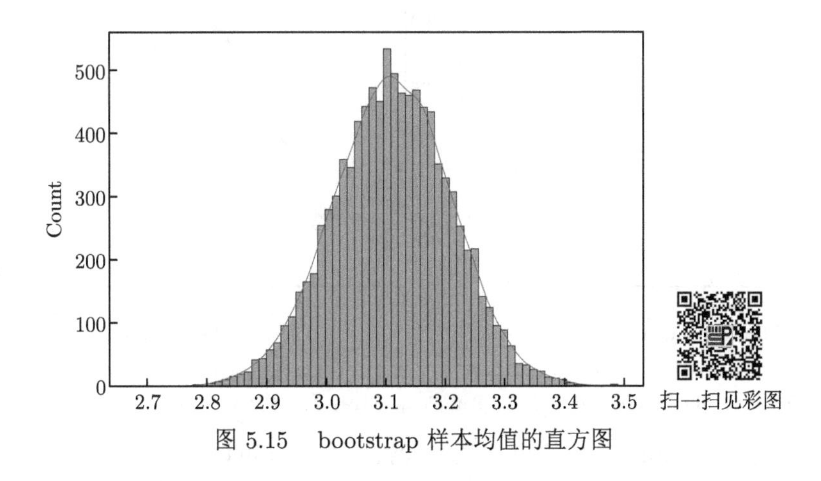

图 5.15　bootstrap 样本均值的直方图

3. 总体分布的简单判定

通过样本数据对总体分布进行推断是后续参数估计的基础，根据样本判定总体分布的方法有很多，最简单的是直方图和核密度估计，最常用的方法就是分位数-分位数 (quantile-quantile, Q-Q) 图。直方图相关内容在数据可视化部分已做了介绍，这里主要介绍 Q-Q 图的使用。

Q-Q 图主要有两种用途：一是检验一列数据是否符合特定分布；二是检验两列数据是否来自同一分布。在检验数据是否来自特定分布时，主要检验样本数据的分位数与理论分位数的一致性，其中样本数据的分位数在一个坐标轴上，而理论分位数在另一个坐标轴上。检验两列数据是否来自同一分布的原理相同，只不过两个坐标轴上的分位数分别来自两个样本。

在 Python 中，statsmodels 包里包含了 qqplot 方法，scipy.stats 包中的 probplot 绘

制的概率图与 Q-Qplot 类似，只是横坐标显示的是标准化的分位数，纵坐标显示的是未标准化的分位数。

下面的示例用于介绍 Q-Qplot 的使用。结果如图 5.16 所示。

```
import matplotlib.pyplot as plt
import statsmodels.api as sm
import scipy.stats as ss
x=ss.norm(3,1).rvs(30) #生产随机数
fig=plt.figure(figsize=(6,3),tight_layout=True)
ax1=fig.add_subplot(121)
ax1.set_title('Q-Q plot')
sm.qqplot(x1,dist=ss.norm,ax=ax1,line='q',markersize=2) #通过dist参数指定理论分布
ax2=fig.add_subplot(122)
ss.probplot(x1,dist=ss.norm,plot=ax2) #通过dist参数指定理论分布
```

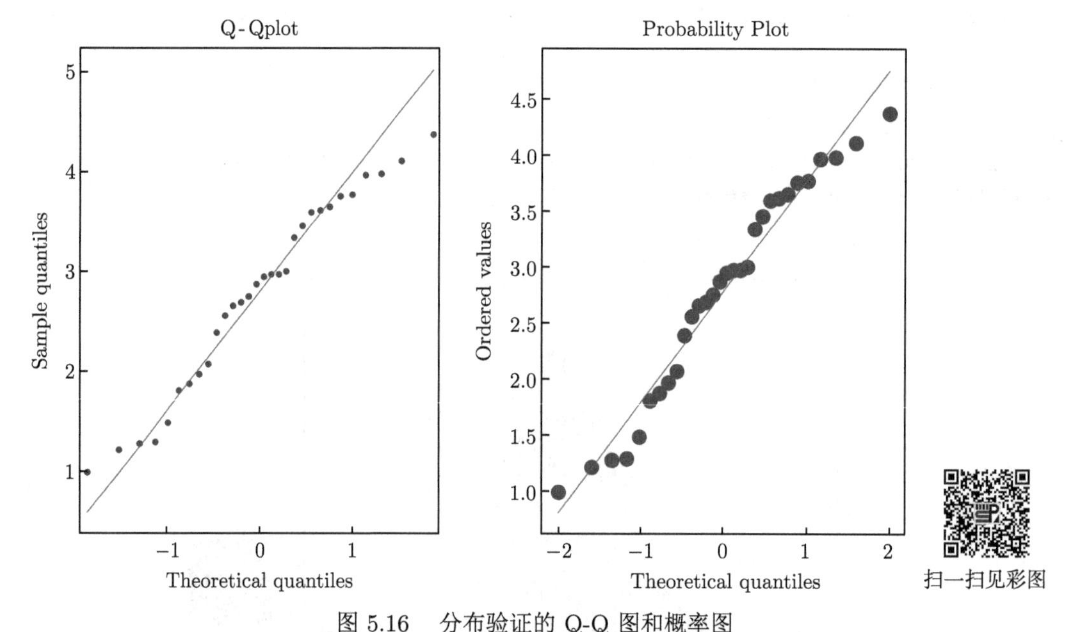

图 5.16　分布验证的 Q-Q 图和概率图

注：Theoretical quantiles 为理论分布，Sample quantiles 为样本分布，Ordered values 为顺序值

如果 qqplot 或 probplot 中的点与直线大致吻合，则可以判断数据的分布与给定的理论吻合，反之则认为样本不是来自指定的分布。

下面的实例展示样本数据对不同分布的 Q-Q 图。结果如图 5.17 所示。

```
x=ss.weibull_min(1.6,scale=100).rvs(100) #生产100个韦布尔分布的随机数, 该分布右偏
param=ss.weibull_min.fit(x,floc=0) #估计参数, floc=0表示在估计参数时令loc=0
fig=plt.figure(figsize=(6,4),tight_layout=True)
ax1=fig.add_subplot(121)
ax1.set_title("Weibull distribution")
sm.qqplot(x,ss.weibull_min(param[0],scale=param[2]),line='r',ax=ax1) #将韦布尔分布作为理论
                                    分布
ax2=fig.add_subplot(122)
ax2.set_title("Normal distribution")
sm.qqplot(x,ss.norm,line='r',ax=ax2) #将正态分布作为理论分布
```

图 5.17(a) 以韦布尔分布作为理论分布而图 5.17(b) 以正态分布作为理论分布。由 Q-Q 图可以明显看出，针对这一组数据，韦布尔分布比正态分布拟合得更好。在使用 qqplot 时，有几点需要注意：① 使用 scipy.stats 指定分布时，对于参数比较复杂的分布，需要在指定分布时给出参数，如代码中的 ss.weibull_min(1.6,scale=100)；② statsmodels 的 qqplot 有一个参数 line，可选值包括 None、45、s、r、q 分别代表无、45 度线、标准化、回归线以及通过分位数的线，其中 45 和 s 两个选项仅适用于正态分布；③ 对于正态分布，可以通过 fit=True 参数选择让系统自动估计参数，对于其他复杂的分布如本例中的韦布尔分布，则需要在调用 qqplot 前先行估计参数并在调用时传入。

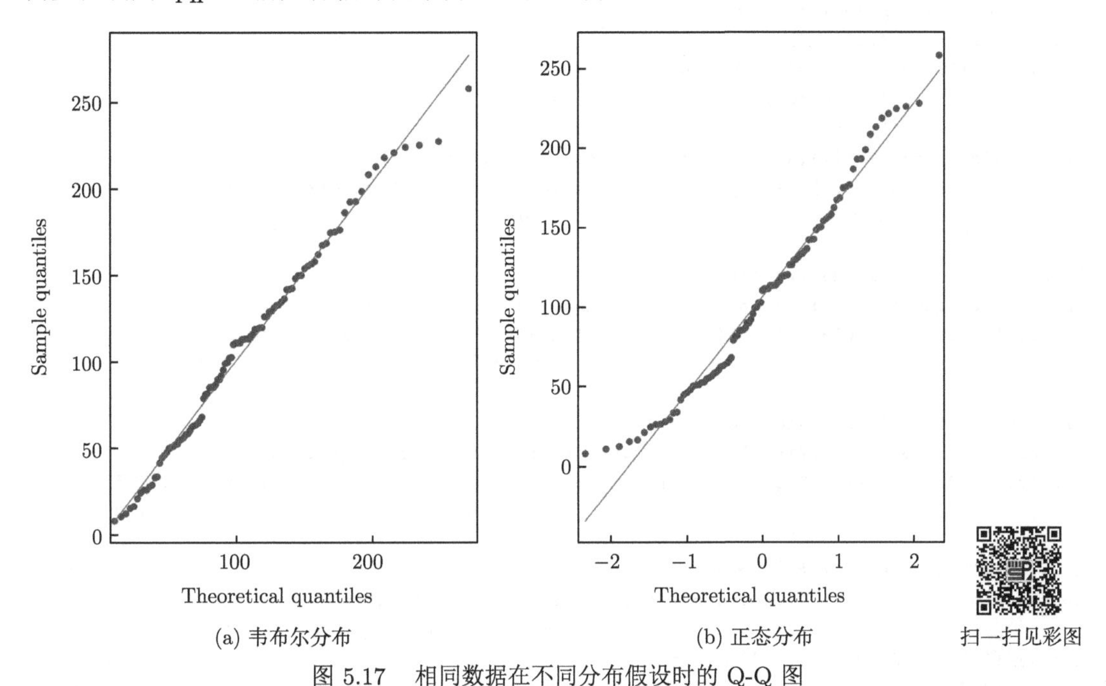

(a) 韦布尔分布　　(b) 正态分布

图 5.17　相同数据在不同分布假设时的 Q-Q 图

5.2　基于 Python 的分布参数估计

参数估计 (parameter estimation) 是统计推断的一种，主要目的是根据从总体中抽取的随机样本来估计总体中位置参数的过程。从形式上看，参数估计有点估计和区间估计，主要处理两个问题：一是求出位置参数的估计量；二是给出估计量的信度。对于简单的统计分布，参数可以直接通过矩估计的方法得到，比较典型的如正态分布的参数可以直接通过样本均值和样本方差进行估计。对于复杂的统计分布，通过简单的样本统计量很难进行估计，此时就需要用到其他的方法，其中最常用的就是极大似然估计 (maximum likelihood estimation，MLE)。从本质上来说，极大似然估计是一个优化问题：估计一组参数，使得在该参数下能够观测到样本数据的概率最大，这也就是极大似然估计，似然函数可以看作观测到样本数据的概率。除此之外，贝叶斯估计适合于在参数估计时将已有经验 (先验信息) 加入估计中，从而增加估计的准确性。

本节主要介绍一些常用分布的简单参数估计，并进一步通过实例介绍复杂的参数估计过程。

5.2.1 参数的点估计

scipy.stats 中的所有连续分布都有一个 fit 方法用于参数的点估计，使用起来比较简单。fit 方法有两个比较常用的参数，一个是 floc，如果确定分布没有偏移 (loc 等于 0)，可以设置 floc=0，或者也可以比较 floc=0 和 floc≠ 0 的估计结果来确定。这里正态分布除外，在 scipy.stats 中 loc 是正态分布的均值。另一个参数是 method，主要有两个选项：MLE(即极大似然估计) 和 MM(矩方法)。根据样本数据的 k(参数个数) 阶矩和理论分布 k 阶矩的差的 2-范数估计参数，默认方法是 MLE。以下示例介绍 scipy.stats 中的 fit 方法的使用。

```
x=ss.norm(3,2).rvs(100) #正态分布
np.round(ss.norm.fit(x),4)
array([2.9738, 2.112 ]) #返回值是loc和scale参数
x=ss.expon(scale=3).rvs(100)
#两种情况floc!=0和floc=0
np.round(ss.expon.fit(x),4),np.round(ss.expon.fit(x,floc=0),4)
(array([0.1063, 3.1752]), array([0.     , 3.2816])) #返回值为loc和scale, 指数分布中的loc一般
                                                    为0

x=ss.gamma(1.6,scale=20).rvs(100) #伽马分布
np.round(ss.gamma.fit(x),4),np.round(ss.gamma.fit(x,floc=0),4)
(array([ 1.9993,  1.6799, 15.2742]), array([ 2.3526,  0.     , 13.6945])) #返回值中第一个是
                                                    形状参数, 第二个是loc, 第三个是scale

 x=ss.weibull_min(1.6,scale=100).rvs(100)
np.round(ss.weibull_min.fit(x),4),np.round(ss.weibull_min.fit(x,floc=0),4)
(array([0.2823, 2.4958, 3.5762]), array([  1.7486,   0.     , 103.8371])) #返回值中第一个是
                                                    形状参数, 第二个是loc, 第三个是scale

x=ss.beta(3,6).rvs(100) #贝塔分布
np.round(ss.beta.fit(x),4),np.round(ss.beta.fit(x,floc=0,fscale=1),4) #贝塔分布中的loc和
                                                    scale参数都不用, 直接设定为默认值
(array([1.8527, 3.1026, 0.0702, 0.6637]),
 array([3.8404, 8.2244, 0.    , 1.    ])) #返回值前两个为贝塔分布参数, 后两个分别是loc和
                                                     scale
```

当所研究的分布不能通过简单的函数调用进行参数估计时，极大似然估计是最常用的应用方法。极大似然估计首先根据事先确定的分布定义似然函数 (likelihood function)，是样本数据对参数的分布。极大似然估计可以看作在分布的参数空间内寻找出现样本数据概率最大的参数。设 X 是随机变量，得到的容量为 n 的样本数据为 $\boldsymbol{x} = (x_1, x_2, \cdots, x_n)$，$\theta$ 为分布参数，$\boldsymbol{S}$ 为可行的参数空间，$f(x;\theta)$ 为概率密度函数，$F(x;\theta)$ 为累积分布函数。由于样本独立同分布，可以计算采集到该独立同分布样本的概率正比于：

$$L(\theta) = \prod_{i=1}^{n} f(x_i;\theta)$$

该式称为似然函数。注意，对于连续分布来说，密度函数并不是概率，因为连续变量等于一个确定点的概率为 0。但是，密度函数在一个小区间内积分可以得到随机变量出现在该区间的概率，可以理解为概率与密度函数成正比，所以在似然函数中直接用密度函数。

极大似然估计的参数值可以表示为

$$\theta^* = \underset{\theta \in S}{\arg\max}\ L(\theta)$$

由于概率都非常小，当样本量很大时，似然函数会变得非常小从而可能引起浮点数下溢，给计算带来误差。而通过对似然函数取对数，首先可以将乘法转换成加法，从而减少计算量，此外很多密度函数值含有指数项，如高斯分布、韦布尔分布等，通过取对数也可以简化计算。转化后的对数似然函数为

$$\theta^* = \underset{\theta \in S}{\arg\max}\ \log(L(\theta)) = \sum_{i=1}^{n} \log(f(x_i;\theta))$$

5.2.2 参数的区间估计

参数的区间估计 (interval estimation) 在对参数进行点估计的基础上进一步估计参数在给定置信度下的置信区间 (confidence interval)。本节主要讨论正态总体的均值和方差及其他简单分布参数的区间估计，下面的实例给出的是复杂分布参数区间估计的信息矩阵方法。

正态总体参数估计的主要依据如下。

(1) 中心极限定理:简单来说,对于来自总体均值为 μ 和方差为 σ^2 的独立样本 $x_1, x_2, \cdots, x_n$，随着 n 的增大，样本均值 $\bar{x} = \dfrac{1}{n}\sum x_i$ 趋近于正态分布 $N\left(\mu, \dfrac{\sigma^2}{n}\right)$。

(2) 对于来自方差为 σ^2 的总体的容量为 n 的样本,样本方差的点估计为 s^2,则 $\dfrac{(n-1)s^2}{\sigma^2}$ 服从自由度为 $n-1$ 的卡方分布，记为 $\chi^2(n-1)$。

(3) 设样本 $x_1, x_2, \cdots, x_{n_1}$ 来自正态总体 $N(\mu_1, \sigma_1^2)$，$y_1, y_2, \cdots, y_{n_2}$ 来自正态总体 $N(\mu_2, \sigma^2)$，则统计量 $\dfrac{S_1^2/\sigma_1^2}{S_2^2/\sigma_2^2}$ 服从自由度为 n_1-1 和 n_2-1 的 F 分布，记为 $\mathrm{F}(n_1-1, n_2-1)$。

正态总体参数的区间估计包括以下几种情况。

(1) 总体标准差 σ 已知时 μ 的置信区间。设容量为 n 的独立样本 $\boldsymbol{x}$ 来自标准差为 σ 的总体，则 $\bar{x} \sim N\left(\mu, \dfrac{\sigma^2}{n}\right)$，总体均值 μ 的置信区间为 $\left[\bar{x} + z_{\alpha/2}\dfrac{\sigma}{n}, \bar{x} + z_{1-\alpha/2}\dfrac{\sigma}{n}\right]$，这里 z_p 是标准正态分布的 p 分位点。示例代码如下：

```
x=array([4.043, 2.559, 1.918, 3.846, 0.312, 1.74 , 3.261, 1.116, 1.076,0.188])
sigma=2 #总体标准差已知
n=len(x) #样本容量
alpha=0.05 #95\%置信区间
low=xbar+ss.norm.ppf(alpha/2)*(sigma/np.sqrt(n))
up=xbar+ss.norm.ppf(1-alpha/2)*(sigma/np.sqrt(n))
print([np.round(low,4),np.round(up,4)])
```

结果为：[0.7663, 3.2455]

(2) 总体标准差 σ 未知时 μ 的置信区间。当总体标准差未知时，样本均值和标准差分别是 $\bar{x}$ 和 s，则 $\dfrac{\bar{x}-\mu}{s/\sqrt{n}}$ 服从自由度为 $n-1$ 的 t 分布。示例代码如下：

```
n=len(x)
s=np.std(x,ddof=1) #估计样本标准差时设置分母为n-1
alpha=0.05
low=xbar+ss.t.ppf(alpha/2,n-1)*(s/np.sqrt(n))
up=xbar+ss.t.ppf(1-alpha/2,n-1)*(s/np.sqrt(n))
print([np.round(low,4),np.round(up,4)])
```

结果为：[1.0134, 2.9984]

(3) 总体方差 σ^2 的置信区间。令 s^2 是样本方差，则 $\dfrac{(n-1)s^2}{\sigma^2}$ 服从自由度为 $n-1$ 的卡方分布，记为 $\chi^2(n-1)$。示例代码如下：

```
n=len(x)
s2=np.var(x,ddof=1)
alpha=0.05
low=(n*1)*s2/ss.chi2.ppf(1-alpha/2,n-1)
up=(n*1)*s2/ss.chi2.ppf(alpha/2,n-1)
print([np.round(low,4),np.round(up,4)])
```

结果为：[1.012, 7.129]

(4) 双正态总体均值差的区间估计 (已知 σ_1^2 和 σ_2^2)。设两个样本分别记为 x 和 y，样本容量分别为 n_1 和 n_2，$\bar{x}$ 和 $\bar{y}$ 分别是样本均值，σ_1^2 和 σ^2 是已知的总体标准差，则 $\bar{x}-\bar{y}$ 服从均值为 $\mu_1-\mu_2$、方差为 $\dfrac{\sigma_1^2}{n_1}+\dfrac{\sigma_2^2}{n_2}$ 的正态分布。示例代码如下：

```
x=array([ 9.66, 10.73,  8.41, 14.14,  8.08, 12.29, 17.39,  9.75, 11.42, 7.92])
y=array([12.96, 12.29, 15.99, 10.9 ,  9.17, 19.51, 19.93, 15.8 , 15.73,15.31, 13.62, 22.32,
                                            19.9 , 17.85, 18.8 ])
alpha=0.05
n1,n2=len(x),len(y)
sigma1,sigma2=9,16
xbar,ybar=x.mean(),y.mean()
sigma=sigma1/n1+sigma2/n2
low=xbar-ybar+ss.norm.ppf(alpha/2)*np.sqrt(sigma)
up=xbar-ybar+ss.norm.ppf(1-alpha/2)*np.sqrt(sigma)
print([np.round(low,4),np.round(up,4)])
```

结果为：$[-7.7749, -2.2777]$

(5) 双正态总体均值差的区间估计 (总体方差未知但相等)。样本 x 和 y 来自两个正态总体，$\bar{x}$ 和 $\bar{y}$ 为样本均值，s_1^2 和 s_2^2 分别是样本方差，在假设两个总体方差未知但相等的条件下，$s_p^2=\dfrac{(n_1-1)*s_1^2+(n_2-1)*s_2^2}{n_1+n_2-2}$ 是总体 $\sigma_1^2=\sigma_2^2$ 的无偏估计，则 $\dfrac{(\bar{x}-\bar{y})-(\mu_1-\mu_2)}{\sqrt{s_p^2/n_1+s_p^2/n_2}}$ 服从自由度为 n_1+n_2-2 的 t 分布。示例代码如下：

```
x=array([ 9.66, 10.73,  8.41, 14.14,  8.08, 12.29, 17.39,  9.75, 11.42, 7.92])
```

```
y=array([12.96, 12.29, 15.99, 10.9 ,  9.17, 19.51, 19.93, 15.8 , 15.73,15.31, 13.62, 22.32,
                                                 19.9 , 17.85, 18.8 ])
alpha=0.05
n1,n2=len(x),len(y)
xbar,ybar=x.mean(),y.mean()
s1,s2=np.var(x,ddof=1),np.var(y,ddof=1)
s=((n1-1)*s1+(n2-1)*s2)/(n1+n2-2)
low=xbar-ybar+ss.t.ppf(alpha/2,n1+n2-2)*np.sqrt(s*(1/n1+1/n2))
up=xbar-ybar+ss.t.ppf(1-alpha/2,n1+n2-2)*np.sqrt(s*(1/n1+1/n2))
print([np.round(low,4),np.round(up,4)])
```

结果为：[−7.956, −2.0967]

(6) 双正态总体方差比 σ_1^2/σ_2^2 的区间估计。独立样本 x 和 y 来自两个正态总体，样本容量分别为 n_1 和 n_2，样本方差分别为 s_1^2 和 s_2^2，则 $\dfrac{s_1^2/s_2^2}{\sigma_1^2/\sigma_2^2}$ 服从自由度为 n_1-1 和 n_2-1 的 F 分布。示例代码如下：

```
x=array([ 9.66, 10.73,  8.41, 14.14,  8.08, 12.29, 17.39,  9.75, 11.42, 7.92])
y=array([12.96, 12.29, 15.99, 10.9 ,  9.17, 19.51, 19.93, 15.8 , 15.73,15.31, 13.62, 22.32,
                                                 19.9 , 17.85, 18.8 ])
alpha=0.05
n1,n2=len(x),len(y)
s1_square,s2_square=np.var(x,ddof=1),np.var(y,ddof=1)
low=(s1_square/s2_square)/ss.f.ppf(1-alpha/2,n1-1,n2-1)
up=(s1_square/s2_square)/ss.f.ppf(alpha/2,n1-1,n2-1)
print([np.round(low,4),np.round(up,4)])
```

结果为：[0.1994, 2.4307]

(7) 比率的置信区间估计。二项分布描述容量为 n 的样本中具有某一特征的个体的比率为 p，当 np 和 $n(1-p)$ 大于等于 4 或 5 时，可以用正态分布描述样本比率 $\hat{p}$ 的分布，均值为 $\hat{p}$，方差为 $\dfrac{\hat{p}(1-\hat{p})}{n}$。示例代码如下：

```
alpha=0.05
n=200 #样本容量
c=20 #特征样本数
phat=c/n #估计比率
low=phat+ss.norm.ppf(alpha/2)*(phat*(1-phat)/n)
up=phat+ss.norm.ppf(1-alpha/2)*(phat*(1-phat)/n)
print([np.round(low,6),np.round(up,6)])
```

结果为：[0.099118, 0.100882]

5.2.3　存在截尾数据的韦布尔分布参数估计实例

韦布尔分布主要用于对寿命数据建模。寿命数据分布一般来说都是右偏的，即存在一些个体的寿命非常长。因此，在寿命或类似数据中，截尾 (censor) 是一种常见的现象。比如，在寿命试验中，由于时间和成本的考虑，在仍有产品没有失效前停止试验，这些没有失效的产品的寿命未知。在一些只能周期性检查的试验中，如果有产品在两次检查之间失效，则无法知道具体失效时间。如果在试验开始到第一次检查之间发生失效，则同样无法指导具体失效时间。以上三种情况就是常见的右截尾、区间截尾和左截尾。设 F 是寿命分布的累积分布函数，t 是寿命随机变量，如果产品寿命在 t_1 左截尾，则表示虽然不知道具体的产品寿命，但包含的信息是 $t < t_1$，用概率表示为 $F(t_1)$。如果产品寿命在 t_1 和 t_2 之间区间截尾，用概率可以表示为 $F(t_2) - F(t_1)$，即 $t_1 \leqslant t \leqslant t_2$。如果产品寿命在 t_2 右截尾，用概率表示为 $1 - F(t_2)$，其含义是 $t > t_2$。

当数据中存在截尾这一特殊情况时，scipy 中的参数估计方法不再适用。本节以产品寿命分布参数估计为例，介绍如何通过极大似然估计进行产品寿命分布的参数估计，这里假设产品寿命服从韦布尔分布且仅考虑右截尾数据。

实例所用的数据保存在 pandas.DataFrame 中，前 5 行数据如下：

	Time	Censoring	Num
0	35	1	1
1	110	1	1
2	68	1	1
3	120	0	1
4	116	1	1

其中，第一列 Time 表示寿命数据，第二列 Censoring 为截尾指示变量，值为 1 表示对应时间是准确的失效时间，值为 0 表示对应时间为右截尾，第三列 Num 表示在该时间点的数据的数量。

```
import numpy as np
import scipy.optimize as spo
def WblModelExact(D,k,S):
#D为n行3列数据，n为样本数，列对应DataFrame的三列
#k=1表示估计参数，k=0表示计算似然函数
#当k=1时S给出优化方法用的初始值，当k=0时S是分布参数
    def LLWbl(S):
        mu=S[0] #读取参数，第一个参数是scale的对数
        sigma=S[1] #读取参数，第二个参数是shape的倒数
        L=0
        t=D[:,0] #失效时间
        t=np.log(t) #对数转换
        censoring=D[:,1] #截尾标志
        Freq=D[:,2]
        z=(t-mu)/sigma #标准变换，转为极小值分布
        t1=Freq*(-np.exp(z)) #极小值分布的密度函数的对数
        t2=Freq*(z-np.exp(z)-np.log(sigma)) #1-极小值分布的累积分布函数的对数
        t1=(t1*(1-censoring)).sum()
        t2=(t2*censoring).sum() #截尾时的概率
        L=t1+t2 #对数自然(log-likelihood)
        L=-L
        return L
    if(k==1):
      #求使负对数似然最小(对数似然最大)的参数
      #调用scipy.optimize下的minmize求解
        cons=({'type':'ineq','fun':lambda x:np.array(x[0])},{'type':'ineq','fun':lambda x:
                                              np.array(x[1]-0.2)})
```

```
        bnds=[(1,15),(0.1,10.)]
        ops=spo.minimize(LLWbl,S,constraints=cons,bounds=bnds,options={'disp':False})
        return ops
    else:
        return LLWbl(S)
```

5.3 假设检验

假设检验 (hypothesis testing)，又称统计假设检验，是用来判断样本与样本、样本与总体的差异是由抽样误差引起还是本质差别造成的统计推断方法。

5.3.1 假设检验的基本概念

假设检验中需要了解的术语如下。

(1) 假设：原假设 H_0(null hypothesis)，是在假设检验中用来被检验的假设，一般将希望推翻的假设设为 H_0。备择假设 H_1(alternative hypothesis)，是与零假设相互对应的假设。

(2) 小概率事件：一般指概率小于等于某个较小的值的情况，并且认为在一次随机试验中这样的事件不会发生。在假设检验中，检验水准 α 指的就是小概率事件的阈值。

(3) 检验统计量 (testing statistics)：根据样本计算出用以对假设进行判断的统计量，不同的假设检验类型，其统计量也不同。

(4) p 值：是一个概率值，在假设检验中可以理解为在 H_0 成立的条件下得到样本统计量的概率，如果 p 值比设定的检验水准 (小概率事件) 还小，则可以认为一次抽样中出现了小概率事件，从而可以根据小概率事件原理做出推翻原假设的判断。

下面通过一个简单的示例介绍假设检验中的基本概念。

设某制造商向供应商采购一种零件，根据历史经验，零件某一质量特性服从正态分布，均值 $\mu_0 = 10$，标准差 $\sigma = 0.2$，现通过容量 $n = 10$ 的样本进行检验，在 95% 的置信水平下判断一批零件的均值是否仍旧保持在 μ_0。

针对该问题，提出假设：$H_0 : \mu = \mu_0$，$H_1 : \mu \neq \mu_0$。

根据之前的讨论，很容易知道在 H_0 成立的条件下，样本均值服从分布：$\bar{x} \sim N\left(\mu_0, \dfrac{s^2}{n}\right)$。由置信水平 $1 - \alpha = 95\%$ 可知，$\alpha = 0.05$。于是得到样本均值 $\bar{x}$ 的 95% 置信区间为 $\left[\mu_0 + Z_{\alpha/2}\dfrac{s}{\sqrt{n}}, \mu_0 + Z_{1-\alpha/2}\dfrac{s}{\sqrt{n}}\right]$=[9.7228,10.2773]。也就是说，若 $\bar{x}$ 落在置信区间内，则接受原假设，否则拒绝原假设。在原假设成立的条件下，样本均值落在上述置信区间之外的概率是 α。在这里实际上将 α 作为小概率事件的阈值，如果 $\bar{x}$ 落在置信区间外，就意味着一次抽样中出现了小概率事件，从而认为原假设不再成立。

下面通过仿真来进行进一步说明。以 $\mu_0 = 10$ 和 $\sigma = 0.2$ 为参数生成 1000 组容量为 10 的正态样本，计算每个样本的均值，1000 个样本均值的直方图如图 5.18 (a) 所示。进一步以 $\mu_1 = 10.4$ 和 $\sigma = 0.2$ 为参数生成 1000 组容量为 10 的正态样本，同样计算每个样本的均值，两次抽样样本均值的核密度估计如图 5.18 (b) 所示。由图 5.18 (a) 可知，尽管均值没有发生变化，但仍然有一部分样本的均值落在了置信区间之外，通过计算可知在所有 1000 个样本均值中，有 58 次落在了置信区间外 (与 $\alpha = 0.05$ 很接近)，也就是在原假设成立的条件下拒绝了原假设，这就是第一类错误 (Type I error 或 α error)。由图 5.18 (b) 可知，当均值 $\mu_1 = 10.5$ 时，仍然有一部分样本落在了置信区间内，计算可得共有 44 个这样的样本存在。可见，尽管总体均值已经从 10.0 偏移到了 10.5，仍有部分样本落在置信区间内，根据假设检验的原理，由这 44 个样本所做的检验没有拒绝原假设，即接收了不合格批，这就是第二类错误 (Type II error 或 β error)。

如果调整置信度，如由 95% 增加到 99%，则 α 变为 0.01，此时新的置信区间变为 $[9.6357, 10.3643]$，对比 95% 置信区间，可以发现置信上限右移而置信下限左移，由图 5.18(b) 可知，当置信上限右移后，犯第一类错误的概率减小了，同时犯第二类错误的概率增加了。在样本容量不变的条件下，不能同时减小第一类和第二类错误的概率。

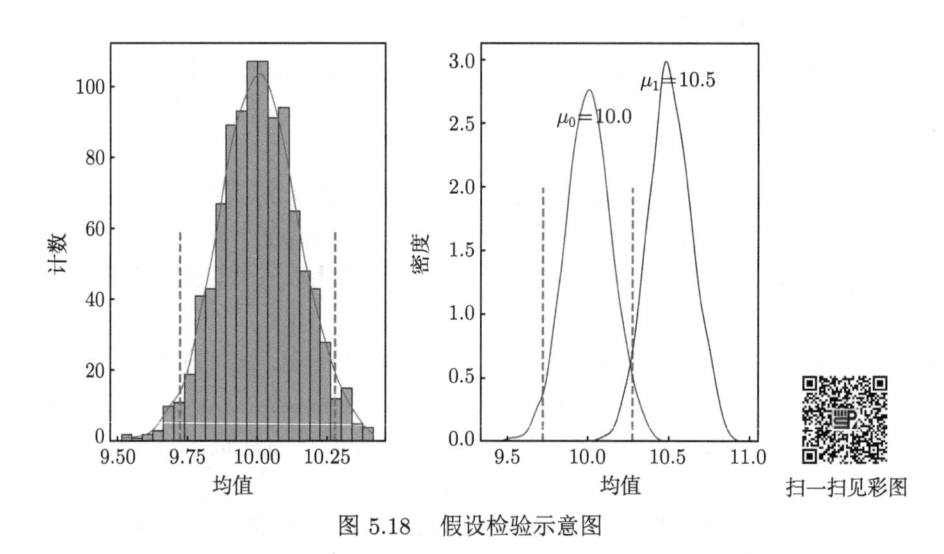

图 5.18　假设检验示意图

5.3.2　scipy 中的假设检验

scipy.stats 中一共包括了超过 40 种假设检验方法，涵盖了均值检验、等方差检验、分布检验 (拟合优度检验)、相关关系检验和计数值检验。下面介绍一些常用的检验方法。

1. 均值检验

ttest 是假设检验中最重要的一类方法，用于对样本均值进行检验。

(1) ttest_1 samp：对一个样本进行均值检验 (也可以多列数据同时进行分析)，H_0：样本均值等于给定的总体均值 (参数 popmean)，参数 alternative 可以是 two-sided、less 和 greater。axis 指定分析的数轴，默认是 0。

(2) ttest_ ind：对两个样本的均值进行检验，H_0：两个样本来自均值相同的总体。equal_var 参数限定两个总体的方差是否相等。

(3) ttest_ ind_ from_ stats：按顺序给出两个样本的均值、标准差和样本容量，equal_ var 参数限定两个总体的方差是否相等，alternative 可以是 two-sided、less 和 greater。H_0：两个样本来自均值相同的总体。

(4) ttest_ rel：检验两个相关或重复样本是否有相同的均值，alternative 同上。

(5) f_ oneway：进行 one-way 方差分析，H_0：样本具有相同的总体均值。

均值检验代码如下：

```
import numpy as np
import scipy.stats as ss
x=ss.norm(3,1).rvs(20)
ss.ttest_1samp(x,popmean=3,alternative='two-sided')
#Ttest_1sampResult(statistic=-0.1286, pvalue=0.8990)
x1=ss.uniform(1,5).rvs(20)
ss.ttest_1samp(x1,popmean=3)
#Ttest_1sampResult(statistic=0.7084, pvalue=0.4873)

x=ss.norm(3,1).rvs(20)
y=ss.norm(4,1).rvs(20)
ss.ttest_ind(x,y,equal_var=True)
#Ttest_indResult(statistic=-2.9806, pvalue=0.0050)

x=ss.norm(3,1).rvs(20)
y=ss.norm(3,2).rvs(20)
ss.ttest_ind(x,y,equal_var=False)
#Ttest_indResult(statistic=-2.5545, pvalue=0.0165)

m1=x.mean()
s1=x.std(ddof=1)
n1=20
m2=y.mean()
s2=y.std(ddof=1)
n2=20
ss.ttest_ind_from_stats(m1,s1,n1,m2,s2,n2)
#直接给出统计量而不需要给出原始数据，在近似正态分布数据中很有用
#Ttest_indResult(statistic=-2.5545, pvalue=0.0148)

rvs1=ss.norm(5,10).rvs(500)
rvs2=ss.norm(5,10).rvs(500)+ss.norm(0,0.2).rvs(500)
ss.ttest_rel(rvs1,rvs2)
#Ttest_relResult(statistic=0.3711, pvalue=0.7107)
rvs3=ss.norm(8,10).rvs(500)+ss.norm(scale=0.2).rvs(500)
ss.ttest_rel(rvs1,rvs3)
#Ttest_relResult(statistic=-3.701, pvalue=0.0002)

ss.f_oneway(rvs1,rvs2,rvs3)
#F_onewayResult(statistic=10.3536, pvalue=3.4222e-05)
```

2. *等方差检验*

等方差检验中的原假设 H_0 是样本来自等方差总体，如果总体非正态，则 levene 方法更稳健。示例代码如下：

```
a = [8.88, 9.12, 9.04, 8.98, 9.00, 9.08, 9.01, 8.85, 9.06, 8.99]
b = [8.88, 8.95, 9.29, 9.44, 9.15, 9.58, 8.36, 9.18, 8.67, 9.05]
c = [8.95, 9.12, 8.95, 8.85, 9.03, 8.84, 9.07, 8.98, 8.86, 8.98]
ss.bartlett(a, b, c)
```

```
#BartlettResult(statistic=22.7894 pvalue=1.1255e-05)
ss.levene(a,b,c)
#LeveneResult(statistic=7.5850 pvalue=0.0024)
ss.fligner(a,b,c)
FlignerResult(statistic=10.8037, pvalue=0.0045)
```

3. 分布检验

分布检验是通过假设检验的方法判定某一样本是否服从指定分布或者多个样本是否来自相同的分布。常用的分布检验方法如下。

(1) Kolmogorov-Smirnov 检验，kstest_ 1samp 用于检验样本是否服从指定的分布 (通过参数 cdf 设置)，kstest_ 2samp 用于检验两个样本是否来自相同的总体。

(2) Anderson-Darling 检验，anderson 用于检验样本数据是否服从指定分布，分布通过 dist 参数给出，包括 norm、expon、logistic、gumbel、gumbel_ l、gumbel_ r 和 extreme1，可通过 significance_ leve 指定置信水平。

(3) 正态性检验，normaltest 用于检验样本是否来自正态总体。

分布检验方法的使用大同小异，下面通过示例介绍如何使用这些方法：

```
d1=ss.norm(3,1).rvs(50)
d2=ss.norm(3,1).rvs(50)
d3=ss.norm(4,2).rvs(50)
d4=ss.uniform(1,4).rvs(50)
ss.ks_1samp(d1,ss.norm.cdf) #通过cdf给出要检验的分布
#KstestResult(statistic=0.9053, pvalue=1.2999e-51)
ss.ks_2samp(d1,d2)
#KstestResult(statistic=0.08, pvalue=0.9977)
ss.ks_2samp(d1,d3)
#KstestResult(statistic=0.38, pvalue=0.0013)
ss.anderson(d1,dist='norm')
#AndersonResult(statistic=0.4915, critical_values=array([0.538, 0.613, 0.736, 0.858, 1.021
                                                   ]), significance_level=array([15. , 10. ,  5.
                                                   ,  2.5,  1. ]))
#anderson方法的结果给出了不同置信水平下的关键值(critical_value)，但并没有给出p-value。

ss.normaltest(d1)
#NormaltestResult(statistic=4.1086, pvalue=0.1282)
ss.normaltest(d4)
#NormaltestResult(statistic=11.090, pvalue=0.0039)
```

4. 相关关系检验

相关关系检验用于计算相关系数并给出变量间是否存在相关关系的 p 值。主要方法如下。

(1) Pearson 相关系数，pearsonr 函数用于计算相关系数并完成假设检验，原假设是样本数据服从正态分布且不存在相关关系。

(2) Spearman 秩次相关系数用于测量两个样本数据之间的单调性是否一致，给出的 p 值在小样本 (<500) 情况下并不可靠。样本数据可以是两个一维数组 (1 列的三维数据) 也可以是一个二维数组。与 Pearson 相关系数相比，该方法是非参数方法，不需要正态性假设。

相关系数检验示例代码如下：

```
x=ss.norm(3,1).rvs(30)
y1=ss.norm(4,1).rvs(30)
y2=0.1*x+ss.norm(0,1).rvs(30)
y3=0.5*x+ss.norm(0,1).rvs(30)
y4=0.1*x**2+ss.norm.rvs(30)
ss.pearsonr(x,y1)
# (-0.0325, 0.8646)
ss.pearsonr(x,y2)
# (0.4895, 0.0060)
ss.pearsonr(x,y3)
# (0.2742, 0.1426)
ss.pearsonr(x,y4)
# (0.9853, 4.9912e-23)

ss.spearmanr(x,y1)
# SpearmanrResult(correlation=-0.0224, pvalue=0.9062)
ss.spearmanr(x,y2)
# SpearmanrResult(correlation=0.4937, pvalue=0.0056)
ss.spearmanr(x,y3)
# SpearmanrResult(correlation=0.2970, pvalue=0.1110)
ss.spearmanr(x,y4)
# SpearmanrResult(correlation=1.0, pvalue=0.0)
```

5. 计数值检验

对计数值的比率或频数进行统计是一种常见的分析方法。常用的计数值检验包括两种：一种是对连续伯努利试验的成功率 p 进行检验；另一种是对不同类别的频数进行卡方检验。

成功率检验采用 binomtest 方法，主要参数包括：成功次数 k、试验次数 n、零假设 p、备择假设 alternative(two-sided、greater、less)。

卡方检验 chisquaretest 方法，主要参数包括：每一类别的观测频数 f_ obs、每一类别的期望频数 (如果忽略则视为各类别频数相等)f_ exp、自由度调整量 ddof，表示卡方分布的自由度为 k-1-ddof，其中 k 为类别数，ddof 默认值为 0。

计数值检验示例如下：

```
ss.binomtest(5,100,p=0.1,alternative='greater')
#BinomTestResult(k=5, n=100,alternative='greater', proportion_estimate=0.05,pvalue=0.9763)
ss.binomtest(2,100,p=0.2,alternative='two-sided')
#BinomTestResult(k=2, n=100, alternative='two-sided', proportion_estimate=0.02, pvalue=1.
                                        1514e-07)


ss.chisquare([16, 18, 16, 14, 12, 12],
           f_exp=np.array([[16, 16, 16, 16, 16, 8], [8, 20, 20, 16, 12, 12]]),axis=1)
#Power_divergenceResult(statistic=array([3.5 , 9.25]), pvalue=array([0.6234, 0.0995]))
```

5.4 基于 Python 的统计模型

统计模型 (statistical model) 是采用数理统计方法建立的模型，用于分析各变量之间的函数关系，这种函数一般不是确定的，统计模型并不能够 100% 解释数据。常用的统计模型有一般线性模型、广义线性模型以及混合模型等。本节基于 statsmodels 包介绍常用的统计模型的建模过程及结果分析。

在 statsmodels 包中，使用 endog(endogenous variable, 内生变量) 和 exog(exogenous variable，外生变量) 作为模型估计中使用的观测变量。在不同的统计软件包或资料中经常使用其他名称，如 endog/exog 称为因变量 (dependent variable)/自变量 (independent variable)、y/x、回归子 (regressand)/回归因子 (regressors)、输出 (outcome)/设计 (design)、响应变量 (response variable)/解释变量 (explanatory variable) 等。这些名称表示的含义基本相同，只是不同领域的习惯差异。

statsmodels 的功能包括回归和线性模型、时间序列分析以及其他模型如生存分析、非参数方法等。本节主要介绍线性模型。

5.4.1 线性回归

线性回归 (linear regression) 是最基本也是最常用的一类统计模型，是研究一个随机变量与一个或多个自变量之间相关关系的一种方法。线性回归模型的基本形式为

$$y_i = \beta_0 + \beta_1 x_{i1} + \beta_2 x_{i2} + \cdots + \beta_p x_{ip} + \epsilon_i, i = 1, 2, \cdots, n$$

用矩阵形式可表示为

$$\boldsymbol{Y} = \boldsymbol{X}\boldsymbol{\beta} + \boldsymbol{\epsilon}$$

其中，$\boldsymbol{\epsilon} \sim N(0, \Sigma)$。

最基本的线性回归模型以被解释变量的估计值与实际观测值之差的平方和最小化为目标寻找最优参数，因此也称为最小二乘法 (ordinary least squares，OLS)。即

$$\begin{aligned}\hat{\beta} &= \arg\min_{\beta} \sum_{i=1}^{n} (y_i - \beta_0 - \beta_1 x_{i1} - \cdots - \beta_p x_{ip})^2 \\ &= \arg\min_{\beta} (\boldsymbol{Y} - \boldsymbol{X}\beta)^{\mathrm{T}} (\boldsymbol{Y} - \boldsymbol{X}\beta)\end{aligned} \tag{5.15}$$

statsmodels 提供了几种不同的线性回归模型。

(1) OLS：$\Sigma = \sigma^2 \boldsymbol{I}$，同方差且残差独立。

(2) WLS (weighted least squares，加权最小二乘法)：Σ 是对角阵且对角线元素不完全相等 (异方差但方差独立)。

(3) GLS (generalized least squares，广义最小二乘法)：Σ 是对称矩阵，非对角线元素不完全为零，即残差不完全独立。

(4) GLSA (generalized least squares with autocorrelated，自相关广义最小二乘法)：Σ 是对称矩阵，$\Sigma = \Sigma(\rho)$，即 Σ 具有自回归结构。

1. OLS

OLS 是最基本的线性回归模型，下面通过实例予以说明：

```
import numpy as np
import pandas as pd
import scipy.stats as ss
import statsmodels.api as sm

nsamples=20
x=np.linspace(0,10,nsamples)
X=np.column_stack((x,x**2))
X=sm.add_constant(X) #增加常数项
beta=np.array([0.1,0.5,0.5])
e=ss.norm(0,1).rvs(nsamples)*5 #误差项
y=X@beta+e

model=sm.OLS(y,X)
res=model.fit()
print(res.summary2())
```

OLS 回归结果如下：

```
Results: Ordinary least squares
=================================================================
Model:               OLS              Adj. R-squared:      0.912
Dependent Variable:  y                AIC:                 138.5757
Date:                2023-03-25 21:03 BIC:                 146.2238
No. Observations:    50               Log-Likelihood:      -65.288
Df Model:            3                F-statistic:         169.8
Df Residuals:        46               Prob (F-statistic):  6.88e-25
R-squared:           0.917            Scale:               0.86677
-------------------------------------------------------------------
           Coef.     Std.Err.      t       P>|t|     [0.025    0.975]
-------------------------------------------------------------------
x1         0.5024     0.0226    22.2734   0.0000    0.4570    0.5478
x2         0.5850     0.1924     3.0409   0.0039    0.1978    0.9723
x3        -0.0176     0.0043    -4.0877   0.0002   -0.0262   -0.0089
const      4.9250     0.2987    16.4895   0.0000    4.3238    5.5261
-----------------------------------------------------------------
Omnibus:               1.650       Durbin-Watson:          2.718
Prob(Omnibus):         0.438       Jarque-Bera (JB):       1.472
Skew:                  -0.409      Prob(JB):               0.479
Kurtosis:              2.807       Condition No.:          107
=================================================================
```

在回归模型输出结果中，上半部分主要是对模型的检验，其中：

(1) R 方 (R-squared) 和调整的 R 方 (Adj.R-squared)，这两个值越接近 1 表示模型的解释力越强。

(2) F 检验的原假设是模型的所有系数为 0，如果不能拒绝原假设，表示模型完全无效。

(3) AIC 又称为赤池信息准则 (Akaike information criterion)，BIC 又称为贝叶斯信息准则 (Bayesian information criterion)，这两个统计量越小表示模型越好。AIC 和 BIC 一

般用来在多个模型之间进行选择。

(4) Log-Likelihood 为对数似然比。

回归模型输出结果的下半部分主要是对残差的检验，其中：

(1) Omnibus 为残差的正态性检验，原假设为残差服从正态分布。

(2) Durbin-Watson 为残差序列相关性检验，取值在 0~ 4 之间，等于 2 表示不存在序列相关，小于 2 表示正相关，越接近 0 相关性越强；大于 2 表示负相关，越接近 4 相关性越强。

(3) Jarque-Bera (JB) 为残差正态性检验。

(4) Skew 和 Kurtosis 分别表示偏度和峰度。

(5) Condition No. 为条件数，用来度量多元回归模型自变量之间是否存在多重共线性。条件数取值是大于 0 的数值，该值越小，越能说明自变量之间不存在多重共线性问题。一般情况下，Cond.No.<100，说明共线性程度小；如果 100<Cond.No.<1000，则存在较多的多重共线性；如果 Cond.No.>1000，则存在严重的多重共线性。

除了这些检验，在 sm.stats.diagnostic 中还有更多的统计检验方法。其中比较常用的有检验异方差的 het_ white、用于线性检验的 linear_ reset、残差自相关检验的 acorr_ breusch_ godfrey 方法等。以上述 OLS 模型为例，三个检验的结果分别如下。

(1) het_ white ：(0.7965, 0.9389, 0.1555, 0.9575)，原假设为不存在异方差，分别用了两个统计量，带下划线的是 p-value；

(2) acorr_ breusch_ godfrey：(4.2601, 0.3719, 0.8796, 0.5026)，与 het_ white 类似；

(3) linear_reset：<Wald test (chi2): statistic=4.0603, p-value=0.1313, df_denom=2>。

更多回归检验的说明可访问 statsmodels.org 或查阅 statsmodels 帮助文档。

以下代码展示了如何绘制回归效果图，效果图如图 5.19 所示。其他模型使用方法类似。

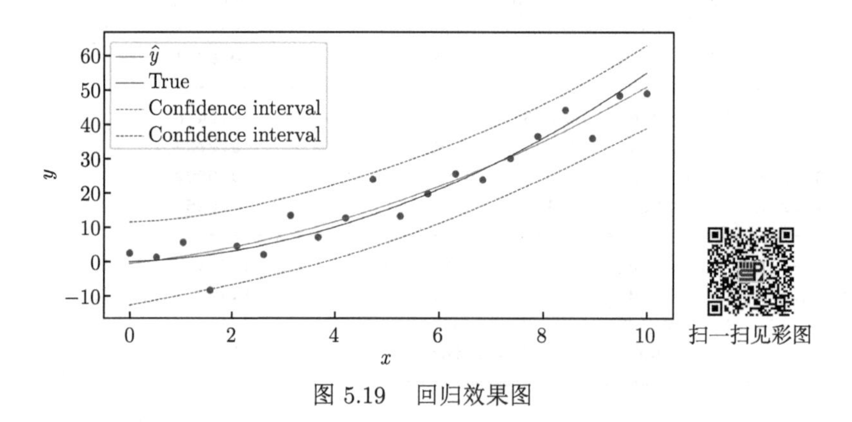

图 5.19　回归效果图

```
y_hat=X@res.params
pred_ols=res.get_prediction() #预测结果
iv_l=pred_ols.summary_frame()['obs_ci_lower'] #置信下限
iv_u=pred_ols.summary_frame()['obs_ci_upper'] #置信上限
ax=plt.figure(figsize=(6,3)).add_subplot(111)
ax.plot(x,y,'b.') #回归数据
ax.plot(x,y_hat,'r-',label='$\hat y$') #预测结果
```

```
ax.plot(x,y_true,'k-',label='True') #真实数据(不存在噪声)
ax.plot(x,iv_l,'b--',label='Confidence interval')
ax.plot(x,iv_u,'b--',label='Confidence interval')
ax.set_xlabel('$x$')
ax.set_ylabel('$y$')
ax.legend(loc='best')
```

在构建线性回归模型时，经常会遇到类别型 (categorical) 解释变量，如出行方式有飞机、汽车、火车三种。这类变量本身没有大小的概念，简单地通过编码将类别变量数值化 (如飞机 1、汽车 2、火车 3) 并不能解决问题，因为转化为数字后仍然没有大小关系。哑元变量 (dummy variable) 的处理方式是将出行方式一个变量改为飞机、汽车、火车三个变量，每个变量为 1 则表示选择了该出行方式。这样处理会引入多重共线性问题，即一个变量可以由另外两个变量的线性组合表示。如飞机 $=1-$ 汽车 $-$ 火车，表示当汽车和火车两个变量都是 0 的时候，飞机必然是 1。因此，在转变为哑元变量时需要将其中的一个排除在外，以避免多重共线性问题。这样就将一个有 n 个类别的分类变量转化为 $n-1$ 个哑元变量。以下示例展示了在 statsmodels 中哑元变量的处理，其中在生成哑元变量时用到了 pandas.get_ dummies 方法。

```
import pandas as pd
import statsmodels.api as sm
import numpy as np

nsample = 50
groups = np.zeros(nsample, int)
groups[20:40] = 1
groups[40:] = 2
dummy = pd.get_dummies(groups).values #将类别变量转化为哑元变量
x = np.linspace(0, 20, nsample)
X = np.column_stack((x, dummy[:, 1:])) #排除掉其中的一个哑元变量
X = sm.add_constant(X, prepend=False) #prepend=False表示将常数项放在解释变量最后面
beta = np.array([1.0, 3, -3, 10])
y_true = X@beta
e = ss.norm(0,1).rvs(size=nsample)
y = y_true + e

res2=sm.OLS(y,X).fit()
res2.summary()
```

回归结果如下：

```
Results: Ordinary least squares
==================================================================
Model:                OLS              Adj. R-squared:      0.979
Dependent Variable: y                  AIC:                 130.4759
Date:                 2023-03-25 21:00 BIC:                 138.1240
No. Observations:     50               Log-Likelihood:      -61.238
Df Model:             3                F-statistic:         771.0
Df Residuals:         46               Prob (F-statistic): 2.55e-39
R-squared:            0.981            Scale:               0.73714
--------------------------------------------------------------------
```

```
             Coef.    Std.Err.        t      P>|t|     [0.025     0.975]
---------------------------------------------------------------------
x1          0.9299      0.0560   16.6145    0.0000     0.8172     1.0426
x2          3.3698      0.5315    6.3405    0.0000     2.3000     4.4396
x3         -1.6781      0.8659   -1.9379    0.0588    -3.4212     0.0650
const      10.2744      0.2898   35.4594    0.0000     9.6912    10.8577
-------------------------------------------------------------------
Omnibus:                  2.806        Durbin-Watson:           1.856
Prob(Omnibus):            0.246        Jarque-Bera (JB):        2.178
Skew:                    -0.509        Prob(JB):                0.337
Kurtosis:                 3.094        Condition No.:           96
===================================================================
```

原始数据及预测结果如图 5.20 所示。

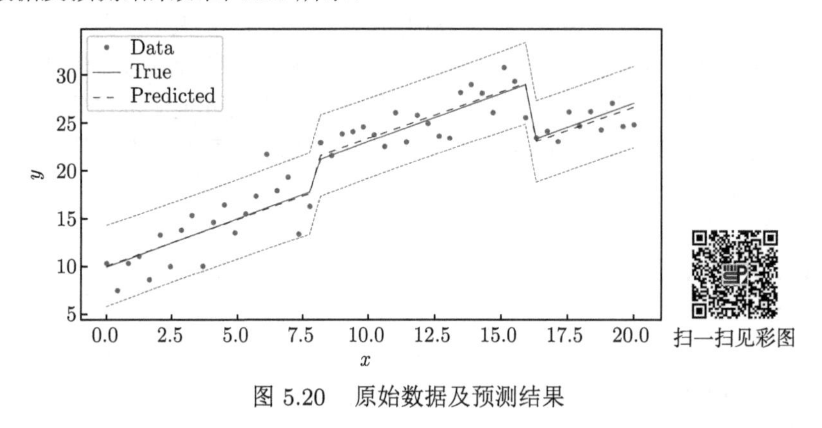

图 5.20　原始数据及预测结果

2. WLS 和 GLS

当 OLS 模型的残差存在异方差或相关性时，一种常用的方法是通过在模型中增加权重 (WLS) 或给出方差的相关性结构 (GLS) 来对模型进行改善。需要说明的是，无论 WLS 还是 GLS，模型的改进都依赖于先验知识，即权重和相关结构。下面通过一个简单的示例对两种模型的使用方法进行介绍。因变量和自变量之间的函数关系为

$$y_i = 1 + 5 * x_i + 0.3 * (x_i - 5)^2 + e_i$$

其中，$e_i \sim N(0, x_i^2)$，即残差与自变量存在相关关系。

示例代码如下：

```
import numpy as np
import pandas as pd
import scipy.stats as ss
import statsmodels.api as sm
nsample=50
#生成示例数据
x1 = np.linspace(0, 10, nsample)
X=np.column_stack((x1,(x1-5)**2))
X = sm.add_constant(X)
beta = np.array([1,5,0.3]) #系数
#异方差设置
```

```
e = ss.norm(0,np.sqrt(x1**2)).rvs()
y = X@beta+e

#首先构建OLS模型
model1 = sm.OLS(y,X)
res1=model1.fit()
resid_ols=res1.resid #模型拟合残差
temp=res1.resid**2
weight=res1.resid**2
#WLS回归分析
model2 = sm.WLS(y,X,weights=1/weight) #残差平方的倒数作为权重(常见的处理方式)
res2=model2.fit()

res_fit = sm.OLS(resid_ols[1:],resid_ols[:-1]).fit() #一阶自相关
rho = res_fit.params
sig =sig=np.eye(nsample)+np.diag(np.ones(nsample)*rho,1)[:-1,:-1]+np.diag(np.ones(nsample)*
                                            rho,-1)[:-1,:-1] #相关系数结构
model3 = sm.GLS(y,X,sigma=sig)
res3 = model3.fit()
res2_L,res2_U=res2.get_prediction().summary_frame()['obs_ci_lower'],res2.get_prediction().
                                            summary_frame()['obs_ci_upper']
res3_L,res3_U=res1.get_prediction().summary_frame()['obs_ci_lower'],res3.get_prediction().
                                            summary_frame()['obs_ci_upper']
plt.plot(x1,res2_L,'r--')
plt.plot(x1,res3_L,'g--')
plt.plot(x1,res2_U,'r--')
plt.plot(x1,res3_U,'g--')
plt.plot(x1,res2.fittedvalues,'r-')
plt.plot(x1,res3.fittedvalues,'g-')
plt.plot(x1,y,'b.',markersize=2)
```

示例中 WLS 和 GLS 比较结果如图 5.21 所示。

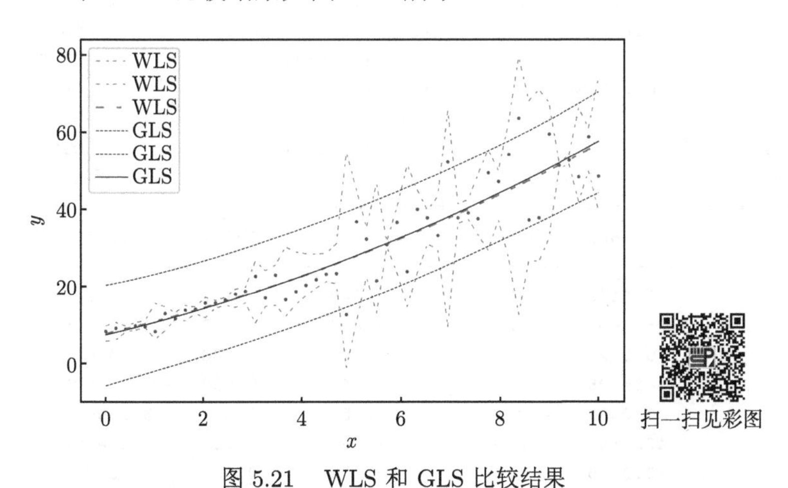

图 5.21　WLS 和 GLS 比较结果

5.4.2　广义线性模型

广义线性模型 (generalized linear model, GLM) 是线性模型的扩展，主要用于因变量非正态，特别是因变量为类别变量的情况。GLM 通过连接函数建立因变量的数学期望值与

自变量的线性组合之间的关系。其特点是不强行改变数据的自然度量，数据可以具有非线性和非恒定方差结构。

设随机变量 $\boldsymbol{Y}$ 与 p 维向量 $\boldsymbol{X}=(\boldsymbol{X}_1,\boldsymbol{X}_2,\cdots,\boldsymbol{X}_p)$ 之间存在某种统计关系，其中 $\boldsymbol{Y}$ 来自由参数 θ 和 ϕ 确定的指数分布族，引入 $\eta_i=\boldsymbol{X}_i\beta$ 来表示由参数 β 确定的 $\boldsymbol{X}_i$ 的线性组合，希望建立 $E(\boldsymbol{Y})$ 与 η 之间的关系:

$$Y_i \sim f(\theta,\phi),\ E(Y_i)=\mu_i,\ g(\mu_i)=\eta_i=\boldsymbol{X}_i\beta$$

其中，$g(\cdot)$ 称为连接函数 (link function)。statsmodels 中支持的指数分布族包括二项分布、泊松分布、逆二项分布、正态分布、伽马分布、逆高斯分布等。

以下通过两个简单实例进行说明。例 1 使用的是 statsmodels 中的 scotland 数据，研究的是苏格兰不同地区支持某法案的比例，因变量是比例，自变量是与此相关的一系列因素，这里假设支持率服从伽马分布。示例代码如下：

```
import numpy as np
import pandas as pd
import scipy.stats as ss
import statsmodels.api as sm
data = sm.datasets.scotland.load()
data.exog=sm.add_constant(data.exog)
gamma_mod=sm.GLM(data.endog,data.exog,family=sm.families.Gamma()) #GLM模型，因变量服从gamma
                                                                   分布
res_gamma=gamma_mod.fit()
print(res_gamma.summary())

 Generalized Linear Model Regression Results
==============================================================================
Dep. Variable:                    YES   No. Observations:                   32
Model:                            GLM   Df Residuals:                       24
Model Family:                   Gamma   Df Model:                            7
Link Function:          inverse_power   Scale:                       0.0035843
Method:                          IRLS   Log-Likelihood:                -83.017
Date:                Mon, 27 Mar 2023   Deviance:                     0.087389
Time:                        10:06:28   Pearson chi2:                   0.0860
No. Iterations:                     6   Pseudo R-squ. (CS):             0.9800
Covariance Type:            nonrobust
======================================================================================
                         coef    std err          z      P>|z|      [0.025      0.975]
--------------------------------------------------------------------------------------
const                 -0.0178      0.011     -1.548      0.122      -0.040       0.005
COUTAX              4.962e-05   1.62e-05      3.060      0.002    1.78e-05    8.14e-05
UNEMPF                 0.0020      0.001      3.824      0.000       0.001       0.003
MOR                -7.181e-05   2.71e-05     -2.648      0.008      -0.000   -1.87e-05
ACT                    0.0001   4.06e-05      2.757      0.006    3.23e-05       0.000
GDP                -1.468e-07   1.24e-07     -1.187      0.235   -3.89e-07    9.56e-08
AGE                   -0.0005      0.000     -2.159      0.031      -0.001   -4.78e-05
COUTAX_FEMALEUNEMP -2.427e-06   7.46e-07     -3.253      0.001   -3.89e-06   -9.65e-07
======================================================================================
```

与 OLS 相比，GLM 模型中的检验有一些变化，增加了 Pearson chi2 和 Pseudo R-squ.，前者用于检验给定的分布与数据的一致性，后者的含义与 OLS 中的 R-squared 类似。

例 2 分析的是一个地区学生成绩的影响因素，数据来源于 statsmodels 中的 star98 数据，因变量是数学成绩超过和低于全国中位数的学生人数，其他是一些相关的影响因素如低收入家庭学生比例、不同民族学生比例、预算等。该实例中的因变量为整数，可以近似服从二项分布。示例代码如下：

```
data=sm.datasets.star98.load()
data.exog=sm.add_constant(data.exog,prepend=False)
mod=sm.GLM(data.endog,data.exog,family=sm.families.Binomial()) #二项分布
res=mod.fit()
print(res.summary2())
```

当因变量为类别变量时，statsmodels 包包含了以下有针对性的方法。

(1) logit 模型：statsmodels.api.Logit，用于因变量为二分类的情境。

(2) probit 模型：statsmodels.api.Probit，用于因变量为二分类的情境。

(3) multinomial logit 模型：statsmodels.api.MNLogit，用于因变量为多个类别的情境。

(4) poisson 模型：statsmodels.api.Poisson，用于因变量为整数的情境。

下面仅以 multinomial 模型为例说明，其他模型的使用方法类似。该模型使用的是 statsmodels 中的 anes96 数据，因变量是个体的政治倾向，自变量是可能的影响因素如年龄、教育程度、收入等。示例代码如下：

```
data=sm.datasets.anes96.load()
data.exog=sm.add_constant(data.exog)
res=sm.MNLogit(data.endog,data.exog).fit()
```

MNLogit 模型预测的是对每一类相应的概率，最终选择概率最大的类别作为预测结果。

5.4.3　广义估计方程

广义估计方程是一种研究纵向数据 (如重复测量数据、面板数据) 的方法，这类数据的基本特征是对于同一个测量对象，在对象内的测量值之间可能存在相关性而不同对象的测量值不相关。例如，研究一个患者的病程时，往往会隔一段时间测量一系列生理指标，显然同一个患者在不同时点测量的指标存在相关性，而不同患者的指标则不相关。

statsmodels 中的广义估计方程的类是 statsmodels.api.GEE，其构造方法的主要参数包括：因变量 endog；自变量 exog；组标签 groups，用于区分不同个体的标记；模型 family，默认是高斯，针对测量数据的特征可以选择 binomial、poisson 等；cov_ struct 用于定义协方差矩阵结构；在一些特定的协方差结构下，需要用到 time 参数，表明测量的先后顺序。

其中，协方差矩阵结构用于解决数据独立性问题，常用的如下。

(1) 等相关 exchangeable：数据之间有着相关性，而且相关性相等，此种情况使用较多，使用方法 sm.covstract. Exchangeable()。

(2) 自相关 autoregressive：数据之间有着相关性，而且相邻时间点相关性越大，时间间隔越大相关性越小，使用方法 sm.cov_ struct.Autoregressive()。

(3) 嵌套 nested：因素之间存在层次结构。

(4) 独立 independence：数据之间完全独立，同一对象的不同测量数据之间没有关系，此种情况相关于数据完全独立，即数据确实是重复测量，但并没有违反独立性原则。使用

较少，但可作为一种探索对比进行分析。使用方法 sm.cov_ struct.Independence()。

(5) 不确定 unstructured：不预先制定，有模型根据数据进行估计，使用方法 sm.cov_struct.Unstructured。

下面以一个癫痫病发作数据 (epil) 为例进行说明，因变量为两周内的发作次数 (y)，自变量包括年龄 (age)、两种治疗方式 (trt)(placebo 和 progabide)、基线 (base)，代表 8 周内的发作次数。数据集一共包含 236 条数据，共 59 位患者，每人重复记录四次数据。示例代码如下：

```
#数据结构
      y        trt  base  age  V4  subject  period   lbase    lage  placebo
0     5    placebo    11   31   0        1       1 -0.7564  0.1142        1
1     3    placebo    11   31   0        1       2 -0.7564  0.1142        1
2     3    placebo    11   31   0        1       3 -0.7564  0.1142        1
3     3    placebo    11   31   1        1       4 -0.7564  0.1142        1
4     3    placebo    11   30   0        2       1 -0.7564  0.0814        1
..   ..        ...   ...  ...  ..      ...     ...     ...     ...      ...
231   0  progabide    13   36   1       58       4 -0.5893  0.2637        0
232   1  progabide    12   37   0       59       1 -0.6693  0.2911        0
233   4  progabide    12   37   0       59       2 -0.6693  0.2911        0
234   3  progabide    12   37   0       59       3 -0.6693  0.2911        0
235   2  progabide    12   37   1       59       4 -0.6693  0.2911        0


D['placebo']=pd.get_dummies(D.trt).iloc[:,1] #处理为哑元变量
res=sm.GEE(D.y,sm.add_constant(D.loc[:,['age','placebo','base']]),groups=D.subject,family=
                                              sm.families.Poisson()).fit()
print(res.summary2())

Results: GEE
==============================================================
Model:                GEE               AIC:            1730.7738
Link Function:        Log               BIC:            -310.7398
Dependent Variable:   y                 Log-Likelihood: -861.39
Date:                 2023-03-27 16:11  LL-Null:        -1641.9
No. Observations:     236               Deviance:       956.87
Df Model:             3                 Pearson chi2:   1.18e+03
Df Residuals:         232               Scale:          1.0000
Method:               IRLS
---------------------------------------------------------------
             Coef.   Std.Err.     z     P>|z|    [0.025  0.975]
---------------------------------------------------------------
const        0.4212    0.3578   1.1772  0.2391  -0.2800  1.1224
age          0.0223    0.0114   1.9601  0.0500   0.0000  0.0447
placebo      0.1519    0.1711   0.8879  0.3746  -0.1834  0.4871
base         0.0226    0.0012  18.4514  0.0000   0.0202  0.0250
==============================================================
```

5.4.4 广义加性模型

广义加性模型 (generalized additive model, GAM) 是一种非参数统计学建模方法。线性模型简单、直观、便于理解，但是，在现实生活中，变量的作用通常不是线性的，线性

假设很可能不能满足实际需求，甚至直接违背实际情况。广义加性模型是一种自由灵活的统计模型，它可以用来探测非线性回归的影响。

GAM 模型形式如下：

$$y_i = \beta_0 + f_1(x_{i1}) + f_2(x_{i2}) + \cdots + f_p(x_{ip}) + \epsilon_i$$

其中，$f_k(x_{ik})$ 为第 k 个自变量的任意形式的函数，在实际应用中往往选择 B 样条作为光滑函数。

GAM 的好处就在于，它是以一种自由度更高的方式去拟合数据，在建模之前并不需要分析出因变量与自变量之间的关系，对因变量和每个自变量单独建模，再相加得到 GAM，最后再求参数，这样的拟合效果理论上是很强大的。GAM 的一个缺点是没有考虑到解释变量之间的相互作用。

下面通过汽车油耗数据分析实例进行说明，其中因变量为每加仑可以行驶的里程 (city_ mpg)；燃料 (fuel) 分汽油 (gas) 和柴油 (diesel) 两种；驱动方式 (drive) 分前驱 (fwd)、后驱 (rwd) 和 4 驱 (4wd) 三种；汽车自重 (weight) 为连续变量；变量 hp 为连续变量。下面的实例介绍了通过 GAM 拟合数据。在该实例中用到了建模表达式表示方法，在后续章节专门介绍。

```
from statsmodels.gam.tests.test_penalized import df_autos
import statsmodels.gam.api as sgm
x_spline=df_autos[['weight','hp']] #对其中的两个连续变量通过B样条建模
bs=sgm.BSplines(x_spline,df=[12,10],degree=[3,3]) #B样条模型，df为基函数的个数，degree为样
                                                   条的阶数
res_gam=sgm.GLMGam.from_formula('city_mpg~fuel+drive+weight+hp',data=df_autos,smoother=bs).
                                                   fit() #通过公式表示模型
res_gam.plot_partial(0,cpr=True) #绘制每一个分量的拟合结果，其中cpr=True表示在拟合结果上加
                                                   上残差
res_gam.plot_partial(1,cpr=True)
res_gam.summary()

Results: GLMGam
==================================================================
Model:               GLMGam            AIC:             909.6090
Link Function:       identity          BIC:             -122.4882
Dependent Variable:  city_mpg          Log-Likelihood:  -430.80
Date:                2023-03-27 16:41  LL-Null:         -1284.1
No. Observations:    203               Deviance:        828.58
Df Model:            23                Pearson chi2:    829.
Df Residuals:        178               Scale:           4.6289
Method:              IRLS
------------------------------------------------------------------
              Coef.   Std.Err.    z     P>|z|   [0.025   0.975]
------------------------------------------------------------------
Intercept    66.2763   4.6714  14.1877 0.0000  57.1205  75.4320
fuel[T.gas]  -6.2856   0.7905  -7.9514 0.0000  -7.8350  -4.7363
drive[T.fwd]  1.3010   0.8366   1.5550 0.1199  -0.3388   2.9408
drive[T.rwd]  1.0699   0.8392   1.2749 0.2023  -0.5749   2.7147
weight       -0.0089   0.0028  -3.1199 0.0018  -0.0145  -0.0033
hp           -0.0166   0.0315  -0.5263 0.5987  -0.0784   0.0452
```

```
weight_s0      6.4123   7.7763  0.8246 0.4096  -8.8289 21.6536
weight_s1    -13.5199   3.9483 -3.4243 0.0006 -21.2584 -5.7815
weight_s2    -10.6262   3.6904 -2.8794 0.0040 -17.8593 -3.3931
weight_s3    -11.2863   2.8643 -3.9403 0.0001 -16.9003 -5.6723
weight_s4    -11.8637   2.7953 -4.2442 0.0000 -17.3424 -6.3850
weight_s5    -10.3253   2.3447 -4.4037 0.0000 -14.9208 -5.7299
weight_s6    -10.3902   1.9354 -5.3687 0.0000 -14.1835 -6.5970
weight_s7     -7.4875   1.2880 -5.8135 0.0000 -10.0118 -4.9631
weight_s8     -7.2260   2.1195 -3.4093 0.0007 -11.3802 -3.0718
weight_s9     -6.6419   2.6776 -2.4805 0.0131 -11.8900 -1.3938
weight_s10    -1.4780   2.5196 -0.5866 0.5575  -6.4164  3.4603
hp_s0          4.9117   7.1174  0.6901 0.4901  -9.0382 18.8616
hp_s1          1.8192   3.7783  0.4815 0.6302  -5.5861  9.2245
hp_s2         -2.5004   4.2751 -0.5849 0.5586 -10.8794  5.8786
hp_s3         -0.2117   3.4386 -0.0616 0.9509  -6.9512  6.5278
hp_s4         -5.1471   3.2069 -1.6050 0.1085 -11.4324  1.1383
hp_s5         -2.7810   2.5223 -1.1026 0.2702  -7.7245  2.1626
hp_s6         -8.2848   2.5481 -3.2514 0.0011 -13.2789 -3.2906
hp_s7         -4.2092   3.6676 -1.1477 0.2511 -11.3976  2.9792
hp_s8         -2.9946   3.1621 -0.9470 0.3436  -9.1922  3.2029
```

与其他模型不同，在 GAM 模型的参数表中，可以找到 weight 和 hp 两个变量的样条函数的权重，与模型参数中的 df 对应。图 5.22 给出了 weight 和 hp 两个分量上的拟合结果。

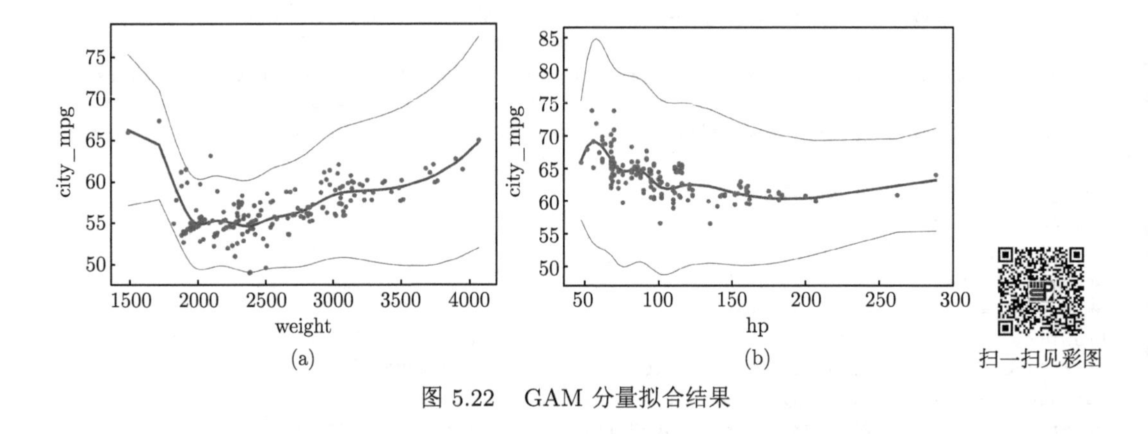

图 5.22　GAM 分量拟合结果

有关加性模型更全面的功能，可以参考 pygam 包。

5.4.5　基于表达式的模型定义

statsmodels 与 pandas 结合，可以极大地简化模型构建方法，特别是通过表达式构建模型的方法。基于表达式的模型定义中，用一个带有简单运算的字符串表达模型结构以及变量变换的方法。statsmodels 通过 patsy 包实现了表达式的解析。在 statsmodels 中，有两种方法实现基于表达式的模型构建。

(1) 基于模型对象的 from_ formula 方法。

(2) 基于专门的 formula 包。

假设有一个 DataFrame 对象，共有四列数据，列名分别是 y、x1、x2 和 x3，进一步假设 y 是因变量，x1 和 x3 是连续型变量，其中 x3 全部大于 0，x2 是类别变量。以下通过一个随机生成的数据集介绍表达式的使用。

```
import numpy as np
import pandas as pd
import scipy.stats as ss
import statsmodels.api as sm
import statsmodels.formula.api as smf
x1=ss.norm(0,1).rvs(50) #正态分布
x2=np.random.randint(2,5,50) #整数, 取值2、3和4
x3=ss.norm(10,2).rvs(50) #大于0的随机数
y=x1*0.5+0.3*(x2==3)+0.01*x3+ss.norm(0,1).rvs(50)*0.2 #因变量

df=pd.DataFrame(np.column_stack((y,x1,x2,x3)),columns=['y','x1','x2','x3']) #DataFrame
mod=sm.OLS.from_formula('y~x1+C(x2)+x3',data=df).fit() #实现方式1
mod=smf.ols('y~x1+C(x2)+x3',data=df).fit() #实现方式2
#C(x2)表示x2是类别变量, statsmodels自动将类别变量转换成哑元变量处理
mod=sm.OLS.from_formula('y~x1+C(x2)+np.log(x3)',data=df).fit() #数据变换
mod=smf.ols('y~x1+C(x2)+np.log(x3)',data=df).fit()

mod=sm.OLS.from_formula('y~x1+C(x2)+x3+x3*x3',data=df).fit() #增加二次项
mod=smf.ols('y~x1+C(x2)+x3+x3*x3',data=df).fit()

mod=sm.OLS.from_formula('y~x1+C(x2)+x3+x1*x3+C(x2)*x3',data=df).fit() #增加交互项, 交互项可
                                                     以用乘号或冒号表示
mod=smf.ols('y~x1+C(x2)+x3+x1*x3+C(x2)*x3',data=df).fit()
#可以用patsy查看生成的设计矩阵
import patsy
y,x=patsy.dmatrices('y~x1+C(x2)+x3+x1:x3',data=df)

DesignMatrix with shape (50, 6)
  Intercept  C(x2)[T.3.0]  C(x2)[T.4.0]        x1        x3      x1:x3
          1             1             0   1.14691  12.37569   14.19380
          1             0             0  -0.53736   6.64986   -3.57340
          1             1             0  -0.46315  10.09728   -4.67652
          1             0             1   0.28292  12.95898    3.66634
          1             0             0   0.29265  11.78546    3.44897
          1             1             0   1.63606   9.60150   15.70867
          1             0             0   0.92357   7.85797    7.25740
          1             0             0  -1.44818  13.62005  -19.72429
          1             1             0   1.00497   9.47334    9.52045
          1             1             0   0.89892   9.72911    8.74573
          1             0             0   0.05322   7.78135    0.41412
          1             0             0   0.68808  10.37349    7.13777
          1             1             0  -0.27892  12.68176   -3.53717
          1             0             1   1.00937  12.83110   12.95135
          1             1             0  -1.06968  11.75870  -12.57804
          1             0             0   0.15950   8.02166    1.27946
          1             0             1  -0.08866  13.81297   -1.22469
          1             0             1  -1.75319   8.81686  -15.45767
          1             0             1   2.27978   7.46744   17.02410
          1             1             0   0.23947   9.55873    2.28900
```

```
        1            0            1  -1.20234  12.24198  -14.71897
        1            1            0   0.38958   7.64124    2.97689
        1            0            0   0.89506  10.63461    9.51862
        1            1            0   1.68229   8.62355   14.50735
        1            1            0  -0.84979   9.37629   -7.96785
        1            0            0  -1.13505   5.94708   -6.75026
        1            1            0   0.24429  10.75857    2.62824
        1            1            0  -2.13527   9.57667  -20.44880
        1            0            1   1.05330   8.72438    9.18939
        1            0            0  -1.16172  12.09741  -14.05385
[20 rows omitted]
Terms:
  'Intercept' (column 0)
  'C(x2)' (columns 1:3)
  'x1' (column 3)
  'x3' (column 4)
  'x1:x3' (column 5)
(to view full data, use np.asarray(this_obj))
```

除了以上讨论的模型，statsmodels 还包括其他的功能，如时间序列分析、方差分析 (analysis of variance，ANOVA)，这里不再进行介绍。其中，statsmodels 的 ANOVA 功能相对比较简单，有特殊需要的可以参考专门的 ANOVA 分析包 pingouin，相关内容可以访问 pingouin-stats.org。

习　题

1. 使用 scipy.stats 生成不同分布的随机数，绘制直方图，观察分布的特点。
2. 查阅有关 Q-Q 图原理的资料，并写出绘制正态分布随机数序列 Q-Q 图的代码。
3. 生产 1000 个服从正态分布的容量为 20 的随机数样本，用不同的正态检验方法进行分布检验 (置信度 95%)，计算不同方法的正确率。
4. 写代码，对比 statsmodels 的线性回归模型和基于优化算法的模型结果的异同。
5. 查阅资料，解释线性回归模型结果中各种检验的基本原理。

第 6 章　基于 Python 的机器学习

6.1　机器学习概述

机器学习 (machine learning) 是人通过机器 (计算机) 进行学习并获取知识的过程，专门研究计算机怎样模拟或实现人类的学习行为，以获取新的知识或技能，重新组织已有的知识结构以不断完善自身的性能。机器学习涉及概率论、统计学、逼近论、凸分析、算法复杂度理论等多门学科。

6.1.1　机器学习及相关概念

机器学习涵盖的范围很广，很难对其进行准确定义，目前比较认可的定义由《机器学习：一种人工智能方法》一书作者 Tom M Mitchell 给出：

> A computer program is said to learn from experience **E** with respect to some class of tasks **T** and performance measure **Q** if its performance at tasks in **T**, as measured by **Q**, improves with experience **E**.

上面这段话可以翻译为：假设用性能度量 Q 来评估机器在某类任务 T 的性能，若该机器通过经验 E 在任务 T 中改善其性能 Q，那么可以说机器从经验 E 中进行了学习。该定义包含了机器学习的几个重要方面：经验、任务和性能。在机器学习领域，经验主要指的是来源于现实决策情境的数据，如测量数据、图片、声音等。任务则是机器要完成的工作，如要对数据进行分类、对未来进行预测等。性能评价指标则根据任务的不同有所不同。下面通过一个人类学习的例子进行说明。

例 6.1　一个婴儿刚出生时没有认知能力，以图 6.1 的兔子图片为例，婴儿起初并不知道这个图片中的动物是兔子。随着孩子长大，他学会认识各种各样的兔子就是一个学习的过程。在婴儿成长的过程中，我们不断地给孩子看各种各样的图片，如左边的各种颜色、各种形态、不同大小、不同背景的兔子的图片，同时会告诉孩子这个是兔子。开始的时候，孩子仅能认识典型的兔子图片，并不能识别一些非典型、经过装饰的图片。通过不断的修正，孩子能够准确识别的图片越来越多，最终能够认识右边的卡通型兔子图片。这里，左边的图片就是我们所说的经验 (由成年人告诉孩子这是兔子)，而婴儿识别兔子图片的过程就是学习过程，通过这个过程，孩子能够不断总结兔子这一概念的特征并能够将这些特征映射到没有见过的兔子图片，并最终能够认识卡通图片。理论上说世界上的兔子是一个无穷集合，也就是对于要执行的任务来说，经验或数据是无法穷举的，因此这个学习过程一直在持续不断地进行。机器学习的过程与此类似。

在机器学习发展的过程中，出现了大量的相关概念，这里对主要的概念进行介绍。

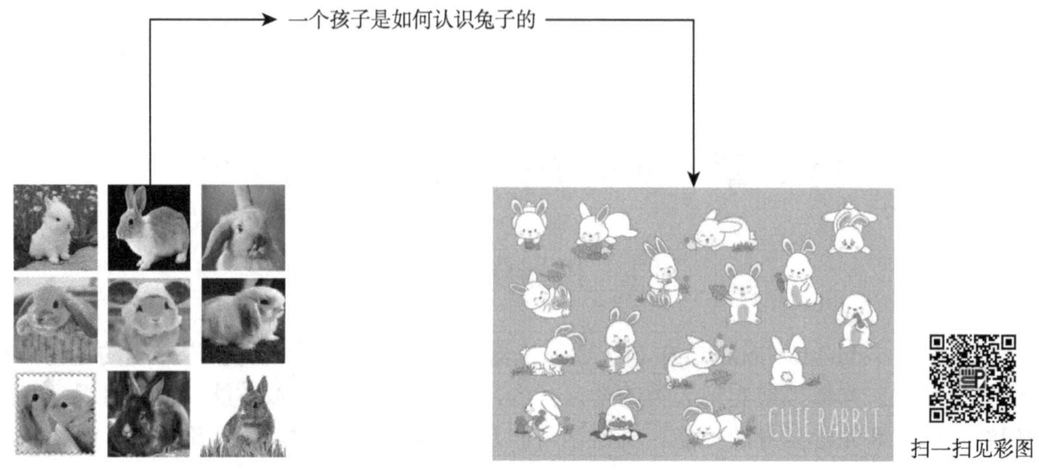

图 6.1 人类的学习过程

1. 人工智能

人工智能 (artificial intelligence) 的主要目的是用机器来模仿人的智能，期望机器能够像人一样理性地思考和行动。人工智能是研究、开发用于模拟、延伸和扩展人类的智能的理论、方法、技术及应用系统的一门新的技术科学。简单地说，人工智能是关于知识的科学，即怎样表示知识、怎样获得知识并使用知识的科学。经过几十年的发展，人工智能已日趋成熟，在日常生活中已变得无处不在，如机场的机器视觉和人脸识别、手机及门禁系统中的人体生物特征识别 (指纹、掌纹、虹膜等)、停车场的车牌识别、服务机器人 (场景识别、路线规划) 以及更复杂的语言处理 (语义识别、自动翻译)、定理证明等。

2. 机器学习

如前所述机器学习研究计算机怎样模拟或实现人类的学习行为，以获取新的知识或技能，并重新组织已有的知识结构以不断完善自身的性能。从与人工智能的关系来看，机器学习是人工智能的核心，是使计算机具有智能的根本途径，即通过经验 (数据) 学习使其具有智能。

3. 深度学习

深度学习 (deep learning) 是机器学习的一个分支，也是目前人工智能领域最具发展潜力的方向。深度学习试图使用包含复杂结构或由多重非线性结构变换构成的多个处理层对数据进行高层抽象的算法。深度学习特别适合于处理具有高度复杂度和抽象度的问题，特别是图像、声音、语言类型的复杂数据。随着深度学习的不断发展，其应用方向也越来越多，我们比较熟悉的图像识别、视频分析、语音识别、自然语言处理、设备故障诊断、医学影像分析等都源于深度学习，而目前火热的 ChatGPT (chat generative pre-trained transformer) 也是基于深度学习的。我们熟悉的场景包括自动驾驶、智能制造中都有深度学习作为重要支撑。

综合来看，人工智能、机器学习、深度学习之间的关系如图 6.2 所示。简单来说，人工智能是一个包含多种实现智能的方式的系统，而机器学习和深度学习是通过学习过程为人工智能系统提供知识。事实上，人工智能系统除了通过机器学习获取知识之外，还有很多其他的知识获取和知识表达方式，比较典型的如专家系统。

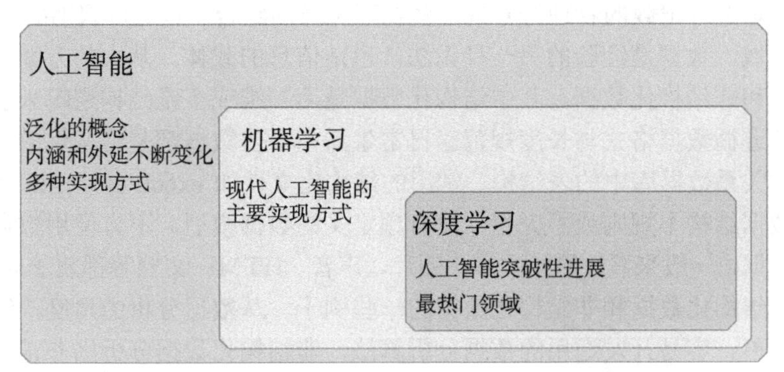

图 6.2　人工智能、机器学习、深度学习之间的关系

6.1.2　机器学习的结构

机器学习从数据中得到知识 (模型) 的过程称为学习 (learning) 或训练 (training)。从机器学习的任务或目的出发，机器学习的结构如图 6.3 所示。整个机器学习分为两部分：训练过程和测试过程，根据任务将训练数据分成训练样本 (training samples) 和测试样本 (testing samples)。在训练过程，通过训练样本不断对模型进行优化以提高性能，当达到预期的目标时，停止训练。训练好的模型使用测试样本进行性能测试，如果不满足要求则重新进行训练 (包括更换模型)，这个过程可能要循环多次。完成训练和测试且性能满足要求后，就可以进行模型部署和使用。

下面对机器学习结构中的主要部分进行详细介绍。

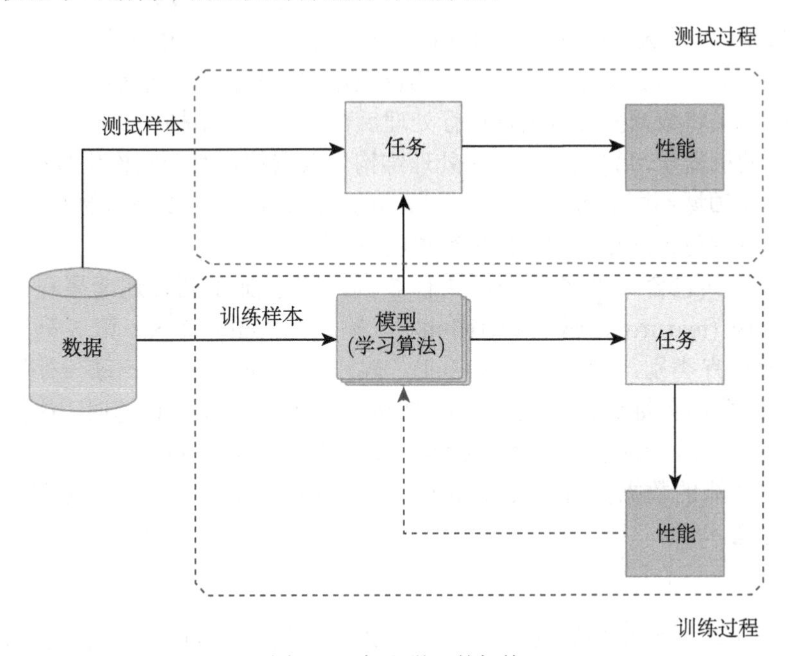

图 6.3　机器学习的机构

1. 数据

数据 (data) 是指对客观事件进行记录并可以鉴别的符号，是对客观事物的性质、状态以及相互关系等进行记载的物理符号或这些物理符号的组合。它是可识别的、抽象的符号。在机器学习领域，数据是经验的另一种说法，也是信息的载体。从大的方面看，数据可分为结构化数据和非结构化数据。其中结构化数据是用二维或多维结构逻辑来表达和实现的数据，严格地遵循数据格式与长度规范。日常生活中很多数据都是结构化的，格式和规范多种多样，如关系数据库中的表结构，常用的结构化文件如 excel, csv, json 等。非结构化数据则是指数据结构不规则或不完整、没有预定义的数据模型、不方便用数据库二维逻辑表来表现的数据，一般来看，原始文本、图片、声音、HTML 文档等都属于非结构化数据。图 6.4 给出了结构化数据和非结构化数据的一些例子。从数据分析的角度，结构化数据分析相对比较简单，容易开发通用的数据分析算法，非结构化数据分析则非常个性化，基本上需要完全根据数据的特征开发分析方法。

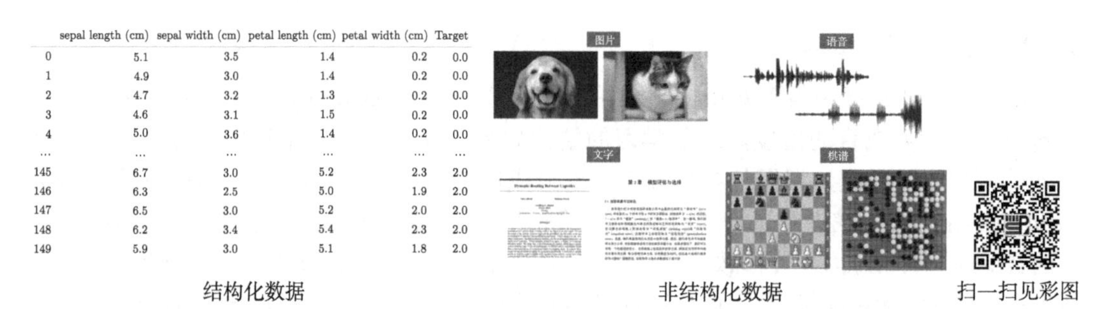

	sepal length (cm)	sepal width (cm)	petal length (cm)	petal width (cm)	Target
0	5.1	3.5	1.4	0.2	0.0
1	4.9	3.0	1.4	0.2	0.0
2	4.7	3.2	1.3	0.2	0.0
3	4.6	3.1	1.5	0.2	0.0
4	5.0	3.6	1.4	0.2	0.0
...	...	...	...	...	...
145	6.7	3.0	5.2	2.3	2.0
146	6.3	2.5	5.0	1.9	2.0
147	6.5	3.0	5.2	2.0	2.0
148	6.2	3.4	5.4	2.3	2.0
149	5.9	3.0	5.1	1.8	2.0

结构化数据　　非结构化数据　　扫一扫见彩图

图 6.4　结构化数据和非结构化数据

此外，结构化数据和非结构化数据有时也是相对的，如一般认为图像是非结构化数据，但是在像素级别，相同大小的图像数据具有结构化的特征；文本也认为是非结构化数据，但经过向量化处理的数据就是结构化的；传感器数据由于采样间隔很小，往往表现出非结构化的特征，但如果将数据按照时间窗进行处理后也会转化为结构化数据。

本章涉及的机器学习算法都是用来处理结构化数据的，对于结构化数据，机器学习领域有一些与其他领域不同的数据。为方便后续的论述，图 6.5 以著名的鸢尾花 (iris) 数据为例对机器学习中与数据相关的数据进行说明。

该数据集一共包含 150 条数据，共有 5 列，其中前 4 列描述鸢尾花卉的不同特性数据，称为特征 (feature)、属性 (attribute)、输入 (input) 或 X，第 5 列是每一个测量的特征对应的花卉类别，称为标签 (label)、输出 (output) 或 Y。每一行称为一个样例 (example)(有的数据有标签而有的没有)。在进行机器学习模型训练时，往往将所有的样例进行随机划分，用于训练模型的数据集称为训练集 (training examples)，用于测试训练好的模型的性能的数据集称为测试集 (testing examples)。在本章后续论述中，会不加区分地使用这些术语。

2. 任务

任务 (task) 可以简单理解为是机器学习模型需要实现的功能。根据机器学习的任务模式的不同，可以分为五类：有监督学习 (supervised learning)(数据有标签)、无监督学习

(unsupervised learning)(数据没有标签)、半监督学习 (semi-supervised learning)(部分数据有标签)、迁移学习 (transfer learning) 以及增强学习 (reinforcement learning)(有评级标签)。迁移学习的主要特征是将从源域学习获得的知识转移到目标域从而加快学习的速度。机器学习任务分类如图 6.6 所示。本书主要介绍的是有监督和无监督机器学习算法。

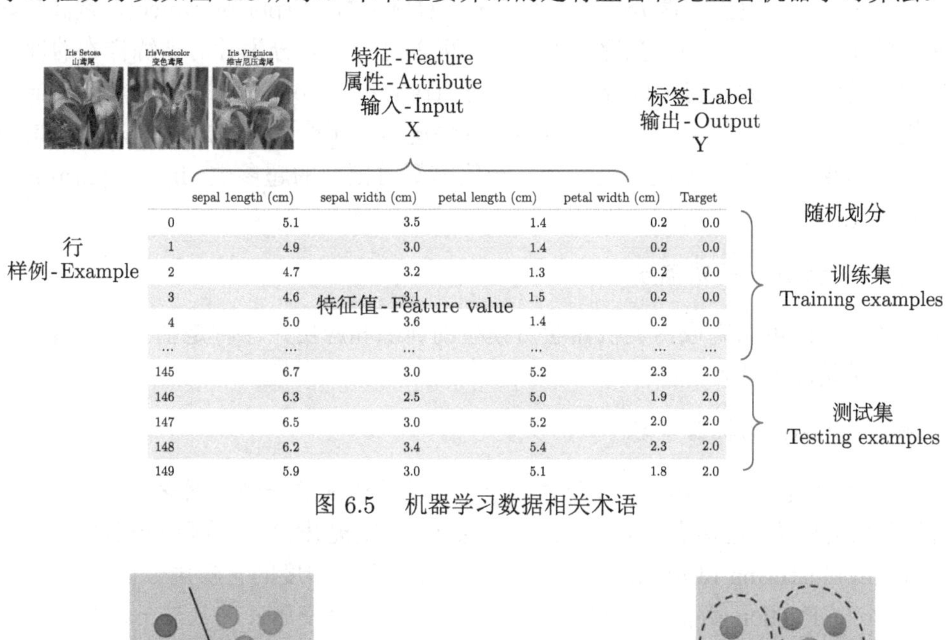

	sepal length (cm)	sepal width (cm)	petal length (cm)	petal width (cm)	Target
0	5.1	3.5	1.4	0.2	0.0
1	4.9	3.0	1.4	0.2	0.0
2	4.7	3.2	1.3	0.2	0.0
3	4.6	3.1	1.5	0.2	0.0
4	5.0	3.6	1.4	0.2	0.0
...	...	...	...	...	...
145	6.7	3.0	5.2	2.3	2.0
146	6.3	2.5	5.0	1.9	2.0
147	6.5	3.0	5.2	2.0	2.0
148	6.2	3.4	5.4	2.3	2.0
149	5.9	3.0	5.1	1.8	2.0

图 6.5 机器学习数据相关术语

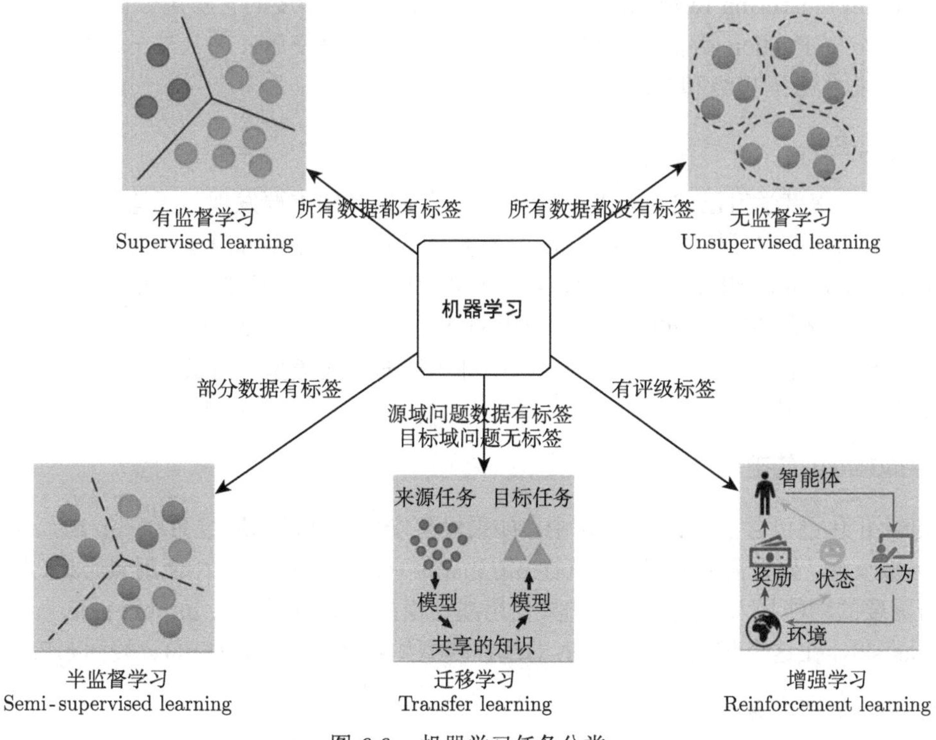

图 6.6 机器学习任务分类

3. 性能度量

性能度量 (performance metrics) 是针对不同的任务对模型误差评估以衡量机器学习模型的性能。在机器学习领域，性能有两种评价方向，一种称为损失 (loss)，越小越好，如回归模型的误差、分类模型的误分类比率等；另一种称为性能 (performance)，越高越好，如分类模型的正确率等。此外，在评价性能时还可以进一步划分为针对训练样本的性能和针对测试样本的性能，如误差可以分为训练误差 (training error) 和测试误差 (testing error)。

在机器学习模型训练中，需要避免的一种情况是过拟合 (over fitting)，表现是训练误差很小而测试误差很大。为避免过拟合，一般需要对模型的超参数 (hyper parameter) 进行设计和优化。

6.1.3　基于 Python 的机器学习

基于 Python 可以完成两类机器学习模型的训练和应用，一种是基于 sklearn 的机器学习，另一种是深度学习。

1. 基于 sklearn 的机器学习

sklearn 全称是 scikit-learn，是针对 Python 编程语言的开源机器学习包，具有各种分类、回归和聚类算法，包括支持向量机、随机森林、梯度提升、k 均值和 DBSCAN (density-based spatial clustering of applications with noise，基于密度的含噪声数据空间聚类算法) 等。sklearn 与 Python 数值科学包 numpy 和 scipy 联合使用，并且与 pandas 紧密集成，由 pandas 提供数据操纵和管理功能。

2. 深度学习

近年来，深度学习已成为人工智能和深度学习领域的重要发现，无论在理论研究还是工程应用方面均取得了巨大的进展。国内外的公司开发了很多深度学习开源框架，主要包括：Google 的 Tensorflow；Meta/Facebook 的 PyTorch；百度的 PaddlePaddle；腾讯的 Ncnn；旷视科技的 MegEngine；阿里巴巴的 X-DeepLearning(XDL)。

本书首先基于 sklearn 介绍除神经网络外的机器学习模型，有关神经网络的搭建和训练将在第 7 章介绍。

6.1.4　sklearn 基础

sklearn 包已包含在 anaconda3 中，如果没有安装，则可以通过命令 pip install scikit-learn 完成安装，如果需要升级，则执行 pip install scikit-learn -U。在使用 sklearn 时，需要根据所需要的功能导入特定的包，如果使用线性模型，则需要导入 import sklearn.linear_model as skl，在这个包里有几乎所有的线性模型如线性回归、LASSO、岭回归等。

1. sklearn 数据集

为方便学习，在 sklearn.datasets 中包含了以下 6 个公开数据集。

(1) 鸢尾花：load_ iris，包含鸢尾花花卉的 4 个测量属性以及 1 个标签列共 150 条数据，标签为类别变量，适用于分类方法。

(2) 肥胖病数据：load_ diabetes()，包含 10 个特征和 1 个标签共 11 列 442 条数据，其中数据已做了标准变换，标签为连续变量，适用于回归分析。

(3) 手写数字识别：load_ digits()，包含 1797 条数据，每条数据代表一个 8×8 的灰度图片，对应数字 $0 \sim 9$ 的不同手写体，标签为多分类变量，适用于分类方法。

(4) 葡萄酒数据：load_ wine()，包含 178 条数据，每条数据是一种酒的 13 个测量指标，标签是酒的质量等级，分别是 0、1 和 2，适用于分类方法。

(5) 乳腺癌数据：load_ breast_ cancer()，包含 569 个乳腺癌患者的 30 个特征数据以及一个类别标签，适用于分类方法。

(6) 波士顿房价：load_ boston()，标签是连续值，可用回归模型进行分析。由于涉及种族歧视，该数据集已从 sklearn1.2 中移除。

在加载数据的方法中，可以通过参数 as_ frame=True 指定以 pandas.DataFrame 的形式返回数据。数据以字典的形式返回，主要关键字如下。

(1)data：数据集中的数据，如果设置 as_ frame=False，则以二维数组的形式存储，否则以 DataFrame 对象的形式存储。

(2)frame：如果 as_ frame=True，与 data 相同，否则为空。

(3)DESCR：数据描述，文本。

(4)target 和 target_ names：标签列数据和列名称。

(5)feature_ names：特征名称。

(6)return_ X_ y=True：按照 X 和 y 的形式返回结果。

此外，在 sklearn.datasets 中还包含了形如 make_ XXX() 的随机数据构造方法，用于学习和测试相关算法，可以通过参数定义数据量、特征数等，具体使用方法可查阅帮助文档。

以下示例介绍如何导入数据以及如何生成人工数据：

```
import sklearn.datasets as skd
D1=skd.load_iris(as_frame=True)
D1.data
D1.target
X,y=skd.load_iris(return_X_y=True)
D2=skd.make_biclusters((10,4),2)
#返回数据、按行和按列的类别，可用于测试聚类算法和分类算法，D2[0]是数据，D[1]是按行的类别，D
                                  [2]是按列的类别(特征在行上)
D3=skd.make_blobs()
#返回数据和每一条数据所属类别，D[0]是数据，D[1]是类别
D4=skd.make_friedman1()
#连续标签，可用于回归分析，D[0]是X，D[1]是y
```

2. sklearn 数据预处理

一般来说，数据预处理 (preprocessing) 是进行数据分析的前提和基础。sklearn 中数据预处理相关的类在 sklearn.preprocessing 中，包括分类数据编码、数据标准化、数据离散化、缺失值处理等。

数据类别不同，则预处理方法也不同。在实际应用中，按照数据的不同可以进行分类，如图 6.7 所示。数据按照类别可以分为类别数据 (categorical) 和数值数据 (numerical)，其

中类别数据不可以直接计算，数值数据可以进行常见运算操作。类别数据又可以进一步划分为名义数据 (nominal) 和有序数据 (ordinal)。名义数据如性别、职业、出行方式等，类别之间不能进行比较，一般使用独热编码 (one-hot) 处理后再进行分析。有序数据则是具有大小关系的类别数据，如比赛名次、顾客满意度等，编码后可以进行简单计算。数值数据也可以进一步划分为离散数据 (discrete) 和连续数据 (continuous)。离散数据的取值范围是有限的，主要是整数如年龄、产品个数等，可以进行频数统计和简单计算。连续数据如长度、距离、温度等，具体可取值个数是不可数的，可以进行复杂计算但不能进行频数等统计，一般需要按照区间进行离散化后才可以统计频数等。

sklearn 提供了大量的数据预处理方法，用于对不同类别的数据进行处理。

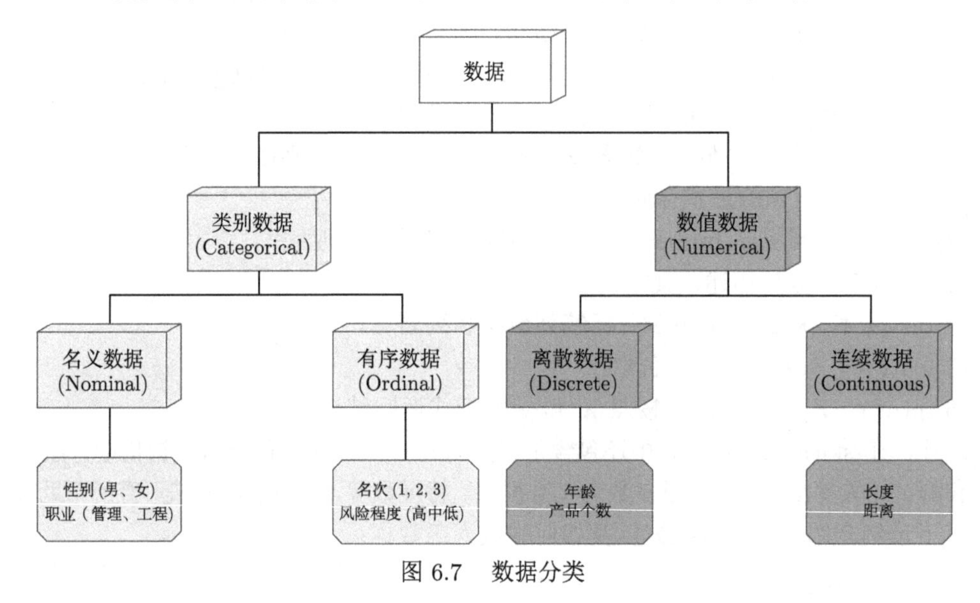

图 6.7　数据分类

1) 类别数据编码

对于类别数据中的名义数据，一般采用独热编码，类似于统计建模中的哑元变量，将名义数据中的每一个类别作为特征，用 1 表示数据属于该类别，0 表示数据不属于该类别。名义数据编码的方法是类 LabelBinarizer 和 OneHotEncoder。以下示例用于说明名义数据的编码方法：

```
import pandas as pd
import sklearn.preprocessing as skp
import numpy as np
df=pd.DataFrame(np.column_stack((['001','002','003'],['乒乓球','羽毛球','网球'])),columns=[
                                                    'Code','Hobby'])
df
      Code  Hobby
0     001   乒乓球
1     002   羽毛球
2     003   网球
DLB=skp.LabelBinarizer() #生成数据编码对象
DLB.fit(df.iloc[:,1]) #编码对象拟合
dl=DLB.transform(df.iloc[:,1]) #进行编码
```

```
#以上三句代码可以一句完成
dl=skp.LabelBinarizer().fit_transform(df.iloc[:,1])
df1=pd.DataFrame(dl,columns=['乒乓球','羽毛球','网球']) #数据合并
df1=pd.merge(df,df1,left_index=True,right_index=True)
df1
    Code  Hobby   乒乓球    羽毛球    网球
0   001   乒乓球    1         0        0
1   002   羽毛球    0         0        1
2   003   网球      0         1        0
DL.inverse_transform(df1.iloc[:,2:].values) #独热编码逆变换
array(['乒乓球', '羽毛球', '网球'], dtype='<U3')
#使用OneHotEncoder类，与LabelBinarizer功能相同
DOne_hot=skp.OneHotEncoder()
DOne_hot.fit(df.iloc[:,1].values.reshape(-1,1)) #将数据转为列向量
DOne_hot.transform(df.iloc[:,1].values.reshape(-1,1)).toarray()
array([[1., 0., 0.],
       [0., 0., 1.],
       [0., 1., 0.]])
```

对于有序类别数据，由于类别之间有顺序，在编码时需要按照类别的顺序赋予不同大小的数值，可以使用 OrdinalEncoder 类。示例代码如下：

```
df2=pd.DataFrame(np.column_stack((['001','002','003','004','005','006'],['优','中','良','差
                                                  ','不及格','中'])),columns=['学号','成绩'])
odc=skp.OrdinalEncoder(categories=[['不及格','差','良','中','优']])
odc.fit(df2.iloc[:,1].values.reshape(-1,1))
C=odc.transform(df2.iloc[:,1].values.reshape(-1,1))
#以上3条语句等价于以下语句
C=skp.OrdinalEncoder(categories=[['不及格','差','良','中','优']]).fit_transform(df2.iloc[:,
                                                  1].values.reshape(-1,1))
df2['编码']=C.astype(int)
df2
    学号  成绩      编码
0   001   优        4
1   002   中        3
2   003   良        2
3   004   差        1
4   005   不及格    0
5   006   中        3
odc.inverse_transform(df2.iloc[:,2].values.reshape(-1,1)) #逆变换
```

2) 连续数据的归一化和标准化

在机器学习中，往往需要将不同规格的数据转换到同一规格，或不同分布的数据转换到某个特定分布，这种操作统称为数据无量纲化，主要包括归一化和标准化两种方法。

归一化将数据按极差 (最大值 − 最小值) 缩放到 [0,1] 之间，而这个过程，就称为数据归一化 (min-max scaling)，即

$$x' = \frac{x - x_{\min}}{x_{\max} - x_{\min}}$$

归一化使用类 MinMaxScaler。

标准化将数据按均值 (μ) 中心化后再按照标准差 (σ) 缩放，变换后的数据均值为 0，标准差为 1。如原数据服从正态分布，则转化后的数据服从标准正态分布，即

$$x' = \frac{x - \mu}{\sigma}$$

标准化使用类 StandardScaler。

以下示例说明归一化和标准化方法的使用。

```
mms=skp.MinMaxScaler(feature_range=(2,9))
#数据的范围可以指定或根据序列最大最小值确定
mms.fit(X.iloc[:,0].values.reshape(-1,1))
mms.transform(X.iloc[:,0].values.reshape(-1,1))
skp.MinMaxScaler().fit_transform(X.iloc[:,0].values.reshape(-1,1))
#根据序列的范围进行归一化

MS=skp.StandardScaler()
MS.fit(df.iloc[:,1].values.reshape(-1,1))
MS.transform(df.iloc[:,1].values.reshape(-1,1))
#以上3语句与以下语句等价
skp.StandardScaler().fit_transform(df.iloc[:,1].values.reshape(-1,1))
```

注意:① sklearn 中的方法都通过类进行了封装,使用时总是从创建对象开始;② sklearn 中的方法默认处理列向量，如果是一维数组需要转换成二维数组，如以上代码中的 reshape $(-1,1)$ 就是将一维数组转换成列向量；③ 在同一个模型中，归一化和标准化的参数必须保持一致，如果用训练集归一化或标准化数据，那么在处理测试集时要用相同的对象进行数据处理而不能重新拟合。

大多数机器学习算法中，会选择 StandardScaler 来进行特征缩放，因为 MinMaxScaler 对异常值非常敏感。如主成分分析、聚类、逻辑回归、支持向量机、神经网络这些算法中，StandardScaler 往往是最好的选择。MinMaxScaler 在不涉及距离度量、梯度、协方差计算以及数据需要被压缩到特定区间时使用广泛，如数字图像处理中量化像素强度时，往往会使用 MinMaxScaler 将数据压缩于 [0,1] 区间。

3) 连续数据离散化

连续数据离散化是一种常见的数据预处理方法，如按照年收入划分为低、中、高；按年龄划分为青年、中年、老年等。离散化后的数据可以按照不同水平进行频数统计或更复杂的分析。连续数据离散化包括二值化和分段，其中二值化按照阈值转换为 0 和 1 变量，使用 Binarizer 类；分段按照给定的段数进行划分，使用 KBinsDiscretizer。

Binarizer 类构造方法有一个参数 threshold，默认值是 0，作为 0-1 划分的边界。KBinsDiscretizer 类构造方法有 3 个参数：n_ bins 表示要划分的段数，默认值为 5；encode 可以是 onehot 或者 ordinal；strategy 可以是 uniform(均匀划分，段间距相等)、quantile(每个段中的数据量相同)、kmeans(划分边界通过 kmeans 聚类方法确定)，可以通过 bin_ edges_ 查看分段的边界。

以下代码展示了连续数据离散化方法的用法。

```
D=np.column_stack((ss.norm(3,1).rvs(50).round(3),ss.uniform(5,10).rvs(50).round(3)))
df=pd.DataFrame(D,columns=list('AB'))
#生成两列数据，A列二值化，B列分段

Encode_Binarizer=skp.Binarizer(threshold=3)
```

```
Encode_Binarizer.fit(df.loc[:20,'A'].values.reshape(-1,1))
DA=Encode_Binarizer.transform(df['A'].values.reshape(-1,1))
df.insert(1,'A1',DA.astype(int)) #转换后的编码插入A列后

Encode_KBins=skp.KBinsDiscretizer(n_bins=3,encode='onehot')
Encode_KBins.fit(df.loc[:20,'B'].values.reshape(-1,1))
DB=Encode_KBins.transform(df.loc[:20,'B'].values.reshape(-1,1)).toarray()
DB=pd.DataFrame(DB.astype(int),columns=['B_Inv1','B_Inv2','B_Inv3']) #Onehot编码
#转化成DataFrame并合并
df=pd.merge(df,DB,left_index=True,right_index=True)

Encode_KBins=skp.KBinsDiscretizer(n_bins=5,encode='ordinal') #ordinal编码
Encode_KBins.fit(df.loc[:20,'B'].values.reshape(-1,1))
DB1=Encode_KBins.transform(df.loc[:20,'B'].values.reshape(-1,1))
df['B_ordinal']=DB1.astype(int)

df.head(2)

    A       A1    B         B_Inv1    B_Inv2    B_Inv3    B_ordinal
0   4.021   1     5.946     1         0         0         0
1   2.088   0     10.926    0         0         1         3
```

4) 分布变换和函数变换

在特定的算法中或特殊的应用情境下,需要对数据做更复杂的变换,这里主要介绍三种:QuantileTransformer、PowerTransformer 和 FunctionTransformer。QuantileTransformer 利用分位数信息将数据转化为均匀分布或正态分布，由 output_ distribution 指定，取值为 uniform 或 normal，n_ quantile 则指定需要计算的分位点数，默认值是 1000 或样本量。PowerTransformer 用 yeo-johnson 或 box-cox 方法对数据进行正态变换 (由参数 method 指定)，standardize=Ture 表示对变换后的数据进行标准化。FunctionTransformer 用给定的函数对数据进行变换，可以是 numpy、scipy 中的函数或自定义函数，函数由参数 func 和 inverse_ func 指定。

以下代码展示了如何使用这三种变换方法。

```
n=100
#生成3列数据，分别服从均匀、指数和对数正态分布
D=np.column_stack((ss.uniform(5,10).rvs(n),ss.expon(scale=5).rvs(n),ss.lognorm(1,scale=5).
                                                rvs(n)))
df=pd.DataFrame(D,columns=['uniform','expon','log_normal'])

#使用QuantileTransformer将数据转换为正态分布
quantile_trans=skp.QuantileTransformer(n_quantiles=n,output_distribution='normal')
quantile_trans.fit(df['uniform'].values.reshape(-1,1))
uniform_normal=quantile_trans.transform(df['uniform'].values.reshape(-1,1))
df.insert(1,'Uniform_Normal',uniform_normal)
df.head(5)

#使用PowerTransformer将数据转换为正态分布
pow_trans=skp.PowerTransformer(method='box-cox')
pow_trans.fit(df['expon'].values.reshape(-1,1))
expon_normal=pow_trans.transform(df['expon'].values.reshape(-1,1))
```

```
df.insert(3,'expon_normal',expon_normal)
df.head(5)
#使用FunctionTransformer对对数正态分布数据进行对数变换
func_trans=skp.FunctionTransformer(func=np.log,inverse_func=np.exp)
#如果需要对数据做逆变换，需要指定逆函数inverse_func
func_trans.fit(df['log_normal'].values.reshape(-1,1))
log_trans=func_trans.transform(df['log_normal'].values.reshape(-1,1))
df.insert(5,'log_trans',log_trans)
df.head(5)
#转换前后数据的分布情况
fig=plt.figure(figsize=(6,6),tight_layout=True)
ax321=fig.add_subplot(321)
sns.histplot(df['uniform'],ax=ax321)
ax322=fig.add_subplot(322)
sns.histplot(df['UniformToNormal'],ax=ax322,label='Uniform_Normal')
ax323=fig.add_subplot(323)
sns.histplot(df['expon'],ax=ax323)
ax324=fig.add_subplot(324)
sns.histplot(df['exponToNormal'],ax=ax324)
ax325=fig.add_subplot(325)
sns.histplot(df['lognormal'],ax=ax325)
ax326=fig.add_subplot(326)
sns.histplot(df['logTrans'],ax=ax326)
```

5) 缺失值处理

在实际的数据分析工作中，很难保证数据的质量是完美的。缺失值处理是数据预处理中非常重要的一项工作。数据缺失的比例很小，一般采用填充方法进行数据区补全。对于连续值，常常使用均值或者中位数去填充缺失值；对于离散值，常常使用众数填充，或者把缺失值当作一个单独的类别。如果前后数据存在相关性，用相邻数据填充也是一种常用的方法。对于缺失率超过一定阈值的特征，可以考虑直接舍弃。

sklearn 提供的缺失值处理方法在 sklearn.impute 包中，主要有两种，分别是 KNNImputer 和 SimpleImputer。KNNImputer 主要用于连续值的处理，按照缺失数据与其他数据的距离选择最邻近的 k 个并用这 k 个数据的均值填充缺失值，k 由参数 n_ neighors 指定；missing_ values 用于表明哪些值属于缺失值；在计算平均值时可以用简单平均 (weights=‘uniform’) 或加权平均 (weights=‘distance’)。SimpleImputer 适用于连续变量或非连续变量，参数 missing_ values 用于表明哪些值属于缺失值；strategy 包括 mean、median、most_ frequent 或 constant，如果是 constant，填充值通过参数 fill_ value 指定。

缺失值处理类的代码如下：

```
import sklearn.impute as ski
n=100
D=np.column_stack((ss.norm(3,1).rvs(100),np.random.randint(0,4,100)))
df=pd.DataFrame(D,columns=list('AB'))
df['B']=df['B'].astype(int)
df.iloc[10,0]=np.nan
df.iloc[15,0]=np.nan
df.iloc[5,1]=''
df.iloc[12,1]=''
Impute_A=ski.KNNImputer(missing_values=np.nan,n_neighbors=5,weights='distance')
```

```
Impute_A.fit(df['A'].values.reshape(-1,1))
Impute_A.transform(df['A'].values.reshape(-1,1))

Impute_B=ski.SimpleImputer(missing_values='',strategy='most_frequent')
Impute_B.fit(df['B'].values.reshape(-1,1))
Impute_B.transform(df['B'].values.reshape(-1,1))
```

6.2　监督学习模型

监督学习模型主要包括回归和分类两类。由于绝大多数的模型既可以适用于分类问题也可以适用于回归问题，因此本节将按照模型实现机理对监督学习算法进行介绍。

6.2.1　分类模型

分类 (classification) 是机器学习中的一类重要算法，也是模式识别 (pattern recognization) 的常见任务。分类问题的主要形式是：设有观测数据 $(\boldsymbol{X},\boldsymbol{Y})$，其中标签 $\boldsymbol{Y}$ 为类别变量，分类的目标是构建函数 $f(\boldsymbol{X})$ 使其能够作为分类的边界。$\boldsymbol{Y}$ 一般是列向量，$\boldsymbol{Y}$ 包含两个类别的问题称为两分类问题，包含多个类别的问题称为多分类问题 (multi-class classification)。此外，还有一类分类问题称为 multi-output 问题，此时 $\boldsymbol{Y}$ 是超过 1 列的数组，即一个观测数据同时有多个类标签。

sklearn 提供了非常多的分类算法，在这里仅介绍几种常用的分类模型以及分类模型的性能评价指标。图 6.8 是对 sklearn 主要分类算法的总结。

1. 支持向量机

支持向量机 (support vector machine，SVM) 是一系列用于分类和回归的监督学习算法，是以统计学习理论为基础的重要方法。SVM 使用铰链损失函数 (hinge loss) 计算经验风险 (empirical risk) 并在求解系统中加入了正则化项以优化结构风险 (structural risk)，是一个具有稀疏性和稳健性的分类器。

支持向量机的主要优点如下。

(1) 可以有效地处理高维问题，设置对于问题维度高于样本数的情况仍然有效。

(2) 在 SVM 的决策函数中仅包含少量的训练样本 (称为支持向量)，模型具有稀疏性，具有较高的空间效率。

(3) 具有很高的灵活性，特别是在模型中引入核函数 (kernel function) 后，对于不同的问题具有很强的适应性，同时在将问题向高维空间映射时并没有增加问题的复杂度。

支持向量机的缺点如下。

(1) SVM 采用二次规划求解，当样本量为 m 时，会涉及 $m\times m$ 的矩阵的计算，会耗费大量的内容和运算时间。因此，SVM 不适合于大样本问题。

(2) SVM 在解决多分类问题时有一定的局限性。

(3) SVM 的超参数选择较复杂。

在 sklearn 中，用于分类的 SVM 称为 SVC，用于回归的 SVM 称为 SVR。SVM 涉及非常复杂的数学理论，如凸二次规划、对偶、核技巧等。在这里仅从理解算法参数的角度对模型理论进行介绍，更深入的理解可以参考相关资料。

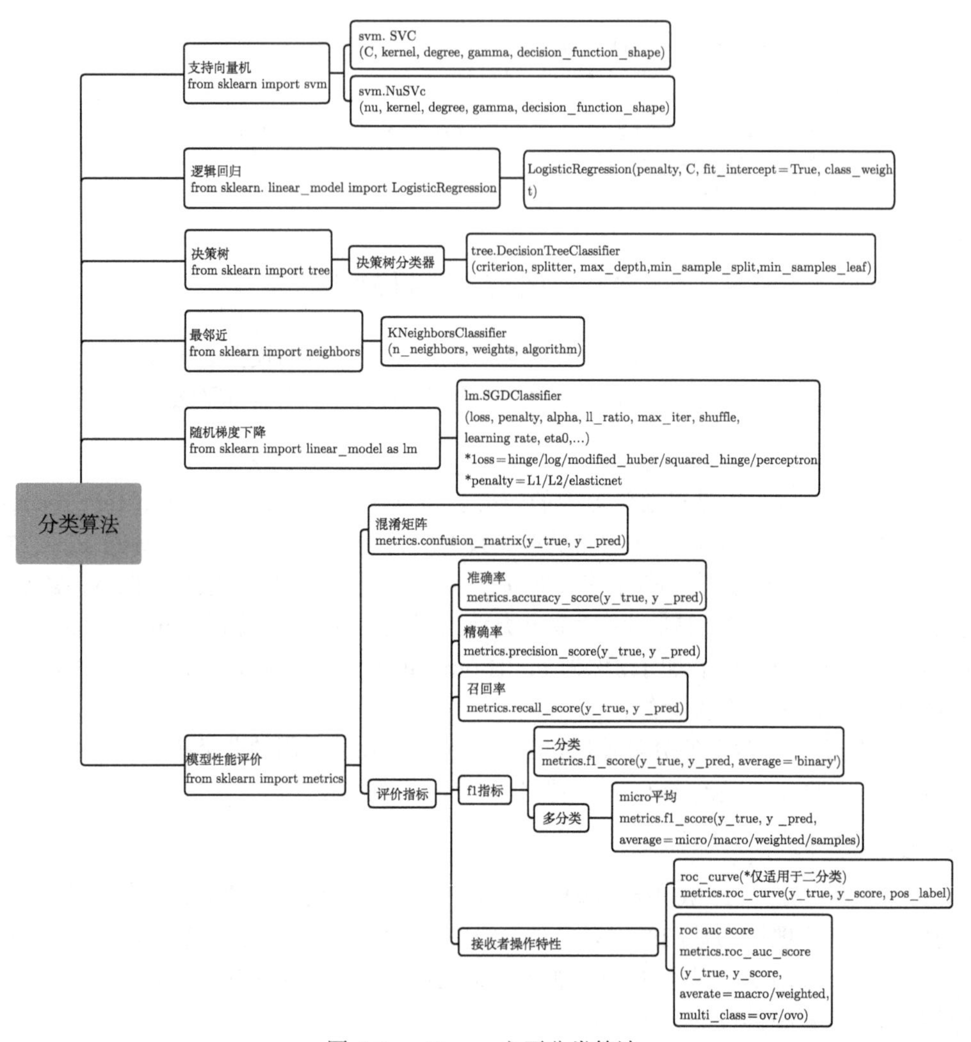

图 6.8 sklearn 主要分类算法

假设给定一个特征空间上的训练集 $T=\{(\boldsymbol{x}_1,y_1),(\boldsymbol{x}_2,y_2),\cdots,(\boldsymbol{x}_N,y_N)\}$，其中 $\boldsymbol{x}_i\in\mathbb{R}^p$,$y_i\in\{-1,+1\}$,$i=1,2,\cdots,N$。SVC 的目标是寻找 $\boldsymbol{w}\in\mathbb{R}^p$ 和 $b\in\mathbb{R}$ 使得 $\mathrm{sign}(\boldsymbol{w}^{\mathrm{T}}\phi(\boldsymbol{x})+b)$ 对大多数训练样本是正确的，其中 $\phi(\cdot)$ 称为核函数。

SVC 的目标可以通过求解如下的数学规划问题实现：

$$\begin{aligned}&\min_{\boldsymbol{w},b,\psi}\ \frac{1}{2}\boldsymbol{w}^{\mathrm{T}}\boldsymbol{w}+C\sum_{i=1}^{N}\psi_i\\&\text{s.t.}\ \ y_i(\boldsymbol{w}^{\mathrm{T}}\phi(\boldsymbol{x}_i)+b)\geqslant 1-\psi_i,\\&\qquad\psi_i\geqslant 0,i=1,2,\cdots,N\end{aligned}\tag{6.1}$$

对照如图 6.9 所示的支持向量机分类示意图，当 $y_i=+1$ 时有 $w^{\mathrm{T}}x+b\geqslant 1$，当 $y_i=-1$ 时有 $w^{\mathrm{T}}x+b\leqslant -1$，于是 $y_i(\boldsymbol{w}^{\mathrm{T}}\phi(\boldsymbol{x}_i)+b)\geqslant 1$ 表示数据被正确分类。如果 $\mathrm{psi}_i>0$ 则表

示对应的数据点分类错误，因此 C 就是对误分类的惩罚。显然 C 越大，对误分类的惩罚越大，但有可能导致过拟合。反之则可能出现更多的误分类但会增大分类边界之间的距离。如图 6.9 所示，最大化 $\dfrac{2}{||\boldsymbol{w}||}$ 等价于最小化 $\dfrac{1}{2}\boldsymbol{w}^{\mathrm{T}}\boldsymbol{w}$，显然分类超平面距离越大，误分类概率越小。

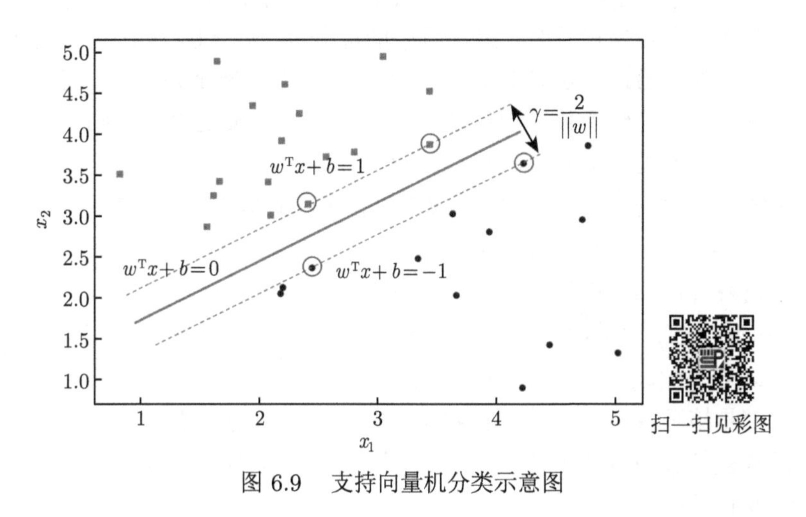

图 6.9　支持向量机分类示意图

在分类问题中，可能出现三种情况：线性可分、不完全线性可分和线性不可分，图 6.10

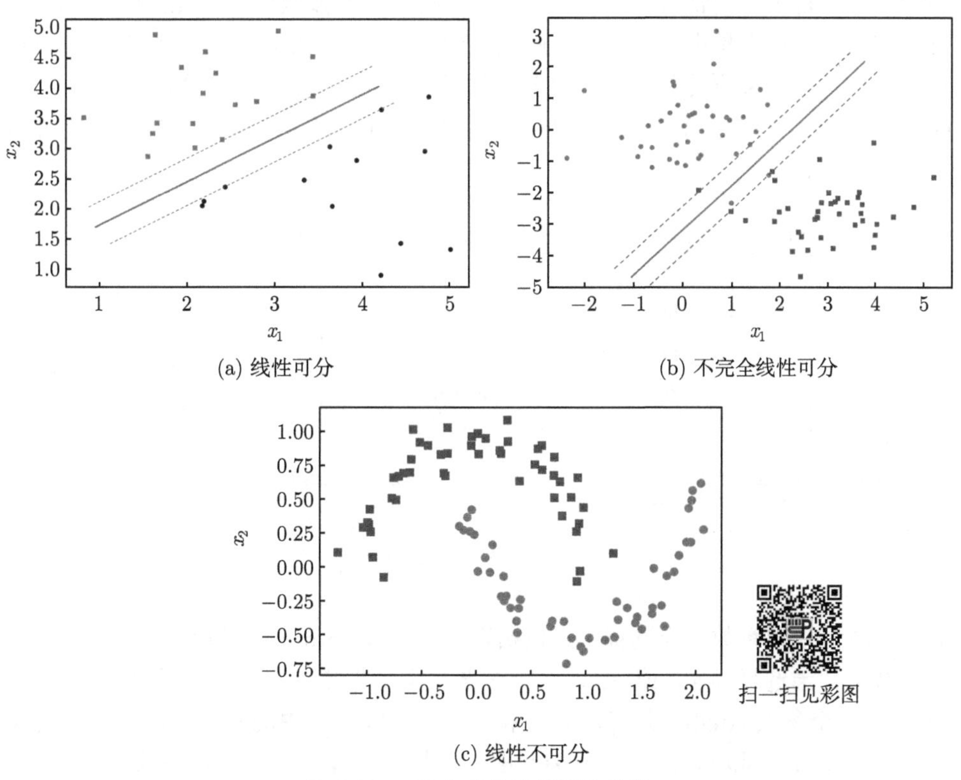

(a) 线性可分

(b) 不完全线性可分

(c) 线性不可分

图 6.10　SVC 中分类问题的类别

是二维空间中的示意图。图 6.10(a) 为线性可分问题，可以找到一个超平面将两类数据完全划分开；图 6.10(b) 为不完全线性可分问题，可以找到一个分类超平面将绝大部分的数据正确分类，只有少量数据点分类错误；图 6.10(c) 是线性不可分问题，任何超平面都有相当部分的点被错误分类。

针对线性可分和不完全线性可分问题，式 (6.1) 中的 x 不需要进行变换就可直接求解，即 $\phi(x)=x$。当不完全线性可分时，最优解中的部分 ψ_i 大于 0，此时得到的最优超平面中在进行分类时存在部分错误，这时的超平面称为软间隔 (soft margin)。对于线性不可分问题，就要用到 SVM 中的核函数，通过核函数将数据从低维空间映射到高维空间，从而将线性不可分问题转化为高维空间中的线性可分问题。

sklearn 提供了 4 种核函数，分别是线性核、多项式核、径向基核和 sigmoid 核。

(1) 线性核：linear，$k(\boldsymbol{x}_i,\boldsymbol{x}_j)=\boldsymbol{x}_i^{\mathrm{T}}\boldsymbol{x}_j$。

(2) 多项式核：polynomial，$k(\boldsymbol{x}_i,\boldsymbol{x}_j)=(\gamma\boldsymbol{x}_i^{\mathrm{T}}\boldsymbol{x}_j+r)^d$。

(3) 径向基核：rbf，也称为高斯核，$\exp(-\gamma||\boldsymbol{x}_i-\boldsymbol{x}_j||_2^2$。

(4) sigmoid 核：$k(\boldsymbol{x}_i,\boldsymbol{x}_j)=\tanh(\gamma\boldsymbol{x}_i^{\mathrm{T}}\boldsymbol{x}_j+r)$。

其中，γ 和 r 都是核函数中的参数，也就是 SVM 模型的超参数。

通过核函数变换和对式(6.1)中的最后化问题的变换，SVM 可以避免在高维空间直接计算 $\boldsymbol{w}^{\mathrm{T}}\phi(\boldsymbol{x})$ 从而简化求解过程。

在 sklearn 中，多项式核函数 (poly) 的参数由 degree 指定，参数 d 越大，训练误差越小，但容易导致过拟合的情况。径向基核函数 (rbf) 中的参数由 gamma 指定，gamma 越大训练误差越小，越容易出现过拟合。rbf 核函数具有极高的灵活性，是 sklearn.svm 中默认的核函数，一般如果不是特别确定是问题线性可分，rbf 是优先选择的核函数。

sklearn.svm 中有三个 SVC 类，分别是 SVC、NuSVC 和 LinearSVC。SVC 的主要参数如图 6.11 所示。

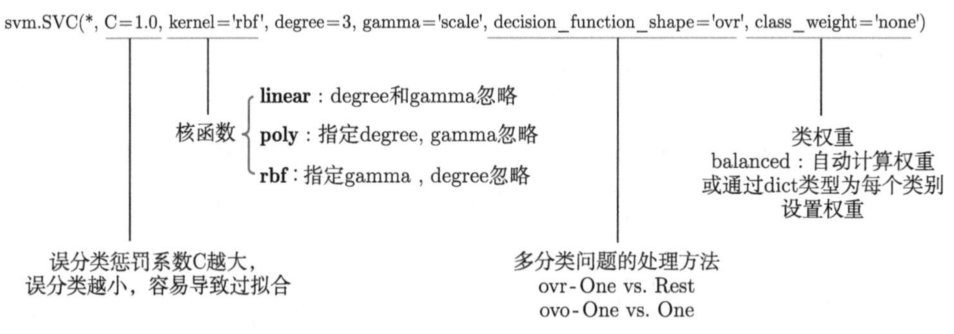

图 6.11　SVC 的主要参数

其中，C 为惩罚系数。当选择 rbf 核函数时，参数 gamma 可以是 scale、auto 或者一个具体的数值，当选择 scale 或 auto 时，参数根据数据特征设定，默认值为 scale。此外，SVC 中还有一个参数 coef0，是多项式核和 sigmoid 核函数中的常数项，一般不是很常用。decision_ function_ shape 涉及多分类问题的两种处理方法，一种是将其余所有类作为相对类处理，另一种是两两建模。两种方法都有各自的优缺点，ovr 容易加剧分类样本不平衡问题，而 ovo 则需要训练很多模型，当分类数比较多的时候会显著降低问题的求解效率。

当不同类别在分类问题中的重要性不同时，可以通过类权重 class_ weight 参数体现不同类的重要度。在一些特定情况下正类误分和负类误分的结果可能不同，如在传染高发期将感染者误分为非感染者的后果显然比较严重，此外当不同类别的样本量不平衡时也可以通过为较少数据的类别增加权重而解决不平衡数据的分类问题。class_ weight 可以设置为 balanced，由函数自动设置类别，也可以使用 dict 类型的数据结构为每一个类标签设置权重。

sklearn.svm 中的 LinearSVC 类等价于 SVC 类将核函数设为 linear 的情况。

而 NuSVC 与 SVC 类的区别是用参数 nu 取代了惩罚系数 C，nu 表示分类错误比率的上限和支持向量比例的下限，增大 nu 会降低训练误差，但同时也会增加泛化误差 (出现过拟合)。

此外，在 SVC 中还有一个参数 probability，当 probability=True 时，SVC 的返回结果中增加了分类的概率。当要了解一个对象归属于特定类的概率时，将这个参数设置为 True，但会显著降低训练和计算效率。

下面通过一个线性 SVC 用于二维分类问题，观察参数 C 对分类边界的影响。不同参数 C 下的分类边界如图 6.12 所示。

```
import matplotlib.pyplot as plt
import numpy as np
plt.rcParams['figure.dpi']=200
plt.rcParams['text.usetex']=True
plt.rcParams['font.size']=8
plt.rc('lines',linewidth=0.5)
from sklearn.inspection import DecisionBoundaryDisplay #显示决策边界
from matplotlib.colors import ListedColormap #颜色

from sklearn import datasets
iris=datasets.load_iris()
#以iris数据中的两个类别和两个特征为例(可视化)
X,y=iris.data,iris.target
X,y=X[y<2,:2],y[y<2]

from sklearn import preprocessing as skp
scaler=skp.StandardScaler() #数据标准化
scaler.fit(X)
X_stand=scaler.transform(X)
C_vals=[1,5,20] #三个C值
C_vals=[1,5,20]
ax=plt.figure(figsize=(3,6),tight_layout=True).subplots(3,1) #3个子图
for k,c in enumerate(C_vals):
    linearsvc=svm.LinearSVC(C=c)
    linearsvc.fit(X_stand,y)
    cmap=ListedColormap(['#EF9A9A','#FFF59D','#90CAF9'])
    DecisionBoundaryDisplay.from_estimator(linearsvc,X_stand,response_method="predict",cmap
                                           =cmap,ax=ax[k])
    ax[k].plot(X_stand[y==0,0],X_stand[y==0,1],'bo',markersize=1)
    ax[k].plot(X_stand[y==1,0],X_stand[y==1,1],'gs',markersize=1)
    w0,w1,w2=linearsvc.intercept_,linearsvc.coef_[0][0],linearsvc.coef_[0][1]
```

```
    xx=np.linspace(-2,1.8)
    ax[k].plot(xx,1/w2-w0/w2-w1/w2*xx,'k--')
    ax[k].plot(xx,-1/w2-w0/w2-w1/w2*xx,'k--')
    ax[k].set_xlabel('C={}'.format(c))
```

图 6.12 显示，随着参数 C 的增大，分类间隔之间的距离缩小，进入两个分类间隔的样本点变少。这表示训练误差在变小，相应地由于分类间隔之间的距离变小，对于非训练样本出现分类错误的可能性会变大。

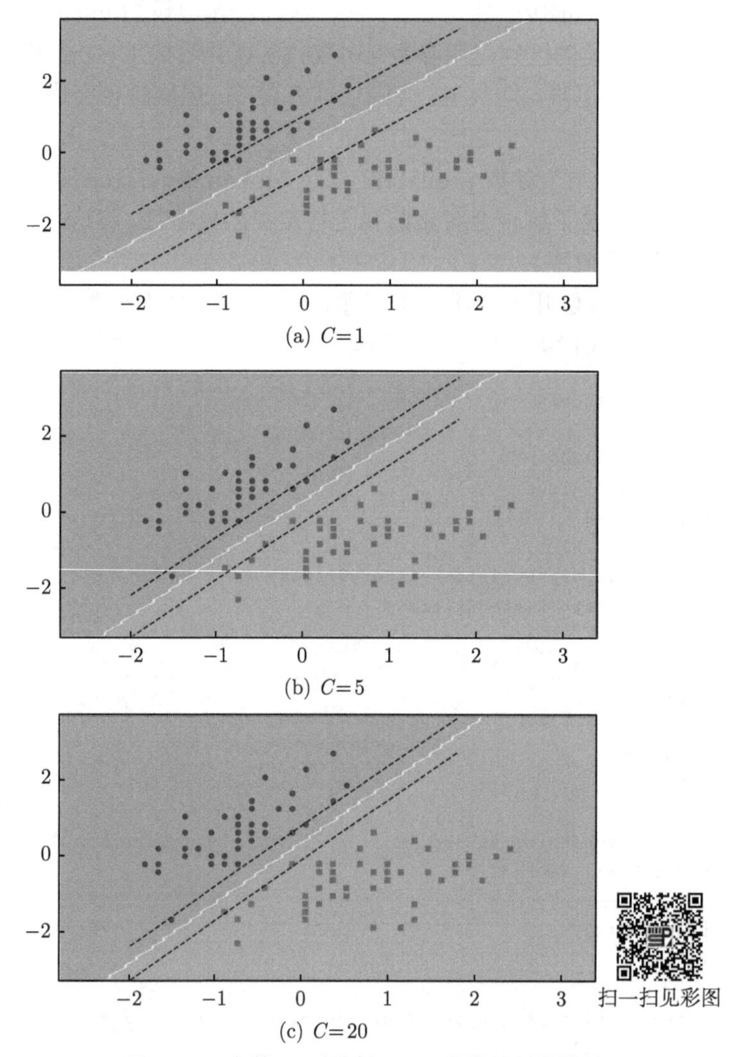

(a) C=1

(b) C=5

(c) C=20

图 6.12　参数 C 对线性 SVC 分类边界的影响

下面的示例展示线性不可分问题采用不同核函数的分类效果，代码如下。

```
import sklearn.datasets as skd
import sklearn.preprocessing as skp
from sklearn import svm
moon=skd.make_moons(noise=0.15)
```

```
#随机产生moon数据
X,y=moon[0],moon[1]
scaler=skp.StandardScaler()
scaler.fit(X)
X1=scaler.transform(X)

#Linear kernel
linearSVC=svm.LinearSVC(C=1)
linearSVC.fit(X1,y)
ypred1=linearSVC.predict(X1)
idx1=ypred1!=y#分类错误的样本索引
#Poly kernel
polySVC=svm.SVC(C=1,kernel='poly',degree=5)
polySVC.fit(X1,y)
y_pred2=polySVC.predict(X1)
idx2=y_pred2!=y
#Rbf kernel
rbfSVC=svm.SVC(C=1,kernel='rbf',gamma=1,probability=True)
rbfSVC.fit(X1,y)
y_pred3=rbfSVC.predict(X1)
idx3=y_pred3!=y
#显示不同核函数下的决策边界
ax=plt.figure(figsize=(3,6),tight_layout=True).subplots(3,1)
cmap=ListedColormap(['#EF9A9A','#FFF59D','#90CAF9'])
DecisionBoundaryDisplay.from_estimator(linearSVC,X1,response_method="predict",cmap=cmap,ax=
                                                ax[0])
ax[0].set_xlabel('(a) Linear kernel')
DecisionBoundaryDisplay.from_estimator(polySVC,X1,response_method="predict",cmap=cmap,ax=ax
                                                [1])
ax[1].set_xlabel('(b) Poly kernel')
DecisionBoundaryDisplay.from_estimator(rbfSVC,X1,response_method="predict",cmap=cmap,ax=ax[
                                                2])
ax[2].set_xlabel('(c) Rbf kernel')
for i in range(3):
    ax[i].plot(X1[y==0,0],X1[y==0,1],'bo',markersize=1)
    ax[i].plot(X1[y==1,0],X1[y==1,1],'gs',markersize=1)
    ax[i].plot(X1[idx[i],0],X1[idx[i],1],'rs',mfc='none',mec='k',markersize=3,mew=0.5)
```

图 6.13 是三种不同核函数下的 SVC 对线性不可分问题的分类结果。图 6.13(a) 为线性核，图 6.13(b) 为多项式核，图 6.13(c) 为 rbf 核。显然，从训练效果看，rbf 核下的 SVC 结果要优于多项式核和线性核，线性核结果最差。事实上，rbf 核无论对线性可分还是线性不可分问题都有较好的效果，因此 rbf 核是 SVM 的默认核函数。

2. 逻辑回归

在优化部分，从极大似然的角度讨论了逻辑回归，在统计模型部分，逻辑回归本质上是一种广义线性模型。本节将从机器学习的视角讨论逻辑回归。在机器学习领域，逻辑回归也称为 logit 回归、最大熵分类 (maximum-entropy classification) 或对数线性分类器 (log-linear classifier)。

在 sklearn 中，逻辑回归可以用于解决二分类 (binary) 和多分类 (multinomial) 问题。假设训练数据为 $(\boldsymbol{X}_i, y_i), i = 1,2,\cdots,N$，对二分类问题有 $y_i \in \{0,1\}$，对多分类问题有

$y_i \in \{0, 1, \cdots, K-1\}$。

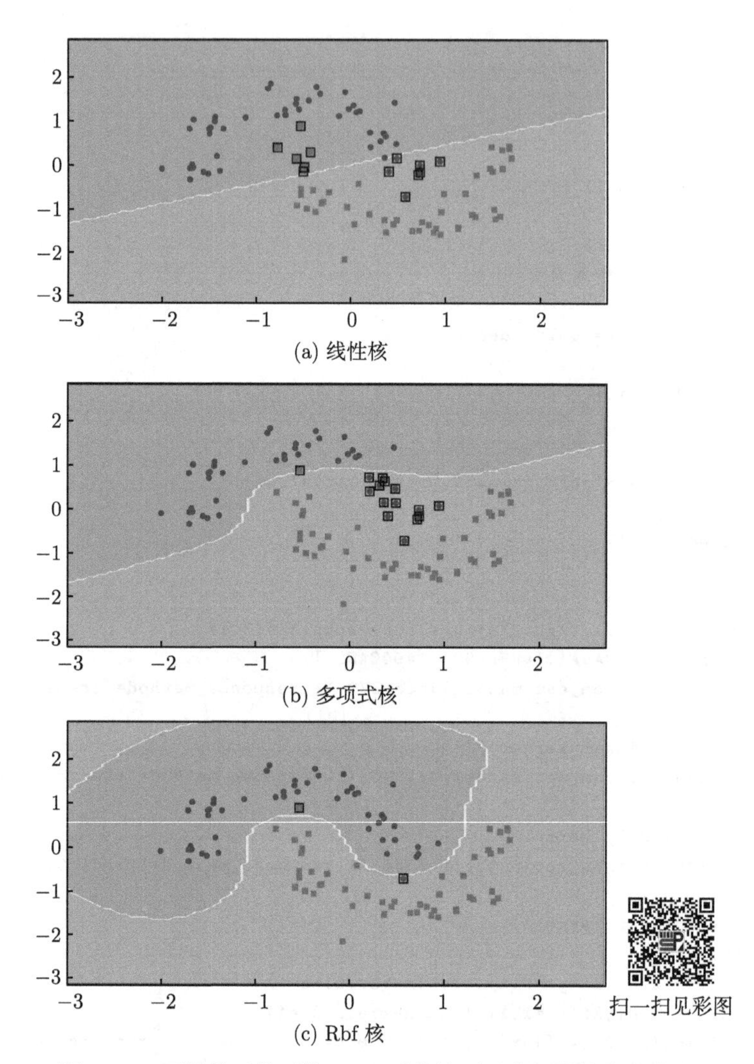

(a) 线性核

(b) 多项式核

(c) Rbf 核

图 6.13　不同核函数下的 SVC 对线性不可分问题的分类结果

1) 二分类逻辑回归

二分类逻辑回归通过求解如下的优化问题实现：

$$\min_{\boldsymbol{w}} C \sum_{i=1}^{N} (-y_i \log(\hat{p}_i(X_i)) - (1-y_i)\log(1-\hat{p}(X_i))) + r(\boldsymbol{w})$$

其中，$\hat{p}(X_i) = P(X_i|y_i = 1) = \dfrac{1}{1+\exp(-X_i w)}$，$C$ 为惩罚系数。$r(\boldsymbol{w})$ 是模型的正则项，可以是 None($r(\boldsymbol{w}) = 0$)、l1($||\boldsymbol{w}||_1$)、l2($r(\boldsymbol{w}) = \dfrac{1}{2}||\boldsymbol{w}||_2^2$) 以及 ElasticNet($r(\boldsymbol{w}) = \dfrac{1-\rho}{2}||\boldsymbol{w}||_2^2 + (1-\rho)||\boldsymbol{w}||_1$)。

2) 多分类逻辑回归

对于多分类问题，最优化问题的形式如下：

$$\min_{\boldsymbol{w}} \; -C\sum_{i=1}^{N} I(y_i = k)\log(\hat{p}_k(X_i)) + r(\boldsymbol{W})$$

其中，$\hat{p}_k(X_i) = P(X_i|y_i = k) = \dfrac{\exp(X_i W_k)}{\sum_{j=0}^{K-1}\exp(X_i W_j)}$，$I(\cdot)$ 是指示函数，当 $y_i = k$ 时值为 1，其余为 0。$\boldsymbol{W}$ 是 $K \times p$ 矩阵，第 j 行表示类别 j 对应的系数。$r(\boldsymbol{W})$ 为正则项，可以是：

(1) None：$r(\boldsymbol{W}) = 0$。

(2) l1：$||\boldsymbol{W}||_1 = \sum\limits_{i=0}^{K-1}\sum\limits_{j=0}^{p-1}|W_{i,j}|$。

(3) l2：$\dfrac{1}{2}||\boldsymbol{W}||_{\mathrm{F}}^2 = \dfrac{1}{2}\sum\limits_{i=0}^{K-1}\sum\limits_{j=0}^{p-1}W_{i,j}^2$。

(4) ElasticNet：$\dfrac{1-\rho}{2}||\boldsymbol{W}||_{\mathrm{F}}^2 + \rho||\boldsymbol{W}||_1$

逻辑回归是一种广义线性模型，由 sklearn.linear_ model.LogisticRegression 类实现，构造函数的主要参数包括：

(1) penalty：可选项为 None, l1, l2 或 ElasticNet，默认为 l2。

(2) C：惩罚系数。

(3) fit_ intercept：True 表示在模型中包含常数项。

(4) class_ weight：类权重，与 SVC 中的含义相同。

(5) multi_ class：如何处理多分类问题，ovr(一对多) 或 multinomial(多项式)。

(6) l1_ ratio，ElasticNet 正则化系数，当 penalty 选择 ElasticNet 时使用。

(7) tol：优化模型求解时的迭代停止准则。

此外，还有一个不是太常用的参数 solver，在特殊情况下可以通过该参数指定使用的模型求解算法。可选项包括 lbfgs、liblinear、newton-cg、newton-cholesky、sag、saga。在选择求解算法时有如下规则需要遵守：当选择 multinomial 时，不能使用 lbfgs 和 liblinear；liblinear 仅限于 ovr 方式。此外，选择求解算法时还依赖于所使用的正则化项，依赖关系如下：

(1) lbfgs 适用于 l1 和 None；

(2) liblinear 适用于 l1 和 l2；

(3) newton-cg、newton-cholesky 和 sag 适用于 l2 和 None；

(4) saga 适用于 ElasticNet、l1、l2 和 None。

下面的实例显示含正则化的逻辑回归模型的使用，特别是在不同的正则化下的模型系数性。

```
import numpy as np
import sklearn.linear_model as sklm
import sklearn.datasets as skd
import sklearn.preprocessing as skp
X,y=skd.load_digits(return_X_y=True) #手写体识别数据
X=skp.StandardScaler().fit_transform(X) #标准化
```

```
# classify small against large digits
y = (y > 4).astype(int)
l1_ratio=0.5 # L1 weight in the Elastic-Net regularization
# Set regularization parameter
for C in (1, 0.1, 0.01):
    # Increase tolerance for short training time
    clf_l1_LR=sklm.LogisticRegression(C=C,penalty="l1",tol=0.01,solver='saga')
    #penalty选l1时不能用默认求解算法
    clf_l2_LR=sklm.LogisticRegression(C=C,penalty="l2",tol=0.01)
    clf_en_LR=sklm.LogisticRegression(C=C,penalty="elasticnet",tol=0.01,l1_ratio=l1_ratio,
                                        solver='saga')
    clf_l1_LR.fit(X,y)
    clf_l2_LR.fit(X,y)
    clf_en_LR.fit(X,y)
    coef_l1_LR=clf_l1_LR.coef_.ravel()
    coef_l2_LR=clf_l2_LR.coef_.ravel()
    coef_en_LR=clf_en_LR.coef_.ravel()
    sparsity_l1_LR=np.mean(coef_l1_LR == 0) * 100 #0系数占比
    sparsity_l2_LR=np.mean(coef_l2_LR == 0) * 100
    sparsity_en_LR=np.mean(coef_en_LR == 0) * 100

    print("C=%.2f" % C)
    print("{:<40}{:.2f}%".format("Sparsity with L1 penalty:", sparsity_l1_LR))
    print("{:<40}{:.2f}%".format("Sparsity with Elastic-Net penalty:", sparsity_en_LR))
    print("{:<40}{:.2f}%".format("Sparsity with L2 penalty:", sparsity_l2_LR))
```

下面的实例比较了使用逻辑回归进行多分类问题时使用 ovr 和 multinomial 的差异，决策表面 (decision surface) 如图 6.14 所示。

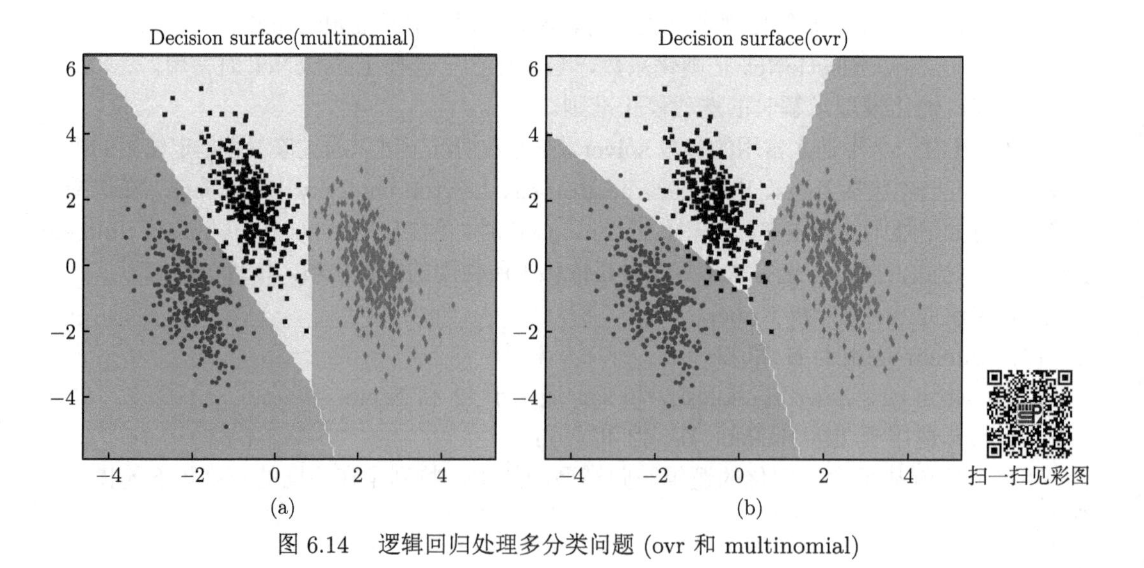

图 6.14　逻辑回归处理多分类问题 (ovr 和 multinomial)

```
import sklearn.datasets as skd
import sklearn.linear_model as sklm
from sklearn.inspection import DecisionBoundaryDisplay
from matplotlib.colors import ListedColormap
```

```
cmap=ListedColormap(['#EF9A9A','#FFF59D','#90CAF9'])
#生成3个类别数据用于分类
centers=[[-5, 0],[0,1.5],[5,-1]]
X,y=skd.make_blobs(n_samples=1000,centers=centers,random_state=40)
transformation =[[0.4, 0.2],[-0.4, 1.2]] #做一个简单的线性变换
X =X@transformation
cmap=ListedColormap(['#EF9A9A','#FFF59D','#90CAF9'])
ax=plt.figure(figsize=(6,3),tight_layout=True).subplots(1,2)
for k,multi_class in enumerate(("multinomial", "ovr")):
    clf=sklm.LogisticRegression(solver="sag", multi_class=multi_class).fit(X, y)
    DecisionBoundaryDisplay.from_estimator(clf,X,response_method="predict",cmap=cmap,ax=ax[
                                                    k])
    ax[k].set_title("Decision surface(%s)" % multi_class)
    ax[k].plot(X[y==0,0],X[y==0,1],'bo',markersize=1)
    ax[k].plot(X[y==1,0],X[y==1,1],'ks',markersize=1)
    ax[k].plot(X[y==2,0],X[y==2,1],'rd',markersize=1)
```

3. SGD 分类器

SGD 是随机梯度下降 (stochastic gradient descent) 的缩写，严格讲 SGD 是一种优化问题求解算法，因此 SGD 分类器可以看作以 SGD 为优化算法的一类分类器的总称。SGD 分类器相比于其他分类器的最大优势在于能够处理大规模和稀疏机器学习问题，在文本分类和自然语言处理方面都有成功应用。设有训练样本 $(x_i, y_i), i = 1, 2, \cdots, n$，构建线性模型 $f(x_i) = \boldsymbol{w}x_i$，其中 $\boldsymbol{w}$ 是待求参数，损失函数 $E(\boldsymbol{w}) = \dfrac{1}{n}\sum\limits_{i=1}^{n} L(y_i, f(x_i)) + \alpha R(\boldsymbol{w})$ 是训练样本对待求参数的凸函数，$R(\boldsymbol{w})$ 是正则化项。SGD 方法通过梯度下降算法进行迭代求解，过程如下：

$$\boldsymbol{w} \leftarrow \boldsymbol{w} - \eta \frac{\partial E(\boldsymbol{w})}{\partial \boldsymbol{w}}$$

其中，$\dfrac{\partial E(\boldsymbol{w})}{\partial \boldsymbol{w}}$ 为损失函数对 $\boldsymbol{w}$ 的梯度，η 为学习率 (learning rate)。

实现 SGD 分类器的类是 sklearn.linear_ model.SGDClassifier，与 SVC 或逻辑回归的大部分参数相同，如正则化项 penalty、l1_ ratio、fit_ intercept、class_ weight 等完全相同。不同的参数主要有以下三个。

(1) loss：损失函数，后面进行介绍。

(2) learning_ rate：上式中的 η，可以是一个常数或者使用 optimal、invscaling、adaptive 之一，控制学习率。

(3) alpha：正则化项系数。

除此之外，由于 SGD 属于迭代算法，在一些特定情况下需要设定迭代停止规则，包括最大迭代次数 (max_ iter)、容差 (tol)、结果无改进时迭代次数 (n_ iter_ no_ change)。

sklearn 中定义了多种损失函数，包括：

(1) hinge：$L(y_i, f(x_i)) = \max(0, 1 - y_i f(x_i)$，等价于线性 SVC。

(2) log_ loss：$L(y_i, f(x_i)) = \log(1 + \exp(-y_i f(x_i))$，等价于逻辑回归。

(3) modified_ huber：$L(y_i, f(x_i)) = \max(0, 1 - y_i f(x_i))^2$。若 $y_i f(x_i) > 1$，则 $L(y_i,$

$f(x_i)) = -4y_i f(x_i)$。

(4) perceptron：$L(y_i, f(x_i)) = \max(0, -y_i f(x_i))$。

(5) epsilon_ insensitive：$L(y_i, f(x_i)) = \max(0, |y_i - f(x_i)| - \epsilon)$。

常见损失函数的图像如图 6.15 所示。实际上，对于分类问题来说，这些损失函数都是对 0-1 损失函数的近似。

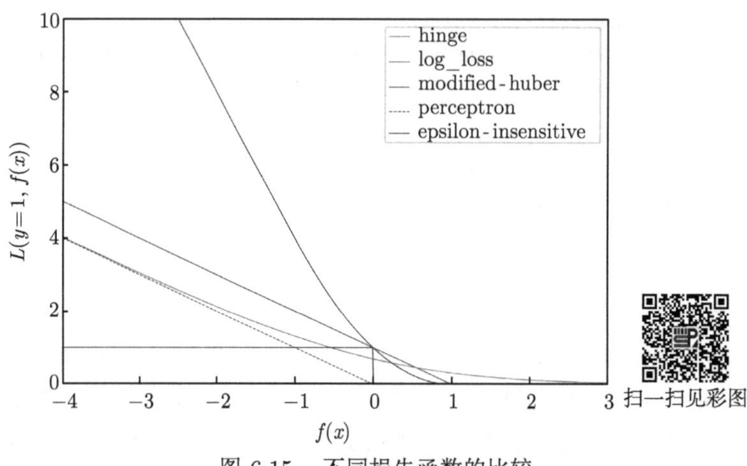

图 6.15　不同损失函数的比较

下面的示例介绍了用 SGD 分类器对 iris 数据进行建模，构建的 SGD 分类模型如图 6.16 所示。

```
import numpy as np
import sklearn.datasets as skd
import sklearn.linear_model as sklm
import sklearn.preprocessing as skp
from sklearn.inspection import DecisionBoundaryDisplay
# import some data to play with
iris = datasets.load_iris()
#为可视化，仅使用前两个属性
X=iris.data[:, :2]
y=iris.target
colors="bry"
X=skp.StandardScaler().fit_transform(X) #标准化
clf=SGDClassifier(alpha=0.001,max_iter=100).fit(X, y)
ax=plt.figure(figsize=(4,3),tight_layout=True).add_subplot(111)
DecisionBoundaryDisplay.from_estimator(
    clf,
    X,
    cmap=plt.cm.Paired,
    ax=ax,
    response_method="predict",
    xlabel=iris.feature_names[0],
    ylabel=iris.feature_names[1],
)
for i, color in zip(clf.classes_,colors):
    idx=np.where(y==i)
```

```
    plt.scatter(
        X[idx, 0],
        X[idx, 1],
        c=color,
        label=iris.target_names[i],
        cmap=plt.cm.Paired,
        edgecolor="black",
        s=20,
    )
# 绘制三个ovr分类器
xmin,xmax=plt.xlim()
ymin,ymax=plt.ylim()
coef=clf.coef_
intercept=clf.intercept_
def plot_hyperplane(c,color,ax):
    def line(x0):
        return (-(x0 * coef[c, 0])-intercept[c])/coef[c, 1]
    ax.plot([xmin, xmax],[line(xmin),line(xmax)],ls="--",color=color)

for i,color in zip(clf.classes_,colors):
    plot_hyperplane(i,color,ax)
ax.set_ylim(ymin,ymax)
plt.legend()
```

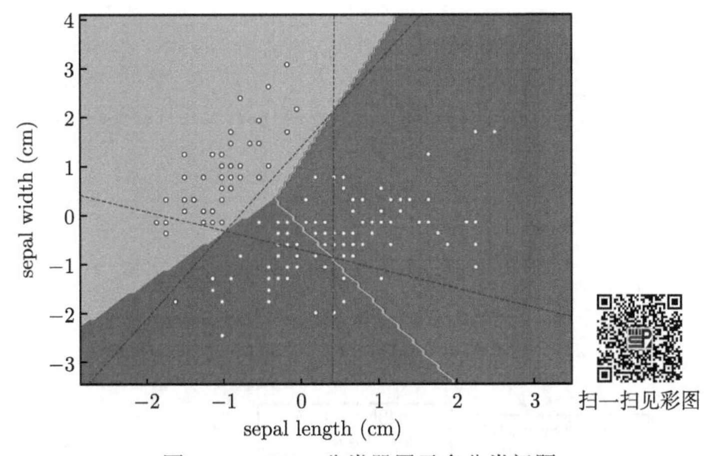

图 6.16　SGD 分类器用于多分类问题

4. 决策树分类器和最邻近分类器

决策树 (decision tree) 和最邻近 (nearest neighbor) 都属于非参数监督学习算法，即不需要事先假设分类器的模型形式而完全依赖于训练数据。单个决策树或最邻近分类器的能力都比较弱但其运算效率高，所以一般通过集成学习进行增强。

1) 决策树

决策树通过学习获得简单的分类规则，可以看作一系列的分段常值近似函数。决策树分类器的优点如下。

(1) 易于理解和解释，并且可以可视化。

(2) 除不支持缺失值外，对数据预处理的要求少。

(3) 可以同时处理数值数据和类别数据。

(4) 可以处理多分类问题，而且问题的复杂度不随类别数的增加而显著增加。

(5) 规则可以通过统计方法进行检验。

与此同时，决策树分类器也有一些缺点。

(1) 容易造成过拟合。

(2) 往往不稳定，数据的微小波动会形成结构完全不同的树。

(3) 当数据不平衡时，往往会造成结果的偏差。

(4) 决策规则平行于坐标轴，其结果不平滑也不连续。

决策树分类器使用类 sklearn.tree.DecisionTreeClassifier，主要的参数如下。

(1) criterion：衡量一个分割 (split) 的质量，可以是 gini、log_ loss 或 entropy。

(2) splitter：每一个节点的分割策略，可以是 best 或 random。

(3) max_ deph：树的最大深度，如果是 None，则不断划分直到叶节点为纯节点 (叶上的所有节点属于同一个类别) 或叶节点的样本数少于 min_ samples_ split。

(4) min_ samples_ split: 如果是整数，则表示需要进一步划分的最小样本数；如果是浮点数 (0 到 1 之间)，则表示最小节点中样本数占所有训练样本的比例；min_ samples_ leaf：叶节点的最小样本数。

下面的代码介绍了决策树分类器的使用方法，生成的决策树如图 6.17 所示。

```
import sklearn.tree as skt
import sklearn.datasets as skd
X,y=skd.load_iris(return_X_y=True)
clf=skt.DecisionTreeClassifier(max_depth=3,splitter='best',criterion='log_loss')
clf.fit(X,y)
skt.plot_tree(clf)
```

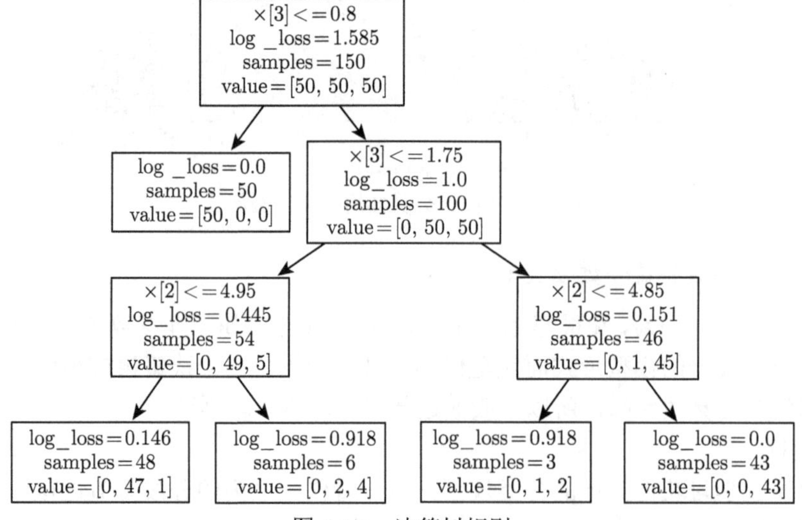

图 6.17　决策树规则

2) 最邻近分类器

最邻近方法的基本原理是根据待分析样本特征值与参考样本集中样本的距离 (相似性) 确定邻近样本子集，并根据子集中样本的标签给出待分析样本的预测值。根据确定邻近样本的方法，分为：基于个数的最邻近 (k-nearest neighbor, KNN) 和基于半径的最邻近 (radius based neighbor，RNN)。最邻近是一种非泛化 (non-generalizing) 机器学习方法，即模型完全依赖于参考样本。尽管最邻近方法很简单，但在手写数字识别、卫星图像分析中有很多成功的应用。

KNN 分类器通过类 sklearn.neighbors.KNeighborsClassifier 实现，RNN 通过 sklearn. neighbors. RadiusNeighborsClassifier 实现。KNN 方法的主要参数包括：n_ neighbors 表示选取的邻近样本数；weights 表示计算预测值时的权重，uniform 表示权重相等，distance 则按照距离远近赋权；algorithm 为获取最邻近的算法，大多数选择默认值 auto 即可。

下面的示例展示了最邻近分类器的使用方法。

```
import sklearn.neighbors as skn
import sklearn.datasets as skd
n_neighbors = 15
iris=skd.load_iris()
X,y=iris.data[:,:2].reshape(-1,2),iris.target.ravel()
clf=skn.KNeighborsClassifier(n_neighbors,weights='distance')
clf.fit(X,y)
clf.  predict(X)
clf.score(X,y) #模型得分
```

5. 分类算法的性能评估

在 sklearn.metrics 中包含了一些列用于评估模型预测结果的性能，sklearn.metric 中包含了绝大多数的评价指标。其中，分类模型的评价指标包括了针对不同情境的多种评价指标，在这里进行简要介绍。

1) 分类算法主要评价指标

二分类问题的真实值和预测值之间的关系称为混淆矩阵 (confusion matrix)，如下所示：

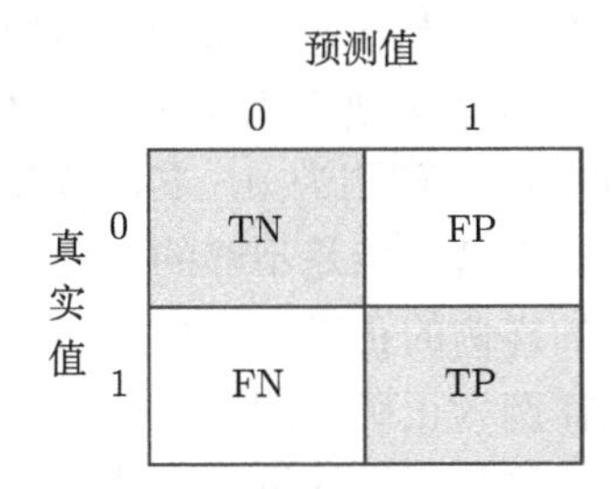

一般默认 0 为阴性 (negative)，1 为阳性 (positive)，则实际值和预测值的对应关系如下。

(1) TP(true positive)：预测值为 1，真实值为 1(真阳性)。

(2) FP(false positive)：预测值为 1，真实值为 0(假阳性)。

(3) TN(true negative)：预测值为 0，真实值为 0(真阴性)。

(4) FN(false negative)：预测值为 0，真实值为 1(假阴性)。

sklearn.metric.confusion_ matrix 以实际分类和预测分类为输入计算混淆矩阵，代码如下：

```
from sklearn import metrics as skm
y_true=[0,0,0,0,0,0,0,0,1,1,1,1,1,1,1,1,1,1,1,1,1]
y_pred=[0,1,1,0,0,1,1,0,0,1,1,0,1,1,1,1,1,1,1,1,0]
skm.skm.confusion_matrix(y_true,y_pred) #注意参数的顺序不能改变

array([[ 4,  4],
        [ 3, 10]])
```

以混淆矩阵为基础，几个重要的分类算法评价指标定义如下 (可以通过 pos_ label 更改默认的阳性标签)。

(1) 准确率 (accuracy, Acc)，$\text{Acc}=\dfrac{\text{TP}+\text{TN}}{n}$，所有样例中被正确分类的比例，其中 n 是样例数。

(2) 精确率 (precision，P)，$P=\dfrac{\text{TP}}{\text{TP}+\text{FP}}$，预测为阳性的样例的正确率。

(3) 召回率 (recall，R)，$R=\dfrac{\text{TP}}{\text{TP}+\text{FN}}$，样例中的阳性样例被正确识别的比率。

(4) F1 值：$F_1=\dfrac{2}{1/P+1/R}$，精确率和召回率的调和平均。

准确率是最容易理解的一个指标，其实就是分类算法给出的预测结果中有多大比例是正确的。那么，有了这个直观的指标后，为什么还需要其他指标呢？主要涉及分类模型的两个问题：误分类的损失和类别不平衡问题。以疾病诊断为例，误分类分两种情况：一种是将阴性预测为阳性 (误诊)，一种是把阳性预测为阴性 (漏诊)。显然，从严重程度来说，漏诊的后果要比误诊更严重。一般来说，误诊还可以通过进一步的检查进行验证，但漏诊往往会造成病情延误。比如，在传染病期间的筛查，把阴性误判为阳性后一般都要通过更精确的检验手段进行确认，而把阳性误判为阴性则可能带来大面积的传染。显然误诊和漏诊的严重程度并不相等。样本不平衡是实践中经常遇到的问题，如设备故障诊断中，设备处于正常状态的概率远高于故障状态，因此状态正常的样本数也远远高于故障数据，很多问题如网络入侵检测、产品缺陷分类等都需要面临不平衡样本问题。如果 1000 个训练样本中只有 1 个类别为 1，那么只要把结果预测为 0，其准确率就可以达到 99.9%。显然在这两种情况下仅仅以准确率衡量分类模型性能是不够的。

精确率用于评价预测为阳性的样例的正确率，显然 $1-P$ 表示的就是误诊率。召回率则用于评价在整个样例集中阳性样例为正确预测的比例，显然 $1-R$ 就是漏诊率。通过控制精确率和召回率，就可以控制误诊和漏诊的风险，从而更好地评价分类模型。

F1 指标则主要诊断的是样本不平衡问题，通过调和平均来对不平衡样本分类问题进行更好的评价。

二分类问题评价指标示例代码如下：

```
rom sklearn import metrics as skm
y_true=[0,0,0,0,0,0,0,0,1,1,1,1,1,1,1,1,1,1,1,1,1]
```

```
y_pred=[0,1,1,0,0,1,1,0,0,1,1,0,1,1,1,1,1,1,1,1,0]
Acc=skm.accuracy_score(y_true,y_pred)
P=skm.precision_score(y_true,y_pred)
R=skm.recall_score(y_true,y_pred)
F1=skm.f1_score(y_true,y_pred)
(Acc.round(4),P.round(4),R.round(4),F1.round(4))

(0.6667, 0.7143, 0.7692, 0.7407)

#通过pos_label改变阳性样例标签
P=skm.precision_score(y_true,y_pred,pos_label=0)
R=skm.recall_score(y_true,y_pred,pos_label=0)
F1=skm.f1_score(y_true,y_pred,pos_label=0)
(Acc.round(4),P.round(4),R.round(4),F1.round(4))

(0.6667, 0.5714, 0.5, 0.5333)
```

2) 多分类算法评价指标

多分类问题的评价指标相对复杂，其计算仍然是基于混淆矩阵的。以三分类问题为例，混淆矩阵如下：

		预测值		
		1	2	3
真实值	1	T11	F12	F13
	2	F21	T22	F23
	3	F31	F32	T33

对于分类问题的评价指标，有两种计算方法，分别是微平均 (micro-averaging) 和宏平均 (macro-averaging)。以上述三分类问题的混淆矩阵为例，计算方法如下：

类别 1：TP1=T11，FP1=F21+F31，TN1=T22+T33+F23+F32，FN1=F12+F13

类别 2：TP2=T22，FP2=F12+F32，TN2=T11+T33+F13+F31，FN2=F21+F23

类别 3：TP3=T33，FP3=F13+F23，TN3=T11+T22+F12+F21，FN3=F31+F32

(1) 微平均计算规则

P_micro=(TP1+TP2+TP3)/(TP1+TP2+TP3+FP1+FP2+FP3)

R_micro=(TP1+TP2+TP3)/(TP1+TP2+TP3+FN1+FN2+FN3)

F1_micro=2/(1/P_micro+1/R_micro)

(2) 宏平均计算规则

P1=TP1/(TP1+FP1)、R1=TP1/(TP1+FN1)、F1_1=2/(1/P1+1/R1)

P2=TP2/(TP2+FP2)、R2=TP2/(TP2+FN2)、F1_2=2/(1/P2+1/R3)

P3=TP3/(TP3+FP3)、R3=TP3/(TP3+FN3)、F1_3=2/(1/P3+1/R3)

P_macro=(P1+P2+P3)/3

R_macro=(R1+R2+R3)/3

F1_macro=(F1_1+F1_2+F1_3)/3

代码如下：

```
y_true=[0,0,0,0,0,0,1,1,1,1,1,1,1,1,2,2,2,2,2,2,2,2,2,2]
y_pred=[0,1,2,0,0,0,1,0,1,2,1,0,1,1,2,0,2,1,0,2,2,2,2,2]
m=skm.confusion_matrix(y_true,y_pred)
TP1=m[0,0]
FP1=m[1,0]+m[2,0]
TN1=m[1,1]+m[2,2]+m[1,2]+m[2,1]
FN1=m[0,1]+m[0,2]
TP2=m[1,1]
FP2=m[0,1]+m[2,1]
TN2=m[0,0]+m[2,2]+m[0,2]+m[2,0]
FN2=m[1,0]+m[1,2]
TP3=m[2,2]
FP3=m[0,2]+m[1,2]
TN3=m[0,0]+m[1,1]+m[0,1]+m[1,0]
FN3=m[2,0]+m[2,1]
P1=m[0,0]/np.sum(m[:,0])
R1=m[0,0]/np.sum(m[0,:])
P2=m[1,1]/np.sum(m[:,1])
R2=m[1,1]/np.sum(m[1,:])
P3=m[2,2]/np.sum(m[:,2])
R3=m[2,2]/np.sum(m[2,:])
#手工计算——Micro-averaging
P_micro=(TP1+TP2+TP3)/(TP1+TP2+TP3+FP1+FP2+FP3)
R_micro=(TP1+TP2+TP3)/(TP1+TP2+TP3+FN1+FN2+FN3)
F1_micro=2/(1/P_micro+1/P_micro)
#通过函数计算——Micro-averaging
skm.precision_score(y_true,y_pred,average='micro'),skm.recall_score(y_true,y_pred,average='
                                                 micro'),skm.f1_score(y_true,y_pred,average='
                                                 micro')
#手工计算——Macro-averaging
P_macro=(P1+P2+P3)/3
R_macro=(R1+R2+R3)/3
F1_macro1=2/(1/P1+1/R1)
F1_macro2=2/(1/P2+1/R2)
F1_macro3=2/(1/P3+1/R3)
F1_macro=(F1_macro1+F1_macro2+F1_macro3)/3
#通过函数计算——Macro-averaging
skm.precision_score(y_true,y_pred,average='macro'),skm.recall_score(y_true,y_pred,average='
                                                 macro'),skm.f1_score(y_true,y_pred,average='
                                                 macro')
```

3) roc_ auc

对于分类问题，可以通过 ROC(receiver operating characteristic) 曲线对分类模型进行细化分析。ROC 曲线以假阳性比率 (false positive rate, FPR) 为 X 轴，以真阳性比率 (true positive rate, TPR) 为 Y 轴，左上角为理想点 (FPR=0.0，TPR=1.0)，对角线表示结果与随机猜相同。曲线与 X 轴围成的面积称为 AUC(area under the curve)，通常 AUC 越大，模型越好。ROC 曲线示例如图 6.18 所示。ROC 曲线的好处是通过改变分类阈值观察 FPR 和 TPR 的动态变化情况。例如，图 6.18 中的 L2 要优于 L1。

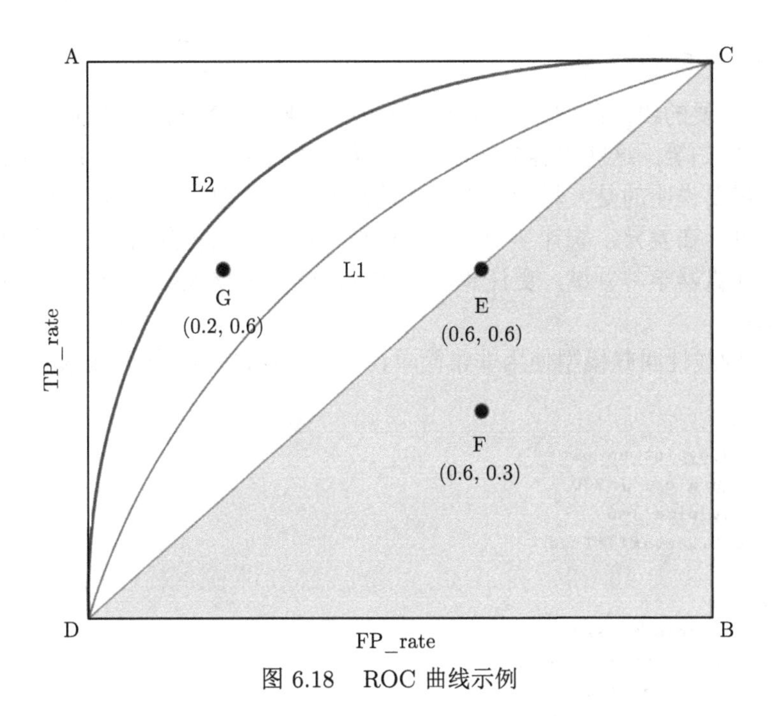

图 6.18 ROC 曲线示例

下面的示例说明 ROC 曲线的绘制和 AUC 指标的使用。

```
from sklearn import metrics as skm
from sklearn import model_selection as skmsel
from sklearn import svm
from sklearn import datasets as skd
import numpy as np
import matplotlib.pyplot as plt
plt.rcParams['figure.dpi']=200
#加载iris数据，保留两类
X,y=ds.load_iris(return_X_y=True)
X=X[y!=2]
y=y[y!=2]
n_samples,n_features=X.shape
X = np.c_[X, np.random.randn(n_samples, 200 * n_features)] #数据中加入噪声
#将数据按照6:4的比例划分成训练集和测试集(详细内容后续讨论)
X_train,X_test,y_train,y_test=msel.train_test_split(X,y,test_size=0.4)
svc=svm.SVC(kernel='linear',probability=True)
svc.fit(X_train,y_train)
#显示ROC曲线
skm.RocCurveDisplay.from_estimator(svc,X_test,y_test,lw=0.5)
#第二个参数是用于类别划分的标准，在SVC中就是概率
skm.roc_auc_score(y_test,svc.predict_proba(X_test)[:,1])
```

6.2.2 回归模型

回归是机器学习中的一类重要的预测性建模技术，主要研究特征 (X) 和标签 (Y) 之间的关系。sklearn 中的回归算法包括：线性回归模型 (sklearn.linear_ model)、支持向量回归 (sklearn.svm)、决策树回归 (sklearn.tree)、最邻近回归 (sklearn.neighbors)。

1. 线性回归模型

sklearn 中主要的线性回归模型包括普通最小二乘法 (OLS)、岭回归、LASSO、ElasticNet、huber 回归等，这些内容前面已做过介绍。本节主要通过实例介绍 sklearn 中相关方法的使用。需要说明的是，尽管这些方法的功能类似，但在统计学领域和机器学习领域分析问题的角度存在差异，统计学中的回归模型中更关注残差分析，在小样本数据处理方面更有优势。在机器学习领域，更注重基于数据的建模和损失函数分析，更适合于处理大数据量的情况。

sklearn 中的线性回归模型使用非常简单，下面仅通过示例介绍 sklearn 中线性回归模型的使用方法。

```
import matplotlib.pyplot as plt
plt.rcParams['figure.dpi']=200
plt.rcParams['font.size']=6
plt.rcParams['text.usetex']=True

import numpy as np
import sklearn.datasets as skd
import sklearn.linear_model as sklm
import sklearn.metrics as skm
import sklearn.model_selection as skmsel

X,y=skd.make_regression(n_samples=200,n_features=100,n_informative=10,noise=0.1)
X_train,X_test,y_train,y_test=skmsel.train_test_split(X,y,test_size=0.4)

#普通最小二乘法
reg_lm=sklm.LinearRegression()
reg_lm.fit(X_train,y_train)
skm.mean_squared_error(y_test,reg_lm.predict(X_test))

#岭回归
reg_ridge=sklm.Ridge(alpha=0.2)
reg_ridge.fit(X_train,y_train)
skm.mean_squared_error(y_test,reg_ridge.predict(X_test))

#LASSO
reg_lasso=sklm.Lasso(alpha=0.2)
reg_lasso.fit(X_train,y_train)
skm.mean_squared_error(y_test,reg_lasso.predict(X_test))

#ElasticNet
reg_elasticNet=sklm.ElasticNet(alpha=1,l1_ratio=0.9)
reg_elasticNet.fit(X_train,y_train)
skm.mean_squared_error(y_test,reg_elasticNet.predict(X_test))

#huber回归
reg_huber=sklm.HuberRegressor(alpha=0.0,epsilon=1.0,max_iter=1000)
reg_huber.fit(X_train,y_train)
skm.mean_squared_error(y_test,reg_huber.predict(X_test))
```

2. 支持向量回归

支持向量回归 (SVR) 假设给定的训练数据为 $(\boldsymbol{x}_i, y_i), i = 1, 2, \cdots, n$，其中 $\boldsymbol{x}_i \in \mathbb{R}^n, y_i \in \mathbb{R}$，SVR 通过求解如下的优化问题实现：

$$
\begin{aligned}
&\min_{\boldsymbol{w},b,\psi,\psi^*} \frac{1}{2}\boldsymbol{w}^{\mathrm{T}} w\boldsymbol{w} + C\sum_{i=1}^{n}(\psi_i + \psi_i^*) \\
&\text{s.t. } y_i - \boldsymbol{w}^{\mathrm{T}}\phi(\boldsymbol{x}_i) - b \leqslant \epsilon + \psi_i \\
&\quad\ \ \boldsymbol{w}^{\mathrm{T}}\phi(\boldsymbol{x}_i) + b - y_i \leqslant \epsilon + \psi_i^* \\
&\quad\ \ \psi_i, \psi_i^* \geqslant 0, i = 1, 2, \cdots, n
\end{aligned}
\tag{6.2}
$$

其中，ϵ 为软间隔参数，这也是与 SVC 最大的区别。其他参数与 SVC 相同。SVR 的基本原理如图 6.19 所示。

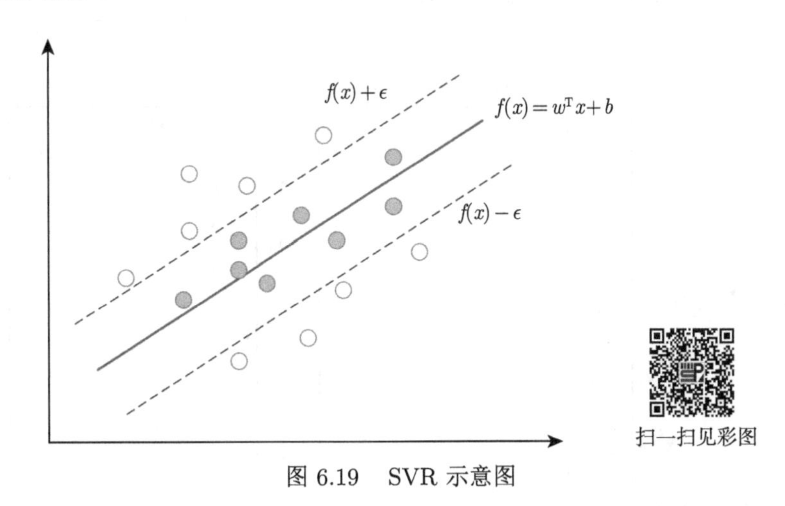

图 6.19　SVR 示意图

sklearn 中包含了 SVR、NuSVR 与 LinearSVR 三个类，其中 SVR 中的参数 C 是对训练误差的惩罚 (与 SVC 含义略有不同)，NuSVR 中的参数 Nu 表示训练误差比率的上限 (与 NuSVC 含义略有不同) 和支持向量比率的下限，LinearSVR 等价于 SVR 选择线性核函数的情况。

SVR 示例如下，结果如图 6.20 所示。

```
import matplotlib.pyplot as plt
plt.rcParams['figure.dpi']=200
plt.rcParams['font.size']=6
plt.rcParams['text.usetex']=True
plt.rc('lines',linewidth=0.5)

import numpy as np
from sklearn import svm

X=np.sort(5 * np.random.rand(40, 1), axis=0)
y=np.sin(X).ravel()
```

```
#增加噪声
y[::5]+=3*(0.5-np.random.rand(8))

svr_lin=svm.SVR(kernel="linear",C=100,gamma="auto")
svr_poly=svm.SVR(kernel="poly",C=100,gamma="auto",degree=3, epsilon=0.1, coef0=1)
svr_rbf=svm.SVR(kernel="rbf",C=100,gamma=0.1,epsilon=0.1)

svr_rbf.fit(X,y)
svr_lin.fit(X,y)
svr_poly.fit(X,y)
ax=plt.figure(figsize=(6,3),tight_layout=True).subplots(1,3)
svr=[svr_lin,svr_poly,svr_rbf]
kernel_label=["Linear","Polynomial","RBF"]
model_color=["b","r","g"]
for i,svr_model in enumerate(svr):
    ax[i].plot(X,svr_model.predict(X),color=model_color[i])
    ax[i].scatter(X,y,s=6,color=model_color[i])
    ax[i].set_title("Kernel:{}".format(kernel_label[i]))
```

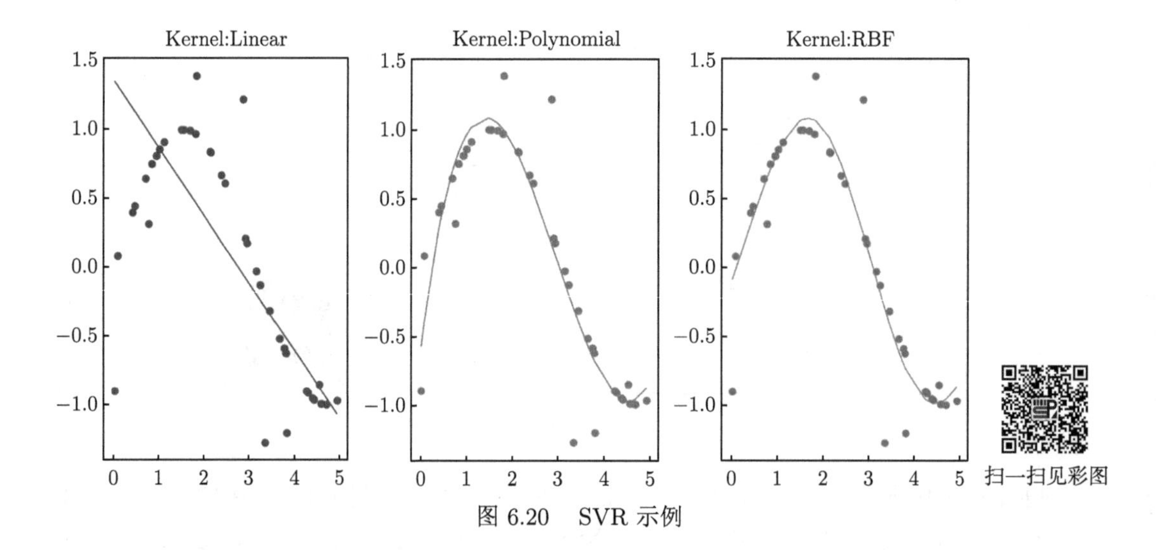

图 6.20　SVR 示例

3. 最邻近回归

与最邻近方法用于分类类似，sklearn 同样提供了两种用于回归的最邻近方法，即 KNeighborsRegressor 和 RadiusNeighborsRegressor，其含义与分类相同。这里仅以一个例子说明基于最邻近方法的回归建模，结果如图 6.21 所示。

```
import numpy as np
import matplotlib.pyplot as plt
plt.rcParams['figure.dpi']=200
plt.rcParams['font.size']=8
plt.rcParams['text.usetex']=True
from sklearn import neighbors

X = np.sort(5 * np.random.rand(40, 1), axis=0)
T = np.linspace(0, 5, 500)[:, np.newaxis]
```

```
y = np.sin(X).ravel()

#增加噪声
y[::5] += 1 * (0.5 - np.random.rand(8))
n_neighbors = 5
ax=plt.figure(figsize=(6,4),tight_layout=True).subplots(2,1)
for i, weights in enumerate(["uniform", "distance"]):
    knn=neighbors.KNeighborsRegressor(n_neighbors,weights=weights)
    y_ = knn.fit(X, y).predict(T)
    ax[i].scatter(X, y, color="darkorange", label="data")
    ax[i].plot(T, y_, color="navy", label="prediction")
    ax[i].set_title("KNeighborsRegressor (k = %i, weights = '%s')" % (n_neighbors, weights)
                                         )
```

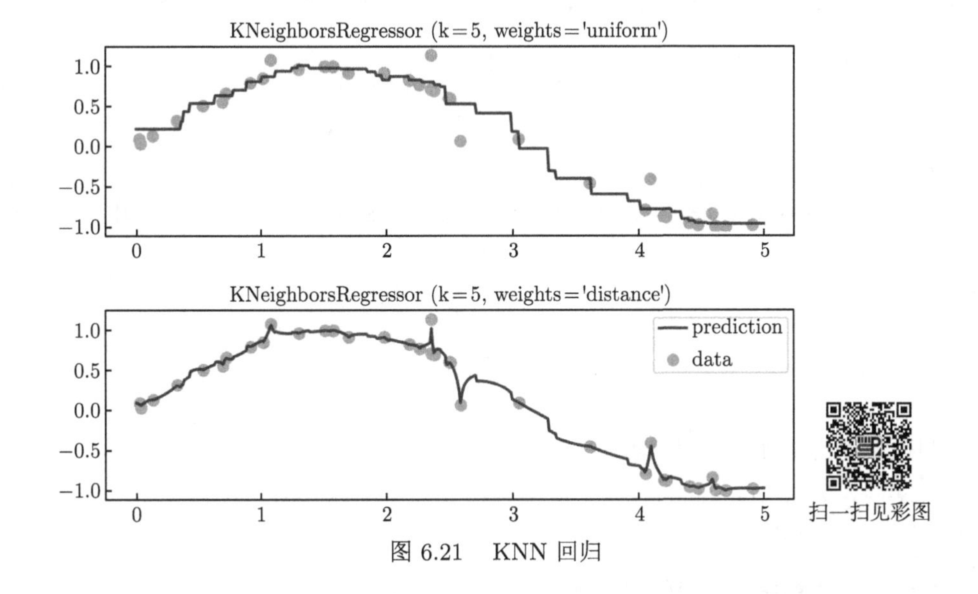

扫一扫见彩图

图 6.21　KNN 回归

从图 6.21 可以发现，KNN 回归是完全依赖于数据的一类方法，预测结果不连续。

4. 回归模型评价指标

回归模型的评价指标主要集中在对残差和方差的分析，如下。

1) explained_variance_score

explained_variance_score 描述的是输出变量的方差中能够被模型解释的比例 (与统计模型中的 R2 相同)，取值 0-1 之间，当预测值与训练样本完全相同时，值为 1。越接近 1，表示模型的解释力越强，定义如下：

$$\text{explained\_variance\_score} = 1 - \frac{\text{Var}(y - \hat{y})}{\text{Var}(y)}$$

$$\text{Var}(y) = \frac{1}{n}\sum_{i=1}^{n}(y_i - \bar{y})^2$$

2) max_ error

最大回归残差，用于衡量预测值和真实值之间的最坏情况的度量标准，定义为

$$\max|y_i - \hat{y}_i|$$

3) mean_ absolute _ error

平均绝对误差，定义为

$$\text{MAE}(y, \hat{y}) = \frac{1}{n}\sum_{i=1}^{n}|y_i - \hat{y}_i|$$

4) mean_ squared_ error

残差平方和是最常用的衡量回归模型的指标，也是很多回归模型的目标函数，定义为

$$\text{MSE}(y, \hat{y}) = \frac{1}{n}\sum_{i=1}^{n}(y_i - \hat{y}_i)^2$$

5) r2_ score

当残差均值为 0 时，r2 与 explained_variance_ score 相同，r2 更常用。r2_ score 定义为

$$r^2 = 1 - \frac{\sum\limits_{i=1}^{n}(y_i - \hat{y}_i)^2}{\sum\limits_{i=1}^{n}(y_i - \bar{y})^2}$$

回归模型评价指标示例代码如下：

```
X,y=skd.make_regression(n_samples=50,n_features=10,n_informative=4,noise=20)
reg_lm=sklm.LinearRegression().fit(X,y)
hat_y_lm=reg_lm.predict(X)
reg_ridge=sklm.Ridge(alpha=0.5).fit(X,y)
hat_y_ridge=reg_ridge.predict(X)
reg_lasso=sklm.Lasso(alpha=0.5).fit(X,y)
hat_y_lasso=reg_lasso.predict(X)lm=[skm.explained_variance_score(y,hat_y_lm), skm.max_error
                                        (y,hat_y_lm),skm.mean_absolute_error(y,
                                        hat_y_lm),skm.mean_squared_error(y,hat_y_lm),
                                        skm.r2_score(y,hat_y_lm)]
ridge=[skm.explained_variance_score(y,hat_y_ridge), skm.max_error(y,hat_y_ridge),skm.
                                        mean_absolute_error(y,hat_y_ridge),skm.
                                        mean_squared_error(y,hat_y_ridge),skm.
                                        r2_score(y,hat_y_ridge)]
lasso=[skm.explained_variance_score(y,hat_y_lasso), skm.max_error(y,hat_y_lasso),skm.
                                        mean_absolute_error(y,hat_y_lasso),skm.
                                        mean_squared_error(y,hat_y_lasso),skm.
                                        r2_score(y,hat_y_lasso)]

pd.DataFrame(np.column_stack((lm,ridge,lasso)),columns=['OLS','Ridge','LASSO'],index=['
                                        Explained_Variance_Error','Max_error','MAE','
                                        MSE','r2'])
```

结果如下：

	OLS	Ridge	LASSO
Explained_Variance_Error	0.950105	0.949871	0.949442
Max_error	39.067351	40.995239	40.833111
MAE	269.509106	270.773466	273.090437
MSE	269.509106	270.773466	273.090437
r2	0.950105	0.949871	0.949442

6.2.3　集成方法

集成方法 (ensemble methods) 将多个采用指定学习算法的弱估计器 (estimator) 的预测结果进行整合，以改进单一估计器在泛化能力和鲁棒性方面的不足。集成方法中最常用的估计器是决策树和最邻近方法。

集成学习方法主要有以下两类。

(1) 基于平均的方法——独立构建多个估计器，将这些估计器的预测结果进行平均作为集成估计器的预测值。动机是集成估计器往往比单个模型有更好的性能，因为预测值的方差减小了。

Bagging 思想的基本原理如图 6.22 所示。通过 bootstraping 方法从原始训练集中抽取训练子集，使用每个训练子集训练一个模型。对于分类问题通过投票方式得到分类结果；对于回归问题，则采用均值作为最终结果。随机森林 (random forest) 是最常见的基于 Bagging 思想的集成学习方法。

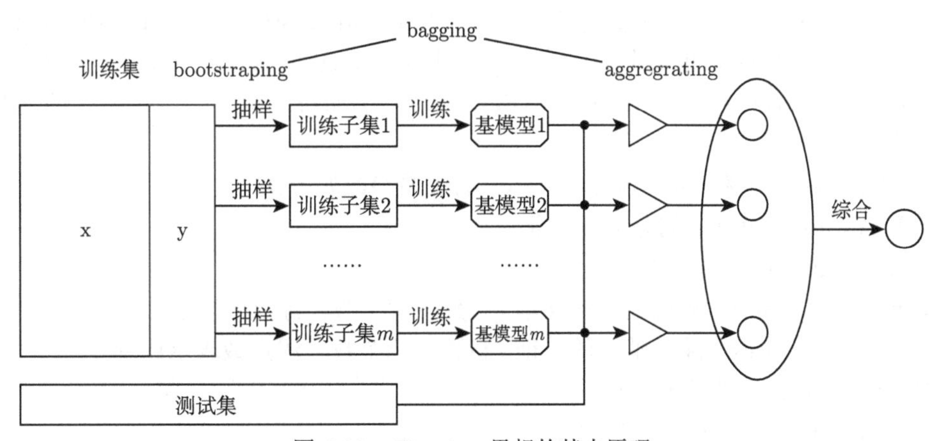

图 6.22　Bagging 思想的基本原理

(2) 提升 (Boosting) 方法——顺序构建一系列估计器，后一个估计器是为了减少前一个模型的偏差。动机是通过集合多个弱估计器产生一个强大的模型。

Boosting 思想的基本原理如图 6.23 所示。通过提高在前一轮被弱分类器分错的样例的权重，减小前一轮分对的样例的权重，使分类器对错误分类数据有较好的效果。基于 Boosting 思想的集成学习算法包括 Adaboosting (Adaptive Boosting)、GBDT(gradient boost decision tree) 等。

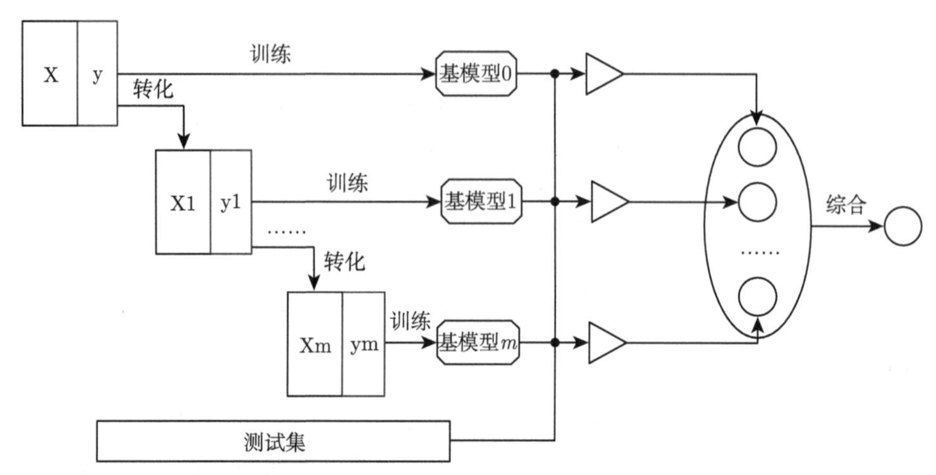

图 6.23 Boosting 思想的基本原理

Bagging 和 Boosting 的主要区别如下。

(1) 样本选择：Bagging 采用 bootstraping 方法抽样训练模型，Boosting 训练集不变，但通过分类结果调整样例权重。

(2) 样例权重：Bagging 使用均匀取样，每个样例权重相等；Boosting 则根据错误率调整样例权值。

(3) 预测函数：Bagging 所有基模型的权重相等；Boosting 则每个弱分类器权重不同。

(4) 并行计算：Bagging 中的各个基模型可以并行生成，Boosting 则必须顺序生成。

sklearn 中基于集成学习的算法在 sklearn.ensemble 中，基于 Bagging 思想实现的主要算法包括 BaggingClassifier、BaggingRegressor、RandomForestClassifier、RandomForestRegressor；基于 Boosting 思想实现的算法主要包括 AdaBoostClassifier、AdaBoostRegressor、GradientBoostClassifier、GradientBoostRegressor。下面对这些分类器的参数和使用方法进行介绍。

BaggingClassifier 和 BaggingRegressor 的主要参数如下。

(1) base_ estimator：弱分类器对象。

(2) n_ estimator：弱分类器个数。

(3) max_ samples：随机抽取的样本 (整数表示个数，浮点数表示比例)。

(4) max_ features：随机抽取的特征 (整数表示个数，浮点数表示比例)。

(5) bootstrap：是否放回抽样。

(6) bootstrap_ features：特征是否采用放回抽样。

(7) oob_ score：是否返回 out-of-bag 样本的预测性能。

随机森林模型是 BaggingClassifier 或 BaggingRegressor 中以决策树为弱估计器的特例，在随机森林中需要对决策树的参数进行定义，而在 BaggingClassifier 或 BaggingRegressor 中，决策树的参数可以在 base_ estimator 中定义。

下面的实例比较了单个决策树回归模型和 BaggingRegressor 的差异，结果如图 6.24 所示。

```
import matplotlib.pyplot as plt
plt.rc('figure',dpi=300)
plt.rc('text',usetex=True)
plt.rc('lines',linewidth=0.5)
import numpy as np
import sklearn.ensemble as sken
import scipy.stats as ss
from sklearn.ensemble import BaggingRegressor
from sklearn.tree import DecisionTreeRegressor
# 数据设置
n_repeat = 20  # 重复次数
n_train = 50  # 训练集
n_test = 500  # 测试集
noise = 0.1  # 噪声
estimators = [
    ("Tree", DecisionTreeRegressor()),
    ("Bagging(Tree)", BaggingRegressor(DecisionTreeRegressor(),n_estimators=100)),]
n_estimators = len(estimators)

def f(x):
    return np.exp(-(x**2))+1.5*np.exp(-((x - 2)**2))
def generate(n_samples,noise,n_repeat=1):
    X=ss.norm(0,scale=1).rvs(n_samples)*10-5
    X=np.sort(X)
    y=np.zeros((n_samples, n_repeat))
    for i in range(n_repeat):
        y[:,i]=f(X)+np.random.normal(0.0,noise,n_samples)
    X=X.reshape((n_samples, 1))
    return X, y
X_train = []
y_train = []

for i in range(n_repeat):
    X, y = generate(n_samples=n_train,noise=noise)
    X_train.append(X)
    y_train.append(y)
X_test, y_test = generate(n_samples=n_test, noise=noise, n_repeat=n_repeat)
plt.figure(figsize=(8, 8))
for n, (name, estimator) in enumerate(estimators):
    # 拟合模型并计算预测值
    y_predict=np.zeros((n_test, n_repeat))
    for i in range(n_repeat):
        estimator.fit(X_train[i], y_train[i].ravel())
        y_predict[:,i]=estimator.predict(X_test)
    # 将方差分解为偏差、方差和噪声
    y_error=np.zeros(n_test)
    for i in range(n_repeat):
        for j in range(n_repeat):
            y_error+=(y_test[:,j]-y_predict[:,i])**2
    y_error/=n_repeat * n_repeat
    y_noise=np.var(y_test, axis=1)
    y_bias=(f(X_test).ravel() - np.mean(y_predict, axis=1)) ** 2
    y_var=np.var(y_predict, axis=1)
```

```
    plt.subplot(2, n_estimators, n + 1)
    plt.plot(X_test, f(X_test), "b", label="$f(x)$")
    plt.plot(X_train[0], y_train[0], ".b", label="LS $\sim y = f(x)+noise$")
    for i in range(n_repeat):
        if i == 0:
            plt.plot(X_test, y_predict[:, i], "r", label="$ \\hat y(x)$")
        else:
            plt.plot(X_test, y_predict[:, i], "r", alpha=0.05)
    plt.plot(X_test, np.mean(y_predict, axis=1), "c", label="${E}_{LS}\\hat y(x)$")
    plt.xlim([-5, 5])
    plt.title(name)
    if n == n_estimators - 1:
        plt.legend(loc=(1.1, .5))
    plt.subplot(2, n_estimators, n_estimators + n + 1)
    plt.plot(X_test, y_error, "r", label="error$(x)$")
    plt.plot(X_test, y_bias, "b", label="bias$2(x)$"),
    plt.plot(X_test, y_var, "g", label="variance$(x)$"),
    plt.plot(X_test, y_noise, "c", label="noise$(x)$")
    plt.xlim([-5, 5])
    plt.ylim([0, 0.1])
    if n == n_estimators - 1:
        plt.legend(loc=(1.1, 0.5))
```

由图 6.24 可知，集成学习算法显著降低了预测结果的方差，从而提高了结果的稳健性，此外，相比于单个决策树，集成方法的预测结果的光滑性更好。

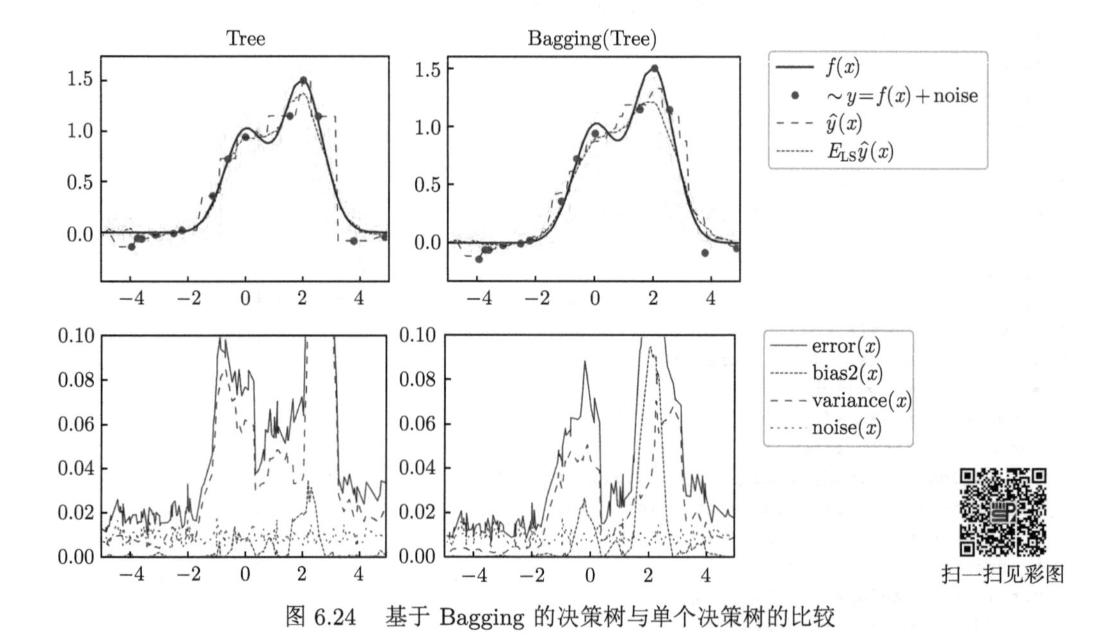

图 6.24　基于 Bagging 的决策树与单个决策树的比较

BaggingClassifier 与 BaggingRegressor 的用法类似，这里不再介绍。RandomForest 的主要参数是 n_ estimators，用于定义模型中决策树的个数，其余参数与决策树的参数相同。RandomForest 的使用比较简单，这里也不再进行介绍。Boosting 方法 sklearn.ensemble 中基于 Boosting 思想的方法主要包括 AdaBoost、GradientBoosting 和 HistGradientBoosting 三种方法，这三种方法都可以用于分类 (classifier) 和回归 (regressor)，一共构成了 6 个类。

AdaBoostClassifier 和 AdaBoostRegressor 的主要参数包括：估计器对象 estimator，决策树和邻近方法是比较常用的弱估计器，默认为决策树；弱估计器的个数 n_ estimators；学习率 learning_ rate。此外 AdaBoostRegressor 可以定义更新权重时的损失函数，分别是 linear、square 和 exponential，默认值是 linear。

以下的简单示例说明了 AdaBoostRegressor 的使用方法，AdaBoostClassifier 与此类似。

```
import numpy as np
import pandas as pd
import sklearn.ensemble as sken
import sklearn.datasets as skd
import sklearn.model_selection as skmsel
score_abr=[]
score_dt=[]
for i in range(100):
    X, y = skd.make_regression(n_samples=200,n_features=4, n_informative=2,noise=2)
    X_train,X_test,y_train,y_test=skmsel.train_test_split(X,y,test_size=0.5)
    regr = sken.AdaBoostRegressor(random_state=0, n_estimators=100)
    regr.fit(X_train, y_train)
    score_abr.append(regr.score(X_test,y_test))
    dt=skt.DecisionTreeRegressor()
    dt.fit(X_train,y_train)
    score_dt.append(dt.score(X_test,y_test))
pd.DataFrame(np.column_stack((score_abr,score_dt)),columns=['AdaBoostRegressor','
                                              DecisionTree']).describe()
```

GradientBoostingClassifier 和 GradientBoostingRegressor 都以决策树为弱估计器，在构造方法中可以设定决策树的一些参数。除此之外，有三个最重要的参数，即损失 loss、学习率 learning_ rate 以及 n_ estimators。其中，learning_ rate 和 n_ estimators 的含义与 AdaBoost 方法相同。

对于 GradientBoostingClassifier，loss 的选项包括 log_ loss、deviance 以及 exponential。log_ loss 和 deviance 与逻辑回归中的定义相同，选择 exponential 则恢复到 AdaBoost。

对于 GradientBoostingRegressor，loss 的选项包括 squared_ error、absolute_ error、huber 和 quantile，这些损失函数与回归模型中的定义相同。

下面以 diabetes 数据为例，采用 GradientBoostingRegressor 训练回归模型。采用最小二乘作为损失函数，构造了由 500 棵深度为 4 的决策树构成的回归模型。结果如图 6.25 所示。

```
import matplotlib.pyplot as plt
import numpy as np
import sklearn.datasets as skd
import sklearn.ensemble as sken
import sklearn.metrics as skm
import sklearn.model_selection as skmsel

diabetes=skd.load_diabetes()
X,y=diabetes.data, diabetes.target
```

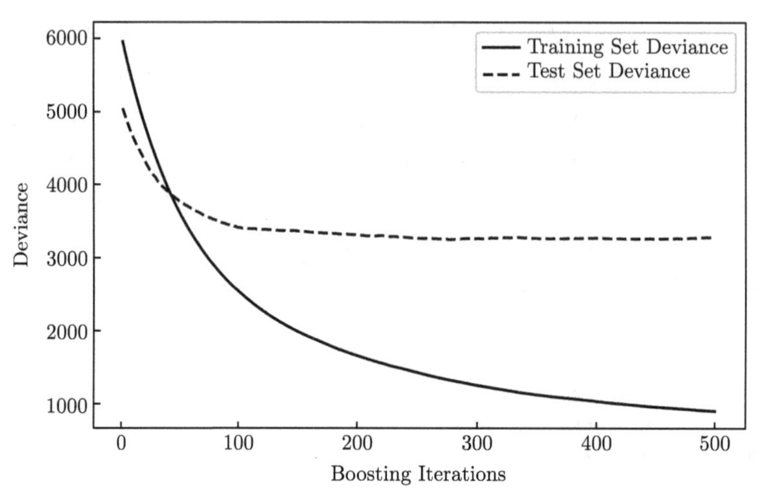

图 6.25 GradientBoostingRegressor 的性能改进过程

注：deviance 为偏差，iterations 为迭代

```
X_train, X_test, y_train, y_test = skmsel.train_test_split(X, y, test_size=0.1)
params = {
    "n_estimators": 500,
    "max_depth": 4,
    "min_samples_split": 5,
    "learning_rate": 0.01,
    "loss": "squared_error",
}
reg = sken.GradientBoostingRegressor(**params)
reg.fit(X_train, y_train)
mse = skm.mean_squared_error(y_test, reg.predict(X_test))
print("The mean squared error (MSE) on test set: {:.4f}".format(mse))

test_score=np.zeros((params["n_estimators"],), dtype=np.float64)
for i, y_pred in enumerate(reg.staged_predict(X_test)):#分步预测
    test_score[i] = skm.mean_squared_error(y_test, y_pred)
fig = plt.figure(figsize=(6, 4))
plt.subplot(1, 1, 1)
plt.title("Deviance")
plt.plot(
    np.arange(params["n_estimators"]) + 1,
    reg.train_score_,
    "b-",
    label="Training Set Deviance",
)
plt.plot(
    np.arange(params["n_estimators"]) + 1, test_score, "r-", label="Test Set Deviance"
)
plt.legend(loc="upper right")
plt.xlabel("Boosting Iterations")
plt.ylabel("Deviance")
fig.tight_layout()
plt.show()
```

除此之外，sklearn.ensemble 中还有一种称为 Histogram-based Gradient Boosting 的 Boosting 方法，相比于 GradientBoosting 方法，该方法对具有几十万规模的数据处理效率更高，同时内嵌了缺失值处理功能，可以简化缺失值处理过程。

6.3 非监督学习算法

非监督学习算法的训练样本没有标签，通过数据之间的相似性构建模型。sklearn 中包含了大量的非监督学习算法，常用的主要有聚类 (clustering)、高斯混合模型 (Gaussian mixture models,GMM)、流形学习 (manifold learning)、信号成分分解 (decomposing signals in components)、协方差估计 (covariance estimation)、奇异值检测 (novelty detection)、离群值检测 (outlier detection) 和密度估计 (density estimation)。

6.3.1 聚类

聚类算法是按照某一个特定的标准 (如距离)，把一个数据集分割成不同的子类或簇。每一个簇 (cluster) 是样例子集，聚类的目标是最大化簇内的相似性同时最小化簇与簇之间的相似性。聚类与分类相比较，聚类是无监督学习任务，不知道真实的样本标记，只把相似度高的样本聚合在一起，分类是有监督学习任务，利用已知的样本标记训练学习器预测未知样本的类别。在实际生活中存在大量需要聚类的问题，如客户画像等，有时聚类也作为其他算法的前驱过程。

在进行聚类时，一个重要的基础是衡量样本点之间的距离以及样本子集与样本子集之间的距离。样本点之间的距离一般主要有以下四种计算方法。

(1) 欧氏距离 (Euclidean distance)：

$$d(\boldsymbol{x},\boldsymbol{y}) = ||\boldsymbol{x}-\boldsymbol{y}||_2 = \sqrt{\sum_{i=1}^{n}(x_i-y_i)^2}$$

(2) 闵可夫斯基距离 (Minkowoski distance) (闵氏距离)：

$$d(\boldsymbol{x},\boldsymbol{y}|p) = \left[\sum_{i=1}^{n}|x_i-y_i|^p\right]^{1/p}$$

(3) 曼哈顿距离 (Manhattan distance)：

$$d(\boldsymbol{x},\boldsymbol{y}) = ||\boldsymbol{x}-\boldsymbol{y}||_1 = \sum_{i=1}^{n}|x_i-y_i|$$

(4) 马氏距离 (Mahalanobis distance)：

$$d(\boldsymbol{x},\boldsymbol{y}) = \sqrt{(\boldsymbol{x}-\boldsymbol{y})^{\mathrm{T}}\Sigma^{-1}(\boldsymbol{x}-\boldsymbol{y})}$$

计算样本子集之间的距离的方法主要有以下三种。

(1) 单链接 (single-linkage)：两个子集中的样例之间的距离的最小值。

(2) 全链接 (complete-linkage)：两个子集中的样例之间的距离的最大值。

(3) 均链接 (average-linkage)：两个子集中的样例之间的距离的平均值。

sklearn.cluster 中包含了 9 种不同的聚类算法，这里仅介绍几种常用的方法。

1. k-means 聚类算法

k-means 聚类算法利用相似性度量方法衡量样例之间的关系，将关系比较密切的样例划分到一个子集，k-means 聚类可以描述为以下的优化模型：

$$\arg\min_{C} J(C) = \sum_{k=1} K \sum_{x^{(i)} \in C_k} ||x^{(i)} - \mu^{(k)}||_2^2$$

k-means 聚类过程如下。

(1) 随机选择 K 个初始聚类中心。

(2) 计算每个样例到 K 个初始化聚类中心的距离，将样例划分到距离聚类中心最近的那个子集，当所有数据对象都划分以后，就形成了 K 个簇。

(3) 重新计算每个簇的样例的均值，将均值作为新的聚类中心。

(4) 计算每个样例到新的 K 个聚类中心的距离，重新划分。

(5) 一直重复这个过程，直到所有的样例无法更新到其他的簇中。

以下代码展示了 k-means 聚类算法的使用。

```
import sklearn.datasets as skd
import sklearn.cluster as skc
iris=skd.load_iris()
X=iris.data
y=iris.target
km=skc.KMeans(n_clusters=3,n_init='auto')
km.fit(X)
ls=km.  labels_ #聚类结果
lc=km.cluster_centers_ #聚类中心
```

k-means 聚类算法的优点是比较简单，执行速度快、效率高。k-means 聚类算法的主要缺点：① 对于初始化中心点特别敏感，不同的初始化，结果可能不一样；② 容易受到噪声的影响，很容易收敛于局部最小值，同时数据量大时收敛速度较慢；③ 不太适合离散的数据、样本类别不均衡的数据的聚类；④ k-means 要求这些簇的模型必须是圆形的。

2. 层次聚类

层次聚类 (hierarchical clustering) 是一种按照相似程度逐步聚类的算法。主要步骤如下。

(1) 给定样本集，决定聚类簇距离度量函数以及聚类簇数目 k。

(2) 将每个样本看作一类，计算两两之间的距离。

(3) 将距离最小的两个类合并成一个新类。

(4) 重新计算新类与所有类之间的距离。

(5) 重复以上两步，直到达到所需要的簇的数目。

以下示例说明层次聚类的用法：

```
iris=skd.load_iris()
X=iris.data
y=iris.target
kh=skc.AgglomerativeClustering(n_clusters=3,linkage='average',compute_distances=True)
kh.fit(X)
kh.labels_
kh.distances_
```

3. DBSCAN 聚类算法

DBSCAN(density-based spatial clustering of applications with noise) 是一种基于密度的聚类算法 (density based clustering)，该算法的主要特点是依赖于密度而不是距离进行样例之间关系的度量，从而克服 k-means 只能发现“球形”聚簇的缺点。事实上，基于密度的聚类寻找样例中点密集的区域并把每个区域看作一个簇。

DBSCAN 算法中有两个主要参数：ϵ 邻域和邻域半径 ϵ 内最小点的个数 min_ samples，当某一个点的邻域半径 ϵ 内的点的个数不小于 min_ samples 时就称为密集。按照是否在密集区，可以将样本点划分为核心点 (ϵ 邻域内点的个数不小于 min_ samples)、边界点 (不属于核心点但在某个核心点的邻域内的点称为边界点) 和噪声点 (既不是核心点，也不是噪声点)。

DBSCAN 算法的主要过程如下。

(1) 把所有点标记为未处理。

(2) 随机在数据集中选择一个未处理的点 P，找到它的 ϵ 邻域内的所有点的点集 Q。

(3) 如果 Q 里面包含的样本点个数小于 min_ samples，则 P 为噪声点，标记为已处理；如果大于 min_ samples，则 P 为核心点，创建一个簇 C，Q 中的所有点属于 C，如果 Q 中的点除了 P 之外还有其他核心点，则该点及其邻域内的所有点也属于簇 C，一直迭代直到核心点邻域里不再有新的核心点。

(4) 从数据集中移除 C 类，重复执行步骤 (2)、(3) 和 (4)，直到所有的点都标记为已处理。

DBSCAN 算法的使用如下所示，结果如图 6.26 所示。

```
from collections import OrderedDict
X,y=skd.make_moons(n_samples=200,noise=0.1)
dbscan=skc.DBSCAN(eps=0.2,min_samples=5)
dbscan.fit(X)
ls=dbscan.labels_
colors=['b.','rs','gv','k^','c^']
C=Counter(ls)
v=np.array(list(C.values()))
idx=np.argsort(v) #按从大到小输出

for i,s in enumerate(idx[::-1]):
    if(i<=4): #只显示前5个簇
        plt.plot(X[ls==s,0],X[ls==s,1],colors[i],markersize=2)
```

```
plt.xlabel('$x_1$')
plt.ylabel('$x_2$')
```

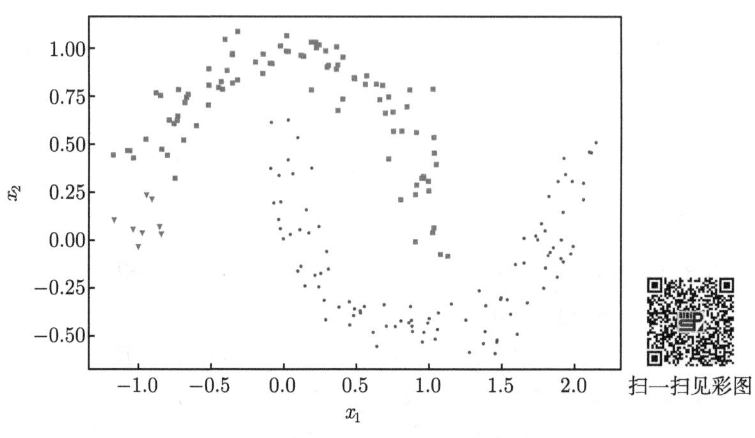

图 6.26　DBSCAN 算法聚类结果示例

4. 聚类算法的评价指标

聚类算法的评价指标有两类：一种是训练样本有标签，通过比较聚类结果与标签的一致性来评价聚类算法的性能；另一种是训练样本没有标签，完全根据聚类结果评价聚类算法性能。

1) 有标签聚类算法评价指标

(1) 完备性 (completeness)：如果一个类别中的所有样例都聚入了同一簇，则聚类结果满足完备性 (0.1 ~ 1.0，越大越好)，方法为 sklearn.metrics.completeness_ score。

(2) 同质性 (homogeneity)：如果一个簇仅包含来自一个类的样例，则称聚类结果是同质的 (0.1 ~ 1.0，越大越好)，方法为 sklearn.metrics.homogeneity_ score。

(3) v_ measure：完备性和同质性指标的调和平均数 (倒数的平均值的倒数)。

(4) 互信息，用于衡量数据集的两个标签之间的相似性，基于互信息的评价指标包括：互信息 (mutual information，MI)，方法为 sklearn.metrics.mutual_info_score；标准化互信息 (normalized mutual information，NMI)，取值 (0,1)，越接近 1 越好，方法为 sklearn.metrics.normalized_mutual_info_score；调整互信息 (adjusted mutual information，AMI)，取值 $(-1,1)$，越接近 1 越好，方法为 sklearn.metrics.adjusted_mutual_info_score。

(5) 兰德指数 (Rand index, RI)，用来度量两个聚类结果的相似性 (所有样本对中，相同的样本对所占比例)，方法为 sklearn.metrics.rand_ score；调整兰德指数 (adjusted Rand index, ARI)，取值在 (−1,1)，负值象征着簇内的点差异较大，正值则表示预测值和真实值差别较小，方法为 sklearn.metrics.adjusted_ rand_ score。

2) 无标签聚类算法评价指标

(1) 轮廓系数 (silhouette coefficient)：通过距离衡量簇内样本的相似性和簇间的相异性；取值 $[-1,1]$，越大越好，方法为 sklearn.metrics.silhouette_ score。

(2) CHI 指数 (Calinski-Harabaz index)：通过协方差矩阵衡量簇内的相似性和簇间的相异性，取值越大越好，方法为 sklearn.metrics.calinski_ harabaz_ score。

以下代码展示了有标签聚类结果评价指标的使用。

```
import pandas as pd
import numpy as np
import sklearn.datasets as skd
import sklearn.metrics as skm
import sklearn.cluster as skc

#有标签的聚类算法评价指标(真值及质量高、中、低三种结果)
label_true=[0,0,0,0,0,0,0,0,1,1,1,1,1,1,1,1,2,2,2,2,2,2,2,2,2,2]
label_pred=[[0,0,2,0,0,0,1,0,1,1,1,1,2,1,0,1,2,2,2,2,2,2,2,2,0,2],
            [0,1,2,0,0,0,0,0,1,1,0,1,2,1,0,1,2,2,1,1,2,2,2,2,2,2],
            [0,1,2,1,0,0,0,0,1,1,2,1,0,1,0,1,2,2,1,1,0,0,2,2,2,2]]
#完备性
completeness=[skm.completeness_score(label_true,label_pred[i]) for i in range(3)]
#同质性
homogeneity=[skm.homogeneity_score(label_true,label_pred[i]) for i in range(3)]
#v_measure
v_measure=[skm.v_measure_score(label_true,label_pred[i]) for i in range(3)]
#互信息
MI=[skm.mutual_info_score(label_true,label_pred[i]) for i in range(3)]
#标准化互信息
NMI=[skm.normalized_mutual_info_score(label_true,label_pred[i]) for i in range(3)]
#调整互信息
AMI=[skm.adjusted_mutual_info_score(label_true,label_pred[i]) for i in range(3)]
#兰德指数
RI=[skm.rand_score(label_true,label_pred[i]) for i in range(3)]
#调整兰德指数
ARI=[skm.adjusted_rand_score(label_true,label_pred[i]) for i in range(3)]
metrics=pd.DataFrame(np.row_stack((completeness,homogeneity,v_measure,MI,NMI,AMI,RI,ARI)),
                                                 columns=['聚类效果好','聚类效果中','聚类效果
                                                 差'],index=['完备性','同质性','v_measure','MI
                                                 ','NMI','AMI','RI','ARI'])
metrics
```

结果如下：

	聚类效果好	聚类效果中	聚类效果差
完备性	0.465010	0.363296	0.161898
同质性	0.459498	0.363296	0.162533
v_measure	0.462237	0.363296	0.162215
MI	0.502153	0.397021	0.177621
NMI	0.462237	0.363296	0.162215
AMI	0.414109	0.307101	0.088611
RI	0.775385	0.716923	0.621538
ARI	0.479909	0.339197	0.114127

以下代码示例介绍了无标签聚类结果评价指标的使用。

```
import sklearn.datasets as skd
import sklearn.metrics as skm
import sklearn.clustring as skc
X,y=skd.make_blobs(n_samples=200)
kmeans=skc.KMeans(n_clusters=3,n_init='auto')
kmeans.fit(X)
silhouette=skm.silhouette_score(X,kmeans.labels_)
chs=skm.calinski_harabasz_score(X,kmeans.labels_)
kmeans=skc.KMeans(n_clusters=3,n_init='auto')
kmeans.fit(X)
shs=skm.silhouette_score(X,kmeans.labels_)
chs=skm.calinski_harabasz_score(X,kmeans.labels_)
[shs.round(4),chs.round(4)]
#输出结果
[0.7768, 3468.0744]
```

6.3.2 高斯混合模型

高斯混合模型 (GMM) 是一种概率模型，是在假设所有的数据来自有限多个参数未知的正态分布的情况下，对这些正态分布参数和各个分布的占比的估计。高斯混合模型在 sklearn.mixture 中，主要实现了 GaussianMixture 和 BayesianGaussianMixture 两种算法。

1. GaussianMixture

GaussianMixture 实现了期望最大化 (expectation-maximizetion，EM) 算法。GaussianMixture 类的构造函数的主要参数包括：数据中的正态分布个数 n_ components；协方差结构 covariance_ type，包括 full(每一成分有各自独立的协方差矩阵)、tied(所有成分协方差矩阵相同)、diag(协方差矩阵限定为对角矩阵)、spherical(每一个成分方差相同)；初始化方法 init_ params，可选项为 k-means(默认)、k-means++、random 及 random_ from_ data。返回值包括：各成分所占比重 weights_ 、各成分的均值 means_ 、协方差矩阵 covariances_。

以下代码介绍了一个 GMM 的简单示例。

```
import numpy as np
import scipy.stats as ss
import sklearn.mixture as skmix
m1,m2,m3=[0.0,-2.0],[1.5,2.0],[5.0,3.0]
S1=np.array([[1,0.5],[0.5,1]])
S2=np.array([[1,-0.2],[-0.2,1.5]])
S3=np.array([[1.5,-0.6],[-0.6,1]])

X1=ss.multivariate_normal(m1,S1).rvs(500)
X2=ss.multivariate_normal(m2,S2).rvs(200)
X3=ss.multivariate_normal(m3,S3).rvs(300)
X=np.row_stack((X1,X2,X3))
gm=skmix.GaussianMixture(n_components=3,covariance_type='full')
gmm=gm.fit(X)
gmm.weights_ #每个成分的比例
gmm.means_ #每个成分的均值
```

```
gmm.covariances_ #每个成分的协方差
gmm.predict(X) #返回每一个样例归属于哪个成分
```

2. BayesianGaussianMixture

BayesianGaussianMixture 是在 GaussianMixture 的基础上应用了变分推断 (variational inference) 算法。变分推断是期望最大化的拓展，在引入先验知识的同时将基于数据的极大似然估计更改为基于模型证据的下界最大化。该算法最大的特点是在估计参数的过程中增加了先验信息。BayesianGaussianMixture 构造方法在 GaussianMixture 参数的基础上增加了多个先验参数，包括：各成分比例的先验 weight_ concentration_ prior_ type，有两个选项 dirichlet_ process 和 dirichlet_ distribution，这里的 Dirichlet 分布 (狄利克雷分布) 即多元 Beta 分布；各类别分布中心的先验参数 weight_ concentration_ prior，默认为各成分；各成分均值的先验 mean_ precision_ prior 和 mean_ prior，是均值先验分布的参数 (均值先验为正态分布)；协方差先验参数 degrees_ of_ freedom_ prior 和 covariance_ prior。

以下代码基于上面的实例数据展示 BayesianGaussianMixture 的用法。

```
bayesianGMM=skmix.BayesianGaussianMixture(n_components=3,covariance_type='full',
                                          weight_concentration_prior_type='
                                          dirichlet_distribution',
                                          weight_concentration_prior=1/4)
bayesianGMM.fit(X)
bayesianGMM.predict(X)
bayesianGMM.covariances_
bayesianGMM.means_
bayesianGMM.weights_
bayesianGMM.weight_concentration_
```

6.3.3　流形学习

流形学习是一种非线性降维方法，借鉴了拓扑中流形的概念。流形学习的观点认为我们所能观察到的数据实际上是由一个低维流形映射到高维空间的。由于数据内部特征的限制，一些高维中的数据会产生维度上的冗余，实际上这些数据只要比较低的维度就能唯一表示。所以直观上来讲，一个流形就像一个 d 维的空间，在一个 m 维空间 $(m > d)$ 被扭曲的结果。

sklearn 中包含了大量的流形学习算法，如 Isomap、局部线性嵌入 (locally linear embedding)、黑塞特征映射 (Hessian eigenmapping)、谱嵌入 (spectral embedding)、多维标度 (multi-dimensional scaling，MDS)、t 分布随机邻近嵌入 (t-distributed stochastic neighbor embedding) 等。sklearn.manifold 中的流形学习算法有一个共同的参数，降维后的维度 n_ components。这些算法的使用类似，通过 sklearn 中的手写体识别数据进行简要介绍。该数据集一共有 1797 个样例，每个样例是一个 8×8 绘图图片和对应的手写体数字，其中 X 是 64 维向量，Y 是 $0 \sim 9$ 十个数字中的一个。

基于流形学习的数据降维代码如下，结果如图 6.27 所示。

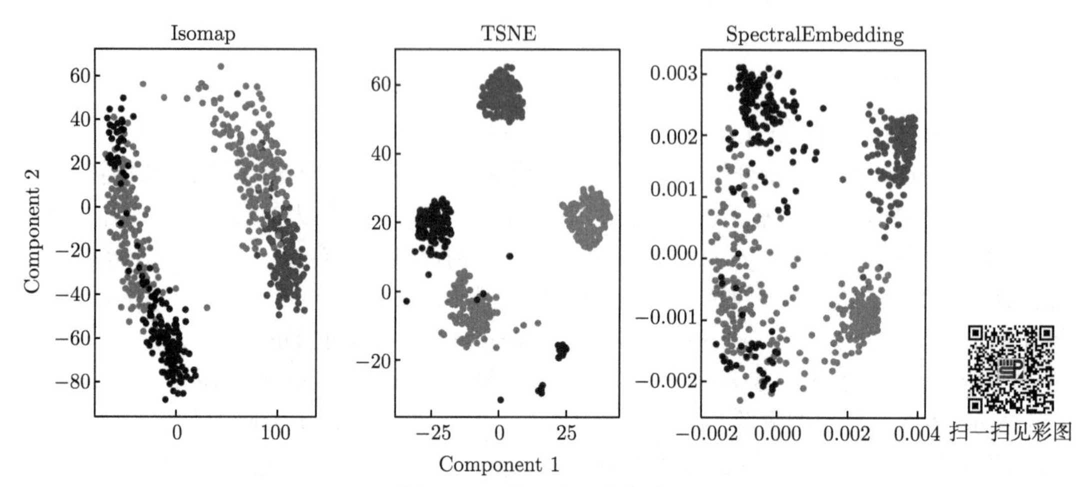

图 6.27　流形学习降维效果

注：component 为成分

```
import matplotlib.pyplot as plt
plt.rc('lines',linewidth=0.5)
plt.rc('figure',dpi=400)
plt.rc('text',usetex=True)
import numpy as np
import sklearn.datasets as skd
import sklearn.manifold as skmf
X,y= skd.load_digits(return_X_y=True) #数据载入
X.shape
isomap=skmf.Isomap(n_components=2,n_neighbors=10) #Isomap算法
isomap.fit(X)
X1=isomap.transform(X)

tsne=skmf.TSNE(n_components=2) #TSNE算法
X2=tsne.fit_transform(X)

spectral=skmf.SpectralEmbedding(n_components=2) #Sepctral Embedding算法
X3=spectral.fit_transform(X)

ax=plt.figure(figsize=(6,4),tight_layout=True).
ax=fig.subplots(1,3)
digits=[0,6,8,9] #显示前4个外形相似的数字的降维结果
X=[X1,X2,X3]
colors=['b.','r.','g.','k.']
Algorithms=['Isomap','TSNE','SpectralEmbedding']
for i in range(3):
    ax[i].set_title(Algorithms[i])
    for d,c in zip(digits,colors):
        ax[i].plot(X[i][y==d,0],X[i][y==d,1],c)
fig.supxlabel('Component 1')
fig.supylabel('Component 2')
```

6.3.4　信号成分分解

信号成分分解是一类数据降维和特征抽取算法。常用的包括主成分分析 (principal component analysis)(包括 PCA 和核 PCA)、因子分析 (factor analysis)、独立成分分析 (independent component analysis) 和隐含狄利克雷分布 (latent Dirichlet allocation，LDA)，这些算法在 sklearn.decomposition 中。

1. PCA

主成分分析的目的是将高维数据分解为一系列相互正交的成分，每一成分可以解释方差的绝大部分。sklearn 中实现了 PCA、IncrementalPCA 和 KernelPCA，其中 PCA 是常规方法，主要通过线性变换进行数据分解；IncrementalPCA 用于数据量超大的情形，可以通过将数据划分成小的批量并分批进行学习；KernelPCA 通过核函数的使用将 PCA 扩展到非线性降维。

下面的代码介绍了 PCA 和 KernelPCA 的用法，结果如图 6.28 所示。

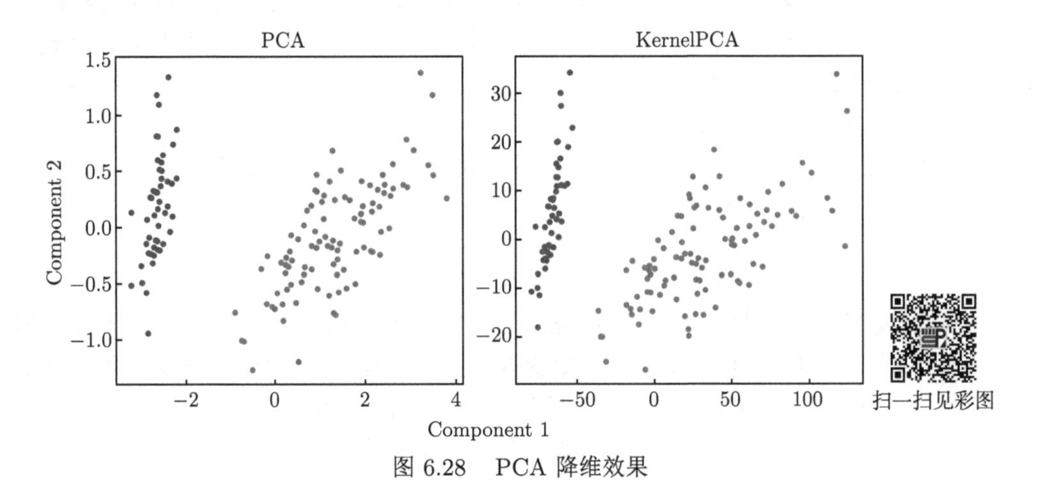

图 6.28　PCA 降维效果

```
import matplotlib.pyplot as plt
plt.rc('lines',linewidth=0.5)
plt.rc('figure',dpi=400)
plt.rc('text',usetex=True)
import sklearn.decomposition as skdc
import sklearn.datasets as skd
digits=skd.load_iris()
X,y=digits.data,digits.target
pca=skdc.PCA(n_components=2)
X_pca=pca.fit(X).transform(X)
pca.components_ #特征向量
pca.explained_variance_ #每一个成分解释的方差
pca.explained_variance_ratio_ #每一个成分解释的方法的比例(从大到小排列)

kpca=skdc.KernelPCA(n_components=2,kernel='poly',degree=2,gamma=2.0)
#kernel, degree以及gamma参数与svm的含义相同
X_kpca=kpca.fit(X).transform(X)
kpca.eigenvalues_
```

```
kpca.eigenvectors_

fig=plt.figure(figsize=(8,4),tight_layout=True)
ax=fig.subplots(1,2)
types=[0,1,2]
X=[X_pca,X_kpca]
colors=['b.','r.','g.','k.']
Algorithms=['PCA','KernelPCA']
for i in range(2):
    ax[i].set_title(Algorithms[i])
    for d,c in zip(types,colors):
        ax[i].plot(X[i][y==d,0],X[i][y==d,1],c)
fig.supxlabel('Component 1')
fig.supylabel('Component 2')
```

2. 因子分析

因子分析是一种挖掘数据中存在的潜在 (latent) 因子和降维的方法。因子分析的目的是在尽可能不损失或者少损失原始数据信息的情况下，将错综复杂的众多变量聚合成少数几个独立的公共因子，这几个公共因子可以反映原来众多变量的主要信息，在减少变量个数的同时，又反映了变量之间的内在联系。

设有观测数据集 $X=\{x_1,x_2,\cdots,x_p\}$，假设数据来自一个包含连续隐变量 (continuous latent variable) 的高斯过程，定义为

$$x_i=Wh_i+\mu+\epsilon$$

向量 h_i 称为隐变量是因为其无法直接观测。ϵ 是噪声项并且 $\epsilon\sim N(0,\Psi)$，μ 为任意偏移变量。该模型代表了观测值 x_i 是如何从隐变量产生的，因此也称为生成模型。用矩阵形式表示为 $X=WH+M+E$，实际上就是将矩阵 X 进行了分解。

如果 h_i 已知，上述生成模型可以用概率的形式解释为

$$p(x_i|h_i)=N(Wh_i+\mu,\Psi)$$

再进一步假设 h_i 隐变量的先验分布是正态分布，有 $h\sim N(0,I)$。于是可以得到 x 的边缘分布：

$$p(x)=N(\mu,WW^{\mathrm{T}}+\Psi)$$

其中 W 称为因子载荷矩阵 (factor loading matrix)。如果假设 $\Psi=\sigma^2I$，则结果就是 PCA(各成分正交)；如果假设 $\Psi=\mathrm{diag}(\psi_1,\psi_2,\cdots,\psi_p)$，结果就是因子分析。如果隐变量的先验分布不是正态分布，则可以得到其他的模型如独立成分分析 (independent component analysis)。

sklearn 中的 FactorAnalysis 实现了因子分析的过程，主要参数包括：保留的成分个数 n_ components；因子旋转 rotation，可选 varimax 和 quartimax，默认为 None；下面的代码以 iris 数据为例，介绍因子分析的方法，结果如图 6.29 所示。

```
import numpy as np
import sklearn.preprocessing as skp
import sklearn.datasets as skd
```

```
import sklearn.decomposition as skdc

data=skd.load_iris()
X=skp.StandardScaler().fit_transform(data['data']) #数据标准化

n_components=2
fa_unrotated=skdc.FactorAnalysis(n_components=n_components) #未进行因子旋转
fa_unrotated.fit(X)
fa_rotated=skdc.FactorAnalysis(rotation='varimax') #进行了因子旋转
fa_rotated.fit(X)
fa_unrotated.components_ #载荷矩阵
fa_ratoated.components_
fa_rotated.noise_variance_ #每一个特征的噪声方差估计
```

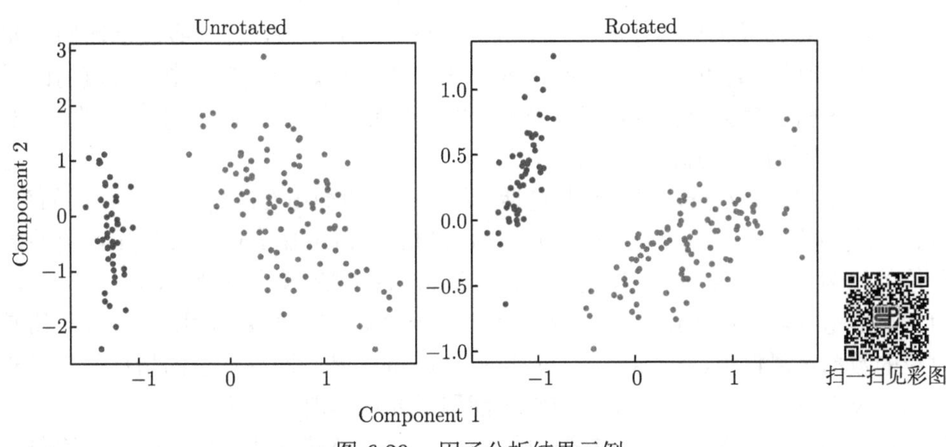

图 6.29　因子分析结果示例

6.3.5　异常检测

高质量的数据是数据分析的基础和前提，在很多应用中都会面临确定新的观测值是否与已有数据来自统一分布或者判断数据集中是否有数据与其他数据分布显著不同，这一过程称为异常检测 (anomaly detection)，包含两种类型的方法：奇异值检测和离群值检测。奇异值检测主要目的是检测一个新的观测值是不是离群值，离群值检测则用于判断数据集中的某些样本是否远离其他样本。

1. 奇异值检测

奇异值检测首先假设训练样例集中不包含离群值，用这个样例集训练模型并用于检测新的观测值是否为奇异值。简单地说，奇异值检测通过学习得到一个包含初始样例的封闭边界。如果新的观测值落在这个决策边界内，那么可以认为这些观测值与训练样本来自同一分布，否则视为奇异值。

sklearn 中的奇异值检测可以使用两种方法，一种是 OneClassSVM，另一种是 LocalOutlierFactor 令 novelty=True。

以下代码简单示意了奇异值检测算法的使用。

```
D1= skd.make_blobs(n_samples=200,centers=[[2, 2], [-2, -2]], cluster_std=[0.5, 0.5])[0]
```

```
D2=skd.make_blobs(n_samples=10,centers=[[2, 2], [-1.5, -1.5]], cluster_std=[0.5, 0.5])[0]
lof=skn.LocalOutlierFactor(n_neighbors=10,contamination=outliers_fraction,novelty=True).fit
                                                    (D1)
OCSVM=svm.OneClassSVM(nu=0.01,kernel="rbf", gamma=0.1).fit(D1)
lof.predict(D2)
OCSVM.predict(D2)
```

2. 离群值检测

sklearn 中的离群值检测分散在不同的包中，主要包括：ensemble.IsolationForest、neighbors.LocalOutlierFactor、linear_ model.SGDOneClassSVM、svm.OneClassSVM、covariance.EllipticEnvelope。下面对这些算法做简要说明。

(1) IsolationForest，主要参数包括：决策树的个数 n_ estimators，默认值为 100；训练每个决策树使用的最大样本 max_ samples，整数表示个数，浮点数表示比例，如果是 auto 表示 256 和样本数两者取小；contamination 表示给定的数据集中离群值的比例；用于训练每个决策树的最大特征数，整数表示个数，浮点数表示比例。如果返回的 predict 值是 -1，表示对应的数据是离群值。

(2) LocalOutlierFactor，主要参数包括：相邻样本点数 n_ neighbors；使用的算法 algorithm ，可选包括 auto、ball_ tree、kd_ tree 和 brute；contamination 表示给定的数据集中离群值的比例；参数 novelty 指定模型用于离群值检测还是奇异值检测，novelty=False 表示用于离群值检测，novelty=True 表示用于奇异值检测。如果返回的 predict 值是 -1，表示对应的数据是离群值，negative_ outlier_ factor_ 是判断离群值的指标值。需要注意的是：当 novelty=True 时，predict 方法只能用于处理非训练样例。

(3) SGDOneClassSVM，主要参数包括：nu 表示训练错误比例的上限和支持向量比例的下限；参数 fit_ intercept 指定模型中是否包含截距，True 表示包括截距，False 表示不包括截距；学习率 learning_ rate。方法 decision_ function 返回距离分类超平面的带符号距离，负值表示离群值，如果返回的 predict 值是 -1，表示对应的数据是离群值。等价于 OneClassSVM 使用线性核的情况。

(4) OneClassSVM，主要参数包括：kernel、gamma、degree 和 coef0，与 SVC 和 SVR 相同；nu 表示训练错误比例的上限和支持向量比例的下限。如果返回的 predict 值是 -1，表示对应的数据是离群值。

(5) EllipticEnvelope，主要参数包括：store_ precision=True 表示保存伪逆矩阵，否则不保存；contamination 表示给定的数据集中离群值的比例。对象的属性值包括：location_ 返回估计的均值；covariance_ 返回估计的协方差矩阵；precision_ 伪逆矩阵 (store_ precision=True 是有效)。如果返回的 predict 值是 -1，表示对应的数据是离群值。

以下代码介绍了这 5 种离群值检测算法的使用，OneClassSVM 所识别出的离群值如图 6.30 所示。

```
import matplotlib.pyplot as plt
plt.rc('lines',linewidth=0.5)
plt.rc('figure',dpi=400)
plt.rc('text',usetex=True)
import numpy as np
```

```
import pandas as pd
import sklearn.datasets as skd
import sklearn.ensemble as sken
import sklearn.neighbors as skn
import sklearn.linear_model as sklm
from sklearn import svm
import sklearn.covariance as skcov

n_samples = 300
outliers_fraction = 0.05
n_outliers = int(outliers_fraction * n_samples)
n_inliers = n_samples - n_outliers
D=skd.make_moons(n_samples=n_samples, noise=0.15, random_state=0)[0]- np.array([0.5, 0.25])

isolationForest=sken.IsolationForest(contamination=outliers_fraction).fit(D)
y_pred2=skn.LocalOutlierFactor(n_neighbors=10,contamination=outliers_fraction,novelty=False
                                              ).fit_predict(D)
SGDOCSVM=sklm.SGDOneClassSVM(nu=outliers_fraction,fit_intercept=True).fit(D)
OCSVM=svm.OneClassSVM(nu=outliers_fraction, kernel="rbf", gamma=0.1).fit(D)
ellipsticEnvelope=skcov.EllipticEnvelope(contamination=outliers_fraction).fit(D)
y_pred1=isolationForest.predict(D)
y_pred3=SGDOCSVM.predict(D)
y_pred4=OCSVM.predict(D)
y_pred5=ellipsticEnvelope.predict(D)

df=pd.DataFrame(np.column_stack((y_pred1,y_pred2,y_pred3,y_pred4,y_pred5)),columns=['
                                              IsolationForest','LocalOutlierFactor','
                                              SGDOneClassSVM','OCSVM','ellipsticEnvelope'])
np.sum(df.values==-1,axis=0) #每种算法识别出的离群值

idx=df['OCSVM']==-1
plt.plot(D[idx,0],D[idx,1],'ko',mfc='w',mec='k',mew=1,markersize=4)
plt.plot(D[:,0],D[:,1],'b.',markersize=1.5)
```

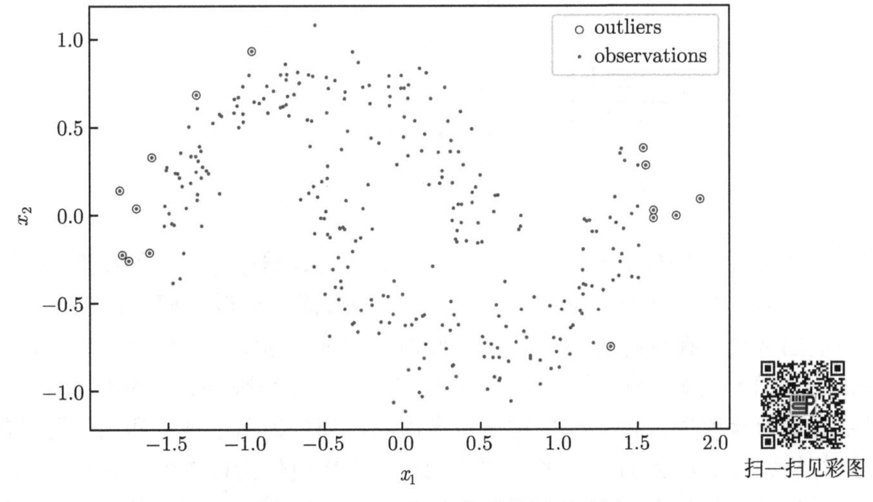

图 6.30　OCSVM 离群值识别示例

6.4　机器学习模型选择和评估

在前面已经介绍了大量的模型，在数据科学实践中还有三个问题需要考虑：① 在众多的可选模型中如何做出选择？由于模型发布后要处理的数据具有不确定性，在用已有数据进行模型训练时需要控制训练误差、泛化误差以及保证模型的鲁棒性，需要对模型的性能进行多角度评估。② 绝大多数的机器学习模型中都有至少一个超参数，如支持向量机中的核函数、核函数参数、惩罚系数等，如何选择模型超参数以提高模型性能是机器学习中另一个关键问题。③ 在绝大多数数据分析实践中，X 的维度都非常高，这是因为在不知道每一个特征与 Y 之间是否存在关系时，尽可能收集更多的数据是一种常见的操作，带来的后果是 X 中往往混入很多与 Y 无关的特征。如果不加筛选地进行模型训练，往往会导致过拟合及模型性能的下降。从数据中筛选特征的过程称为特征选择 (feature selection)。这三个问题是机器学习模型有效性的重要保证，在后续章节将进行详细介绍。

6.4.1　模型选择与评估

模型选择与评估主要采用的方式是交叉验证 (cross validation)，sklearn 中的交叉验证如图 6.31 所示。

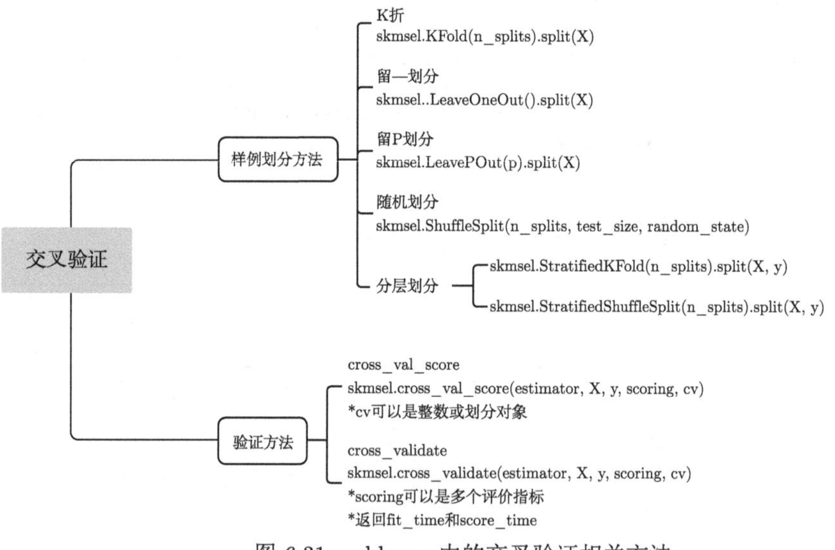

图 6.31　sklearn 中的交叉验证相关方法

当用一批数据训练机器学习模型时，一般都需要将数据按照一定的比例划分为训练样例集和测试样例集。如果上述过程仅进行 1 次，则可能出现以下问题：由于数据是随机划分的，可能出现模型在训练数据中表现很好但在测试数据集结果很差的情况，即过拟合 (overfitting)，这样训练好的模型的泛化能力较差，这主要是因为数据没有被充分利用。

为了更好地拟合模型，将训练集进一步多次随机划分为用于训练和用于测试的样本子集并分别进行模型训练和评估，将多次评估指标的平均值作为模型性能评估指标，目的是尽可能利用数据并得到具有较好泛化能力的结果，这一过程称为交叉验证。交叉验证的过程如图 6.32 所示。假设有 N 个训练样本，随机选择其中的 pN 个作为训练样例，其余的 $(1-p)N$ 个作为测试样例。对于训练样例，按照特定的方法进一步划分为训练样例子集和测试样例子集，每一个循环用训练样例子集训练模型并用测试样例子集进行模型测试，这样的过程进行 k 次并取评价指标结果的平均值作为训练性能。最后再通过测试集样本进行模型性能的一次性测试。

显然，交叉验证主要包括两个步骤，即样例划分和模型性能测试，下面对这两个步骤进行详细说明。

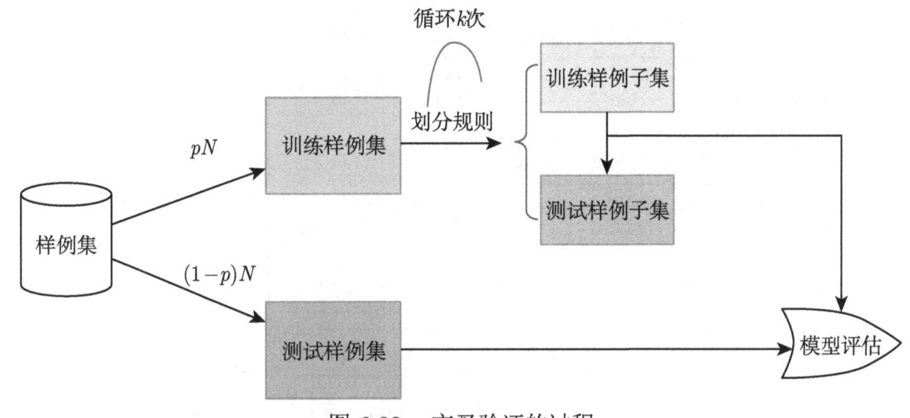

图 6.32 交叉验证的过程

在 sklearn 中，常用的交叉验证样例划分方法包括如下几种。

(1) K 折交叉验证。K 折 (k-fold) 交叉验证是最常用的交叉验证方法，其过程是将样例等分为 k 组 (称为 fold)，以其中的 $k-1$ 组为训练样例，以剩余的 1 组为测试样例，显然 K 折交叉验证共需要执行 k 次训练-测试循环。K 折交叉验证使用的类是 sklearn.model_ selection.KFold，参数为 n_ splits 记为 k。K 折交叉验证的样例划分如图 6.33 所示。

(2) 留一划分。留一划分 (leave one out，LOO) 将 n 个训练样例中的 1 个作为测试样例，其余的 $n-1$ 个为训练样例。显然 LOO 是 k-fold 中 $k=n$ 时的特例。通过 LOO 划分，n 个训练样例共可以产生 n 个 LOO 样例集。LOO 使用的类是 sklearn.model_ selection.LeaveOneOut。

(3) 留 P 划分。留 P 划分 (leave P out) 将 n 个训练样例中的 p (由参数指定) 个作为测试样例，其余的 $n-p$ 个为训练样例。对于有 n 个训练样例共可以产生 C_n^p (n 中取 p) 个训练-测试样例子集对。显然当 n 比较大而 P 较小时，会产生非常多的划分。留 P 划分使用的类是 sklearn.model_ selection.LeavePOut。

(4) 随机划分。将训练样例完全随机地划分为指定个数的训练-测试样例子集对，使用的类是 sklearn.model_ selection.ShuffleSplit。参数 n_ splits 表示要进行的循环验证次数，test_ size 如果是整数，表示测试样例个数，浮点数表示测试样例的比例，train_ size 相同。

(5) 分层划分。在某些训练集中，不同类别的数据存在不平衡性，即有的类别的样例很多而有的类别的样例很少。如果完全随机划分，极容易出现有的训练和测试样例子集中只有一种类别的样例或有的类别的样例数非常少，从而导致样例不平衡问题变得更严重。分层划分 (stratified split) 在划分样例数据时，保持每一类数据的比例与整体数据的比例大致相同，以解决不同类别样例的不平衡问题。分层划分有两个实现类：sklearn.model_ selection.StratifiedKFold 和 sklearn.model_ selection.StratifiedShuffleSplit。StratifiedShuffleSplit 的参数 n_ splits 表示要进行的循环验证次数，test_ size 如果是整数，表示测试样例个数，浮点数表示测试样例的比例，train_ size 相同。

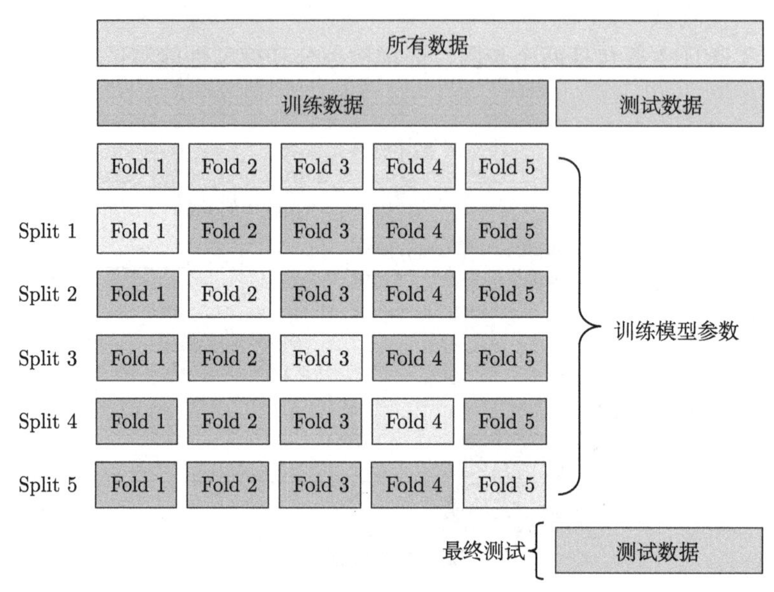

图 6.33　K 折交叉验证的样例划分示例

下面的代码介绍了以上几种样例划分方法的使用。

```
import numpy as np
import sklearn.model_selection as skmsel
X=np.random.randint(1,50,size=(50,2))
y=np.array([0]*20+[1]*15+[2]*15)
#k-fold划分
cv1=skmsel.KFold(n_splits=5)
xtrain1,ytrain1,xtest1,ytest1=[],[],[],[]
#提取每一个fold的训练和测试样例，idx是一个列表，第一个元素是训练样例的索引，第二个元素是测试样例的索引
for idx in cv1.split(X):
    xtrain1.append(X[idx[0],:])
    ytrain1.append(y[idx[0]])
    xtest1.append(X[idx[1],:])
    ytest1.append(y[idx[1]])
#留一划分
cv2=skmsel.LeaveOneOut().split(X)
#留p划分
cv3=skmsel.LeavePOut(p=10).split(X)
#随机划分
cv4=skmsel.ShuffleSplit(n_splits=10,test_size=0.2,train_size=0.5).split(X)
#分层划分
cv5=skmsel.StratifiedKFold(n_splits=5).split(X,y)
#分层随机划分
cv6=skmsel.StratifiedShuffleSplit(n_splits=10,test_size=0.3).split(X,y)
```

```
idx=cv4.__next__()
y[idx[0]],y[idx[1]]
(array([2, 0, 0, 1, 1, 2, 0, 0, 2, 0, 1, 0, 1, 0, 2, 1, 2, 1, 2, 2, 1, 0, 2, 1, 0]),
 array([1, 2, 0, 0, 0, 1, 2, 0, 0, 2])) #样本不平衡

idx=cv5.__next__()
y[idx[0]],y[idx[1]]
(array([0, 0, 0, 0, 0, 0, 0, 0, 0, 0, 0, 0, 0, 0, 0, 0, 1, 1, 1, 1, 1, 1,
        1, 1, 1, 1, 1, 1, 2, 2, 2, 2, 2, 2, 2, 2, 2, 2, 2, 2]),
 array([0, 0, 0, 0, 1, 1, 1, 2, 2, 2])) #样本保持平衡

idx=cv6.__next__()
y[idx[0]],y[idx[1]]
(array([2, 1, 0, 2, 0, 1, 2, 1, 0, 1, 0, 1, 0, 1, 2, 1, 0, 1, 0, 2, 0, 2,
        1, 1, 2, 2, 2, 0, 0, 0, 0, 2, 0, 0, 1]),
 array([1, 0, 0, 1, 2, 1, 0, 2, 0, 0, 2, 2, 2, 0, 1]))
```

划分好样例后，接下来就可以通过交叉验证方法对模型性能进行评估。如图 6.31 所示，主要有两种模型验证方法：cross_ val_ score 和 cross_ validate。

1) cross_ val_ score

cross_ val_ score 的参数化形式为 cross_ val_ score(estimator, X, y=None, scoring=None, cv=None)，各参数的含义如下。

(1) estimator：用于分析数据的模型对象。

(2) X 和 y：训练数据。

(3) scoring：性能评价指标函数，一般分类模型常用的有 roc_ auc、neg_ log_ loss、f1 等，回归模型常用的有 neg_ mean_ absolute_ error、neg_ mean_ squared_ error 和 r2。

(4) 交叉验证样例划分对象，默认为 5 折交叉验证，整数表示交叉验证中的 k 值可以是一个交叉验证对象。

2) cross_ validate

cross_ validate 除包含与 cross_ val_ score 相同的参数外，还包括以下参数。

(1) fit_ params：向估计器的 fit 方法传递的参数。

(2) return_ train_ score：True 表示返回训练分值，False 表示不返回。

(3) return_ estimator：True 表示返回每一个估计器的训练参数，False 表示不返回。

除参数有所区别外，与 cross_ val_ score 相比，cross_ validate 可以指定多个评价指标，同时可以返回模型拟合时间 (fit_ time) 和指标计算时间 (score_ time)。事实上，cross_ validate 完全可以替代 cross_ val_ score，因此建议直接使用 cross-validate 即可。

以下代码以 diabetes 为例介绍交叉验证方法的使用，结果如图 6.34 所示，其中图 6.34 (a) 和图 6.34 (b) 是每一个划分训练模型的 r2 指标和测试误差，图 6.34 (c) 是每一轮训练得到的模型对测试数据的预测结果。

```
import sklearn.datasets as skd
import sklearn.linear_model as sklm
import sklearn.model_selection as skmsel
from sklearn.metrics import make_scorer
```

```
from sklearn.metrics import confusion_matrix
from sklearn import svm
diabetes=skd.load_diabetes()
X=diabetes.data[:150]
y=diabetes.target[:150]
X_train,X_test,y_train,y_test=skmsel.train_test_split(X,y,test_size=0.2)
lasso=sklm.Lasso(alpha=0.4) #lasso回归模型对象
scoring=['r2','neg_mean_squared_error'] #两个评价指标
cv=skmsel.ShuffleSplit(n_splits=40,test_size=0.2,train_size=0.8) #样例划分——采用随机划分
res=skmsel.cross_validate(lasso,X_train,y_train,scoring=scoring,cv=cv,return_estimator=True
                                                )
#交叉验证，制定返回每一次训练的估计器
v=[]
for est in res['estimator']:
    v.append(est.predict(X_test)) #用此一次循环产生的训练器预测测试集中的所有样例
v=np.array(v)

fig=plt.figure(figsize=(6,4),tight_layout=True)
ax1=fig.add_subplot(221)
ax1.plot(res['test_r2'])
ax1.set_xlabel('Split\n(a)')
ax1.set_ylabel('r2')
ax2=fig.add_subplot(223)
ax2.plot(res['test_neg_mean_squared_error'])
ax2.set_xlabel('Split\n(b)')
ax2.set_ylabel('neg\_mean\_squared\_error')
ax3=fig.add_subplot(122)
ax3.plot(v.T)
ax3.set_xlabel('Testing examples\n(c)')
ax3.set_ylabel('$\hat y$')
```

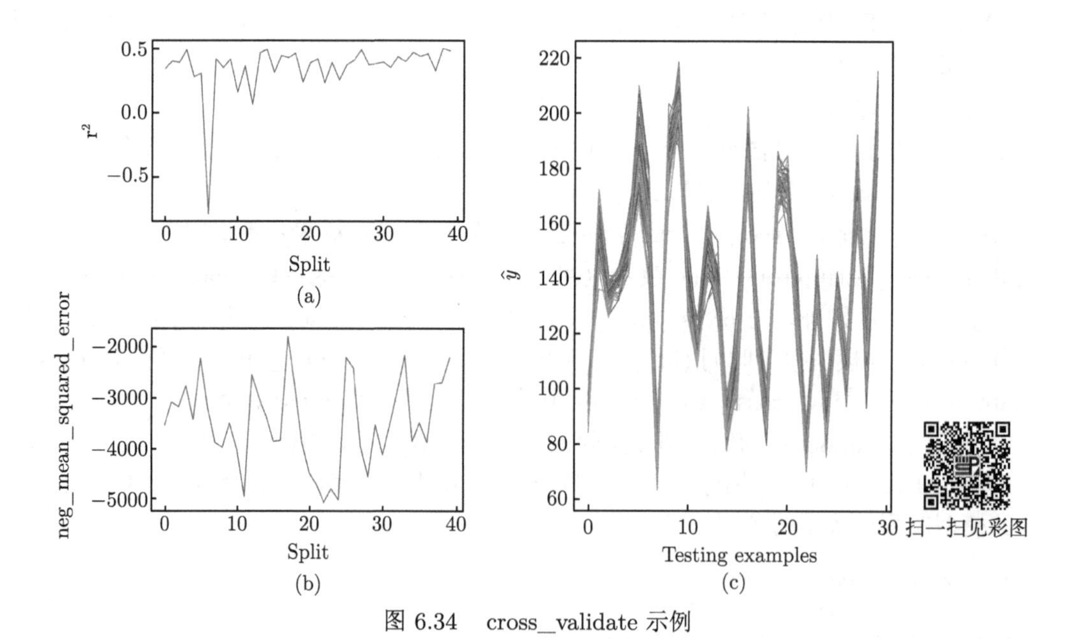

图 6.34　cross_validate 示例

6.4.2　超参数设置

在机器学习中，超参数是指那些对模型性能有重要影响但又不能通过训练得到的参数。如何设置超参数，一直是机器学习领域的重要问题。超参数选择实际上是一个优化过程，即在超参数空间内搜索使模型的性能达到最佳 (一般通过交叉验证评价) 的参数组合。显然，对于绝大多数的机器学习模型来说，参数组合的数量都非常大 (甚至无穷大)，要找到最优值很困难甚至是不可能的。基于此，sklearn 提供了两个基于搜索的方法，分别是网格搜索方法和随机搜索方法，如图 6.35 所示。此外，贝叶斯优化也是解决模型超参数设置的一类方法。

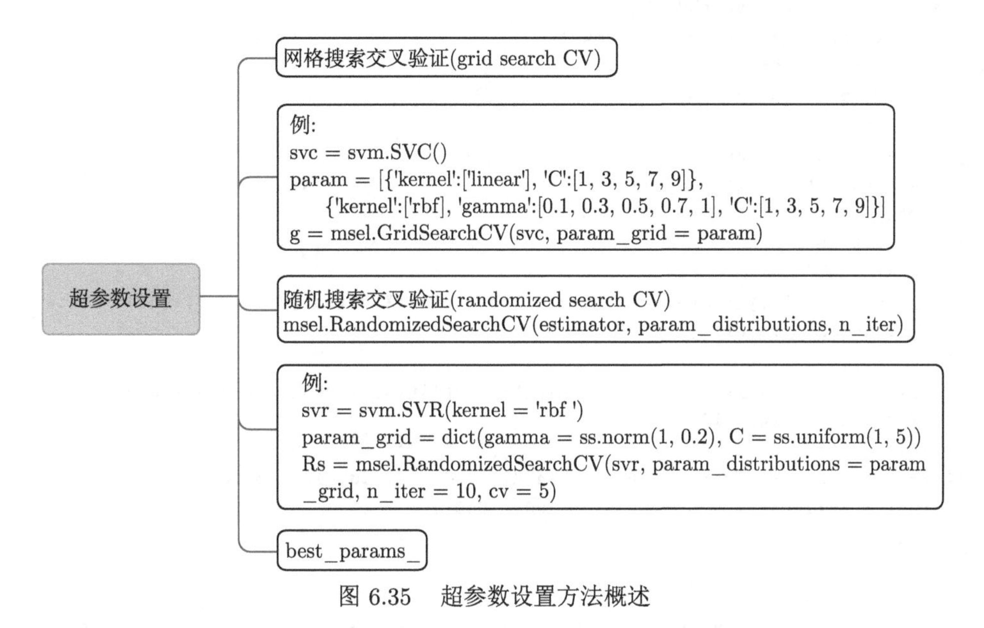

图 6.35　超参数设置方法概述

1. 网格搜索

网格搜索通过对连续超参数变量进行离散化，由多个差参数的可选值构成网格并通过网格上的每一组参数组合进行模型训练，以寻找最优参数组合。实现网格搜索的类是 sklearn. model_ selection.GridSearchCV，主要参数如下。

(1) estimator：sklearn 中的估计器模型，需要有 score 函数。

(2) param_ grid：参数网格，字典或字典列表，每个字典结构包括参数名称和可选值。也可以是多个这样的字典结构构成的列表。

(3) scoring：模型评价指标名称或多个评价指标名称，也可以是评价指标函数构成的列表。

(4) CV：样例划分对象，GridSearchCV 通过交叉验证进行模型评估。

(5) return_ train_ score：返回训练模型得分。

GridSearchCV 的主要返回值包括：根据评价指标得到的最佳估计器 best_ estimator_；最优评价指标值 best_ score_；最优参数 best_ params_；最优的参数索引 best_ index_。

2. 随机搜索

网格搜索存在的主要问题是如何划分连续差参数的网格，划分过细会显著增加网格的数量从而极大地增加运算时间，划分过疏则容易漏掉最优值。为了改进搜索效率，随机搜

索 (randomized search) 针对连续性超参数，根据先验的参数分布进行不等概率搜索，可以在一定程度上增加搜索到最优参数的可能性。实现随机搜索的类是 sklearn. model_ selection.RandomizedSearchCV，该类与 GridSearchCV 的参数基本相同，唯一不同的是 GridSearchCV 中的 param_ grid 变成 param_ distributions，离散参数的定义与 GridSearchCV 相同，连续参数则可以给出其分布 (scipy.stats 中的分布)。

下面的示例通过 sklearn 中的手写数字识别数据说明超参数优化方法。

```
import pandas as pd
import sklearn.datasets as skd
import sklearn.model_selection as skmsel
from sklearn import svm
import sklearn.metrics as skm
digits=skd.load_digits()
n_samples=len(digits.images)
X=digits.images.reshape((n_samples,-1))
#化简为二分类问题，标签表示数字是不是8
y=digits.target==8

X_train,X_test,y_train,y_test=skmsel.train_test_split(X,y,test_size=0.5,random_state=0)
scores=['precision','recall']

X_train,X_test,y_train,y_test=skmsel.train_test_split(X,y,test_size=0.5,random_state=0)
scores=['precision','recall']
tuned_parameters = [
    {"kernel": ["rbf"], "gamma": [1e-3, 1e-4], "C": [1, 10, 100, 1000]},
    {"kernel": ["linear"], "C": [1, 10, 100, 1000]},
]

grid_search = skmsel.GridSearchCV(
    svm.SVC(), tuned_parameters, scoring=scores,refit='precision') #, refit=refit_strategy)
grid_search.fit(X_train, y_train)
y_pred = grid_search.predict(X_test)
print(skm.classification_report(y_test, y_pred))

param_dist=[{"kernel": ["rbf"], "gamma": ss.uniform(1e-3, 1e-4), "C": ss.uniform(1,100)}]
random_search = skmsel.RandomizedSearchCV(svm.SVC(), param_distributions=param_dist, n_iter
                                                  =20)
random_search.fit(X,y)
grid_search.best_score_,random_search.best_score_

grid_search.best_params_,random_search.best_params_
```

3. 贝叶斯优化

超参数与模型性能之间的关系用函数 $f(\boldsymbol{x})$ 表示，其中 $\boldsymbol{x}$ 是超参数，函数 f 是模型的评价指标如 MSE、AUC 等，在函数计算过程中一般还需要加入交叉验证，即 $f(\boldsymbol{x})$ 是一系列评价指标值的均值。根据这一定义，设置超参数实际上就是寻找参数 x^* 是函数 $f(x)$ 值达到最优的过程。该函数有以下两个特点。

(1) 目标函数关系复杂，不存在或很难求得导数信息，否则用梯度下降法可以很容易求解。

(2) 函数值的计算过程时间成本大，特别是在训练样例大、模型结构复杂以及需要交叉验证的情形下，计算时间都非常长，这就意味着以遗传算法为代表的方法也无法处理该问题。

在 sklearn 中，无论 GridSearch 还是 RandomizedSearch，采用的都是搜索策略。对于 GridSearch，搜索网格是人为设置的，在超参数与模型性能存在复杂关系的情况下，搜索网格过密则会极大地增加搜索空间，如果过疏则无法找到最优的超参数组合。对于随机搜索，超参数的先验是很难获得的，如果超参数先验分布设置不当，必然会增加寻优的难度。搜索算法采用的是穷举搜索策略，在函数未知的情形下并没有充分利用已有的函数值信息，优化过程不但时间长而且不能保证找到最优值。贝叶斯优化正是为了解决这类黑盒函数优化问题而提出的。这里仅对贝叶斯优化的基本原理做简要介绍。

贝叶斯优化是一种使用贝叶斯定理指导搜索以找到目标函数全局最优值的方法。其核心思想是在开始下一次迭代前，利用之前观察到的历史信息 (先验知识) 指导下一次搜索的方向，从而加快寻优过程。

如前所述，不知道目标函数的形式，因此在贝叶斯优化中用代理函数 (surrogate function) 代替目标函数，而代理函数是通过先前采用的几个点拟合出来的。常用的代理函数包括高斯过程、树结构 Parzen 窗估计和概率随机森林。有了代理函数，就可以在可能是最优值的点附近或者还没有采样过的区域采集更多的点计算函数值 (这里是模型性能评估结果)，而有了更多的函数值后就可以进一步更新代理函数，使之更逼近真实的未知函数，从而提高搜索效率。

在确定下一次迭代时，用到另一个称为采集函数 (acquisition function) 的函数，该函数的作用是在已知的代理函数情形下，确定下一个采样点从而最大化找到目标函数最优值的可能。采集函数要兼顾两种情形：利用已经检验的区域 (exploitation)，即在当前的最优值附近搜索；探索未知区域 (exploration)，即在还没有搜索过的区域搜索。常用的采集函数包括改进概率 (probability of improvement)、期望改进 (expectation improvement) 以及置信限指标 (confidence bound criteria)。

贝叶斯优化的步骤如下。

Step 1：随机选择少量的样本点 (超参数组合)，称为集合 C。

Step 2：利用集合 C 中的超参数组合训练模型并得到性能指标值，进而构造代理函数。

Step 3：执行循环：

① 利用采集函数确定下一个采样点并计算对应的函数值，将采样点加入集合 C；

② 重新计算代理函数；

③ 出现以下情形则结束循环：代理函数的最优值不再发生变化；最优值的方差小于阈值；迭代次数达到了预设的最大值。

skopt 是一个超参数优化包，全称是 scikit-optimize，采用贝叶斯优化方法辅助寻找机器学习算法中的最优超参数，可以看作 GridSearch 或 RandomizedSearch 方法的替代，skopt 需要另行安装。

skopt 的接口很简单，首先定义一个称为搜索空间的列表，用于描述每一个参数的类型 (浮点数、整数和类别变量)、范围、名称和先验分布，其中名称对应的是机器学习算法中的参数名称。例如：

```
SPACE=[
  skopt.space.Real(0.01,0.5,name='learning_rate',prior='log-uniform'),
  skopt.space.Integer(1,30,name='max_depth'),
  skopt.space.Integer(10,1000,name='min_data_in_leaf'),
  skopt.space.Categorical(categories=[True,False],name='bootstrap')
]
```

下面通过一个支持向量分类模型的超参数优化实例进行说明：

```
import matplotlib.pyplot as plt
import seaborn as sns
sns.set_style('white')
plt.rcParams['figure.dpi']=300

import sklearn.model_selection as skmsel
import skopt
from sklearn import svm
import sklearn.datasets as skd

#定义搜索空间
SPACE=[skopt.space.Real(1e-6,100,name='C',prior='log-uniform'),
       skopt.space.Real(1e-6,100,name='gamma',prior='log-uniform'),
       skopt.space.Integer(1,5,name='degree'),
       skopt.space.Categorical(['linear','poly','rbf','sigmoid'],name='kernel')]

#目标函数
#使用包装器来转换目标函数，以便它接受目标参数，同时保留目标特征名称
@skopt.utils.use_named_args(SPACE)
def evaluate_model(**params):
    clf=svm.SVC(**params)
    acc=skmsel.cross_val_score(clf,X_train,y_train,scoring='accuracy',cv=5).mean()
    return -acc

SEED=1210
cv=RepeatedStratifiedKFold(n_splits=10,n_repeats=1,random_state=SEED)
search=BayesSearchCV(estimator=SVC(),scoring=evaluate_model,search_spaces=params,n_jobs=-1,
                                    cv=cv)
X_train,y_train=datasets.make_classification(n_samples=2000,n_features=10,n_classes=2)
result=skopt.gp_minimize(func=evaluate_model,
                   dimensions=SPACE,
                   acq_func='gp_hedge', #采集函数
                   n_calls=100,
                   random_state=12,
                   verbose=True,
                   n_jobs=-1)
print(result.x, result.fun)
```

* 有关 skopt 及贝叶斯优化的更多内容，可参考相关资料。

6.4.3 特征选择

特征选择是从数据特征中过滤掉不重要的特征，特征选择后的新特征是原特征的一个子集。特征选择可以降低数据维度、降低模型的复杂度并提高模型精度。sklearn 中的特征选择方法在包 sklearn.feature_ selection 中。

1. 特征方差筛选

如果数据集中的 Y 不同，则与 Y 相关的特征在不同 Y 下也应该显著不同。换句话说，如果某一特征的方差很小 (极端情况下方差为 0)，则说明该特征对输出影响很小 (或者没有影响)，此类特征在后续分析中应去除。

2. 单一特征筛选

基于统计学方法，分析单一特征与 Y 的关系，并根据结果确定是否保留该特征，主要有 SelectKBest 和 SelectPercentile 两种方法。前者通过 k 限定要选出的最显著的 k 个特征，后者通过比例 percentile 表示保留的特征的比例。这两个方法都有一个共同的参数 scire_ function，分类问题包括 chi2/f_ classif/mutual_ info_ classif，回归问题包括 f_ regression/mutual_ info_ regression。单一特征选择因忽略了特征对输出的交互影响，有可能过滤掉重要特征。

3. 基于模型的特征选择

sklearn 通过 SelectFromModel 获取各数据特征的重要度，其方法定义为 sklearn.feature_ selection. SelectFromModel(estimator, threshold=None, prefit=False, max_ features=None, importance_ getter='auto')。estimator：用于分类或回归的模型，模型的返回值需要包含 coef_ 或 feature_ importances_ ；threshold：特征筛选准则，如果某一特征的绝对重要度超过该阈值则保留；prefit：模型是否预先进行了拟合，True 表示模型已完成拟合；False 表示模型没有拟合过，需要先进行拟合；max_ features：最多保留的特征个数。

以下代码介绍了特征选择模型的使用方法。

```
import numpy as np
import scipy.stats as ss
import sklearn.datasets as skd
import sklearn.ensemble as sken
import sklearn.model_selection as skmsel
import sklearn.feature_selection as skfs
#方差筛选
M=[0,0,0]
S=np.array([[1,0,0],[0,1.5,0],[0,0,0.15]])
X=ss.multivariate_normal(M,S).rvs(50)
np.var(X,axis=0)
xs=skfs.VarianceThreshold(threshold=0.2).fit(X)
xs.transform(X).shape

#单一特征筛选
X,y=skd.load_iris(return_X_y=True)

#增加噪声特征
E=np.random.RandomState(42).uniform(0,0.1,size=(X.shape[0],20))
X=np.column_stack((X,E))
X_train,X_test,y_train,y_test=skmsel.train_test_split(X,y,stratify=y)
selector=skfs.SelectKBest(score_func=skfs.f_classif,k=4)
selector.fit(X_train,y_train)
scores=-np.log(selector.pvalues_) #p_values取对数
```

```
#基于模型的特征选择
clf=sken.RandomForestClassifier(n_estimators=50)
clf.fit(X,y)
s=clf.feature_importances_ #特征重要度
model=skfs.SelectFromModel(clf,prefit=True).fit(X,y)
X_new=model.transform(X)
X_new.shape

plt.bar(np.arange(len(scores)),height=scores)
plt.xlabel("Features")
plt.ylabel('$-\\log(p_{value})$')

fig=plt.figure(figsize=(6,4),tight_layout=True)
ax=fig.subplots(1,2)
ax[0].bar(np.arange(len(scores)),scores)
ax[0].set_xlabel('Features')
ax[0].set_ylabel('$-\log(p_{value})$')
ax[1].bar(np.arange(len(s)),s)
ax[1].set_xlabel('Features')
ax[1].set_ylabel('Feature Importance')
```

图 6.36 给出了单一特征选择和基于模型的特征选择的结果，可以发现两种方法都能够筛选出除噪声特征外的其他特征。

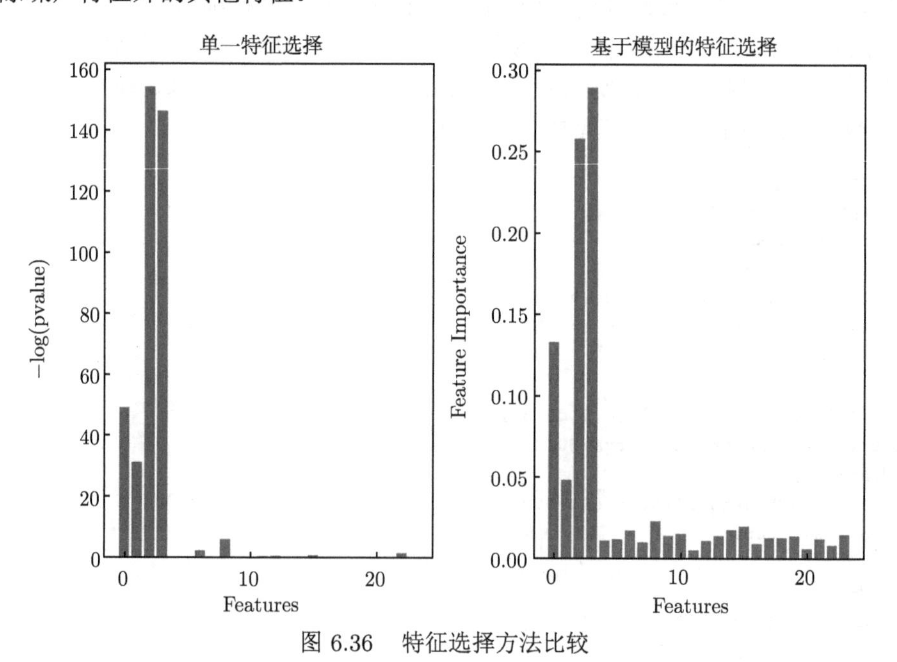

图 6.36　特征选择方法比较

注：features 为特征，importance 为重要性

6.4.4　模型的保存和读取

机器学习模型的训练往往非常耗时，因此训练好一个 scikit-learn 模型后，需要将其保存到文件中将模型对象持久化 (persistence)，在使用时直接载入而不需要重新训练模型。

对象持久化最简单的方式是通过 Python 的 pickle 模块实现，对于 sklearn 模型对象，与可以使用 joblib 进行存储。使用 pickle 时，需要先打开文件再进行操作，操作完成后再关闭文件。与此不同，joblib 则可以直接进行存储和读取，用法更简单。

下面的代码介绍了 sklearn 对象的存储和读取。

```
#导入pickle和joblib库
import pickle
import joblib
#构建一个简单的SVC模型
import sklearn.datasets as skd
from sklearn import svm
X,y=skd.load_iris(return_X_y=True)
svc=svm.SVC()
svc.fit(X,y)

#用pickle存储和读取对象
f=open('svc.pickle','wb')
 #打开文件，w表示写，b表示二进制文件，可以指定文件存储路径
pickle.dump(svc,f)
f.close() #操作完成后关闭文件

f=open('a.model','rb')
#打开文件，r表示读，b表示二进制文件
svc2=pickle.load(f)
f.close()
svc2.predict(X)

#用joblib存储和读取对象
joblib.dump(svc,'svc.lib') #存储对象，可以增加文件的存储路径
svc3=joblib.load('svc.lib') #读取对象
svc3.predict(X)
```

习　题

1. 简述机器学习的各个步骤及其功能。

2. 使用 iris 数据构建一个 SVC 分类模型，观察参数 C、kernel、degree 以及 gamma 对模型性能的影响，观察 ovo 和 ovr 两种多分类问题处理方法对模型性能的影响。

3. 思考：为什么分类问题需要设计不同的评价指标？每个指标的优缺点有哪些？

4. 简述 Boosting 和 Bagging 两种继承学习思想的差异。构建示例进行说明。

5. 通过仿真数据说明 DBSCAN 相对于 k-means 的优势是什么？

6. 构建示例说明贝叶斯优化相比于随机搜索和网格搜索在机器学习模型超参数优化中的优势。

第 7 章 基于 PyTorch 的神经网络

7.1 神 经 网 络

人工神经网络 (artificial neural network，ANN) 简称神经网络 (NN)，是一种模仿动物神经网络行为特征，进行分布式并行信息处理的模型。近几年，随着计算能力的增强和以 Alpha Go、图形图像分析、音视频分析、语言语义分析为代表的应用的快速发展，人工神经网络和以神经网络为基础的深度学习 (deep learning) 受到了极大的关注。同时，与深度学习配套的学习框架也得到了大力发展，从而进一步推动了深度学习研究和应用的发展。

本章将以深度学习开源框架 PyTorch 为例，介绍神经网络基础相关内容，为后续学习和应用奠定基础。

7.1.1 神经网络基本原理

神经网络由大量的称为神经元的节点和节点之间的连接构成，神经网络中的每个节点代表一种函数关系，称为激活函数 (activation function)。两个节点间的连接代表一个权重，这相当于人工神经网络的记忆。网络的输出则主要依赖于网络连接结构、权重矩阵和激活函数。神经网络的目的是构建从输入特征 $X \in \mathbb{R}^n$ 到输出 $f(X) \in \mathbb{R}$ 的映射关系。最基础多层神经网络结构如图 7.1 所示。

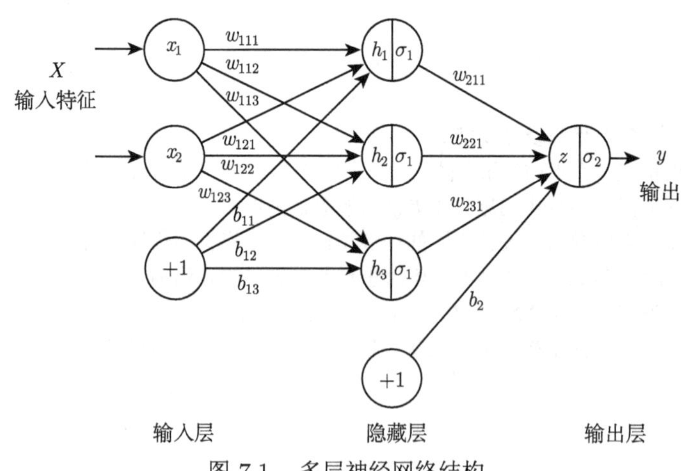

图 7.1 多层神经网络结构

按照神经网络中节点的功能，分为输入层 (input layer)、隐藏层 (hidden layer) 和输出层 (output layer)。其中输入层仅起到传输作用，输入层节点到隐藏层节点以及隐藏层节点到输出层节点之间的连接代表权重。一个神经网络可以没有隐藏层也可以有很多具有不同维度的隐藏层。

图 7.1 所示的神经网络由一个输入层、一个隐藏层和一个输出层构成，实现的是一个二元函数关系 $y=f(X)$，其中标记为 $+1$ 的节点称为偏置 (bias)，类似于线型模型中的常数项，权重 w_{ijk} 表示连接权重，其中 i 为神经网络层索引、j 和 k 表示连接的两个节点的索引。根据网络连接关系，可以很容易得出：

$$h_1=w_{111}x_1+w_{121}x_2+b_{11},$$
$$h_2=w_{112}x_1+w_{122}x_2+b_{12},$$
$$h_3=w_{113}x_1+w_{123}x_2+b_{13}$$

隐藏层节点中的 σ_1 是激活函数，各节点的输出分别是 $\sigma_1(h_1)$、$\sigma_1(h_2)$ 和 $\sigma_1(h_3)$。进一步可得

$$z=w_{211}\sigma_1(h_1)+w_{221}\sigma_1(h_2)+w_{231}\sigma_1(h_3)+b_2$$

通过输出层激活函数 σ_2，可以得到：

$$y=\sigma_2(z)$$

神经网络的函数映射关系由权重确定的线性关系和激活函数决定。显然，如果激活函数为线性关系，如 $\sigma_1(x)=x$ 和 $\sigma_2(x)=x$，则神经网络所代表的函数退化为线性函数。当激活函数为非线性函数时，神经网络的映射关系自然也变成了非线性映射。

事实上，神经网络也是机器学习的重要组成部分，可以用于回归、分类、函数拟合等问题。sklearn 也有基本的神经网络模块 sklearn.neural_ network，但其功能非常基本，仅能实现最基本的多层感知机。

7.1.2　激活函数

在人工神经网络中，激活函数扮演着非常重要的角色，其主要作用是对所有的隐藏层和输出层添加一个非线性的操作，使得神经网络的输出更为复杂、表达能力更强。下面介绍一些在神经网络中常用的激活函数。

(1) Sigmoid 函数：$f(x)=\dfrac{1}{1+\mathrm{e}^{-x}}$，其优点是值域为 $[0,1]$，可用于将预测概率作为输出的模型。此外，该函数是连续可导的 (即可微)，可以提供非常平滑的梯度值。该函数的缺点是函数导数的值较小，在深度网络的误差反向传播中容易出现梯度消失，此外函数值的计算较复杂且函数值不是以 0 为中心的。

(2) Tanh 函数：$f(x)=\dfrac{\mathrm{e}^{x}-\mathrm{e}^{-x}}{\mathrm{e}^{x}+\mathrm{e}^{-x}}$，该函数是完全可微分的，可以把网络层输出非线性地映射到 $(-1,1)$ 区间。相比于 Sigmoid 函数，Tanh 更适合用分类问题建模。缺点是计算复杂、梯度较小。

(3) ReLU 函数：$f(x)=\begin{cases}x, x\geqslant 0\\0, x<0\end{cases}$，显然 ReLU 函数的计算速度，在输入大于 1 时导数为 1，不会出现梯度消失问题，但当输入值为负时，梯度为 0，有可能导致神经元失效。

(4) Leaky ReLU 函数：$f(x)=\begin{cases}x, x\geqslant 0\\ \lambda x, x<0\end{cases}$，主要修正了 ReLU 当输入值为负时梯度为 0 的问题，其中 λ 是参数，一般取值比较小，如 0.01。

(5) ELU 函数：$f(x)=\begin{cases}x, x\geqslant 0\\ \alpha(\mathrm{e}^x-1), x<0\end{cases}$，同样是对 ReLU 的修正，但计算强度较高。

(6) RReLU 函数：$f(x)=\begin{cases}x, x\geqslant 0\\ \alpha x, x<0\end{cases}$，其中 α 由 lower 和 upper 指定的均匀分布随机数。

(7) PReLU 函数：$f(x)=\begin{cases}x, x\geqslant 0\\ \alpha x, x<0\end{cases}$，其中 α 是可学习的参数。

(8) Softplus 函数：$f(x)=\ln(1+\mathrm{e}^x)$，类似于 ReLU，但比 ReLU 更平滑。

(9) SoftMax 函数：$f(\boldsymbol{z})=\dfrac{\mathrm{e}^{z_j}}{\sum\limits_{j=1}^{K}\mathrm{e}^{z_j}}$，其中 $\boldsymbol{z}=\{z_1,z_2,\cdots,z_K\}$，是主要用于多分类问题的激活函数。

常用的激活函数图像如图 7.2 所示。

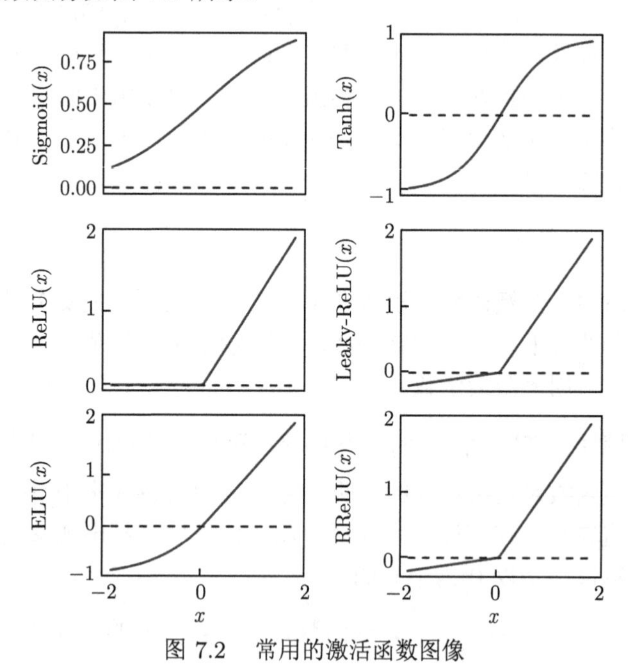

图 7.2　常用的激活函数图像

7.1.3　神经网络训练过程

仍参照图 7.1 的简单神经网络，将权重用矩阵表示为

$$W_1=\begin{bmatrix}w_{111} & w_{121}\\ w_{112} & w_{122}\\ w_{113} & w_{123}\end{bmatrix}, b_1=\begin{bmatrix}b_{11}\\ b_{12}\\ b_{13}\end{bmatrix}, W_2=\begin{bmatrix}w_{211} & w_{221} & w_{231}\end{bmatrix}$$

根据网络结构可得

$$h = W_1 X + b_1,$$

$$y = \sigma_2(W_2\sigma_1(h) + b_2)$$

在给定训练样本 $(X, y) = (X_i, y_i), i = 1, 2, \cdots, m$ 的条件下，神经网络的训练过程如下。

(1) 设置模型初始参数值：${W_1}^{(0)}$、$b^{(0)}$、${W_2}^{(0)}$。

(2) 根据神经网络的传递过程，计算预测值 $\hat{y}^{(0)} = \sigma_2({W_2}^{(0)}\sigma_1({W_1}^{(0)}X + b^{(0)}))$。

(3) 计算损失函数 Loss $(y, \hat{y}^{(0)}; {W_1}^{(0)}, b^{(0)}, {W_2}^{(0)}, b_2)$。

(4) 计算神经网络参数的梯度，根据链式法则可得

$$\frac{\partial \text{Loss}}{\partial b_2} = \frac{\partial \text{Loss}}{\partial \hat{y}} \frac{\partial \hat{y}}{\partial z} \frac{\partial z}{b_2},$$

$$\frac{\partial \text{Loss}}{\partial W_2} = \frac{\partial \text{Loss}}{\partial \hat{y}} \frac{\partial \hat{y}}{\partial z} \frac{\partial z}{W_2},$$

$$\frac{\partial \text{Loss}}{\partial b_1} = \frac{\partial \text{Loss}}{\partial \hat{y}} \frac{\partial \hat{y}}{\partial z} \frac{\partial z}{h} \frac{h}{b_1},$$

$$\frac{\partial \text{Loss}}{\partial W_1} = \frac{\partial \text{Loss}}{\partial \hat{y}} \frac{\partial \hat{y}}{\partial z} \frac{\partial z}{h} \frac{h}{W_1}$$

(5) 令学习率为 η (学习率可以保持恒定也可以动态调整)，根据梯度下降算法更新参数：

$$b_2^{(1)} = b_2^{(0)} - \eta \frac{\partial \text{Loss}}{\partial b_2},$$

$${W_2}^{(1)} = {W_2}^{(0)} - \eta \frac{\partial \text{Loss}}{\partial W_2},$$

$${b_1}^{(1)} = {b_1}^{(1)} - \eta \frac{\partial \text{Loss}}{\partial b_1},$$

$${W_1}^{(1)} = {W_1}^{(1)} - \eta \frac{\partial \text{Loss}}{\partial W_1}$$

(6) 重复第 (2) 步到第 (5) 步直到满足结束条件。

上述根据链式法则求梯度的过程就称为误差反向传播。在误差传播过程中，如果导数非常小或等于 0，则参数的改变量也会趋近于零，即梯度消失，其结果是神经网络参数不能更新。这是神经网络训练中需要尽力避免出现的情况。

7.2　基于 PyTorch 的神经网络建模

2017 年 1 月，Facebook 人工智能研究院 (FAIR) 基于 Torch 推出了 PyTorch，它是一个基于 Python 的科学计算库，提供了两个高级功能：① 具有强大的 GPU 加速的张量计算 (与 numpy 功能类似，但可以运行于 GPU)；② 包含自动求导系统的深度神经网络。

PyTorch 设计遵循 tensor(张量)、variable(变量) 及自动求导机制 (autograd)、nn.Module (神经网络模块) 三个抽象层次，结构简单、易于使用。PyTorch 的神经网络模块包含了从简单的线性神经网络到超级复杂的深度神经网络。

本章的目的是通过 PyTorch 对神经网络的搭建、训练和使用过程进行介绍，为后续的学习和应用奠定基础，更复杂的深度神经网络及 GPU 使用相关内容在这里不做介绍。

7.2.1 Torch 简介

Torch 是一个类似于 numpy 的基础计算框架，相比于 numpy，其最大的特点就是可以在 GPU 运行。numpy 的基本数据结构是 n 维数组，Torch 的基础数据结构也是 n 维数组，称为张量 (tensor)。Torch 的功能与 numpy 几乎完全相同，提供了基于张量的随机数生成、数组及矩阵运算以及线性代数库等，在使用方法上略有不同。此外，tensor 可以实现与 numpy 多维数据之间的相互转化。

下面的代码介绍了张量的定义和使用。

```
iimport numpy as np
import torch
from torch import tensor
A=torch.arange(10) #生成整数序列，与numpy.arange相同
B=np.arange(10)
B1=tensor(B,dtype=torch.float32) #通过numpy.array创建tensor并进行类型转换
B2=torch.FloatTensor(B) #通过tensor构建float型张量
B3=torch.DoubleTensor(B) #double型张量
B4=torch.BoolTensor([0,1,10,1,0])
B5=torch.FloatTensor([1,2,3,4,5]) #通过列表创建tensor
B6=torch.tensor([[1,2,3],[4,5,6]]) #通过列表创建二维张量
B6.flatten() #返回一维张量
#生成随机数
C1=torch.randn((10,1)) #标准正态
C2=torch.randint(3,10,size=(10,1))
C3=torch.rand((10,1))
#tensor与numpy.array之间的转换
D=np.array([1,2,3,4,5])
D1=torch.from_numpy(D) #将numpy数组转换为tensor
D2=D1.numpy() #将tensor转换为numpy数组
#改变张量形状
E=torch.randn((10,))
E1=E.reshape((10,-1)) #10行1列
E2=E.view((10,-1))
E3=E.reshape((2,5))
#矩阵乘法
F1=torch.randn((3,2))
F2=torch.randn((2,3))
torch.matmul(F1,F2),torch.mm(F1,F2),F1@F2
```

张量与 numpy.array 最大的不同是创建张量时可以通过 device 指定设备,默认为 CPU，可以指定在 GPU 创建和运算，有关 GPU 的使用在本章不做介绍。

7.2.2　变量和自动求导机制 autograd

Torch 中的 tensor 属于静态数据结构，并不能实现神经网络中的反向传播，要实现反向传播，就需要用到变量 (variable)。variable 在 torch.autograd 包中，主要有三个属性：data，存储为 tensor；grad，保存了 data 的梯度，本身是一个 variable 而不是 tensor，与 data 形状一致；grad_ fn，指向 Function 对象，用于反向传播的梯度计算。如果要对一个变量求梯度，在定义 tensor 或 variable 时将参数 requires_ grad 设置为 True。

给定函数 $f(x)=x^2-2x+1$，显然其一阶导数 $f'(x)=2x-2$，下面的代码实现了自动求梯度的过程。

```
import torch
from torch import tensor
from torch.autograd import Variable

a=tensor(1.)
b=tensor(-2.)
c=tensor(1.)
#指定requires_grad=True时，表示需要对该变量求梯度
x1=tensor(3.,requires_grad=True)
#与下面的语句等价
x2=Variable(torch.tensor(3.),requires_grad=True)
y1=a*torch.pow(x1,2)+b*x1+c #定义函数
y2=a*torch.pow(x2,2)+b*x2+c

y1.backward() #计算梯度
y2.backward()

x1.grad,x2.grad
#输出结果，可以发现两种方式结果相同(x=3时的梯度)，都是Tensor
(tensor(4.), tensor(4.))

# 也可以通过grad方法显示计算梯度
y3=a*torch.pow(x1,2)+b*x1+c
dy_dx=torch.autograd.grad(y3,x1,create_graph=True)
dy_dx
#输出结果
(tensor(4., grad_fn=<AddBackward0>),)
```

Torch 的自动求导机制可以极大地简化梯度下降类算法的优化过程，下面的示例用一个简单的函数 $f=x_1^2+3x_2^2$ 介绍了通过梯度下降寻找最小值的实现过程，结果如图 7.3 所示。

```
import matplotlib.pyplot as plt
plt.rc('figure',dpi=400)
plt.rc('text',usetex=True)
plt.rc('lines',linewidth=0.5)

import torch
from torch import tensor
from torch.autograd import Variable
```

```
x=tensor([3.,2]) #x的初始值
x=Variable(x,requires_grad=True)
#以上两个语句等价于x=tensor([3.,2], requires_grad=True)
f=x[0]**2+3*x[1]**2
res=[] #记录每一个循环的函数值
x_step=[] #记录每一个循环的x值
tol=1e-5 #容差，判断是否结束
f_old=0
delta=10
while delta>tol:
    dy_dx=torch.autograd.grad(f,x,create_graph=True)
    x.data=x.data-0.01*dy_dx[0]
    f=x[0]**2+3*x[1]**2
    delta=torch.abs(f-f_old) #相邻两次迭代函数值的变化
    f_old=f
    res.append(f) #记录每一次迭代后的函数值
    x_step.append(x.data) #记录每一次迭代的x值

xx,yy=torch.linspace(-2,2,50),torch.linspace(-2,2,40)
xx,yy=torch.meshgrid(xx,yy,indexing='ij')
zz=xx**2+3*yy**2
fig=plt.figure(figsize=(6,3),tight_layout=True)
ax1=fig.add_subplot(121)
ax1.plot(tensor(res),'b-')
ax1.set_xlabel('Epoch')
ax1.set_ylabel('Function Value')
ax2=fig.add_subplot(122)
for k in x_step[0:len(x_step):10]:
    ax2.plot(k[0],k[1],'k^',markersize=1.5)
ax2.plot(0,0,'rv',markersize=2)
C=ax2.contour(xx,yy,zz)
ax2.clabel(C)
ax2.set_xlabel('$x_1$')
ax2.set_ylabel('$x_2$')
```

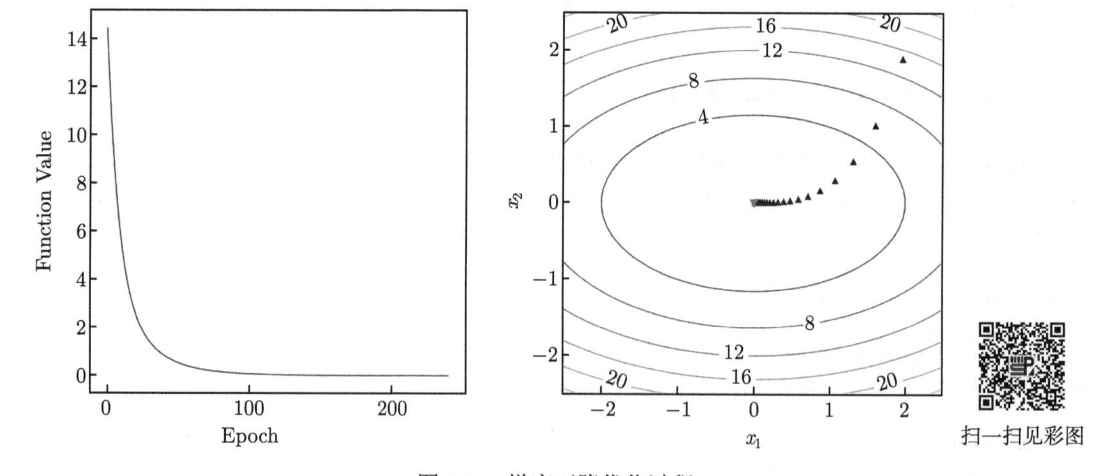

图 7.3　梯度下降优化过程

注：epoch 为代数，function value 为函数值

正态分布的极大似然估计是一个典型的参数优化问题，下面的示例介绍了基于 PyTorch 的极大似然估计，即寻找使似然函数最大的均值和标准差估计，结果如图 7.4 所示。

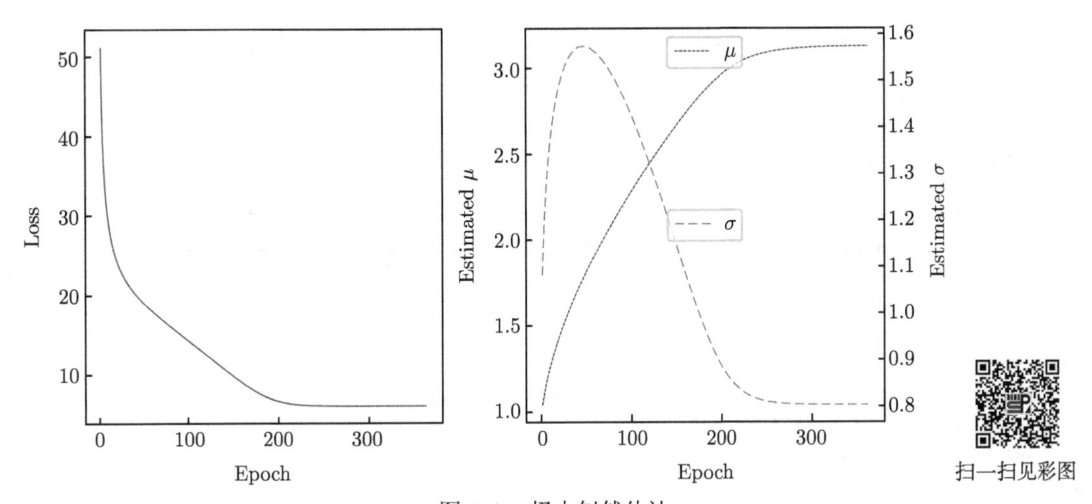

图 7.4　极大似然估计

注：loss 为损失，estimated 为估计

```
import matplotlib.pyplot as plt
plt.rcParams['figure.dpi']=400
plt.rcParams['font.size']=8
plt.rc('lines',linewidth=0.5)
plt.rc('text',usetex=True)

import torch
import scipy.stats as ss
from torch.autograd import Variable
obs=ss.norm(3,1).rvs(20) #观测数据
mu=Variable(torch.tensor([1.]),requires_grad=True) #待优化参数
sig=Variable(torch.tensor([1.]),requires_grad=True) #待优化参数
x=torch.from_numpy(obs)
LS,L_mu,L_sig=[],[],[] #记录每次迭代的损失函数值、均值和标准差
loss_delta=1000 #相邻两次迭代的损失函数变化量(给一个大的初始值)
tol,epochs=1e-6,500
loss_old=0 #本次迭代前的函数值，初始值为0
#迭代结束条件：相邻两次迭代的损失函数差小于1e-6或循环次数超过epochs
epoch=0
while((loss_delta>tol) or (epoch>epochs)):
    loss=torch.sum((x-mu)**2/(2*sig**2)+torch.log(sig))
    #正态分布的对数似然函数，这里取负将最大化问题转为最小化问题
    loss.backward()
    mu.data=mu.data-0.001*mu.grad.data #更新参数
    sig.data=sig.data-0.001*sig.grad.data #更新参数
    mu.grad.data.zero_() #将梯度去除，否则backward函数不能使用
    sig.grad.data.zero_()
    L_mu.append(mu.data)
    L_sig.append(sig.data)
    LS.append(loss.data.numpy())
```

```
    loss_delta=torch.abs(loss-loss_old)
    loss_old=loss
    epoch+=1
#结果可视化
fig=plt.figure(figsize=(6,3),tight_layout=True)
ax1=fig.add_subplot(121)
ax1.plot(np.array(LS),'b-')
ax1.set_xlabel('Epoch')
ax1.set_ylabel('Loss')

ax2=fig.add_subplot(122)
ax2.plot(torch.tensor(L_mu),linestyle=(0,(3,1)),lw=0.5,color='b',label='$\mu$')
ax2.set_ylabel('Estimated $\mu$')
ax2.legend(loc='upper center')
ax2.set_xlabel('Epoch')
ax3=ax2.twinx()
ax3.plot(torch.tensor(L_sig),linestyle=(0,(8,4)),lw=0.5,color='r',label='$\sigma$')
ax3.set_ylabel('Estimated $\sigma$')
ax3.legend(loc='center')
```

7.3　PyTorch 神经网络建模

通过 PyTorch 搭建神经网络模型使用的模块是 torch.nn，PyTorch 提供了模块化的神经网络搭建方法。搭建一般神经网络模型主要涉及四个方面的内容：神经网络模块、激活函数、损失函数和优化方法。

1. 神经网络模块

搭建一个全连接神经网络采用 nn 中的类 nn.Linear，构造方法有三个参数，Input 表示输入节点个数，Output 表示输出节点个数，bias=True 表示模型保留偏置。

其他的神经网络类型如 CNN (convolutional neural network，卷积神经网络)、RNN、LSTM (long short-term memory，长短时记忆网络)、GRU (gate recurrent unit，门控循环单元) 等在这里不做介绍。

2. 激活函数

PyTorch 中的激活函数同时以类和函数的形式存在，以 ReLU 激活函数为例，可以通过 nn.ReLU 类创建对象并调用，也可以直接调用 nn.functional 中的 relu 函数。例如，假设输入值是 x，则 nn.ReLU()(x) 与 nn.functional.relu(x) 的结果相同。对于包含参数的激活函数如 Leaky ReLU，则以下两个语句的结果相同：

```
nn.LeakyReLU(negative_slope=0.05)(x)
nn.functional.leaky_relu(x,negative_slope=0.05)
```

尽管 PyTorch 提供了两种激活函数形式，但现在基于类的形式更常用。

3. 损失函数

损失函数用于衡量模型预测值和实际值之间差的大小，PyTorch 的神经网络模块定义了多种损失函数。在 PyTorch 中，损失函数都是以类的形式存在的，在使用时要先定义对象然后再通过对象计算损失函数值。假设 y_ hat 是预测值张量，y 是实际值张量，常用的损失函数介绍如下。

(1) nn.MSELoss：均方误差 (2-范数)，是预测模型最常用的损失函数，表示预测值和实际值的差的平方。使用方法如下：

```
import torch
from torch import nn
y_hat=torch.randn(10) #预测值
y=torch.randn(10) #实际值
c1=nn.MSELoss(reduction='none')
c2=nn.MSELoss(reduction='mean')
c3=nn.MSELoss(reduction='mse')
c1(y_hat,y),c2(y_hat,y),c3(y_hat,y)
#输出结果
(tensor([5.4744e+00, 8.4469e-01, 1.9060e-02, 3.4422e-01, 4.9321e+00, 1.5788e+00,
         5.9527e-01, 5.8908e-01, 2.9195e-03, 1.3204e+00]),
 tensor(1.5701),
 tensor(15.7009))
```

reduction 参数表示如何处理单个样本输出与预测的偏差，可以选择 none、mean 和 mse。在进行神经网络训练时，要求损失函数的结果是标量，因此 none 很少使用。

(2) nn.L1Loss：绝对误差，表示预测值与实际值的差的绝对值，使用方法与 MSELoss 相同。

(3) nn.CrossEntropyLoss：常用于有 C 个类别的分类模型，可选参数 weight 是一个 1 维 Tensor，长度为 C。通过 weight 将权重分配给各个类别，主要用于不平衡训练集问题。

使用方法为：nn. CrossEntropyLoss()(input, target, weight)，参数 input 为输入，如果是一个训练样本，其长度为 C，如果是 N 个训练样本，则形状是 (N, C)，target 可以是类别标签或者属于每一个类别的概率。当 target 为数值时，一般会前置 Softmax 将输出归一化为概率。

```
y_hat=torch.randn(3,5) #相当于有三个样本，每个样本可以归于5个类别之一
target_class = torch.randint(0,high=5,size=(3,)) #目标的类别标签
y_hat,target_class
#(tensor([[-1.4413,  1.0634, -2.8214, -0.0770, -1.0034],
#         [ 0.5994,  0.7727,  0.5008,  0.8315, -0.6633],
#         [ 2.3403,  0.5737, -0.5857,  0.9368,  0.1178]]),
# tensor([4, 3, 0]))
nn.CrossEntropyLoss()(y_hat,target_class)

target_probability = torch.randn(3, 5).softmax(dim=1) #通过Softmax将y_hat归一化为概率
y_hat,target_probability
#(tensor([[-1.4413,  1.0634, -2.8214, -0.0770, -1.0034],
#         [ 0.5994,  0.7727,  0.5008,  0.8315, -0.6633],
#         [ 2.3403,  0.5737, -0.5857,  0.9368,  0.1178]]),
# tensor([[0.0418, 0.3228, 0.1229, 0.0579, 0.4545],
#         [0.0178, 0.2525, 0.0105, 0.2639, 0.4553],
#         [0.7685, 0.0855, 0.0404, 0.0252, 0.0804]]))
nn.CrossEntropyLoss()(y_hat,target_probability)
```

(4) NLLLoss：负对数似然损失 (negative log likelihood loss)，适用于输出为 C 个类别的分类器。

使用方法为：nn.NLLLoss()(input,target,weight)，input 为输入，形状为 (N,C)，target 为目标类别，长度为 C，weight 是类别权重。

```
m=nn.LogSoftmax(dim=1)
loss=nn.NLLLoss()
# 输入，形状为N x C = 3 x 5
input=torch.randn(3, 5)
#target为目标类别，本类一共有5个类别
target=torch.tensor([1, 0, 4])
loss(input, target)
```

(5) BCELoss：二元交叉熵 (binary cross entropy) 损失函数，用来测量二元分类概率与目标类别之间的差异，使用方法为：nn.BCELoss()(input, target)，其中 input 是概率，target 是目标类别，取值 0 或者 1。BCELoss 一般会前置 Sigmoid 激活函数。

(6) BCEWithLogitsLoss：包含 logit 的二元交叉熵损失函数，与 BCELoss 的区别在于 BCEWithLogitsLoss 内嵌了 Sigmoid 运算而 BCELoss 没有。

```
input = torch.randn(size=(3,1))
target = torch.randint(0,high=2,size=(3,1)).float()
nn.BCELoss()(nn.Sigmoid()(input),target)
#等价于
nn.BCEWithLogitsLoss()(input,target)
```

(7) KLDivLoss：KL 散度 (Kullback-Leibler divergence)，也称为相对熵 (relative entropy)，用于衡量两个分布的相似程度，定义为：$L(y_{\text{pred}}, y_{\text{true}}) = y_{\text{true}} \log \dfrac{y_{\text{true}}}{y_{\text{pred}}} = y_{\text{true}}(\log(y_{\text{true}}) - \log(y_{\text{pred}}))$ 。显然 KLDivLoss 中的两个参数都大于零，一般会通过 Softmax 或 Sigmoid 转换为概率：

```
A,B=torch.randn(10,4) ,torch.randn(10,4) #10个样本，4个类别
A,B=nn.Softmax(dim=1)(A),nn.Softmax(dim=1)(B)
nn.KLDivLoss()(A,B)

A,B=torch.randn(10,2) ,torch.randn(10,2) #10个样本，2个类别
A,B=nn.Sigmoid()(A),nn.Sigmoid()(B)
nn.KLDivLoss()(A,B)
```

4. 优化方法

PyTorch 的 torch.optim 包提供了多种优化算法用于模型参数的优化，所有的这些优化算法都基于梯度下降原理，不同之处在于每一次训练中对学习率和梯度的调整方法不同。PyTorch 中常用的优化算法介绍如下。

1) SGD 算法

当训练数据量很大时，计算总的损失函数再求梯度会极大地增加计算量，所以一个常用的方法是在训练集中随机选择一个小批量用于梯度计算和参数更新，这种算法称为随机梯度下降 (stochastic gradient descent, SGD)，其基本思想是每一次迭代后对参数进行更新：

$$W_t = W_{t-1} + \alpha g(W_{t-1})$$

其中，W_t 和 W_{t-1} 分别是更新后的参数和更新前的参数，$g(W_{t-1})$ 是梯度，α 是学习率。

SGD 算法的主要缺点是收敛很慢且容易陷入局部极值点。

PyTorch 中 SGD 优化算法的使用形式为

torch.optim.SGD(params, lr,momentum=0, nesterov=False)

其中，params 为待优化参数，lr 为学习率 (learning rate)。

在梯度下降算法中，为防止优化过程中出现振幅过大的情况，在计算梯度的过程中，增加了对梯度的平滑处理，这种方法称为动量 (momentum) 法。增加动量系数后，SGD 算法的更新规则变为

$$v_{t+1} = \mu v_t + g(W_{t+1}),$$
$$W_{t+1} = W_t + \alpha v_{t+1}$$

其中，v_t 称为动量，根据公式可以将动量理解为历史梯度的累积量。动量法相当于对梯度向量进行了平滑，从而避免出现振幅过大的情况，在实际使用中 μ 通常设置为 $0.5 \sim 0.99$，也可以逐步调整。

如果设置 nesterov=True，则采用分步参数更新策略，即首先根据上一次的动量更新参数，在新的参数点计算梯度，然后再一次更新参数。

2) 动态学习率方法

SGD 方法对所有参数使用相同的学习率。但是，当神经网络模型的参数量比较大的时候，有些参数并不是总会用得到。对于经常更新的参数，往往不希望被单个样本产生过大影响从而需要较小的学习率，对于偶尔更新的参数，则希望学习率大一些，从而可以探索更多的可能性。基于这一思想，提出了很多优化算法。

(1) Adagrad：采用了自适应学习率，通过 lr_ decay 控制学习率的调整。

(2) RMSProp：对学习率的调整系数进行平滑，通过参数 alpha 控制学习率的调整。

(3) Adam：采用动量法平滑梯度的同时通过 RMSProp 方法动态调整学习率，参数 betas 是一个二元元组，第一个元素控制梯度平滑，第二个元素用于调整学习率。

下面通过一个示例介绍 PyTorch 优化算法的使用，该示例用于优化一个二元函数 $f(x) = \mathrm{e}^{-x_1^2-x_2^2+x_1x_2}$，结果如图 7.5 所示，其中图 7.5(a) 的初始值为 $x_0=[2.0,2.0]$，图 7.5(b) 的初始值为 $x_0=[-2.0,1.0]$。

```
import matplotlib.pyplot as plt
plt.rc('figure',dpi=400)
plt.rc('text',usetex=True)
plt.rc('lines',linewidth=0.5)
import torch
import torch.nn as nn
from torch import tensor

def func(x): #目标函数
    return torch.exp(-x[0]**2-x[1]**2+x[0]*x[1])
lr_list=[0.05,0.05,0.1,0.1] #学习率
momentum_list=[0.9,0.2,0.9,0.2] # 动量参数
```

```
x0=[2,2.] #初始值
loss_rec=[[] for i in range(len(lr_list))]
x_res=[[] for i in range(len(lr_list))]
iteration=500 #最大迭代次数
tol=1e-8 #函数值改进阈值
for i ,lr in enumerate(lr_list):
    x=torch.tensor(x0,requires_grad=True)
    momentum=momentum_list[i]
    optimizer=torch.optim.SGD([x],lr=lr,momentum=momentum) #构造优化器
    iter=0
    loss_delta=10
    loss_old=0
    while(loss_delta>tol and iter<iteration):
        y=func(x)
        y.backward() #求梯度
        optimizer.step() #迭代一步
        optimizer.zero_grad() #清空梯度
        loss_delta=torch.abs(loss_old-tensor(y.item()))
        loss_old=y.item()
        loss_rec[i].append(y.item())
        x_res[i].append(x.data.clone())
        iter+=1
#算法收敛情况
c=['r','b','g','k']
ls=[(0,(5,5)),'-',(0,(8,8)),'-']
for i in range(4):
    plt.plot(loss_rec[i],color=c[i],linestyle=ls[i],label="LR:{} M:{}".format(lr_list[i],
                                                    momentum_list[i]))
plt.legend()
plt.xlabel('Iterations')
plt.ylabel('Loss value')
```

从图 7.5 可以发现，当 momentum=0.9 时，函数值收敛速度很快，但同时在迭代过程中出现了波动。而比较图 7.5(a) 和图 7.5(b) 发现，初始值对优化算法的影响非常大，当 momentum=0.2 时，优化过程的收敛速度极慢。主要原因是初始值设置在了梯度接近 0 的位置，优化算法很容易陷入极小点。通过下面的代码可以分析函数在初始值点处的梯度。

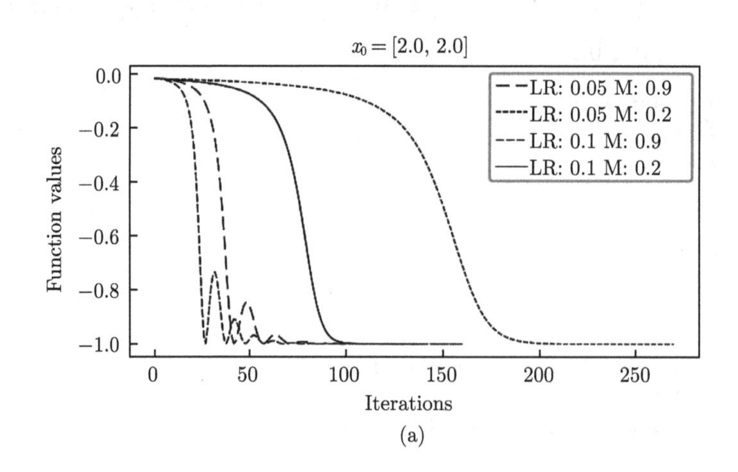

(a)

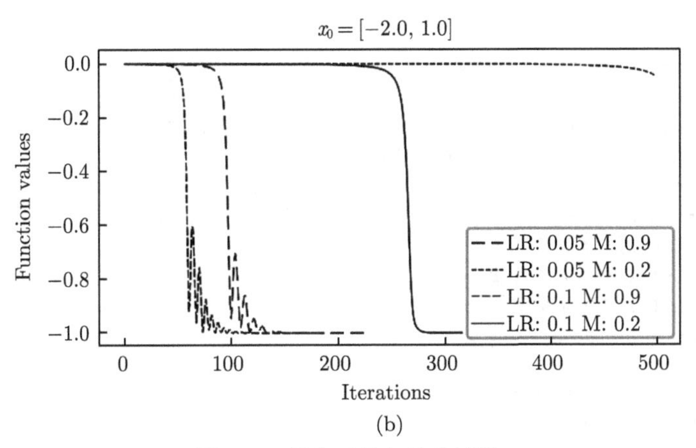

(b)

图 7.5　损失函数与迭代次数

```
import sympy as sym
x=sym.symarray('x',2)
f=sym.exp(-x[0]**2-x[1]**2+x[0]*x[1])
f1=[f.diff(x_) for x_ in x] #梯度
[f1[i].subs({x[0]:-2,x[1]:1}).evalf() for i in range(2)]
#[0.00455940982777258, -0.00364752786221806]
[f1[i].subs({x[0]:-2,x[1]:2}).evalf() for i in range(2)]
#[3.68652741199693e-5, -3.68652741199693e-5]
```

显然，在 $x_0=[-2.0,1.0]$ 处，函数的梯度很小，导致参数调整量很小。令 $x_0=[-2.0,2.0]$，函数的梯度已经非常接近 0，在这种情况下，梯度算法几乎无能为力。有兴趣的读者可以自行尝试当 $x_0=[-2.0,2.0]$ 时神经网络训练的收敛情况。

7.4　基于 PyTorch 的神经网络示例

本节通过几个简单的示例介绍基于 PyTorch 的多层前馈神经网络搭建和训练过程，了解神经网络建模的基本过程。

7.4.1　回归问题

线性回归是最简单也是最基本的模型，本节通过一个回归问题介绍基于 PyTorch 的神经网络建模、训练和预测方法。由于已知模型是线性的，因此不需要使用激活函数。

```
import torch
import matplotlib.pyplot as plt
import torch.nn as nn
from torch.autograd import Variable
plt.rcParams['figure.dpi']=400
plt.rc('lines',linewidth=0.5)
plt.rc('text',usetex=True)

x=tensor([3.3,4.4,5.5,6.71,6.93,4.168,9.779,6.182,7.59,2.167,7.042,10.791,5.313,7.997,3.1])
                                                .reshape((-1,1))
y=tensor([1.7,2.76,2.09,3.19,1.694,1.573,3.366,2.596,2.53,1.221,2.827,3.465,1.65,2.904,1.3]
                                                ).reshape((-1,1))
```

```
class LinearRegression(nn.Module):#定义类
    def __init__(self):
        super(LinearRegression,self).__init__() #调用父类的初始化方法
        #构建了一个包含3个隐藏层节点的线性神经网络
        self.L1=nn.Linear(1,3,bias=True) #从输入层到隐藏层, 输入维度为1, 输出维度为3
        self.L2=nn.Linear(3,1,bias=True) #从隐藏层到输出层, 输入维度为3, 输出维度为1
    def forward(self,x): #前馈
        y=self.L1(x) #输入层到隐藏层
        out=self.L2(y) #隐藏层到输出层
        return out

model=LinearRegression() #构建对象
criterion=nn.MSELoss() #损失函数
optimizer=optim.Adam(model.parameters(),lr=1e-4) #指定优化算法
num_epochs=500
err=[]
for epoch in range(num_epochs):
    out=model(x) #调用forward方法
    loss=criterion(out,y) #计算损失函数
    optimizer.zero_grad() #清除缓存的梯度
    loss.backward() #误差反向传播
    optimizer.step() #迭代一步
    err.append(loss.data)
model.eval() #预测模式

model.eval() #用于预测
predict=model(x).data.numpy()
plt.plot(x,y, 'ro',markersize=2)
plt.plot(x,predict,'b-')
```

通过 PyTorch 构建神经网络习惯上采取类的形式，有几点需要说明。

(1) 类主要有两个方法：一个是 __init__() 方法，用来确定网络的结构；另一个是 forward() 方法，逐层正向计算。PyTorch 中的其他神经网络模块也可以通过这种方式增加。如上例，定义了一个包含隐藏层的神经网络，__init__ 方法的参数确定了网络中每层的单元以及每个单元的输入和输出维度，forward 方法则对输入逐层计算，得到输出。

(2) 还有一种形式是将训练过程也放在类中，这样更符合面向对象的封装思想。

(3) 损失函数和优化方法都需要根据问题的特点和需要分别设置。

(4) 神经网络训练的结束方法一般主要采用迭代次数、损失函数值的变化量等来控制，可根据实际问题的特征选择。

(5) 通过类似 model.L1.weight 和 model.L1.bias(L1 的 bias=True 时) 的方式访问训练后的神经网络权重和偏置。

7.4.2 分类问题

神经网络用于分类问题时，需要通过激活函数进行数据转换，一般二分类问题使用 sigmoid，多分类问题使用 softmax。下面的示例实现了一个类似于逻辑回归的过程。

```
x=torch.rand(100,2)
y=torch.zeros(100,1)
```

```
for i in range(100):
    if(x[i,0]>=0.5):
        y[i]=1
class LogisticRegression(nn.Module): #定义类
    def __init__(self):
        super(LogisticRegression,self).__init__()
        self.L1=nn.Linear(2,4)
        self.L2=nn.Linear(4,1)
        self.sm=nn.Sigmoid() #定义激活函数
    def forward(self,x):
        z=self.L1(x)
        z=self.L2(z)
        z=self.sm(z) #使用激活函数
        return z
logistic_model=LogisticRegression()
criterion=nn.BCELoss() #损失函数
optimizer=torch.optim.SGD(logistic_model.parameters(),lr=1e-3,momentum=0.9)

acc_list=[]
for epoch in range(10000):
    out=logistic_model(x) #调用forward方法
    loss=criterion(out,y) #计算损失函数
    mask=out.ge(0.5).float()
    correct=(mask==y).sum()
    acc=correct.data.numpy()/x.size(0)
    acc_list.append(acc)
    optimizer.zero_grad()
    loss.backward()
    optimizer.step()
```

7.4.3　多项式拟合问题

函数拟合是神经网络的重要应用领域。下面的示例通过神经网络拟合了 Y 是二维变量的情况，因为该示例拟合的是非线性函数，因此需要用到激活函数。函数拟合结果如图 7.6 所示。

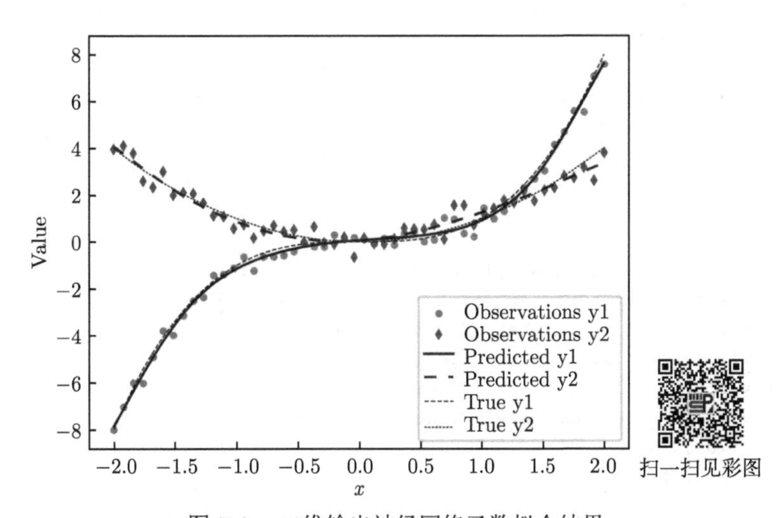

图 7.6　二维输出神经网络函数拟合结果

```
import torch
import torch.nn as nn
from torch import tensor
import matplotlib.pyplot as plt
plt.rcParams['figure.dpi']=400
plt.rc('text',usetex=True)

x=torch.linspace(-2,2,50).reshape(-1,1)
y1=x.pow(3)+0.3*torch.randn(x.size())
y2=x.pow(2)+0.4*torch.randn(x.size())
y=torch.cat((y1,y2),dim=1)

class Net(torch.nn.Module):
    def __init__(self,n_feature,n_hidden1,n_hidden2,n_hidden3,n_output):
        super(Net,self).__init__()
        self.hidden1=torch.nn.Linear(n_feature,n_hidden1,bias=True) #输入到第1个隐藏层
        self.hidden2=torch.nn.Linear(n_hidden1,n_hidden2) #第1个隐藏层到第2个隐藏层
        self.hidden3=torch.nn.Linear(n_hidden2,n_hidden3) #第2个隐藏层到第3个隐藏层
        self.predict=torch.nn.Linear(n_hidden3,n_output) #输出层

    def forward(self,x):
        x=nn.GELU()(self.hidden1(x)) #激活函数
        x=nn.Tanh()(self.hidden2(x))
        x=nn.GELU()(self.hidden3(x))
        x=self.predict(x)
        return x

net=Net(1,10,30,50,2)
optimizer=torch.optim.SGD(net.parameters(),lr=0.02)
loss_func=nn.MSELoss()
L=[]
for t in range(10000):
    prediction=net(x)
    loss=loss_func(prediction,y)
    L.append(loss.item())
    optimizer.zero_grad()
    loss.backward()
    optimizer.step()

net.eval()
y_hat=net(x).data
fig=plt.figure()
ax1=fig.add_subplot(111)
ax1.plot(x, y[:,0],'r.',markersize=4,label='Observations y1')
ax1.plot(x, y[:,1],'bd',markersize=2,label='Observations y2')
ax1.plot(x,y_hat[:,0],'b-',lw=1,label='Predicted y1')
ax1.plot(x,y_hat[:,1],'r-',lw=1,label='Predicted y2')
ax1.plot(x,x.pow(3),'b--',lw=0.5,label='True y1')
ax1.plot(x,x.pow(2),'r--',lw=0.5,label='True y2')
ax1.set_xlabel('$x$')
ax1.set_ylabel('Value')
plt.legend()
```

通过以上的三个示例可以发现，基于 PyTorch 构建神经网络模型比较程序化，在本章介绍内容的基础上进一步研究各个不同的模块，就可以搭建更复杂的神经网络模型。

习　　题

1. 针对图 7.1 的神经网络，给定 $x=[2,3]$ 以及 $y=2$，写出从输入到输出的映射过程以及损失函数，其中假设 σ_1 和 σ_2 都是 ReLU 激活函数。

2. 试分析 7.1.2 节所列的激活函数的优缺点。

3. 神经网络的训练过程中，通过误差反向传播和梯度下降算法进行参数更新，说明训练过程有效的前提是什么？

4. 通过示例说明 BCELoss 和 BCEWithLogitsLoss 的差异。

5. 设计示例说明 PyTorch 中常用的几种优化算法的优缺点。

6. 说明基于 PyTorch 搭建神经网络的过程。设有函数关系 $f(x_0,x_1,x_2)=\mathrm{e}^{-x_0^2-x_1^2+x_1*x_2}$，请自行写出随机生成训练数据的代码并搭建一个实现曲线拟合的多层神经网络。

7. 阅读以下代码，并思考后面的问题。

```
import matplotlib.pyplot as plt
import torch
from torch import tensor
a,b,c=tensor(1.),tensor(-2.),tensor(1.)
def fx1(x):
    return a*torch.pow(x1,2)+b*x1+c
lr=0.0001
x1=tensor(3.,requires_grad=True)
x_v,x_grad,y_v=[],[],[]
for i in range(500):
    y1=fx1(x1)
    y1.backward()
    x1.data=x1.data-lr*x1.grad
    x_grad.append(x1.grad.data.clone())
    x_v.append(x1.data.numpy())
    y_v.append(y1.data)
```

(1) 绘制 x_ v 和 y_ v 的图形，说明有什么问题。

(2) 绘制 x_ grad 的图形，说明为什么会出现这种情况。

(3) x1.grad.data.clone() 语句，这里为什么需要用 clone？

(4) 如果要实现梯度下降，需要如何修改上述代码？

第 8 章　网络文本数据分析与实践

在“互联网 +”时代，大数据、人工智能等技术日益融合发展，依托万维网 (Web) 环境，每时每刻都在生产海量的数据。各类互联网应用中的数据日益成为一种重要资产。如何快速有效地提取和分析网络数据是目前很多领域所面临的热点问题。本章主要介绍基于 Python 的网络文本数据分析，包括网络数据的获取、数据解析、数据预处理与存储、数据分析与建模等过程。

8.1　网络文本数据分析概述

8.1.1　网络数据分析的基本流程

伴随着互联网时代的发展，人们获取数据的方式也经历了多次的更新迭代，近年来，网络数据已然成了主流的数据获取方式之一。它不仅能够应用在搜索引擎领域，也大规模应用在大数据分析以及商业领域。

网站和各种 Web 应用的基本元素是网页，在网页中包含着各种各样的信息。其中最常见的是普通网页，对应着 HTML 代码。在一些应用环境中，Web 请求的响应结果不是 HTML 代码而是 json 字符串。json 格式的数据方便传输和解析，适合于网络数据传输。在 Web 应用中还包括 CSS、JavaScript 和配置文件等，这些是以普通的文件形式存在的。此外，网络中也存在着各种二进制数据，如图片、视频和音频等，这些数据也主要以文件的形式存在。网络数据分析的对象就是这些不同种类的数据。

网络数据分析的主要步骤如下。

(1) 数据获取。在实际应用中，往往通过一种称为网络爬虫 (Web crawler) 的程序自动从互联网按照数据分析的目的获取网页源代码。这些源代码里包含了部分有用的数据。由于不同网站的结构、技术体系、安全策略等存在差异，因此数据获取是一个个性化的过程，需要根据目标网站的不同进行特殊设计。

(2) 信息提取。获取网页源代码后，接下来就是对网页源代码进行解析，从中提取我们想要的数据。从互联网获取的网页是非结构化的，需要通过分析网页源代码识别拟提取的数据特征，设计数据提取方法。Python 支持多种信息提取方法，在本章的后续部分将进行介绍。

(3) 数据存储。从网页中提取的数据数量庞大且结构复杂，在进一步处理前需要进行保存。一般的存储形式包括普通 txt 文件、json 文件，当数据量特别巨大时，也可以保存到 MySql 等数据库中。

(4) 数据分析。绝大多数的网络数据如顾客评论、新闻等都是以文本的形式存在的，在数据分析前需要针对这些文本数据进行不同形式的预处理，之后就可以通过机器学习等方法进行建模，从数据中获取信息和知识，为决策服务。

本章的后续部分主要针对上述各步骤介绍相关基础知识和基于 Python 的技术实现。

8.1.2　网络数据分析主要应用场景

随着网络数据分析技术的日益成熟，其应用场景也越来越丰富，已广泛应用于产品研发、网络营销、决策支持、舆情监测等项目中。

(1) 产品研发。通过网络数据分析，能够帮助产品设计人员采集网络购物平台的相关信息，搜集并处理产品的流通数据以及消费者评论，分析产品的核心竞争力，根据消费者对产品属性的关注度和满意度，为新产品的研发提供相关数据。与此同时，也可以通过抓取产品价格、销量等信息来进行竞品分析和市场调研。

(2) 网络营销。通过网络数据分析，可以帮助我们快速获取各类社交媒体平台上的用户信息，并结合不同来源数据实现用户画像分析和个性化营销与推荐。相比于传统的问卷调查方法，基于网络数据分析的方法在分析频率、成本等方面都有很大优势。

(3) 决策支持。在金融行业中，可以通过抓取股票价格、交易量等信息来进行投资分析和决策支持。此外，通过网络数据分析，也可以帮助我们快速获取各类社交媒体平台上的用户评论、微博等信息，并进行情感分析。通过这种方式，可以了解用户对某一事件或产品的态度和看法，从而为企业决策提供参考。

(4) 舆情监测。在新闻媒体行业中，网络数据分析可以帮助我们快速采集各大媒体的新闻信息，并进行分类整理。例如，可以通过抓取新闻标题和正文内容，利用自然语言处理技术对文章进行关键词提取和情感分析，从而实现对新闻事件的全面跟踪和分析。

8.1.3　网络数据分析典型案例

1. 挖掘并分析比较型评论的影响

随着电子商务平台的发展，在线产品评论成为消费者在线购物的强大信息来源，进而可以影响消费者的购买决策。在线评论不仅包括消费者对于单个产品的评价，还包括消费者对于其竞争产品的评价。在实际的产品购买过程中，顾客通常也会根据在线评论来比较竞争产品的优缺点，然后做出购买决策。因此，比较型评论作为在线评论的一种，可能会更大程度上影响消费者的购买行为。通过挖掘在线评论中的比较型评论可以为消费者快速做出购买决策提供有效的帮助，同时有利于更好地促进品牌对在线评论的管理。

探究比较型评论对销售量的影响存在几个困难：首先，中文比较评论中比较词丰富，句法模式多样，使得对比较型评论缺乏相对统一的结构。其次，比较评论识别实质是分类问题，找到一种能够区分比较评论与非比较评论的特征是识别的关键。下面结合序列分析和机器学习的方法来解决这一问题，同时通过计量经济模型将其与产品销量联系在一起。具体步骤如下。

步骤 1：下载数据。通过 Python 爬虫，获取京东平台上公开的消费者评论信息以及产品的销售量等作为研究的原始数据。

步骤 2：数据清洗。从下载的文本数据中过滤无实际意义及虚假的产品评论。

步骤 3：搜集实体词和特征词。根据实体词 (品牌名称、产品名称等) 以及特征词 (相对程度副词、比较词、比较实词等) 来判定一个评论是不是潜在的比较评论。

步骤 4：基于序列模式的比较句识别。对特征词，将词和词性组合起来作为一个元素，而对于句子的其他词, 则只用词性作为序列的一个元素来挖掘比较句符合的序列模式。

步骤 5：训练分类器。基于序列规则集训练分类器 (朴素贝叶斯、SVM 等)，利用分类器来对在线评论生成的序列进行分类。

步骤 6：探究比较型评论对于销量的影响。将比较型评论转化为可量化的数值型变量 (比较型评论的日数量)，通过计量经济模型将其与销售量联系在一起，探究其影响，同时可以比较其与常规评论的影响有何不同。

在这个案例中，将大量文本数据转化为可量化的信息，进而发挥文本信息在网络营销和决策支持中的影响，也为后续平台管理人员以及营销人员设计营销方案提供新的思路。

2. 基于在线评论识别顾客需求

满足顾客需求是产品开发和改进的首要内容，是发现新产品机会和改进现有产品的关键。在产品开发时，只有少部分的产品设计方案能够产品化并上市，并且只有少部分新产品在进入市场后会取得成功。因此，准确地识别顾客需求是至关重要的。传统的顾客意见搜集方法依赖于问卷调查和焦点小组访谈等方法，这些方法不仅昂贵且耗时，无法帮助企业在竞争激烈且快速发展的市场中高效准确地捕捉顾客需求。在线电子商务平台经常鼓励顾客发布对产品或服务的评论，这些非结构化的在线评论通常包含产品使用体验和消费者认知，代表顾客的声音。

在线评论已经成为许多企业搜集顾客需求信息的重要数据来源，但是其非结构化、数据量大以及主观性强等特点，带来了分析上的困难。下面结合主题提取和情感分析来解决这一问题。

案例主要步骤如下。

步骤 1：数据搜集和预处理。以电商平台上搜集的产品评价作为数据来源。由于搜集到的原始数据中包含了很多无用信息，因此对文本数据进行预处理，包括词干提取、去除停用词和分词等。

步骤 2：产品属性提取。使用主题模型，提取在线评论中的潜在主题信息，并得出顾客在产品评论中最关心的重要产品属性，为后续情感分析和需求建模提供基础。

步骤 3：情感分析。使用卷积神经网络构建情感分类器，识别每种产品属性对应的积极、中性和消极情感，并分析每个产品属性的性能。具体来说，首先，随机抽取部分数据作为训练样本来训练情感分类器。随后，使用训练好的情感分类器预测其余未标注的文本数据，输出它们的情感极性。

步骤 4：顾客需求建模。基于情感分析的结果，使用东京理工大学的狩野纪昭教授提出的 Kano 模型，建立产品属性情感和整体顾客满意度的关系模型，识别顾客的需求。

案例表明通过对网络文本数据的挖掘，能够帮助产品设计师进行新产品的设计，改进现有产品。根据消费者在产品评论中提及较多的产品属性，以及消费者对产品属性的满意度和对产品的总体态度，为产品研发提供思路。有助于企业实现“数据—信息—知识—决策”的大数据分析流程和数据驱动管理。

3. 分析顾客回复对评论行为的影响

在线评论已经成为顾客获取商品信息、降低感知风险和做出购买决策的重要依据。根据 CNNIC(China Internet Network Information Center，中国互联网络信息中心) 最新的调查报告，92% 的顾客在购买决策前，会在网上搜索相关商品的在线评论。除了对顾客的购物决策有影响外，在线评论还会直接影响企业绩效。为了充分发挥和利用在线评论的优势，电商平台不断优化其在线评论系统，以提高顾客的信息获取和购买决策效率。

目前，电商平台正在逐步增加社交互动功能，以完善其在线评论系统的功能和使用体验。早期，为满足电商企业管理在线评论的需求，淘宝、大众点评等电商平台推出了“商家回复”功能，使得管理者通过直接回复评论的手段达到管理评论的目的，该互动行为被学者称为商家回复。随后，为了更全面、真实地反映顾客购后体验和丰富评论内容，电商平台增加了“追加评论”功能，允许焦点顾客初次发布评论后，在一定时间可以对购买商品再次评价的功能。追加评论既是对初始评价的补充，也是产品体验后的一种反馈。近期，随着社交需求的进一步发展，为了更好地完善顾客在线体验，电商平台引入了“回复”功能，使得除管理者和焦点顾客之外的其他顾客可以通过“回复”按钮浏览在线评论的过程中进行情感和信息交流。该功能称为“顾客回复在线评论”(customer responses to online reviews)，简称为顾客回复，是一种基于在线评论的顾客间互动 (customer-to-customer interactions) 的表现形式。了解顾客回复的影响范围，管理和利用该互动功能，对于企业更好地管理在线评论、提升顾客体验、增加品牌价值、实现企业利益最大化具有重要的意义。因此，探究基于在线评论的顾客回复的影响具有重要的学术价值和实践意义。

案例研究步骤如下。

步骤 1:数据搜集。从大众点评网站和美团网站两个电商平台搜集顾客的评论以及回复。

步骤 2：清理。从下载的文本数据中过滤无实际意义及虚假的产品评论。

步骤 3：情感分析。使用 SnowNLP，对顾客回复的情感进行判断，将其分为正面和负面两种情感。

步骤 4：探究顾客回复对评论行为的影响。使用双重差分模型 (difference-in-differences model，DID)，评估顾客回复对后续顾客评论行为的影响。

案例通过对网络文本数据的搜集和分析，识别在线评论中的顾客回复对于后续顾客评论行为的影响。通过这一案例可以看出，网络文本数据的分析能够为企业管理在线评论系统、优化平台互动功能、引导顾客评论行为提供实践指导，有助于提高顾客参与度和促进电商平台的发展。

8.2 Web 应用构成要素及工作流程

网络数据分析的主要对象是各种各样的 Web 应用。Web 应用的基本构成要素是网页，每个网页都有唯一的网址与该资源对应，这种网址称为 URL(uniform resource locator，统一资源定位)。当在浏览器访问网站时，相当于在浏览器中输入了一个 URL，之后会在浏览器中观察到页面内容。实际上这个过程是浏览器向 Web 服务器发送了一个请求，服务器接收到这个请求 (request) 后进行处理和解析，然后返回对应的响应 (response)。本节将简要介绍 Web 应用的构成及其工作流程，为后续网络数据获取和解析的实现提供基础。

8.2.1　网页构成要素

根据内容和实现技术的不同，网页可能包含三部分内容，分别是 HTML(超文本标记语言)、CSS(层叠样式表) 和 JavaScript(简称 JS 动态脚本语言)，它们三者在网页中分别承担着不同的任务。

(1) HTML：负责定义网页的内容，包括标题、段落、表格、列表等。

(2) CSS：负责控制网页的样式，如文字颜色、字体大小、背景颜色等。

(3) JavaScript：负责实现网页的动态效果和交互，如页面滚动、菜单展开、表单验证等。

HTML 和 CSS 的关系非常紧密，CSS 用来控制 HTML 元素的样式。在 HTML 中，每个元素都有一个或多个 CSS 样式，这些样式控制元素的外观和布局。HTML 和 CSS 的结合可以实现各种各样的网页效果，如响应式布局、动画效果、渐变背景等。

JavaScript 则是用于实现网页的交互和动态效果的。JavaScript 可以通过控制 HTML 和 CSS 来实现各种各样的效果，如页面滚动、菜单展开、表单验证等。JavaScript 还可以与服务器进行通信，实现异步加载数据和更新页面内容。Web Page 的基本构成如图 8.1 所示。

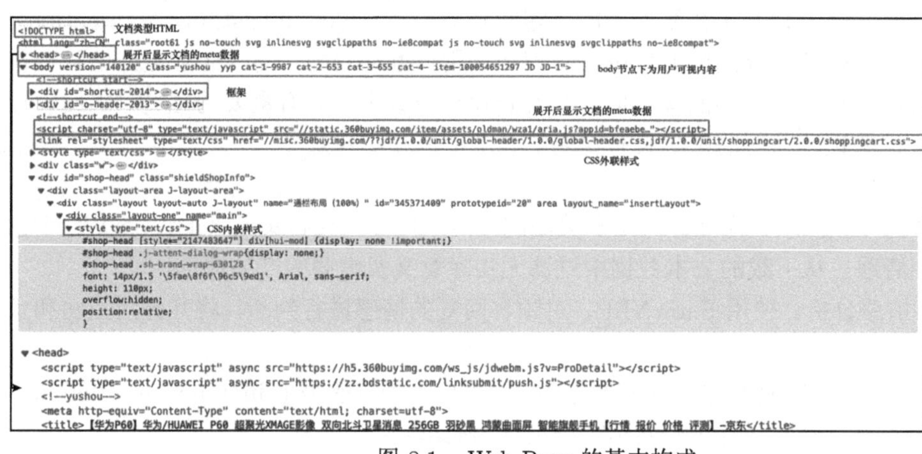

扫一扫见彩图

图 8.1　Web Page 的基本构成

1) HTML

HTML 是网页的基本结构。网页中同时带有“<”“>”符号的都属于 HTML 标签。常见的 HTML 标签如下所示：

<!DOCTYPE html> 声明为 HTML5 文档

<html>..</html> 是网页的根元素

<head>..</head> 元素包含了文档的元 (meta) 数据，如 <meta charset="utf-8"> 定义网页编码格式为 utf-8。

<title>..<title> 元素描述了文档的标题

<body>..</body> 表示用户可见的内容

<div>..</div> 表示框架

<p>..</p> 表示段落

<ul>..</ul> 定义无序列表
<ol>..</ol> 定义有序列表
<li>..</li> 表示列表项
<img src="" alt=""> 表示图片
<h1>..</h1> 表示标题
<a href="">..</a> 表示超链接

2) CSS

CSS 表示层叠样式表，其编写方法有三种，分别是内嵌样式、行内样式和外联样式。

内嵌样式通过 style 标签书写样式表：

< style type="text/css" > </style>

行内样式通过 HTML 元素的 style 属性来书写 CSS 代码。注意，每一个 HTML 元素都有 style，class，id，name，title 属性。

外联样式表指的是将 CSS 代码单独保存为以.css 结尾的文件，并使用 <link> 引入所需页面：

```
<head>
<link rel="stylesheet" type="text/css" href="mystyle.css">
</head>
```

当样式需要应用到多个页面时，往往使用外联样式表。

3) JavaScript

JavaScript 负责描述网页的行为，如交互的内容和各种特效。

8.2.2　Web 访问请求和响应过程

1. 请求过程

当用户通过浏览器访问网站时，实际上是浏览器向 URL 定位的服务器发送了一个请求，服务器接收到请求后进行处理和解析，然后返回对应的响应并传回给浏览器。响应里包含了页面的源代码等内容，浏览器再对其进行解析并呈现，模型如图 8.2 所示。

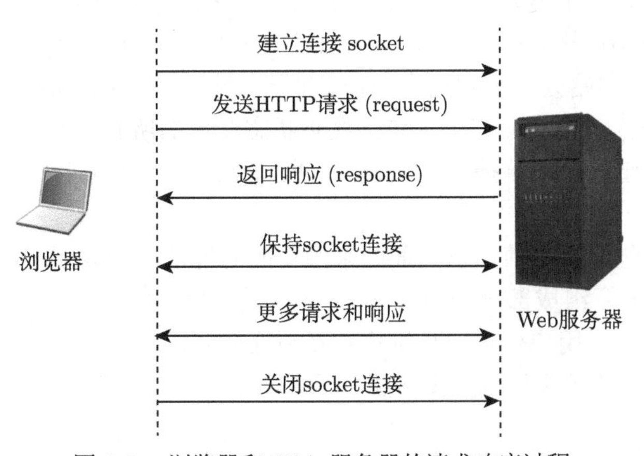

图 8.2　浏览器和 Web 服务器的请求响应过程

请求由客户端向服务端发出，主要包括四部分内容：请求的网址 (request URL)、请求方法 (request method)、请求头 (request headers)、请求体 (request body)。

1) 请求的网址

请求的网址，即统一资源定位符 URL，它可以唯一确定我们想请求的资源。

2) 请求方法

常见的请求方法有 GET 和 POST 两种。

GET 请求：一般情况下，只从服务器获取数据，并不会对服务器资源产生任何影响的时候使用。

POST 请求：向服务器发送数据 (登录)、上传文件等，会对服务器资源产生影响的时候使用。

GET 与 POST 方法的区别如下。

(1) GET 是从服务器上获取数据，POST 是向服务器传送数据。

(2) GET 请求参数都显示在浏览器网址上，即 GET 请求的参数是 URL 的一部分。

(3) POST 请求参数在请求体当中，消息长度没有限制而且以隐式的方式发送，通常用来向 HTTP 服务器提交量比较大的数据。请求的参数类型包含在 Content-Type 消息头里，指明发送请求时要提交的数据格式。

除 GET 或 POST 请求外，还有一些其他的请求方法如 HEAD、PUT 等，这些方法不太常用，在这里不做介绍。

3) 请求头

请求头用来说明服务器要使用的附加信息，常用的头信息如下。

Accept: application/json, text/plain, */* 告诉服务器我可以接收的内容类型 (Content-types)。

Accept-Encoding：指定客户端可接收的内容编码。

Accept-Language: 指定客户端可接收的语言，如简体中文的就是 Accept-Language: zh-CN。

Authority: 这个字段存储用户的登录认证信息，用于服务端校验。

Content-Type：也称为请求体中的内容的 MIME 类型。在 HTTP 协议消息头中，用来表示具体请求中的媒体类型信息，通常只会用在 POST 和 PUT 方法的请求中。例如，text/html 代表 HTML 格式。

Cookie：指某些网站为了辨别用户身份、进行 session 跟踪而储存在用户本地终端上的数据 (通常经过加密)。Cookie 记录了包括登录状态在内的所有信息，这些信息由服务器生成和解释，服务器通过客户端携带的 Cookie 来识别用户，如电商网站的购物车就保存在 Cookie 里面。

Referer：首部包含了当前请求页面的来源页面的地址，即表示当前页面是通过此来源页面里的链接进入的。组成部分：协议 + 域名 + 端口号 + 路径 + 参数。

User-Agent(UA)：用户代理，详细内容在后面介绍。

登录新浪邮箱的请求头示例如图 8.3 所示。

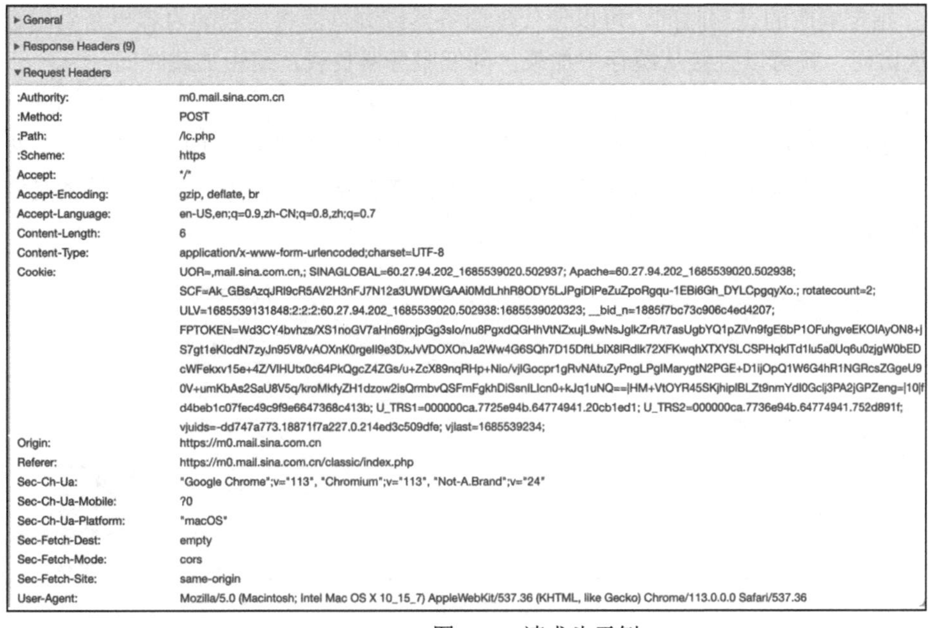
▸ General
▸ Response Headers (9)
▾ Request Headers
:Authority: m0.mail.sina.com.cn
:Method: POST
:Path: /lc.php
:Scheme: https
Accept: */*
Accept-Encoding: gzip, deflate, br
Accept-Language: en-US,en;q=0.9,zh-CN;q=0.8,zh;q=0.7
Content-Length: 6
Content-Type: application/x-www-form-urlencoded;charset=UTF-8
Cookie: UOR=,mail.sina.com.cn,; SINAGLOBAL=60.27.94.202_1685539020.502937; Apache=60.27.94.202_1685539020.502938;
SCF=Ak_GBsAzqJRl9cR5AV2H3nFJ7N12a3UWDWGAAi0MdLhhR8ODY5LJPgiDiPeZuZpoRgqu-1EBi6Gh_DYLCpgqyXo.; rotatecount=2;
ULV=1685539131848:2:2:2:60.27.94.202_1685539020.502938:1685539020323; __bid_n=1885f7bc73c906c4ed4207;
FPTOKEN=Wd3CY4bvhzs/XS1noGV7aHn69rxjpGg3slo/nu8PgxdQGHhVtNZxujL9wNsJglkZrR/t7asUgbYQ1pZiVn9fgE6bP1OFuhgveEKOIAyON8+j
S7gt1eKlcdN7zyJn95V8/vAOXnK0rgell9e3DxJvVDOXOnJa2Ww4G6SQh7D15DftLbIX8lRdlk72XFKwqhXTXYSLCSPHqklTd1lu5a0Uq6u0zjgW0bED
cWFekxv15e+4Z/VlHUtx0c64PkQgcZ4ZGs/u+ZcX89nqRHp+Nio/vjlGocpr1gRvNAtuZyPngLPglMarygtN2PGE+D1ijOpQ1W6G4hR1NGRcsZGgeU9
0V+umKbAs2SaU8V5q/kroMkfyZH1dzow2isQrmbvQSFmFgkhDiSsnlLlcn0+kJq1uNQ==|HM+VtOYR45SKjhiplBLZt9nmYdI0Gclj3PA2jGPZeng=|10|f
d4beb1c07fec49c9f9e6647368c413b; U_TRS1=000000ca.7725e94b.64774941.20cb1ed1; U_TRS2=000000ca.7736e94b.64774941.752d891f;
vjuids=-dd747a773.18871f7a227.0.214ed3c509dfe; vjlast=1685539234;
Origin: https://m0.mail.sina.com.cn
Referer: https://m0.mail.sina.com.cn/classic/index.php
Sec-Ch-Ua: "Google Chrome";v="113", "Chromium";v="113", "Not-A.Brand";v="24"
Sec-Ch-Ua-Mobile: ?0
Sec-Ch-Ua-Platform: "macOS"
Sec-Fetch-Dest: empty
Sec-Fetch-Mode: cors
Sec-Fetch-Site: same-origin
User-Agent: Mozilla/5.0 (Macintosh; Intel Mac OS X 10_15_7) AppleWebKit/537.36 (KHTML, like Gecko) Chrome/113.0.0.0 Safari/537.36

扫一扫见彩图

图 8.3　请求头示例

4) 请求体

对于 POST 请求，请求体一般是 POST 请求中的表单数据，对于 GET 请求，请求体则为空。例如，登录某一网站前，填写了用户名和密码信息，提交时这些内容就会以表单数据的形式提交给服务器。

2. 响应过程

响应 (response) 由服务端返回给客户端，可以分为三部分：响应状态码 (response status code)、响应头 (response headers) 和响应体 (response body)。

1) 响应状态码

响应状态码表示服务器的响应状态，如 200 代表服务器正常响应，404 代表页面未找到，500 代表服务器内部发生错误。

2) 响应头

响应头包含了服务器对请求的应答信息，如 Content-Type、Server、Set-Cookie 等。下面简要说明一些常用的头信息。

Date：标识响应产生的时间。

Last-Modified：指定资源的最后修改时间。

Content-Encoding：指定响应内容的编码。

Server：包含服务器的信息，如名称、版本号等。

Content-Type：文档类型，指定返回的数据类型是什么，如 text/html 代表返回 HTML 文档，application/x-javascript 代表返回 JavaScript 文件，image/jpeg 代表返回图片。

Set-Cookie：设置 Cookies。响应头中的 Set-Cookie 告诉浏览器需要将此内容放在 Cookies 中，下次请求携带 Cookies 请求。

Expires：指定响应的过期时间，可以使代理服务器或浏览器将加载的内容更新到缓存中。如果再次访问，就可以直接从缓存中加载，降低服务器负载，缩短加载时间。

3) 响应体

响应的正文数据都在响应体中，如请求网页时，它的响应体就是网页的 HTML 代码；请求一张图片时，它的响应体就是图片的二进制数据。在网络数据分析中，响应体就是我们要解析的内容，如图 8.4 所示。

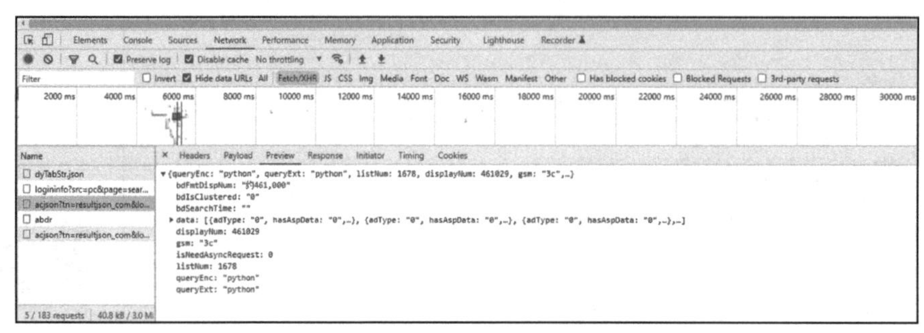

扫一扫见彩图

图 8.4　响应体内容

在浏览器开发者工具中单击 Preview，就可以看到网页的源代码，也就是响应体的内容，它是解析的目标。

8.2.3　静态网页和动态网页

网页分为静态网页和动态网页两种，对于不同的网页类型，分析和处理方法都有所不同。

1. 静态网页

静态网页是标准的 HTML 文件，通过 GET 请求方法可以直接获取，文件的扩展名是.html、.htm 等，网页中可以包含文本、图像、声音、Flash 动画、客户端脚本和其他插件程序等。静态网页是网站建设的基础，早期的网站一般都是由静态网页制作的。

当网站信息量较大时，网页的生成速度会降低，由于静态网页的内容相对固定，且不需要连接后台数据库，因此响应速度非常快。静态网页的缺点是更新比较麻烦，每次更新都需要重新加载整个网页。

静态网页的数据全部包含在 HTML 中，直接解析 HTML 源代码并获取数据即可。

2. 动态网页

动态网页指的是采用了动态网页技术的页面，如 AJAX(一种创建交互式、快速动态网页应用的网页开发技术)、ASP(一种创建动态交互式网页并建立强大的 Web 应用程序的技术)、JSP(Java 语言创建动态网页的技术标准) 等技术，它不需要重新加载整个页面内容，就可以实现网页的局部更新。

动态页面使用“动态页面技术”与服务器进行少量的数据交换，从而实现了网页的异步加载。下面看一个具体的实例：打开京东 (https://www.jd.com/) 并搜索手机，当滚动鼠标滑轮时，网页会从服务器数据库自动加载数据并渲染页面，这是动态网页和静态网页最基本的区别。

动态网页示例如图 8.5 所示。

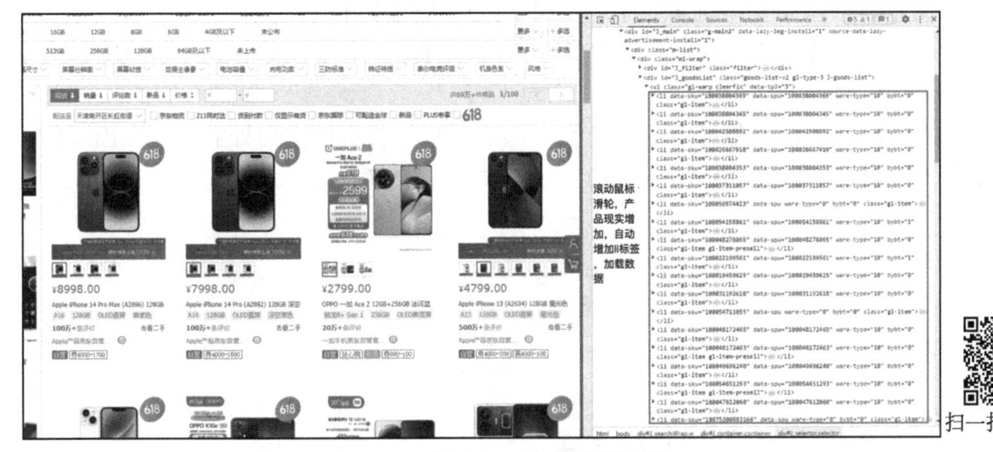

扫一扫见彩图

图 8.5　动态网页示例

动态网页中除了有 HTML 标记语言外，还包含了一些特定功能的代码。这些代码使得浏览器和服务器可以交互，服务器端会根据客户端的不同请求来生成网页，其中涉及数据库的连接、访问、查询等一系列 IO 操作，所以其响应速度一般比静态网页慢。

动态网页的数据解析和处理过程比较复杂，需要通过动态抓包来获取客户端与服务器交互的 json 数据。这里以抓取京东产品评论为例：首先，打开京东某一产品的主界面，界面任意空白处右击选择“检查”(或者按快捷键：F12)，出现如图 8.6 所示的界面。然后，选择 Network 选项 (步骤 1)，单击 XHR (步骤 2)；接着，单击京东页面上的商品评价 (步骤 3)，在左侧找到单击商品评价所获得的响应信息 (步骤 4)，在右侧通过 Headers 选项找到对应的请求和响应信息，Requests URL 即为要爬取评论所对应的 json 数据 (步骤 5)，将其粘贴在新的网页中，即可看到商品评价的数据。

动态网页抓包过程及部分结果示例如图 8.6 所示。

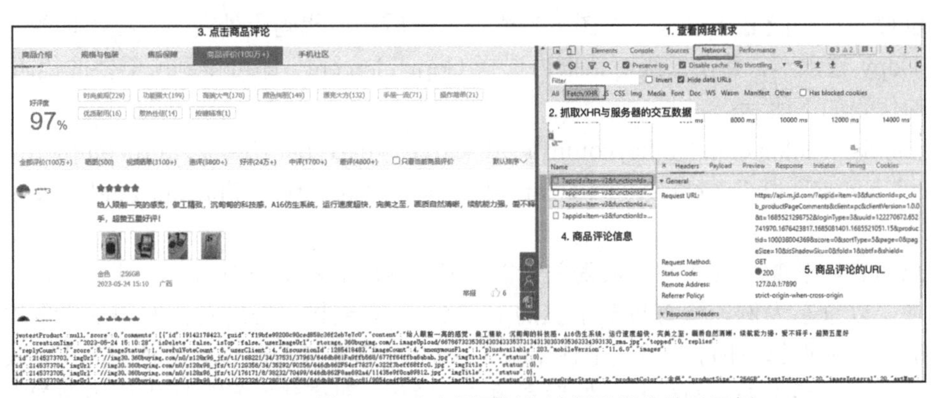

扫一扫见彩图

图 8.6　动态网页抓包过程及部分结果示例

8.2.4　审查网页元素

网页中的元素往往以一定的规律存在，需要根据这些规律手动设计数据提取语句。网页元素的审查目的就是观察网页代码的规律，为数据提取做好准备。

常用的浏览器都自带检查元素的功能，不同的浏览器对该功能的叫法不同，Chrome (谷歌) 浏览器称为“检查”，而 Firefox 则称“查看元素”。下面以 Chrome 浏览器检查京东首页为例进行说明。

首先使用 Chrome 浏览器打开京东首页，然后在京东首页的空白处右击，在出现的对话框中单击“检查”(或者按快捷键：F12)，并进行如图 8.7 所示操作。

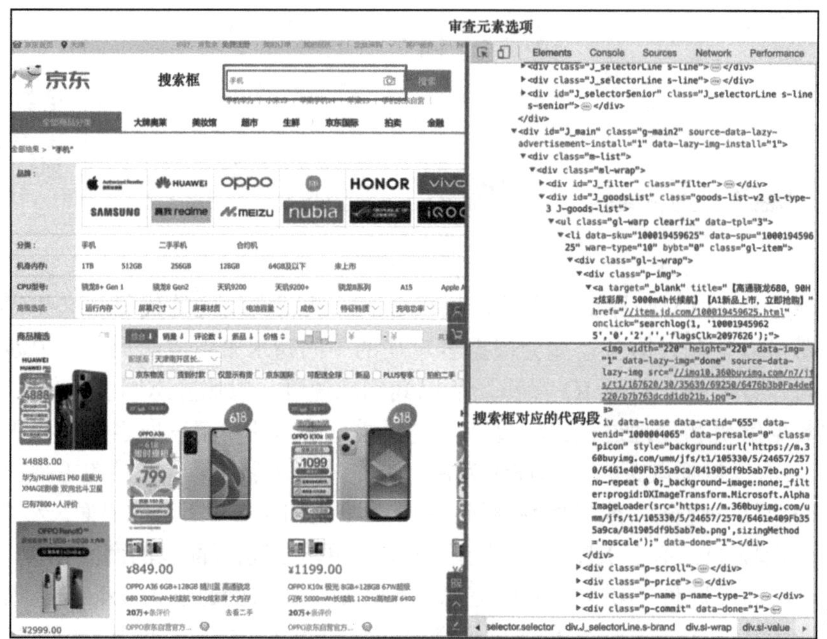

扫一扫见彩图

图 8.7　审查网页元素过程示例

单击审查元素选项，然后将鼠标移动至想检查的位置，如京东的搜索框，然后单击，此时就会将该位置的代码段显示出来，如图 8.7 所示。最后在该代码段处右击，在出现的对话框中选择 Copy 选项卡；并在二级对话框内选择 Copy element，即可得到所需要的代码。京东搜索框的代码如下所示：

<input clstag=”h|keycount|h|keycount|head|search_ c” type=”text” autocomplete=”off” id=”key” accesskey=”s” class=”text” aria-label=” 搜索” style=”background: transparent;”>

对于爬虫而言，检查网页结构是最为关键的一步，需要对网页进行分析，并找出信息元素的相似性。以京东为例，检查每部手机的 HTML 元素结构，经过对比发现手机数据的 HTML 结构是相同的，如每部手机都使用 <li></li> 标签包裹起来。这种情况下，我们只需要梳理出一部手机的信息结构，然后利用 for 循环，即可获取我们所需要的全部手机信息。

8.3　基于 Python 的网络数据获取

利用 Python 获取数据就是由 Python 程序模拟浏览器向服务器发出请求并获取响应内容的过程。网络爬虫使用程序代码自动访问网站，因此爬虫程序也称为“网络机器人”。绝大多数网站都具备一定的反爬能力，禁止网络爬虫大量地访问网站，以免给网站服务器带来过大的压力。在爬虫设计过程中，往往需要对程序进行适当的控制，以模拟人工访问网络的操作。本节首先介绍通过 User-Agent 进行人工操作模拟，进而介绍两种常用的数据获取开源包，即 urllib 和 requests。

8.3.1　User-Agent

User-Agent(UA) 是一个特殊字符串，网站服务器 UA 来确定用户所使用的操作系统版本、CPU 类型、浏览器版本等信息。一些网站服务器会根据 UA 中包含的操作系统、CPU 等来识别 UA 并给不同客户端发送不同的页面。一个典型的含 User-Agent 的请求头如下：

```
"headers": {
  "Accept-Encoding": "identity",
  "Host": "httpbin.org",
  "User-Agent": "Python-urllib/3.7",
  " X-Amzn-Trace-Id": "Root=1-645c5d62-7bd7d6e07fc753737ded375e"
}
```

显然这个例子中的 UA 是 Python-urllib/3.7，说明客户端是爬虫程序。通过 UA 识别访问请求的发起者，通常是一些网站阻止来自爬虫程序的访问请求的方法之一。从网络数据获取的角度，一般需要重构 User-Agent，将爬虫程序“伪装”成普通的浏览器访问请求，以规避拒绝访问的问题。

在实际开发中，可以使用 fake_ useragent 包构造请求头。在使用前，通过 pip install fake_ useragent 进行安装。使用方法示例代码如下：

```
from fake_useragent import UserAgent
ua=UserAgent() #定义UserAgent对象
print(ua.browsers) #支持的浏览器
输出结果为：
['chrome', 'edge', 'internet explorer', 'firefox', 'safari', 'opera']
#以Chrome为例
print(ua.Chrome) #Chrome浏览器UA信息
输出结果为：
Mozilla/5.0 (X11; U; Linux i686; en-US) AppleWebKit/534.13 (KHTML, like Gecko) Chrome/9.0.
                                            597.84 Safari/534.13
```

在通过 URL 获取数据时，将请求头 Headers 中的 User-Agent 关键字赋值为对应的 UA 信息，就将爬虫访问改变为特定浏览器的访问。构造 headers 的方法如下：

```
headers = {
'User-Agent':ua.chrome
}
```

8.3.2　基于 urllib 的网络数据获取

Python urllib 包用于操作网页 URL，并对网页的内容进行抓取处理。主要介绍 urllib 的两个模块，分别是 urllib.request(用于打开和读取 URL) 和 urllib.parse(用于解析 URL)。

1. urllib.request

urllib.request 定义了一些打开 URL 的函数和类，包含授权验证、重定向、浏览器 cookies 等。urllib.request 可以模拟浏览器的一个请求发起过程。可以使用 urllib.request 的 urlopen 方法来打开一个 URL，语法格式为：urllib.request.urlopen(url, data=None, [timeout,]*, cafile=None, capath=None, cadefault=False, context=None)，各参数的含义如下。

(1) url：url 地址。

(2) data：发送到服务器的其他数据对象，默认为 None。

(3) timeout：设置访问超时时间。

(4) cafile、capath 和 cadefault：cafile 为 CA 证书，capath 为 CA 证书的路径，cadefault 为 CA 证书的默认值，使用 HTTPS 需要用到。

(5) context：ssl.SSLContext 类型，用来指定 SSL 设置。

以下代码展示了通过 urllib 抓取给定 URL 数据的过程。

```
from urllib.request import urlopen
myURL = urlopen("https://www.JD.com/")
print (myURL.read(100))
#以上代码使用 urlopen 打开一个 URL，然后使用read()函数获取网页的 HTML 实体代码。read() 是读
                                        取整个网页内容，可以指定读取指定长度的数据。
#除了 read()函数外，还包含以下两个读取网页内容的函数:
#readline(): 读取文件的一行内容
myURL = urlopen("https://www.JD.com/")
print(myURL.readline()) #读取一行内容
#也可以通过readlines()方法读取文件的全部内容，它会把读取的内容赋值给一个列表变量。
lines = myURL.readlines()
for line in lines:
  print(line)
```

此外，在对网页进行抓取时，经常需要判断网页是否可以正常访问，这里就可以使用 getcode() 函数获取网页状态码，返回 200 说明网页正常，返回 404 说明网页不存在。

```
import urllib.request
myURL1 = urllib.request.urlopen("https://www.JD.com/")
print (myURL1.getcode())   # 200
try:
    myURL2 = urllib.request.urlopen("https://www.JD.com/no.html")
except urllib.error.HTTPError as e:
    if e.code == 404:
        print(404)   # 404
```

进一步，在实践中抓取网页一般需要对 headers(网页头信息) 进行模拟，这时候需要使用到 urllib.request.Request 类，其构造方法为：urllib.request.Request(url, data=None, headers=, origin_ req_ host=None, unverifiable=False, method=None)，各参数解释如下。

(1) url：url 地址。

(2) data：发送到服务器的其他数据对象，默认为 None。

(3) headers：HTTP 请求的头部信息，字典格式。

(4) origin_ req_ host：请求的主机地址，IP 或域名。

(5) unverifiable：很少用整个参数，用于设置网页是否需要验证，默认是 False。

(6) method：请求方法，如 GET、POST、DELETE、PUT 等。

通过 urllib.request.Request 抓取网页的过程示例如下。

```
import urllib.request
import urllib.parse
from flake_useragent import UserAgent
ua=UserAgent()
url = 'https://search.JD.com/Search?keyword='  #京东搜索页面
keyword = '手机'
key_code = urllib.request.quote(keyword)  # 对请求进行编码
url_all = url+key_code
header = {
    'User-Agent':ua.chrome
}  #头部信息
request = urllib.request.Request(url_all,headers=header)
reponse = urllib.request.urlopen(request).read()
fh = open("./urllib.html","wb")    # 将数据保存到文件
fh.write(reponse)
fh.close()
```

2. urllib.parse

URL 由协议、域名 (或 IP 地址)、端口号、路径和查询字符串等组成。下面以百度搜索为例进行说明。首先打开百度首页，在搜索框中输入“京东”，然后单击“百度一下”。当搜索结果显示后，地址栏的 URL 信息如下所示：
https://www.baidu.com/s?wd= 京东 & rsv_ iqid=0x9a172da10030af2e& issp=1& f=8& rsv_ bp=1& rsv_ idx=2& ie=utf-8& tn=baiduhome_ pg& rsv_ enter=1& rsv_ dl=tb& rsv_ sug3=9& rsv_ sug1=7& rsv_ sug7=101& rsv_ sug2=0& rsv_ btype=i& prefixsug=jingdong& rsp=6& inputT=1456& rsv_ sug4=2173。

路径和查询字符串之间使用问号? 隔开。上述示例的域名为 www.baidu.com，路径为 s，查询字符串为 wd= 京东 & rsv_ iqid=0x9a172da10030af2e& issp=1& f=8& rsv_ bp=1& rsv_ idx=2& ie=utf-8& tn=baiduhome_ pg& rsv_ enter=1& rsv_ dl=tb& rsv_ sug3=9& rsv_ sug1=7& rsv_ sug7=101& rsv_ sug2=0& rsv_ btype=i& prefixsug=jingdong& rsp=6& inputT=1456& rsv_ sug4=2173。

URL 中规定了一些具有特殊意义的字符，常用来分隔两个不同的 URL 组件，这些字符被称为保留字符。例如：

(1) : 用于分隔协议和主机组件，斜杠用于分隔主机和路径。

(2) ? 用于分隔路径和查询参数等。

(3) = 用于表示查询参数中的键值对。

(4) & 用于分隔查询多个键值对。

(5) 其余常用的保留字符有：/ . ... # @ $ + ; %。

1) URL 编码

URL 之所以需要编码，是因为 URL 中的某些字符会引起歧义，如 URL 查询参数中包含了 & 或者% 就会造成服务器解析错误；再如，URL 的编码格式采用的是 ASCII 码而非 Unicode 格式，这表明 URL 中不允许包含任何非 ASCII 字符 (如中文)，否则就会造成 URL 解析错误。

URL 编码协议规定 (RFC3986 协议)：URL 中只允许使用 ASCII 字符集可以显示的字符，如英文字母、数字、-、_ 、. 、、~ 这 6 个特殊字符。当在 URL 中使用不属于 ASCII 字符集的字符时，就要使用特殊的符号对该字符进行编码，如空格需要用% 20 来表示。

除了无法显示的字符需要编码外，还需要对 URL 中的部分保留字符和不安全字符进行编码，常见的不安全字符包括 [ ] < > { } | 等。

仍以百度搜索京东出现的 URL 为例，可以看出 URL 中有很多的查询字符串，第一个查询字符串就是“wd= 京东”，其中 wd 表示查询字符串的键，“京东”则代表您输入的值。在网页地址栏中删除多余的查询字符串，最后显示的 URL：https://www.baidu.com/s?wd=京东。

使用搜索修改后的 URL 进行搜索，依然会得到相同页面。因此可知“wd”参数是百度搜索的关键查询参数。下面编写爬虫程序对“wd= 京东”进行编码，代码示例如下。

```
from urllib import parse
#构建查询字符串字典
query_string = {
'wd' : '京东'
}
#调用parse模块的urlencode()进行编码
result = parse.urlencode(query_string)
#使用format函数格式化字符串，拼接url地址
url = 'http://www.baidu.com/s?{}'.format(result)
print(url)
输出结果如下:
http://www.baidu.com/s?wd=%E4%BA%AC%E4%B8%9C
```

编码后的 URL 地址依然可以通过网页地址栏实现搜索功能。除了使用 urlencode() 方法，也可以使用 quote(string) 方法实现编码，代码示例如下。

```
from urllib import parse
#注意url的书写格式，和 urlencode存在不同
url = 'http://www.baidu.com/s?wd={}'
word = input('请输入要搜索的内容:')
#quote()只能对字符串进行编码
query_string = parse.quote(word)
print(url.format(query_string))

输出结果如下:
请输入要搜索的内容:京东
http://www.baidu.com/s?wd=%E4%BA%AC%E4%B8%9C
```

注意：quote() 只能对字符串进行编码，urlencode() 可以直接对查询字符串字典进行编码。因此在定义 URL 时，需要注意两者之间的差异。

2) 解码

解码是对编码后的 URL 进行还原的一种操作，示例代码如下：

```
from urllib import parse
string = '%E4%BA%AC%E4%B8%9C '
result = parse.unquote(string)
print(result)
输出结果如下:
京东
```

3) URL 拼接

当 URL 存在一定规律，尤其是涉及翻页问题时，可以根据 URL 的规律，采用拼接的方式快速得到所需要的 URL。除了使用 format() 函数外，还可以使用字符串相加，以及字符串占位符，示例如下：

```
# 1)字符串相加
baseurl = 'http://www.baidu.com/s?'
params='wd=%E4%BA%AC%E4%B8%9C'
url = baseurl + params
#2)字符串格式化(占位符)
params='wd=%E4%BA%AC%E4%B8%9C'
url = 'http://www.baidu.com/s?%s'% params
#3)format()方法
url = 'http://www.baidu.com/s?{}'
params='wd=%E4%BA%AC%E4%B8%9C'
url = url.format(params)
```

8.3.3　基于 requests 包的网络数据获取

除了前面介绍的 urllib 包，requests 也是另一个常用的用于获取网络数据的第三方包。requests 包是在 urllib 的基础上开发而来的，它使用 Python 语言编写。与 urllib 相比，requests 更加方便、快捷。下面主要介绍如何通过 requests 发送请求并查看响应信息。

1. requests.get()

该方法用于 GET 请求，表示向网站发起请求，获取页面响应对象。语法如下：res = requests.get(url,headers=headers,params,timeout)。其中，url 为要抓取的资源地址；headers 用于包装请求头信息；params 为请求时携带的查询字符串参数；timeout 为等待时间，如超出则会抛出异常。

以下示例展示了通过 request 的 get 方法获取数据的方法。

```
import requests
url = 'http://jd.com'
response = requests.get(url)
print(response)
输出结果:
<Response [200]>
```

2. requests.post()

该方法用于 POST 请求，先由用户向目标 URL 提交数据，然后服务器返回一个 Response 响应对象，调用方法为：response=requests.post(url,data= 请求体的字典)。

示例如下所示：

```
import requests
#百度翻译
url = 'https://fanyi.baidu.com'
#post请求体携带的参数，可通过开发者调试工具查看
#查看步骤：NetWork选项->Headers选项->Form Data
data = {'from': 'zh',
   'to': 'en',
   'query': '你好'
    }
response = requests.post(url, data=data)
print(response)
输出结果：
<Response [200]>
```

Form Data 查询步骤，如图 8.8 所示。

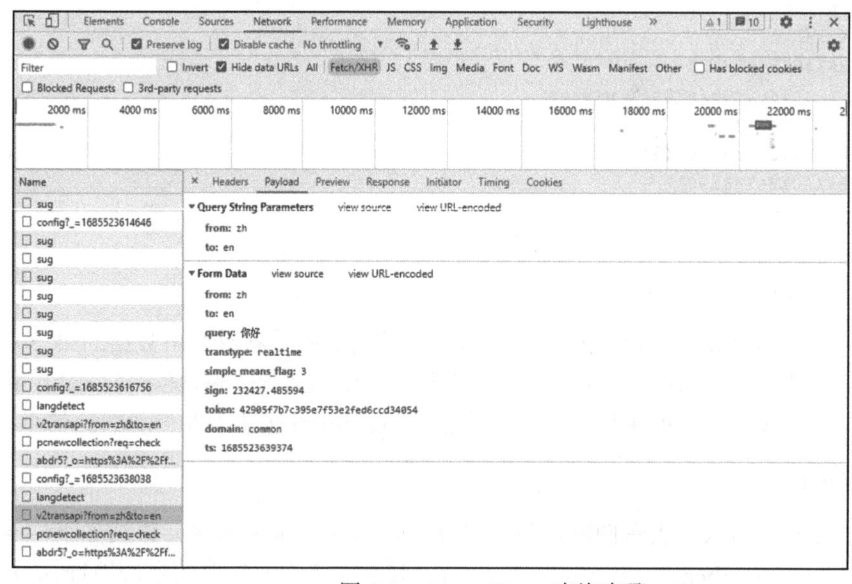

扫一扫见彩图

图 8.8　Form Data 查询步骤

3. 响应对象属性

当使用 requests 模块向一个 URL 发起请求后会返回一个 Response 响应对象。Response 对象具有以下常用属性：encoding(查看或指定响应字符编码)、status_ code(响应码)、url、headers、cookies、text(字符串形式的输出)、content(字节流形式的输出)。

使用示例如下所示：

```
import requests
response = requests.get(' https://item.jd.com')
```

```
print(response.encoding) #显示编码方式
response.encoding="utf-8"    #更改为utf-8编码
print(response.status_code)  # 状态码
print(response.url)          # 请求url
print(response.headers)      # 头信息
print(response.cookies)      # cookie信息
print(response.text)  #以字符串形式显示网页源码
print(response.content) #以字节流形式显示
```

8.4　网络数据解析

网络爬虫爬取到的原始数据在使用前需要先进行解析。网络数据解析常用的技术包括 RE 正则表达式包、lxml 包、BS4 包。其中 RE 是通用的字符串匹配方法，有极高的灵活性。但是由于 RE 方法忽略了数据的结构，因此解析效率较低。XPath 和 BS4 则利用 HTML/XML 数据的结构进行数据解析，效率要比 RE 高。本节将对这几种技术进行简要介绍。

8.4.1　正则表达式

1. 正则表达式简介

正则表达式 (regular expression) 又称规则表达式，本质上是一种字符串通用匹配模型。正则表达式通常用来检索、替换那些符合某个模式/规则的文本。常用的匹配规则如表 8.1 所示。

2. 基于正则表达式的信息提取

正则表达式主要用于匹配和过滤需要的信息，避免造成大量内存浪费。以下是正则表达式的常用函数，其中参数 pattern 是正则表达式对象，flags 代表功能标志位，用于扩展正则表达式的匹配。

1) re.compile()

用来生成正则表达式对象，语法格式为

regex=re.compile(pattern, flags=0)

2) re.findall()

根据正则表达式匹配目标字符串内容，语法格式为

re.findall(pattern, string, flags=0)

其中，string 是目标字符串。

3) re.split()

使用正则表达式匹配内容，切割目标字符串。返回值是切割后的内容列表。其语法格式为

re.split(pattern, string, flags=0)

表 8.1 常用的正则表达式匹配规则

模式	描述
\w	匹配字母、数字及下划线
\W	匹配不是字母、数字及下划线的字符
\s	匹配任意空白字符，等价于 [\t\n\r\f]
\S	匹配任意非空字符
\d	匹配任意数字，等价于 [0-9]
\D	匹配任意非数字的字符
\A	匹配字符串开头
\Z	匹配字符串结尾，如果存在换行，只匹配到换行前的结束字符串
\z	匹配字符串结尾，如果存在换行，同时还会匹配换行符
\G	匹配最后匹配完成的位置
\n	匹配一个换行符
\t	匹配一个制表符
^	匹配一行字符串的开头
$	匹配一行字符串的结尾
.	匹配任意字符，除了换行符，当 re.DOTALL 标记被指定时，可以匹配包括换行符的任意字符
[···]	用来表示一组字符，单独列出，如 [abc] 匹配 a、b 或 c
[^···]	不在 [] 中的字符，如 [^abc] 匹配除了 a、b、c 之外的字符
*	匹配 0 个或多个表达式
+	匹配 1 个或多个表达式
?	匹配 0 个或 1 个前面的正则表达式定义的片段，非贪婪方式
{n}	精确匹配 n 个前面的表达式
{n,m}	匹配 n 到 m 次由前面正则表达式定义的片段，贪婪方式
a|b	匹配 a 或 b
( )	匹配括号内的表达式，也表示一个组

4) re.sub()

使用一个字符串替换正则表达式匹配到的内容。返回值是替换后的字符串。语法格式为

re.sub(pattern, replace, string, max, flags=0)

其中，replace 是用于替换的字符串，max 表示最多替换次数，默认替换全部。

5) re.search()

匹配目标字符串第一个符合的内容，返回值为匹配的对象。语法格式为

re.search(pattern, string, flags=0)

以下示例展示了通过正则表达式提取网页信息的过程。

```
import re
website="京东 www.jd.com"
#提取所有信息
#注意此时正则表达式的 "." 需要转义因此使用 \.
pattern_1=re.compile('\w+\s+\w+\.\w+\.\w+')
print(pattern_1.findall(website))
#提取匹配信息的第一项
pattern_2=re.compile('(\w+)\s+\w+\.\w+\.\w+')
print(pattern_2.findall(website))
#有两个及以上的()则以元组形式显示
pattern_3=re.compile('(\w+)\s+(\w+\.\w+\.\w+)')
print(pattern_3.findall(website))
```

```
print(re.split(r'[.]',website))
print(re.sub(r'\w+\s+\w+\.\w+','JD',website))
print(re.search(r'\w+\s+\w+\.\w+',website) .span())
#span() 可以输出对应匹配内容在文本中所对应的位置
输出结果如下:
['京东 www.jd.com']
['京东']
[('京东', 'www.jd.com')]
['京东 www', 'jd', 'com']
JD.com
(0, 9)
```

下面给出一个利用正则表达式进行网页信息提取的实例：从 HTML 代码中使用 re 模块提取出手机的促销活动和名称。

```
markup = '''<html><head><title>手机—搜索—京东</title></head>
<body>
<div class="p-name p-name-type-2">
<a target="_blank" title="【尽享热爱正当时】指定iPhone14Pro系列领券至高立减1200
                                        元！！！！！！点击"delimiter = "&" href="//
                                        item.jd.com/100038004389.html?bbtf=1" onclick
                                        ="searchlog(1, '100038004389','20','1','','
                                        flagsClk=2097575');">
<em>Apple iPhone 14 Pro  (A2892) 256GB 暗紫色 支持移动联通电信5G 双卡双待<font class="
                                        skcolor_ljg">手机</font>
</em>
<i class="promo-words" id="J_AD_100038004389">【尽享热爱正当时】指定iPhone14Pro系列领券至高
                                        立减1200元！！！！！！点击
</i></a></div>
</body>
</html>'''
# 寻找HTML规律，书写正则表达式，使用正则表达式分组提取信息
pattern=re.compile(r'<div.*?title="(.*?)点击.*?em>(.*?)<font.*?div>',re.S)
r_list=pattern.findall(html)
print(r_list)
# 整理数据格式并输出
if  r_list:
    for r_info in  r_list:
        print("促销活动: ",r_info[0])
        print(20*"*")
        print("手机名称: ",r_info[1].strip())
输出结果如下:
[('【尽享热爱正当时】指定iPhone14Pro系列领券至高立减1200元！！！！！！ ', 'Apple iPhone 14
                                        Pro  (A2892) 256GB 暗紫色 支持移动联通电信5G
                                        双卡双待')]
促销活动:  【尽享热爱正当时】指定iPhone14Pro系列领券至高立减1200元！！！！！！
********************
手机名称:  Apple iPhone 14 Pro  (A2892) 256GB 暗紫色 支持移动联通电信5G 双卡双待
```

8.4.2　基于 lxml 的信息提取

lxml 是一个 Python 的第三方包，基于 XPath(XML path language，XML 路径语言) 进行文档解析。XPath 是一种用来确定 XML 文档中某部分位置的语言，可以用于高效处

理 HTML 和 XML 文档。XPath 的选择功能十分强大，它提供了非常简洁明了的路径选择表达式。此外，它还提供了大量的函数，用于字符串、数值、时间的匹配以及节点、序列的处理等。使用 lxml 包前需要检查是否已安装，如果没有安装，则使用 pip install lxml 进行安装。

使用 lxml 解析 HTML/XML 的过程包括：(1) 实例化一个 etree 对象并将需要解析的源码数据加载到对象中；(2) 调用 etree 对象中的 XPath 方法结合 XPath 表达式实现标签的定位和内容的捕获。

XPath 表达式常用规则如表 8.2 所示。

表 8.2　XPath 常用规则

表达式	描述
nodename	选取此节点的所有子节点
/	从当前节点选取直接子节点
//	从当前节点选取子孙节点
.	选取当前节点
...	选取当前节点的父节点
@	选取属性

下面以京东网站为例，介绍通过 XPath 进行数据解析并获取手机名称的方法。为简化 XPath 路径表达式的编写，可以通过浏览器直接获得 HTML 页面中特定元素的路径。

在京东首页的搜索框中输入“手机”，得到新页面的 URL 为：https://list.jd.com/list.html?cat=9987,653,655。

1) requests 获取并保存网页信息

```
import requests
from flake_useragent import UserAgent
ua=UserAgent()
headers = {'User-Agent': ua.chrome}
response = requests.get('https://list.jd.com/list.html?cat=9987,653,655', headers=headers)
with open('jingdong.html', 'wb') as stream: #将内容保存到本地
stream.write(response.content)
```

2) XPath 解析元素

如图 8.9 所示，右击选择“检查”(或者按快捷键：F12) 查看当前页面 HTML 信息，单击右侧栏的左上角图标 (步骤 1)，然后将鼠标放在左侧产品名称上，它会自动定位产品名称对应的代码 (步骤 2)。接着，在对应代码上右击选择 copy 选项下的 Copy XPath (步骤 3)，就可以获得产品名称所对应的 XPath 路径：*[@id=”J_ goodsList”]/ul/li[1]/div/div[4]/a/em。根据此 XPath，可以直接调用 text() 函数获取产品名称，代码如下：

```
from lxml import etree
# 读取保存在本地的网页，进行XPath解析
with open('jingdong.html', 'r', encoding='utf-8') as stream:
    all = stream.read()
    html = etree.HTML(all)
    name = html.xpath('//*[@id="J_goodsList"]/ul/li[1]/div/div[4]/a/em/text()') #产品名称对
                                                    应的XPath
print(name)
```

```
输出结果如下:
['Apple iPhone 14 (A2884) 128GB 蓝色 支持移动联通电信5G 双卡双待手机']
```

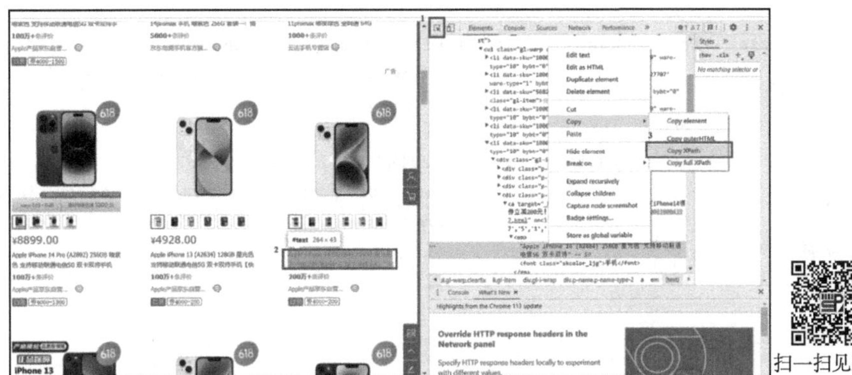

扫一扫见彩图

图 8.9　XPath 数据解析

8.4.3 Beautiful Soup

Beautiful Soup 是一个可以从 HTML 或 XML 文件中提取数据的 Python 库，目前使用的版本是 BS4，即 Beautiful Soup 版本 4。Beautiful Soup 对大多数功能进行了封装，使用简单。使用 BS4 前需要通过 pip install bs4 进行安装，此外，由于 bs4 依赖于 lxml 包，因此还需要先行安装 lxml。

Beautiful Soup 自动将输入文档转换为 Unicode 编码，输出文档转换为 UTF-8 编码，这样可以避免数据解析中的编码问题。

1. *基于属性的数据解析*

1) 提取信息

Beautiful Soup 将 HTML 文档转换成一个复杂的树形结构，每个节点都是 Python 对象，所有对象可以归纳为四种：Tag, NavigableString, BeautifulSoup 以及 Comment。在这里只对 Tag 部分进行介绍。

Tag 即 HTML 中的标签，如图 8.10 所示，如 <div></div>,<p></p> 等都属于 tag。一个 tag 也可以被看作一个元素，可能有很多个属性。比如：<a href="//zhuanlan.zhihu.com/p/137323184" target="_ blank" rel="noopener noreferrer" data-za-detail-view-element_ name="Title"> 分享题目解法 </a>，标签名为 a；有 href 的属性，值为"//zhuanlan.zhihu.com/p/137323184"，有 target 属性，值为"_ blank "；有 rel 属性，值为"noopener noreferrer"；有 data-za-detail-view-element_ name 属性，值为"Title"。

基于 Beautiful Soup 和 Tag 的网页数据解析示例如下：

```
from bs4 import BeautifulSoup
markup = '<a href="//zhuanlan.zhihu.com/p/137323184" target="_blank" rel="noopener
                                        noreferrer" data-za-detail-view-element_name
                                        ="Title">分享题目解法</a>'
soup = BeautifulSoup(markup, 'lxml')
print(soup.a) #获取soup中的a标签对象
```

```
#获取a标签对象的name和attrs属性
print('标签名:', soup.a.name) #获取标签名
print('标签属性:', soup.a.attrs) #获取标签属性提取信息
print('文本内容:', soup.a.text) #获取标签的文本内容
输出结果如下:
<a data-za-detail-view-element_name="Title" href="//zhuanlan.zhihu.com/p/137323184" rel="
    noopener noreferrer" target="_blank">分享题目解法</a>
标签名: a
标签属性: {'href': '//zhuanlan.zhihu.com/p/137323184', 'target': '_blank', 'rel': ['
    noopener', 'noreferrer'], 'data-za-detail-view-element_name': 'Title'}
文本内容: 分享题目解法
```

Tag

```
▼<div id="J_goodsList" class="goods-list-v2 gl-type-3 J-goods-list" data-lazy-img-install="1">
  ▼<ul class="gl-warp clearfix" data-tpl="3">
    ▶<li data-sku="100038005193" data-spu="100038005193" ware-type="10" bybt="0" class="gl-item">…</li> == $0
    ▶<li data-sku="100026667858" data-spu="100026667858" ware-type="10" bybt="0" class="gl-item">…</li>
    ▶<li data-sku="100038004355" data-spu="100038004355" ware-type="10" bybt="0" class="gl-item">…</li>
    ▶<li data-sku="100042508892" data-spu="100042508892" ware-type="10" bybt="0" class="gl-item">…</li>
    ▶<li data-sku="100038004345" data-spu="100038004345" ware-type="10" bybt="0" class="gl-item">…</li>
    ▶<li data-sku="100053251673" data-spu="100053251673" ware-type="10" bybt="0" class="gl-item">…</li>
    ▶<li data-sku="10042230577183" data-spu ware-type="0" bybt="0" class="gl-item">…</li>
    ▶<li data-sku="100038430076" data-spu="100038430076" ware-type="10" bybt="1" class="gl-item">…</li>
    ▶<li data-sku="100037311057" data-spu="100037311057" ware-type="10" bybt="0" class="gl-item">…</li>
    ▶<li data-sku="100037437645" data-spu="100037437645" ware-type="10" bybt="0" class="gl-item">…</li>
    ▶<li data-sku="100048017638" data-spu="100048017638" ware-type="10" bybt="1" class="gl-item">…</li>
    ▶<li data-sku="100031192618" data-spu="100031192618" ware-type="10" bybt="0"
```

扫一扫见彩图

图 8.10　网页源代码中的 Tag

2) 关联选择

通过 Beautiful Soup 所获取的文档是以文档树的形式出现的，每个 Tag 可能包含多个子节点。在进行网页分析的时候，有时难以一次把需要的节点都提取出来。因此，往往需要对节点的关系进行梳理。

以如下 XML 文档为例：

```
markup = '''<html><head><title>手机—搜索—京东</title></head>
<body>
<div class="p-name p-name-type-2">
<a target="_blank" title="【尽享热爱正当时】指定iPhone14Pro系列领券至高立减1200
    元！！！！！！！点击"        delimiter = "&"
    href="//item.jd.com/100038004389.html?bbtf=1"
     onclick="searchlog(1, '100038004389','20','1
    ','','flagsClk=2097575');">
    <em>Apple iPhone 14 Pro  (A2892) 256GB 暗紫色 支持移动联通电信5G 双卡双待<font class="
    skcolor_ljg">手机</font>
</em>
```

```
    <i class="promo-words" id="J_AD_100038004389">【尽享热爱正当时】指定iPhone14Pro系列领券
                                                    至高立减1200元！！！！！！点击
</i>
  </a>
</div>
</body>
</html>'''
```

head 元素是 title 元素的父节点，body 元素是 div 元素的父节点。a 元素是 div 元素的直接子节点，head 元素和 div 元素是 html 的直接子节点。

(1) 父节点。可以通过.parent 属性来获取某个元素的父节点。需要注意的是.parent 输出的仅仅是直接父节点，而没有再向外寻找父节点的祖先节点。如果想获取所有的祖先节点，可以调用 parents 属性。

(2) 子节点。选取节点元素之后，如果想要获取它的直接子节点，可以调用 contents 属性，返回的是列表形式。调用 children 属性同样可以获取直接子节点，但返回结果是生成器类型。

(3) 兄弟节点。如果要获取同级的节点 (也就是兄弟节点)，需要调用 next_ sibling 和 previous_ sibling 来获取节点的下一个和上一个兄弟元素，next_ siblings 和 previous_ siblings 来获取节点后面和前面的兄弟元素。

以下示例展示了如何获取各个节点。

```
from bs4 import BeautifulSoup
soup = BeautifulSoup(markup, 'lxml')
print('直接父节点：',soup.title.parent)
print('父节点：',soup.title.parents)
print('直接子节点：',soup.head.contents)
print('下一个兄弟节点：',soup.em.next_sibling)
print('上一个兄弟节点：',soup.body.previous_sibling)
输出结果如下：
直接父节点： <head><title>手机—搜索—京东</title></head>
父节点： <generator object PageElement.parents at 0x0000022721942CF0>
直接子节点： [<title>手机—搜索—京东</title>]
下一个兄弟节点： <i class="promo-words" id="J_AD_100038004389">【尽享热爱正当时】指定
                                                    iPhone14Pro系列领券至高立减1200元！！！！！！
                                                    点击</i>
上一个兄弟节点： <head><title>手机—搜索—京东</title></head>
```

2. 基于方法的数据解析

以上的选择方法都是通过属性来选择的，这种方法非常快，但是如果进行比较复杂的选择，它会比较烦琐且不够灵活。下面介绍如何通过方法选择器查询并获取满足特定条件的节点。

以下是示例文档。

```
markup=''' <div class="ps-wrap">
<ul class="ps-main">
<li class="ps-item">
  <a href="javascript:;" title="深空黑色">
```

```
  </a>
</li>
<li class="ps-item">
  <a href="javascript:;" title="银色">
  </a>
</li>
<li class="ps-item">
  <a href="javascript:;" title="金色">
  </a>
</li>
</ul>
</div>' ' '
```

执行节点选择的方法主要有 find_ all() 和 find() 方法，下面对这两个方法进行简要介绍。

1) find_ all()

find_ all() 方法的使用形式为：find_ all(name, attrs, recursive, string, **kwargs)，用于搜索当前 tag 的所有子节点，并判断是否符合过滤器的条件。可以根据节点名来查询元素，示例如下：

```
from bs4 import BeautifulSoup
soup = BeautifulSoup(markup, 'lxml')
print(soup.find\_ all(name='a'))
输出结果如下：
[<li class="ps-item"><a href="javascript:;" title="深空黑色"></a></li>, <li class="ps-item"
                                              ><a href="javascript:;" title="银色"></a>
</li>, <li class="ps-item"><a href="javascript:;" title="金色"></a></li>]
```

这里调用了 find_ all 函数，传入 name 参数，其参数值为 li。返回结果是列表类型的所有 li 节点，每个元素仍然为 bs4.element.Tag 类型的对象。因此，可以进一步进行嵌套查询，在 li 节点中继续查找其内部的 a 节点。

```
for li in soup.find_all(name='li'):
    for a in li.find_all(name='a'):
        print(a)
输出结果如下：
<a href="javascript:;" title="深空黑色"></a>
<a href="javascript:;" title="银色"></a>
<a href="javascript:;" title="金色"></a>
除了根据节点名查询，也可以传入一些属性来查询，示例如下：
print(soup.find_all(attrs={'title':'深空黑色'}))
输出结果如下：
[<a href="javascript:;" title="深空黑色"></a>]
```

这里查询的时候传入的是 attrs 参数。参数的类型是字典类型，如要查询 title 为深空黑色的节点，可以传入 attrs='title':' 深空黑色' 的查询条件。

2) find()

相对于 find_ all()，find() 返回的是单个元素，也就是第一个匹配元素，而前者返回的是所有匹配的元素组成的列表。示例如下：

```
print(soup.find(name='li'))
输出结果如下:
<li class="ps-item"><a href="javascript:;" title="深空黑色"></a></li>
```

另外，还有许多查询方法，其用法与前面介绍的 find_ all()，find () 方法完全相同，只不过查询范围不同：

(1) find_ parents(): 返回所有的祖先节点。

(2) find_ parent(): 返回直接父节点。

(3) find_ next_ siblings(): 返回后面所有的兄弟节点。

(4) find_ next_ sibling(): 返回下一个兄弟节点。

(5) find_ previous_ siblings()：返回之前的所有的兄弟节点。

(6) find_ previous_ sibling()：返回上一个兄弟节点。

3. 商品评论数据获取示例

下面以京东在线评论数据爬取为例进行说明。

```
#1 导入相关包
import requests
import time
import random
import pandas as pd

#2 获取评论数据
def get_comments(productId,page):
#参数为商品id和页面索引
#url通过抓包获取
    url='https://club.jd.com/comment/productPageComments.action?callback=
                                        fetchJSON_comment98&productId={0}&score=0
                                        &sortType=5&page={1}&pageSize=10&
                                        isShadowSku=0&fold=1'.format(productId,
                                        page)
    resp=requests.get(url,headers=headers)
    s1=resp.text.replace('fetchJSON_comment98(','')
    s=s1.replace(');','')
    res=json.loads(s)
    print(type(res))
    return res

#3 获取最大页数
def get_max_page(productId):
    dic_data=get_comments(productId,0)
    return dic_data['maxPage']

#4 提取数据
def get_info(productId):
    lst=[]
    for page in range(0,get_max_page(productId)):
        #获取每页的商品评论
        comments=get_comments(productId,page)
        comm_lst=comments['comments']
```

```
        for item in comm_lst:
            content=item['content']  #获取评论内容
            color=item['productColor']  #获取产品的颜色
            size=item['productSize']  #获取产品的型号
            nickname=item['nickname']  #获取评论者姓名
            creationtime=item['creationTime']  #获取评论发布时间
            score=item['score']  #获取评论的打分
            lst.append([content,color,size,nickname,creationtime,score])  #将每条评论的信息
                                                            添加到列表中
        time.sleep(3)
    save(lst)

#5 将数据保存到excel
def save(lst)
  df=pd.DataFrame(lst,columns=[content,color,size,nickname,creationtime,score])
  df.to_excel('reviews.xls')
#6 运行代码
if __name__=='__main__':
    productId='10060058086770' # 单品id
    get_info(productId)
```

8.5 文本处理

通过解析后的网络数据大部分都是文本数据，如何对这些非结构化的文本数据进行挖掘，获取数据中的信息和知识是网络数据分析的最终目的。本节主要介绍网络文本数据的预处理、建模和分析方法。对于文本分析来说，中文和英文的处理方法有所不同，本节主要结合京东商品评论介绍中文文本数据的处理方法。

8.5.1 数据预处理

大多数情况下，通过爬虫获取的文档或文本数据规模庞大并且含有大量的噪声，直接使用原始文本进行分析是不适用的。因此，文本预处理的目的是为后续建模和分析提供清晰的高质量输入。

1. 文本预处理

爬取到的文本通常会包含空格或者其他一些无用的符号，如果保留这些符号，在分词的过程中，它们同样会作为元素被分出来，最终影响分词的结果。一般此时可以用字符串变量的 replace() 方法这个函数去除无用的符号。文本预处理需要根据实际采集到的数据情况进行设计，一般包括去除空格、特殊符号、表情符号以及非中文字符等。

文本预处理的主要工作是去除文本中的非必要字符，主要包括去除空格、非汉字以及表情符号，同时将省略号转换为句号等。需要说明的是，文本预处理并不是程式化的，需要通过观察特定的文本数据进行设计。

```
import re
def process(contents):      #定义函数
  #只保留中英文、数字。 [^abc] 表示匹配除了a,b,c之外的字符。若保留中英文、数字及标点符号，
                                    则替换为[^\u4e00-\u9fa5^，^。^！^,^.^!^a-z^A-
                                    Z^0-9]
```

```
  pattern = re.compile("[^\u4e00-\u9fa5^a-z^A-Z^0-9]")
  line=re.sub(pattern,'', contents)  #把文本中匹配到的字符替换成空字符
  contents =''.join(line.split())    #去除空白
  contents = contents.replace(' ','')    #去掉文本中的空格
  contents = contents.replace('...','。')    #将省略号转化为句号
  content = ''
  for s in contents:
    if s>= u'\u4e00' and s <= u'\u9fa5':# 判断一个uchar是否是汉字
    content = content+s
    print('处理后文本: '+content)
  return content
contents = '1,2,3开箱啦!  外形外观: 经典的黑色, 耐看。屏幕音效: 很好的屏幕, 跟之前的完全一
                                        样... perfect *_*'
content=process(contents)
print(content)
输出结果:
开箱啦外形外观经典的黑色耐看屏幕音效很好的屏幕跟之前的完全一样
```

2. 文本数据集过滤

文本数据预处理时，首先应去除文本评论数据中反复出现的语句部分，当消费者长时间无评论时，系统会默认好评，分析这类重复内容无意义。在商品评论中，有时还会出现人为的复制粘贴别人的评论，显然，这种复制粘贴的评论信息会对我们的文本处理产生影响，若不处理，会对评论结果产生影响，影响结果的准确性。因此，应当首先对重复文本进行去除。

其次，根据语言的特点，如果一条语料所包含的字数越少，那么这条语料所表达的含义越少，内容越匮乏。如果在文本评论中要表达更多的含义和内容，需要增加更多的语料词数。过少文本评论字数，没有实际的表达含义，常见的短句有三个字或者两个字，如“还不错”“都挺好”“很好”“不错”等。为了提高文本处理结果的精度，删除短句，可以提高文本数据质量。通常认为 4~8 个国际字符是一个合理的字数下限。根据具体的语料库情况和文本语料库的特征，设置适当的文本字数下限。在这里以 10 个字符为下限，将小于 10 个字符的评论删除，并对文本长度进行描述性统计分析。

示例代码如下：

```
import pandas as pd
import numpy as np

#读取已保存好的评论数据
file="reviews.xlsx"
data=pd.read_excel(file)
data = data.drop_duplicates(keep=False, subset=["content"])
#subset: 选择重复项时依据的列
#keep: first-删除除第一条记录外的所有记录; last-删除除最后一条记录外的所有记录; None(默认值
                                        )-删除所有重复记录。
#inplace: True表示将结果写回data, False(默认值)则另外生成一个DataFrame对象。
content=data['content'] #提取数据中的评论内容列
data_len = []
for j in content:
    data_len.append(len(j)) #统计评论文本的长度
```

```
    if len(j)<10: #判断评论文本的长度是否小于10
        a = data[data.content==j].index.tolist() #找到对应文本的行索引
        data=data.drop(a, axis=0, inplace=False) #根据行索引删除对应文本。print(data)
print(data_len)
print('总句子数: ', len(data))
print('最长句子: ',np.max(data_len))
print('最小值: ', np.min(data_len))
print('中位数: ', int(np.median(data_len)))
print('平均值: ', int(np.mean(data_len)))
```

8.5.2 中文分词

分词是 NLP 的第一项核心技术。英文中每个句子都将词用空格或标点符号分隔开来，而在中文中很难对词的边界进行界定，难以将词划分出来。在汉语中，虽然是以字为最小单位，但是一篇文章的语义表达却仍然是以词来划分的。因此处理中文文本时，需要进行分词处理，将句子转为词的表示，这就是中文分词。中文分词的三大难点：分词规则、消除歧义、未登录词识别。

1. *常用中文分词方法*

第一类是基于语法和规则的分词法。其基本思想就是在分词的同时进行句法、语义分析，利用句法信息和语义信息来进行词性标注，以解决分词歧义现象。因为现有的语法知识、句法规则十分笼统、复杂，基于语法和规则的分词法所能达到的精确度远远还不能令人满意，目前这种分词系统还处在试验阶段。

第二类是基于统计的方法。基于统计的分词法的基本原理是根据字符串在语料库中出现的统计频率来决定其是否构成词。词是字的组合，相邻的字同时出现的次数越多，就越有可能构成一个词。因此字与字相邻共现的频率或概率能够较好地反映它们成为词的可信度。主要的统计模型有：N 元文法模型 (N-gram)，隐马尔可夫模型 (hidden Markov model，HMM)，最大熵模型 (maximum entropy models，MEM)，条件随机场 (conditional random fields，CRF) 模型等。

第三类是机械式分词法 (即基于词典)。机械分词的原理是将文档中的字符串与词典中的词条进行逐一匹配，如果词典中找到某个字符串，则匹配成功，可以切分，否则不予切分。此类分词方法中常用的算法有正向最大匹配法 (forward maximum matching，FMM)、逆向最大匹配法 (reverse maximum matching，RMM) 和双向最大匹配法 (Bi-MM)。

以上三类方法中，基于词典的机械分词法实现简单、实用性强，但词典的完备性不能保证。

2. *中文分词工具*

常用的中文分词工具：HanLP 分词器、Jieba(结巴) 分词、哈工大的语言技术平台 LTP 及其语言云 LTP-Cloud、清华大学的中文词法分析工具包 THULAC、北京大学的中文分词工具包 pkuseg、斯坦福分词器、基于深度学习的分词系统 KCWS、新加坡科技设计大学的中文分词器 ZPar、IKAnalyzer、Jcseg、复旦大学的 FudanNLP 等。

其中，Jieba 是使用最广泛的中文分词工具。它的主要功能包括中文文本分词、词性标注、关键词抽取等，并且支持自定义词典。Jieba 分词过程中主要涉及以下算法。

(1) 基于前缀词典实现高效的词图扫描，生成句子中汉字所有可能成词情况所构成的有向无环图 (directed acyclic graph，DAG)。

(2) 采用了动态规划查找最大概率路径，找出基于词频的最大切分组合。

(3) 对于未登录词，采用了基于汉字成词能力的 HMM，采用 Viterbi 算法进行计算。

(4) 基于 Viterbi 算法的词性标注。

(5) 基于 TF-IDF 和 Text Rank 模型抽取关键词。

Jieba 分词支持三种模式，下面结合前面的商品评论示例进行说明。

(1) 精确模式：试图将句子最精确地切开，适合文本分析。

```
\contents = '123开箱啦外形外观经典的黑色耐看屏幕音效很好的屏幕跟之前的完全一样perfect'
seg_list = jieba.cut(contents, cut_all=False)
print('精确模式:', '/'.join(seg_list))
精确模式: 123/开箱/啦/外形/外观/经典/的/黑色/耐看/屏幕/音效/很/好/的/屏幕/跟/之前/的/完全/
                                        一样/perfect
```

(2) 全模式：把句子中所有的可以成词的词语都扫描出来，速度非常快，但是不能解决歧义。

```
seg_list = jieba.cut(contents, cut_all=True)
print('全模式:', '/'.join(seg_list))
全模式: 123/开箱/啦/外形/外观/经典/的/黑色/耐看/看屏/屏幕/音效/很/好/的/屏幕/跟/之前/的/完
                                        全/一样/perfect/
```

(3) 搜索引擎模式：在精确模式的基础上，对长词再次切分，提高召回率，适合用于搜索引擎分词。

```
seg_list = jieba.cut_for_search(contents)
print('搜索引擎模式:', '/'.join(seg_list))
搜索引擎模式: 123/开箱/啦/外形/外观/经典/的/黑色/耐看/屏幕/音效/很/好/的/屏幕/跟/之前/的/完
                                        全/一样/perfect
```

8.5.3　去除停用词

在 NLP 中，停用词 (stop words) 指在文本中出现频率很高但是却并不重要的词，它们通常不携带特定信息。由于停用词出现的频率很高，往往会掩盖有用信息，从而对数据建模带来负面影响。在文本分析中，一般需要将停用词从文本中移除。下面的代码展示了基于词典去除停用词的过程，其中的 stopword.txt 是停用词表，可以在 CSDN 和 github 等论坛上下载。此外，根据需要也可以对停用词表进行编辑。

```
def stripword(seg):
    outstr=''
    wordlist = []
    stop = open (r'stopword.txt','r+', encoding='utf-8')
 #获取停用词表
    stopword = stop.read().split("\n") #遍历分词表
for key in seg.split('/'):
#对jieba分词之后的句子进行处理，以/分割seg中的词语，判断是否存在停用词等
        if not(key.strip() in stopword) and (len(key.strip()) > 1) and not(key.strip() in
                                                        wordlist) :
```

```
#去除停用词，去除单字，去除重复词
        wordlist.append(key)
        #将去除后的词语加入列表
        outstr+=key
        #将去除后的词语以字符串的形式直接连接
    return (wordlist,outstr)
```

8.5.4 关键词分析

关键词指的是原始文档的核心信息。以搜集到的京东在线评论为例，分别介绍词云图、TF-IDF 和 LDA 方法。

1. 词云图

词云图是一种简单直观的词频统计及可视化方法，主要用于展示语料的词频特性。在词云绘制前，需要对语料进行去停用词操作。因为停用词一般是一段话、一篇文章出现最多的词，如果不去除，则生成的词云中真正有实际意义的高频词会被停用词掩盖。在这里对数据集中 660 条产品评论绘制词云。首先需要采用 Jieba 分词的精确模式对每条评论进行分词，然后调用 stripword(seg) 函数去除停用词，进而获取该语料的词云。

```
#导入算法包
from wordcloud import WordCloud #导入词云图需要用的模块
import numpy as np
import wordcloud
from PIL import Image
#PIL包用于从文件读取图像及创建新图像
import matplotlib.pyplot as plt
import jieba
import pandas as pd
#去除中文分词后的停用词等元素
def stripword(seg):
    outstr=''
    wordlist = []
    stop = open (r'stopword.txt','r+', encoding='utf-8')
    stopword = stop.read().split("\n") #获取并遍历停用词表
    for key in seg.split('/'): #获取中文分词后的词语
        if not(key.strip() in stopword) and
(len(key.strip()) > 1) and not(key.strip() in wordlist) :

#去除停用词，去除单字，去除重复词
            wordlist.append(key)
            outstr+=key
    return (wordlist,outstr)

#构建词云
def cloud(newtxt): #构建词云
    w = wordcloud.WordCloud(width=800,height=600, background_color='white',font_path='SIMLI
                                                .TTF')

# 构建词云对象w，设置词云图片宽、高、背景颜色、字体等参数
    w.generate(newtxt) ## 调用词云对象的generate方法，将文本传入
    plt.imshow(w) #在坐标轴中展示词云图
```

```
    plt.show()
    save_path = 'wordCloud.png' # 将生成的词云保存为.png图片文件
    w.to_file(save_path)

#导入并读取数据
data=pd.read_excel(r"reviews.xlsx")
data = data.drop_duplicates(keep=False, subset=["content"]) #去除重复文本
content=data['content']
data_len = []
for j in content: #去除长度小于10个字符的文本
    data_len.append(len(j))
    if len(j)<10:
        a = data[data.content==j].index.tolist()
        data=data.drop(a, axis=0, inplace=False)
c=data["content"].values.tolist()
List=[]
for i in range(len(c)): #Jieba分词
    seg_list = jieba.cut(c[i], cut_all=False)
    line="/ ".join(seg_list)
    wordlist=stripword(line)
    List.append(wordlist[0])
    newtxt=str(" ".join(str(m) for m in List))

#调用函数，生成词云图
cloud(newtxt)
```

运行结果如图 8.11 所示。

扫一扫见彩图

图 8.11　词云图示例

2. 词频分析

词频-逆文档频率 (term frequency-inverse document frequency，TF-IDF) 是一种用于信息检索与数据挖掘的常用加权技术，常用来评估一个词对于一个文件集或一个语料库中的其中一份文件的重要程度。一个词在文档中出现的次数越多，则认为这个词对于这个文档越重要。如果该词在其他文档中出现的次数更多或在所有文档中出现的次数都多，那么这个词对于这一文档的相对重要性则变小。

基于 TF-IDF 算法的词频分析流程如图 8.12 所示。

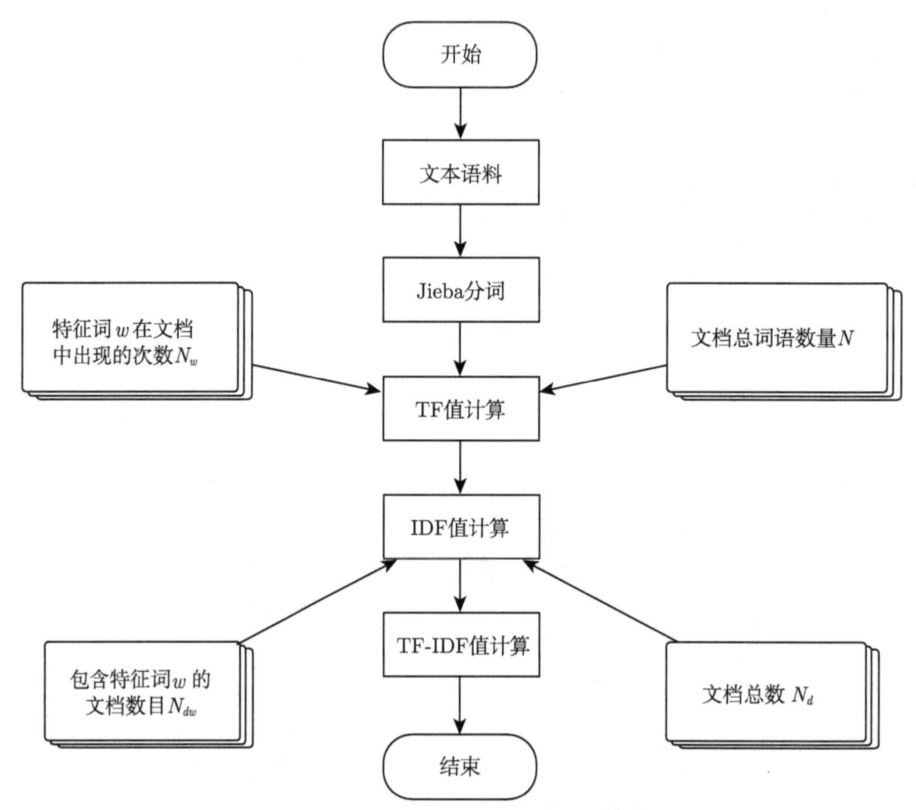

图 8.12　基于 TF-IDF 算法的词频分析流程

TF-IDF 的计算公式如下：

$$\text{TF-IDF} = \text{TF}(w) * \text{IDF}(w) \tag{8.1}$$

其中，TF 指的是文本集合中包含某特征词的文档的数据，IDF 则指这个特征在文档中的区分能力。IDF(w) 定义为

$$\text{IDF}(w) = \log(N_{dw}/N_d) \tag{8.2}$$

其中，N_d 为语料库的文档总数，N_{dw} 为在语料库的文档中出现了特征词 w 的文档数。

TF(w) 定义为

$$\mathrm{TF}(w) = N_w/N \tag{8.3}$$

其中，N_w 表示词语 w 在文档中出现的次数，N 表示文档的总词语数量。

基于 TF-IDF 算法的词频分析代码如下：

```
import jieba.analyse
con=' '
review=' '
for i in range(len(List)):
    review_str=con.join(List[i])
    review = review + review_str
keywords=jieba.analyse.extract_tags(review,100,withWeight=True)
kdf=pd.DataFrame(keywords)
kdf.to_excel('TF-IDF.xlsx')
```

最终输出结果如图 8.13 所示。

	0	1
0	手机	0.17778
1	拍照	0.159647
2	不错	0.136852
3	正品	0.12615
4	京东	0.125746
5	速度	0.125159
6	屏幕	0.119814
7	外观	0.113135
8	音效	0.111925
9	快递	0.100649
10	待机时间	0.095582
11	苹果	0.085409
12	客服	0.080557
13	物流	0.078063
14	运行	0.075156
15	发货	0.073833
16	外形	0.072011
17	很快	0.069618
18	效果	0.068858
19	满意	0.066085
20	喜欢	0.065705
21	包装	0.065541
22	流畅	0.063623
23	14	0.057763
24	hellip	0.055542
25	收到	0.054618
26	手感	0.053494
27	质量	0.050617
28	好评	0.046869
29	好看	0.045174
30	清晰	0.043865

扫一扫见彩图

图 8.13　TF-IDF 分析结果

8.6 文本数据建模与分析

经过预处理后的文本数据由非结构化数据变成了结构化数据，之后就可以用各种统计模型、机器学习模型等进行建模与分析。在这里，仅介绍两个有特色的文本数据分析模型，即文本主题模型和情感分析模型。

8.6.1 文本主题模型

1. 基本原理

文本主题模型是一种以非监督学习的方式对文本的隐含语义结构进行聚类的统计模型，即按文本内容的主题进行聚类。隐含狄利克雷分布 (LDA) 是最常见的文本主题模型之一。LDA 由 Blei 等在 2003 年提出，其结构如图 8.14 所示。

采用 LDA 对文档进行研究能够分析得出文档中的重要维度。

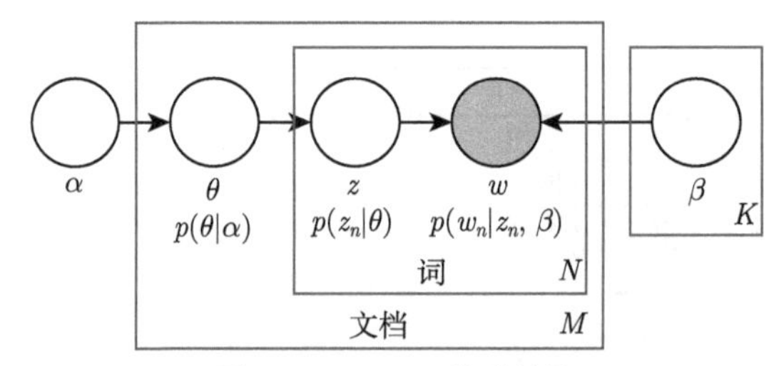

图 8.14　LDA 模型结构

LDA 的基本假设是生成文档模型，其中文档是根据主题和单词的混合分布生成的。假设文档是由 N 个单词组成的序列，表示为 $\boldsymbol{w}=(w_1,w_2,\cdots,w_N)$。每个文档都是由几个主题组成的混合概率分布。假设文档中包含 K 个重要产品属性。语料库 D 是 M 个产品评论的集合，表示为 $D=\{w_1,w_2,\cdots,w_M\}$。

LDA 假设语料库 D 中每个在线评论 w 的生成过程为

(1) $N\sim\text{Poisson}(\psi)$；

(2) $\theta\sim\text{Dir}(\alpha)$；

(3) 对于每一个词 w_n：主题 $z_n\sim\text{Multinomial}(\theta)$；从以主题 z_n 为条件的多项式概率 $p(w_n|z_n,\beta)$ 选择词 w_n。

参数 α 和 β 是语料库级参数，在语料库生成过程中采样一次，由经验贝叶斯方法进行估计。变量 θ_d 是一个文档级参数，表示文档 d 中主题的分布。变量 z_{dn} 和 w_{dn} 是词级参数，分别表示每个主题中和每个文档中的每个字的分布。

$$p(D|\alpha,\beta)=\prod_{d=1}^{M}\int p(\theta_d|\alpha)\left(\prod_{n=1}^{N_d}\sum_{z_{dn}}p(z_{dn}|\theta_d)p(w_{dn}|z_{dn},\beta)\right)\mathrm{d}\theta_d \tag{8.4}$$

困惑度 (perplexity) 和一致性分数 (coherence score) 常被用来评估 LDA 模型。

2. 算法实现

LDA 算法实现的代码如下所示。

```
import gensim #似然语言处理包
from gensim.models import LdaModel
from gensim.corpora import Dictionary
from gensim import corpora, models
from gensim.models import CoherenceModel
import random
import pyLDAvis
import pyLDAvis.gensim
# 构造词典，并基于此形成稀疏向量集
dictionary = corpora.Dictionary(List)
corpus = [dictionary.doc2bow(words) for words in List]

# 构建LDA模型
train_size = int(round(len(corpus)*0.8))
train_index = sorted(random.sample(range(len(corpus)), train_size))
test_index = sorted(set(range(len(corpus)))-set(train_index))
train_corpus = [corpus[i] for i in train_index]
test_corpus = [corpus[j] for j in test_index]
lda = gensim.models.ldamodel.LdaModel(corpus=train_corpus, id2word=dictionary, num_topics=
                                              10,
                                      random_state=100,update_every=1,chunksize=100,
                                      passes=10,alpha='auto',per_word_topics=True)

# LDA模型的评估
print('Perplexity: '),
perplex = lda.bound(test_corpus)
print (perplex)
print('Per-word Perplexity: ')
print (sum(cnt for document in test_corpus for _, cnt in document))
print (perplex/(sum(cnt for document in test_corpus for _, cnt in document)))
coherence_model_lda = CoherenceModel(model=lda, texts=List, dictionary=dictionary,
                                              coherence='c_v')
coherence_lda = coherence_model_lda.get_coherence()
print('\nCoherence Score: ', coherence_lda)

# 输出所有主题，并对LDA模型进行可视化
for topic in lda.print_topics(num_words=10):
    print(topic)
pyLDAvis.enable_notebook()
vis = pyLDAvis.gensim.prepare(lda,corpus,dictionary)
```

执行上述代码，可得京东在线评论的主题分析结果如下：

(0, '0.103*" 手机" + 0.033*" 检测" + 0.022*" 包装" + 0.021*"封机" + 0.021*"买个" + 0.019*" 授权" + 0.017*" 苹果" + 0.015*" 活动" + 0.014*" 退换" + 0.013*" 快递"')

(1, '0.062*" 拍照" + 0.055*" 屏幕" + 0.052*" 速度" + 0.048*" 外观" + 0.043*" 运行" + 0.042*" 效果" + 0.036*" 音效" + 0.034*" 特别" + 0.031*"外形" + 0.026*" 待机时间"')

(2, '0.046*" 不错" + 0.043*" 正品" + 0.042*"手机" + 0.039*" 发货" + 0.025*" 真的" + 0.025*" 苹果" + 0.023*" 选择" + 0.022*" 快递" + 0.020*" 很快" + 0.017*" 发现"')

(3, ’0.073*“ 14” + 0.063*“ 喜欢” + 0.029*“ 一款” + 0.016*“ 后台” + 0.015*“ 哇塞” + 0.015*“ 颜色” + 0.013*“苹果” + 0.011*“ 手机” + 0.011*“ 入手” + 0.010*“ 活动”’)
(4, ’0.042*“ 产品” + 0.032*“ 商家” + 0.028*“手机” + 0.025*“ 续航” + 0.024*“ 很棒” + 0.021*“ 信号” + 0.021*“ 不错” + 0.017*“ 一段时间” + 0.016*“ 能力” + 0.014*“ 电量”’)
(5, ’0.030*“ 值得” + 0.028*“ 价格” + 0.028*“ 客户” + 0.026*“ 速度” + 0.022*“ 满意” + 0.022*“ 购物” + 0.019*“ 质量” + 0.018*“ 后悔” + 0.018*“ 好看” + 0.018*“ 物流”’)
(6, ’0.078*“ 客服” + 0.035*“ 沟通” + 0.035*“ 苹果” + 0.026*“ 卖家” + 0.025*“ 便宜” + 0.023*“ 信赖” + 0.022*“ 官方” + 0.022*“ 一点” + 0.017*“ 退货” + 0.017*“ 终于”’)
(7, ’0.057*“ hellip” + 0.046*“ 赞赞” + 0.024*“ 恶心” + 0.020*“ 套餐” + 0.019*“ 官网” + 0.015*“ 内容” + 0.015*“ 充头” + 0.015*“ 搞笑” + 0.015*“ 130” + 0.015*“ 事后”’)
(8, ’0.033*“ 客服” + 0.033*“ 品质” + 0.032*“ 京东” + 0.031*“ 不行” + 0.021*“ 物流” + 0.021*“ 两个” + 0.018*“ 生气” + 0.016*“ 自营” + 0.015*“ 朋友” + 0.015*“ 平台”’)
(9, ’0.033*“ 手机” + 0.028*“ 爸爸” + 0.028*“ 翻新” + 0.024*“ 12” + 0.017*“ 京东” + 0.015*“ 消费者” + 0.014*“ 巴登” + 0.014*“ 过程” + 0.014*“ 假一” + 0.014*“ 维权”’)

LDA 可视化结果示例如图 8.15 所示。

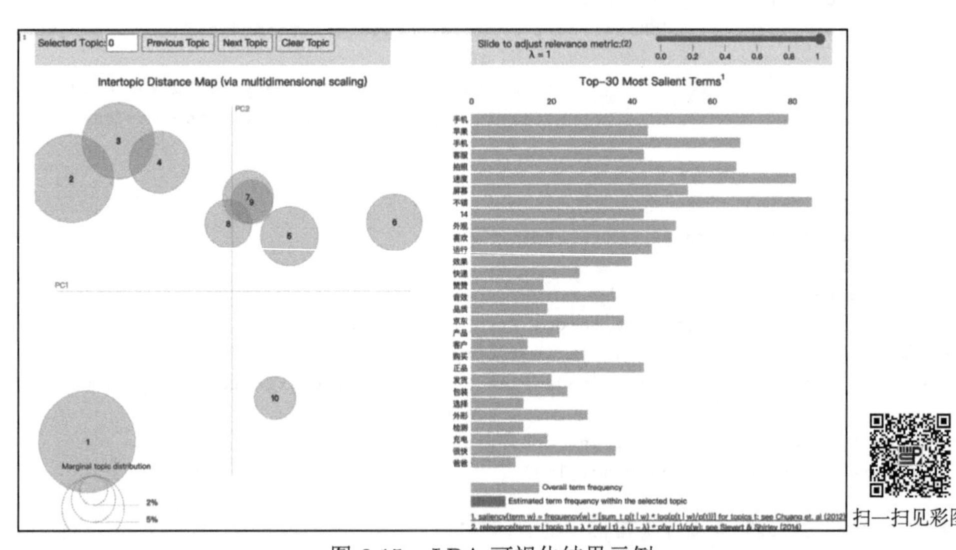

扫一扫见彩图

图 8.15　LDA 可视化结果示例

根据对京东在线评论的主题分析可知，顾客在评论中关注的维度包含产品包装、拍照、屏幕、发货、外观、续航、信号、价格和客户服务等。

结合对 LDA 的可视化结果分析可知，顾客最关心的主题 1 中主要涉及了包含拍照、外观、屏幕、运行和音效等属性在内的手机功能性属性。顾客关心的主题 2 中包含了顾客在收到产品后对产品的一些主观上的体验感。顾客关心的主题 3 主要是与快递、包装和客服相关的服务属性。

8.6.2　情感分析模型

情感分析又称倾向性分析或观点挖掘，是一种重要的信息分析处理技术，其研究目的是自动挖掘文本中的立场、观点、看法、情绪和喜恶等。情感分析方法主要有两种：情感词典方法和机器学习方法。

情感词典方法主要是利用词组的情感倾向来判断文本的情感极性。首先通过计算词组的褒贬倾向性，再以词组为单位，通过对它们的褒贬程度的加权求和等方法，最终获得整个文档的情感极性。情感词典的构造方法主要有手工标注法、基于知识库的方法和基于语料库的方法。

机器学习方法需要通过数据预处理、文本表示和分类器训练，最终获得文档的情感极性。其中文本表示包括特征选择、特征简约和特征权重设置。

1. 基于 SnowNLP 的情感分析

SnowNLP 是一个 Python 第三方中文语言处理包，可以通过 pip install snownlp 进行安装。下面以 SnowNLP 为例，实现对京东商品在线评论的情感分析。

```
#导入算法包
from snownlp import SnowNLP
from snownlp import sentiment
import pandas as pd

#情感分析
D=[]
for i in range(c(List)):
    s=SnowNLP(c[i])
    t=s.sentiments
    print(t)
    a=[List[i],t]
    D.append(a)

#结果存储
df=pd.DataFrame(D)
df.to_csv('snownlp结果.csv')
```

基于 SnowNLP 的输出结果如图 8.16 和图 8.17 所示。

SnowNLP 计算的情感值分布在 0 到 1 之间，分数越接近 0，表示该顾客评论的内容越偏向负面情感，分数越接近 1，表示该顾客评论的内容越偏向正面情感。通常情况下，当 SnowNLP 的得分结果大于 0.6 时，认定该评论的情感为积极，否则为消极。

2. 基于文本分类的情感分析

文本分类 (text classification，TC) 又称自动文本分类，是指计算机将载有信息的一篇文本映射到预先给定的某一类别或某几类别主题的过程，实现这一过程的算法模型称为分类器。情感分析是文本分类的一个典型的应用场景。

文本分类流程如图 8.18 所示，主要包括特征工程和分类器两部分。

因为机器无法对文字进行建模，所以需要通过特征工程提取文本中的特征，即生成句子向量。在关键词提取小节介绍的 TF-IDF 就是一种常用的特征提取方法，此外还包括词

袋模型 (bag of words model) 和 Word2vec 等。

[illegible]	[illegible]
['外形', '外观', '时尚', '耐看', '13', '加长版', '屏幕', '音效', '画质', '细腻', 'pro', 'Max', '差别', '声音', '拍照', '效果', '拍照', '不错', '	1
['手机', '手感', '尺寸', '正合适', '很漂亮', '运行', '流畅', '玩游戏', 'A15', '性感', '强大', '屏幕显示', '细腻', '续航', '不错', '立体声', '	1
['外形', '外观', '延续', '13', '设计', '不错', '不错', '屏幕', '音效', '屏幕', '音效', '屏幕', '素质', '拍照', '效果', '视频', '手机', '运行', '	0.99999996
['颜色', '很正', '手感', '屏幕显示', '清晰', '音效', '好听', '拍照', '显示', '真实', '运行', '速度', '待机时间', '够用', '防伪', '码挺', '	1
['此款', '手机', '外形', '很漂亮', '拍照', '效果', '不错', '运行', '速度', '流畅', '待机', '整体', '满意', '老婆', '喜欢']	0.99999991
['东西', '收到', '验机', '完毕', '全新', '国行', '正品', '官网', '区别', '下车', '外观', '瑕疵', '体验', '完美', '手感', '舒适', '机子', '续航',	0.99999997
[' 三四天', '顺畅', '质感', '外形', '外观', '好看', '屏幕', '音效', '音质', '拍照', '效果', '高清', '画质', '运行', '速度', '流畅', '待机时间',	1
['外形', '外观', '黑色', '低调', '奢华', '内涵', '屏幕', '音效', '屏幕', '清晰度', '音响', '一流', '拍照', '效果', '拍照', '清晰', '还原', '	1
[' 一点', '游戏', '运行', '不错', '新号', '一点', '不错', '真心', '评价', '值得', '拥有', '拍照', '效果', '清晰', '显示', '效果', '色彩', '柔和'	1
['手机', '充电', '蛮快', '续航', '能力', '屏幕', '清晰', '大小', '刚刚', '运行', '速度', '不错', '拍照', '像素', '清晰', '购机', '体验']	0.99999772
['外形', '外观', '紫色', '好看', '清新', '感觉', '屏幕', '音效', '屏幕', '清晰度', '音响效果', '拍照', '效果', '相片', '还原', '清晰', '运行',	1
['外形', '外观', '收到', '货后', '不错', '质量', '值得', '拥有', '五星', '好评', '屏幕', '音效', '宝贝', '特别', '喜欢', '颜值', '高质量', '	1
['外形', '外观', '外观', '很漂亮', '大小', '正好', '合适', '屏幕', '音效', '屏幕', '丝滑', '流畅', '音质', '通话', '清晰', '拍照', '效果', '	1
['苹果', '14', '完美', '拍照', '清晰', '手感', '外观', '很酷', '拍照', '效果', '清晰', '预算', '256']	0.99999023
['游戏卡', '手机', '声音']	0.32741896
['苹果', '14', '完美', '拍照', '清晰', '超级', '细腻', '手感', '特别', '运行', '速度', '超级', '电池', '续航']	0.99998423
[' 更新', '最新', '苹果', '手机', '几年', '黑色', '外观', '商务', '适合', '苹果', '拍摄', '效果', '运行', '速度', '打游戏', '开多', '卡顿', '	0.99998679
['官方', '正品', '评价', '确实', '不错', '媳妇儿', '顺手', '正好', '活动', '全网', '最低价', '长时间', '毛病', '全新', '未激活', '兄弟']	0.99923964
['苹果', '14', '手机', '顺畅', '拍照', '效果', '清晰', '照片', '原生', '紫色', '外观', '颜值']	0.99992709
['手机', '一段时间', '手感', '流畅', '拍照', '效果', '不错', '信号', '不错']	0.99998115
['宝贝', '收到', '想要', '手感', '质量', '客服', '很快', '解决', '态度', '好评', '细节', '完美', '整体', '真的', '不错', '性价比', '下次', '	0.99999921
['五星', '好评', '正品', '新手机', '轻盈', '小巧', '屏幕', '大小', '合适', '手机', '流畅', '体验']	0.99997004
['外观', '很漂亮', '手里', '舒服', '尺寸', '大小', '合适', '屏幕', '清晰', '拍照', '通话音质', '清晰', '系统', '一如既往', '流畅']	0.99999998
['东西', '收到', '手感', '不错', '用料', '扎实', '质量', '平常', '终于', '下手', '颜值', '真的', '没话说', '材质', '物美价廉', '活动', '赶紧']	0.99997886
['蓝色', '适合', '男生', '14', '相比', '13', '提升', '运存', '高刷', '机身', '轻盈', '小巧', '裸机', '握持', '手感']	0.99864632
[' 京东', '几部', '苹果', '手机', '一如既往', '配送', '速度', '没得说', '新机', '体验', '十足', '屏幕', '外观', '采用', '原有', '技术含量', '	0.99999016
['精挑细选', '一款', '到货', '失望', '实物', '很漂亮', '做工', '精细', '特别', '满意']	0.9999986
['外形', '外观', '经典', '黑色', '耐看', '屏幕', '音效', '屏幕', '13', 'hellip', 'hellip', '通用', '拍照', '效果', '13', '反正', '运行', '速度', '	0.99999712
['价格', '优惠', '发货', '速度', '物流', '更新', '送货上门', '外观', '精致', '完美', '续航', '能力', '很强', '品牌', '满意', '音质', '音效', '	0.99999974
['一如既往', '功能', '拍照', '想要', '安全性', '太高', '打电话', '输入', '完整', '充电', '太慢']	0.54637152
['苹果', '14', '真的', '太香', '喜欢', '超级', '赠品', '满意', '体验', '颜色', '白色', '不错', '性价比', '真的', '特别']	0.99972707
['手机', '喜欢', '性能', '很强', '京东', '物流', '很快', '黑色', '永远', '好看', '国行', '正品', '全新', '未激活']	0.99994926
['手机', '好看', '下车', '全新', '未激活', '舒服', '性能', '拍照']	0.99970021
['手机', '系统', '流畅', '物流', '速度', '很快', '一点', '不卡顿', '颜值', '在线', '点赞']	0.99864189
['本来', '实体店', '购买', '手机', '春节', '配送', '下单', '大年三十', '到达', '分拨', '中心', '不动', '收到', '手机', '距离', '下单', '星期']	0.00204287

扫一扫见彩图

图 8.16　SnowNLP 情感分析结果表

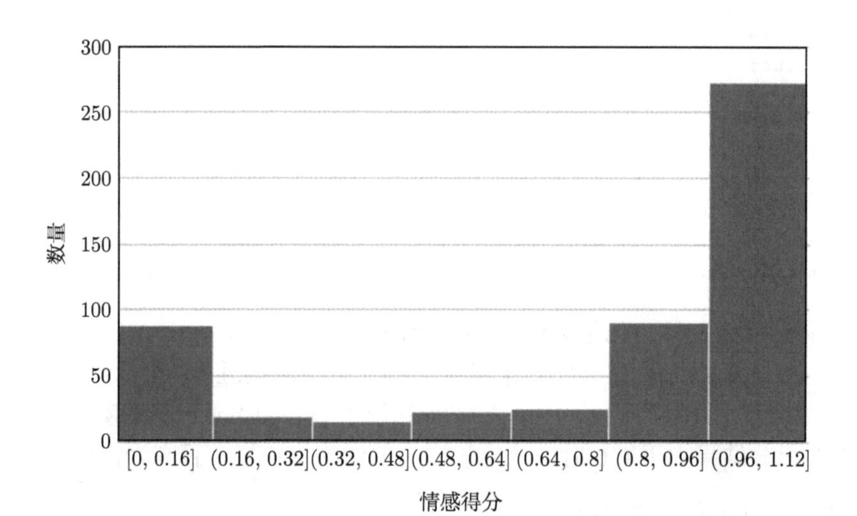

图 8.17　SnowNLP 情感分析结果图

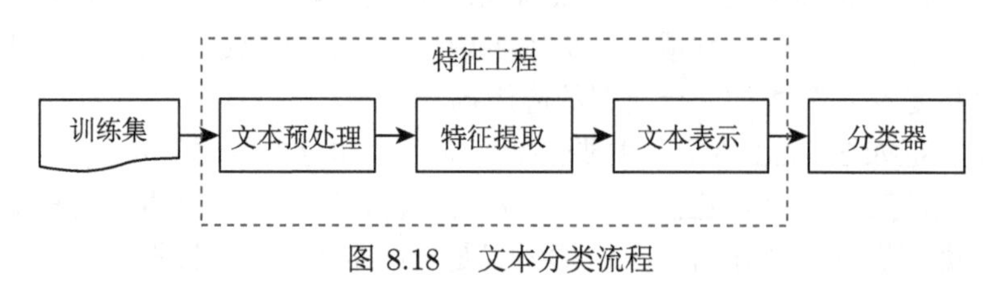

图 8.18　文本分类流程

词袋模型是用于自然语言处理和信息检索中的一种简单的文档表示方法。通过这一模型，一篇文档可以通过统计所有单词的数目来表示，这种方法不考虑语法和单词出现的先后顺序，通过统计每个单词的出现次数作为分类器的特征。

Word2vec 可以根据词序生成每一个词的词向量，词向量可以是任意维度的，而句子向量就可以表示为句子中各词向量相加，从而生成句子向量。

3. 情感分析的应用

文本情感分析在管理学领域有很多的用途。

(1) 评论有用性研究。评论有用性指消费者对评论的感知有用性，即什么评论是对消费者有价值的，能够影响消费者的决策行为。消费者通常会采用感知有用性较高的评论作为决策参考信息，而不会采用感知有用性较低的评论。因此，情感分析的结果可以用来研究情感信息对消费者感知有用性的影响。

(2) 消费者购买决策分析。在线评论能够帮助消费者在进行购买决策前建立对产品或服务的认知，从而判断是否进行购买。因此围绕在线评论信息中的情感分析结果能够进行消费者购买决策分析。

(3) 虚假评论识别。电商平台可能会出现虚假评论，包括竞争对手的恶意差评和商家现金奖励后顾客的好评等。这些虚假评论不仅会影响消费者的判断，干扰消费者的购买决策，也会对商家信誉造成一定程度的影响。因此，有必要基于情感分析的结果进行虚假评论的识别。

(4) 需求挖掘与产品设计。在线评论包括消费者对于产品服务的态度和评价，并且能够在一定程度上反映消费者的偏好和需求。因此，当前很多学者基于情感分析的结果结合需求识别模型深入挖掘顾客的需求，并指导产品设计。

习　　题

1. 百度图片搜索 Python logo，利用 urllib 包来编写爬虫，并将照片保存至本地。

2. 使用 lxml 包抓取猫眼电影 Top100 榜 (https://www.maoyan.com/board/4?offset=0)。

3. 在京东平台上搜索手机这一品类，利用正则表达式和 bs4 解析所获取页面上所有的产品名称和对应价格。

4. 下载红楼梦原文，给出人物出现的频率统计以及对应的词云图。要求：减少与任务无关的介词、动词等关键词，需要根据词云图看出人物出场频率。

5. 爬取网易新闻的五个模块（国内、国际、军事、航空、科技），利用 TF-IDF 和机器学习的方法对新闻文本进行分类，并对分类模型进行评估。

参 考 文 献

崔庆才, 2018. Python3 网络爬虫开发实战. 北京：人民邮电出版社.
郑东耀, 2022. 大数据与人工智能. 北京：清华大学出版社.
渐令, 梁锡军, 2022. 最优化模型与算法: 基于 Python 实现. 北京：电子工业出版社.
李彦夫, 张晨, 2023. 机器学习: 大数据分析. 北京：清华大学出版社.
苏振裕, 2020. Python 最优化算法——从推公式到写代码. 北京：北京大学出版社.
韦斯. 麦金尼, 2023. 利用 Python 进行数据分析. 陈松, 译. 北京：机械工业出版社.
燕雪峰, 张德平, 2022. 统计计算与智能分析理论及其 Python 实践. 北京：电子工业出版社.
杨维忠, 张甜, 2023. Python 机器学习原理与算法实现. 北京：清华大学出版社.
张尧学, 胡春明, 2021. 大数据导论. 2 版. 北京: 机械工业出版社.
Lutz M, 2011. Python 学习手册. 李军, 刘红伟, 等, 译. 北京：机械工业出版社.
Lutz M, 2018. Python 入门手册. 秦鹤, 林明, 译. 北京：机械工业出版社.

第三方开源包官网：

BS4：https://www.crummy.com/software/BeautifulSoup/bs4/doc/
Cvxpy：https://www.cvxpy.org
lxml：https://lxml.de/
Matplotlib：https://matplotlib.org
Numpy: https://numpy.org
Pandas: https://pandas.pydata.org
Pingouin：https://pingouin-stats.org/build/html/index.html
PyTorch：https://pytorch.org
requests：https://docs.python-requests.org/en/latest/
Scipy：https://scipy.org
Seaborn：https://seaborn.pydata.org
Statsmodels：https://www.statsmodels.org/stable/index.html
Sympy：https://docs.sympy.org/latest/index.html#
urllib：https://docs.python.org/3/library/urllib.html
正则表达式：https://docs.python.org/3/library/re.html